Analysis and Application of Industrial Metabolism
for Process-oriented Industries

“十四五”国家重点出版物
出版规划项目

Analysis and Application of Industrial Metabolism
for Process-oriented Industries

流程型工业
代谢分析与应用

白 璐　乔 琦　张 玥　等著

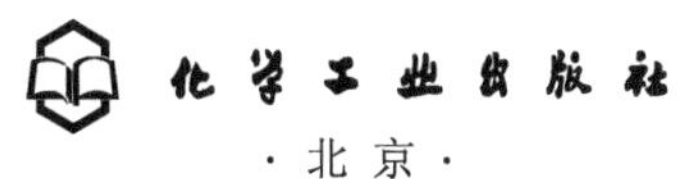

· 北 京 ·

内容简介

本书以流程型工业生产过程及其环境行为为主线，主要介绍了借助工业代谢研究中常用的研究手段——物质流分析等对流程型生产系统中物质（及污染物）的代谢路径、代谢去向及代谢量等开展识别、追踪和量化研究的原理和方法以及应用案例等，内容涵盖了工业生产系统物质代谢分析框架的建立，两种不同角度和开发原理的模型（系统结构模型和单元功能模型）建模过程与方法，并以铅冶炼、铝冶炼以及制糖和焦化等典型流程型工业生产过程为案例开展了应用研究，旨在为行业清洁、绿色和可持续发展，加强污染的源头预防和管控提供“精准治污、科学治污、依法治污”的技术方法和案例借鉴。

本书具有较强的针对性和技术应用性，可供从事工业污染源控制与管理的工程技术人员、科研人员和管理人员参考，也供高等学校环境科学与工程、生态工程、资源科学与工程及相关专业师生参阅。

图书在版编目（CIP）数据

流程型工业代谢分析与应用 / 白璐等著. -- 北京 : 化学工业出版社，2023.5

（工业污染源控制与管理丛书）

ISBN 978-7-122-42839-4

Ⅰ. ①流… Ⅱ. ①白… Ⅲ. ①工业污染防治-研究 Ⅳ. ①X322

中国国家版本馆CIP数据核字（2023）第004176号

责任编辑：刘兴春　刘　婧　卢萌萌　　文字编辑：汲永臻　丁海蓉
责任校对：王鹏飞　　装帧设计：王晓宇

出版发行：化学工业出版社
（北京市东城区青年湖南街13号　邮政编码100011）
印　　装：北京建宏印刷有限公司
787mm×1092mm　1/16　印张$19^{1}/_{2}$　彩插5　字数407千字
2025年1月北京第1版第1次印刷

购书咨询：010-64518888　　售后服务：010-64518899
网　　址：http://www.cip.com.cn
凡购买本书，如有缺损质量问题，本社销售中心负责调换。

定　　价：148.00元

版权所有　违者必究

《工业污染源控制与管理丛书》

编委会

顾　　问：郝吉明　曲久辉　段　宁　席北斗　曹宏斌

编委会主任：乔　琦

编委会副主任：白　璐　刘景洋　李艳萍　谢明辉

编委成员（按姓氏笔画排序）：

白　璐　司菲斐　毕莹莹　吕江南　乔　琦　刘　静
刘丹丹　刘景洋　许　文　孙园园　孙启宏　孙晓明
李泽莹　李艳萍　李雪迎　宋晓聪　张　玥　张　昕
欧阳朝斌　周杰甫　周潇云　赵若楠　钟琴道　段华波
姚　扬　黄秋鑫　谢明辉

《流程型工业代谢分析与应用》

著者名单

著　　者：白　璐　张　玥　乔　琦　孙晓明　刘景洋　许　文
钟琴道　刘丹丹　李雪迎　周潇云　孙园园　李艳萍
毕莹莹

前言

PREFACE

工业代谢包括使经济系统得以运行（即生产和消费）的所有物质和能量的转化过程。作为产业生态学的重要组成内容，工业代谢的主要研究目的是通过识别和追踪这一系列转化过程中某一研究对象（物质或能量）的变化（代谢）反映其所在工业体系的运行机制，进一步通过机制调节和优化这种代谢关系来达到保护生态环境、实现可持续发展的目的。工业代谢的研究历史迄今已近30年，在系统边界和研究目标的确定、模型构建、清单编制、分类方法、数据分析、结果解释等方面已经基本形成了工业代谢分析方法的框架，而大量的国家、区域和产业部门的物质代谢、经济与社会发展以及环境影响等层面的广泛研究也使工业代谢成为辨识工业生产及其环境行为的重要理论基础和工具。

根据工业代谢过程物质流动和转化的特点，以及产排污行为与生产要素响应关系的一致性或相似性，工业生产可划分为流程型生产和离散型生产。其中，流程型生产是对原材料以批量或连续的方式进行生产的过程，主要发生物理化学等变化。流程型生产包括传统的重化工业，例如钢铁、有色、化工等重污染行业。本书以流程型工业生产系统及其物质代谢为主要对象，基于工业代谢的理念，在建立生产系统物质代谢分析框架的基础上，采用双层结构模型（系统结构模型和单元功能模型）建模的方式识别、追踪和量化流程型工业代谢过程中大宗物质元素或环境影响较大的主要污染物的代谢行为。以铅冶炼、铝冶炼以及制糖和焦化等典型流程型工业生产过程为案例，分别对其进行了典型污染物的代谢分析研究（例如代谢路径、最终代谢产物的去向及代谢量等），旨在为行业清洁、绿色和可持续发展，加强污染的源头预防和管控提供“精准治污、科学治污、依法治污”的技术方法和案例借鉴。

本书由白璐、乔琦、张玥等著，具体分工如下：第1章由许文、白璐、钟琴道、刘丹丹等撰写；第2章由乔琦、白璐、张玥、李雪迎等撰写；第3章和第4章由白璐、周潇云、孙园园撰写；第5章由白璐、乔琦撰写；第6章由钟琴道、乔琦、李艳萍、白璐撰写；第7章由白璐、乔琦、孙园园撰写；第8章由张玥、白璐、乔琦撰写；第9章由毕莹莹、刘景洋、孙晓明撰写；第10章由许文、孙晓明、刘景洋撰写；第11章由李雪迎、张玥、白璐撰写；第12章由刘丹丹、乔琦、张玥、白璐撰写；第13章由白璐、张玥、乔琦、孙园园撰写。全书最后由白璐、乔琦、张玥统稿并定稿。本书撰写过程中得到了郝吉明、段宁、柴发合、孙启宏等的帮助和支持，在此一并表示感谢。

限于著者水平及撰写时间，书中难免存在不足和疏漏之处，敬请读者提出修改建议。

著者

2023年1月

目录
CONTENTS

第 1 章
工业代谢

□ 工业代谢及其分析方法

□ 工业代谢分析的研究意义

□ 工业代谢的分析方法

□ 工业代谢分析的研究与应用

工业代谢是工业生态学的重要组成内容，其借鉴了生命体代谢过程，通过对输入和输出复杂工业体系的物质流动状态、路径及代谢量等进行追踪和量化，反映其所在工业体系的运行机制，进一步通过机制调节和优化这种代谢关系来达到保护生态环境、实现可持续发展的目的。

1.1 工业代谢及其分析方法

1.1.1 关于代谢的研究

代谢（metabolism）一般是指生物体的新陈代谢。牛津大辞典对“metabolism”的定义为“the chemical processes in living things that change food, etc. into energy and materials for growth”，即生物将食物等转化为生长所需要的能量和物质的化学过程。代谢是生物体内活细胞中全部有序的化学变化和反应的总称。细胞是生命的单位，也是代谢的单位，生物体的新陈代谢主要发生在细胞内。这些反应进程使生物体能够生长和繁殖、保持它们的结构，以及对外界环境做出反应，从而实现自我更新。代谢通常被分为两类：一是分解代谢，即可以对大的分子进行分解以获得能量（如细胞呼吸）；二是合成代谢，即可以利用能量来合成细胞中的各个组分，如蛋白质和核酸等。代谢可以被认为是生物体不断进行物质和能量交换的过程，一旦物质和能量的交换停止生命也即结束。因此，代谢是生物体最本质的特征。

新陈代谢包括物质代谢和能量代谢两个方面。新陈代谢是由同化作用和异化作用这两个相反而又同时进行的过程组成的。同化作用和异化作用既有明显的差别，又有密切的联系，如果没有同化作用，生物体就不能产生新的原生质，也不能储存能量，异化作用就无法进行；与此相反，如果没有异化作用，就不能进行能量的释放，生物体内的物质合成也就无法进行。可见，同化作用和异化作用既相互对立又相互统一，共同决定着生物体的存在和延续。

有关代谢研究的热点领域和重点方向主要集中在医学类及生物学类方面，具体包括糖尿病、代谢综合征、高血压、代谢产物及代谢组学等。

1.1.2 工业代谢的起源及其发展

人类最早对生命体代谢过程的认知出现于1857年，Moleschott首次明确提出了“代谢”的概念，将其定义为“生物体与环境之间进行物质和能量交换的过程”。在其后长达近一个世纪内，代谢过程的研究对象由生命体代谢和生态系统代谢逐渐延伸至社会经济系统的物质代谢及其与环境保护之间的关系，即工业代谢。工业代谢发展历史中的大事件如图1-1所示。

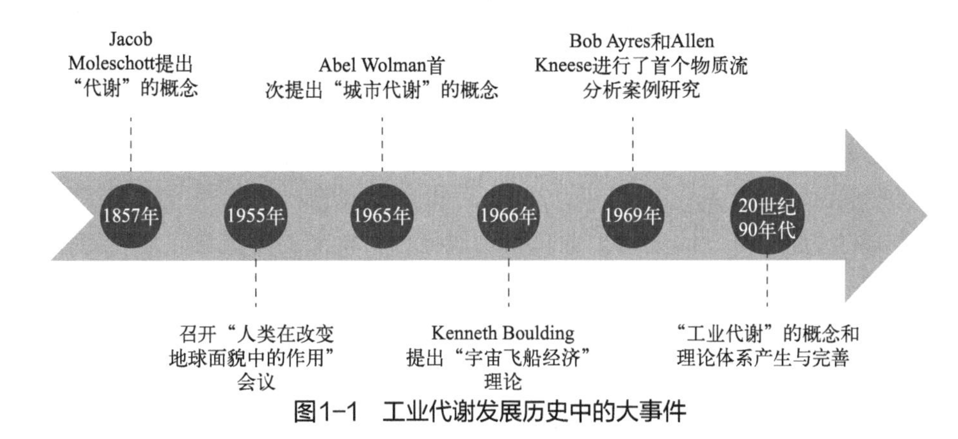

图1-1 工业代谢发展历史中的大事件

自1857年Moleschott提出了“代谢”的概念后，逐渐衍生出细胞及组织层面的代谢（新陈代谢）和生态系统层面的代谢这两个关于物质代谢过程的研究方向。其中，生物体的新陈代谢主要研究营养物质在细胞、器官以及有机体之间的转化，而生态系统代谢主要研究生态系统内部物质循环、能量流动和转换的过程。随后，物质和能量交换过程的研究开始从微观层面的新陈代谢以及宏观层面的生态系统代谢扩展至人与环境进行的物质和能量交换关系的研究，重点关注人类作为行为主体引发的一系列物质和能量交换过程带来的影响。1864年，Marsh受过度采伐森林导致木材稀缺问题的启发，在其著作《人与自然》中关注了人类活动对自然环境的影响，指出人类正在通过破坏其赖以生存的物质环境而使自己深陷险境。1905年，Shaler在其著作《人与地球》中表达了对“人类消费导致矿产资源的消耗甚至枯竭”引发的担忧，将人类社会代谢的关注点从农业生产引起的森林资源锐减扩展至人类的生产活动对矿产资源的影响。

进入20世纪以来，工业化、城市化的快速发展促使经济全球化，伴随着全球范围内资源、产品的频繁交换，不同尺度的物质交换行为对自然环境造成的压力也不断增长，由此，工业化、城市化、全球化与物质代谢、物质流动之间的关系及其与自然环境的相互作用关系逐渐引起了学者的关注。1955年，来自世界各地的70位不同领域的专家们会聚在美国普林斯顿市，召开了名为“人类在改变地球面貌中的作用”的会议，对“不断增长的经济对矿产资源掠夺性的需求下，自然资源的有限性”给予了广泛关注。这次会议促成了人类历史上首个为解决人类发展中产生的环境问题而组成的跨学科的专家组。由此，也反映出工业代谢研究本身是一个多学科交叉的领域。

1965年，曾经参加过上述1955年会议的美国水处理专家Wolman首次尝试从城市物质代谢需求的角度出发研究城市区域内物质的流动与循环。1966年，同样参加过1955年会议的经济学家Boulding提出了著名的“宇宙飞船经济”理论，强调人类的经济发展模式应当从“牧童经济”转变为“宇宙飞船经济”，即从“消耗型”改为“生态型”，从“开环式”转为“闭环式”。1969年，物理学家Ayres和经济学家Allen首次对美国1963～1965年的物质流动情况进行了分析，并且提出，应当“把环境污染与控制视为经济活动产生的物质平衡问题”。Ayres和Allen的研究将经济系统中的物质利用方式与环境问题进行关联，开创了工业代谢研究的先例，随着研究的不断深入，他们又从控制和减少进入经济系统的物质流规模的角度进一步研究资源环境问题与经济系统物质流动的关系。1974年，Allen等提出通过物料平衡的方法追踪社会经济系统中物质的流动，这一研究为工业代谢物质流分析框架的形成奠定了一定基础。随后，1978年，Ayres运用模型以及实证分析演示了物质流/能量流与经济活动变量之间的关系。

此外，一些欧洲国家开始了诸如为特定化学物质（例如磷）制作平衡表的实践。20世纪80年代初期，荷兰的莱顿大学环境科学中心（Center of Environmental Science, Leiden University）提出了利用物料平衡方法研究经济系统和环境系统中有害物质的流动，将物质代谢、物质流分析引入了环境管理领域。

1988年，联合国大学（United Nations University，UNU），联合国教育、科学及文化组织（United Nations Educational, Scientific and Cultural Organization，UNESCO），以及国际高级机构研究联合会（International Federation of Institutes for Advanced Study，IFIAS）在日本东京联合举办了一次关于人类活动与全球变化的会议，工业代谢（industrial metabolism）的概念在会议准备阶段应运而生。此次会议的主要论文于1989年发表在《国际社会科学杂志》（International Social Science Journal，ISSJ）上。同年，一个名为“工业代谢”的工作小组在新西兰Maastricht成立，1994年，该小组发布了名为《工业代谢：为了可持续发展的重组》的报告，系统性地阐述了工业代谢的定义、研究方法和研究案例等。至此，工业代谢的概念及理论体系基本成形。

1.1.3 工业代谢的基本概念

工业代谢的概念首次出现于1989年，由Ayres等提出，借助于“代谢”本身的含义，Ayres将工业代谢定义为：一系列将原材料（生物质、燃料、矿物质、金属等）转化为产品和废物的物理化学转换过程的集合。在社会经济系统中，经济学家通常将这些物理化学的转化过程称为“生产”，而将具有经济价值的货物转变为服务（以及废物）的进一步转化称为“消费”。总体来说，工业代谢包括使经济系统得以运行（即生产和消费）的所有物质和能量的转化过程。作为工业生态学的重要组成内容，工业代谢的主要研究目的是通过识别和追踪这一系列转化过程中某一研究对象（物质或能量）的变化（代谢）反映其所在工业体系的运行机制，进一步通过机制调节和优化这种代谢关系来达到保护生态环境、实现可持续发展的目的。工业代谢以人类活动的影响范围为主要关注点，不包括物质的自然代谢（例如物质的地球化学循环等）过程。

通过工业代谢的研究，人类可以从整体上了解工业体系的运行机制并识别污染问题产生的原因，通过研究工业代谢，还能了解环境污染的历史与变化过程，特别是对污染物的累积程度进行整体认识，并通过制定和采取各种政策、措施来预防和控制污染物的迁移与转化。

工业代谢概念的提出实质上是一种隐喻和类比，即将工业体系视为一个复杂的生命体，以自然资源和能源为“食物”，将其“消化”转化为产品以及“排泄物”（即废物），以生命体的新陈代谢过程来类比工业体系的代谢过程，如图1-2所示。

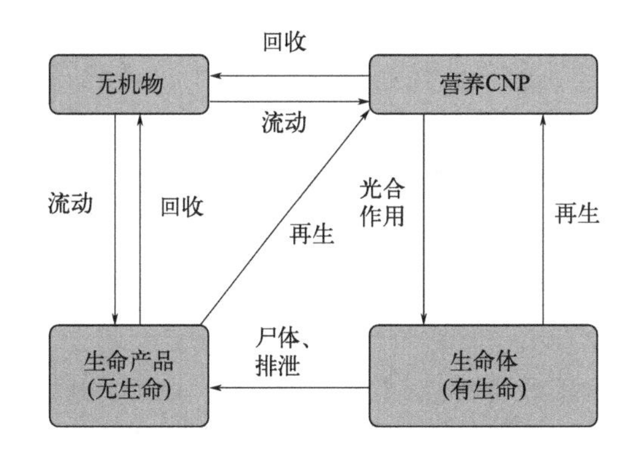

(a) 物质流动的生物模型——生物地球化学循环

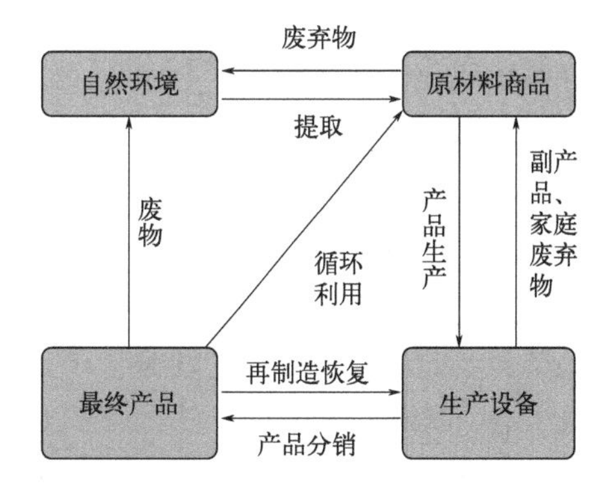

(b) 物质流动的工业模型——工业原料循环

图1-2　自然界和工业界物质与能量流动概念模型

随着工业代谢理论研究的兴起，我国的工业代谢研究也自20世纪90年代末开始起步。工业代谢是物质代谢的一部分，主要是指由人类经济活动，特别是工业生产活动引发的一系列物质代谢过程。工业代谢概念提出的初衷是为了解释和研究人类活动对全球变化的影响。严格来讲，人类活动对全球变化的影响不仅仅是工业生产引起的，还包括农业和服务业等，但由于工业是迄今为止人类活动影响范围最大、影响程度最深的产业，因此国内学者在进行研究时多将industrial metabolism译为工业代谢。由于关注重点是工业生产活动，特别是生产过程中的物质代谢，因此本书中沿用工业代谢的概念。

1998年，杨建新等在对产业生态学基本理论的探讨中提到了工业代谢的概念，提出“工业代谢是模拟生物和自然生态系统代谢功能的一种系统分析方法”，并指出工业代谢的主要任务是“通过分析经济系统结构变化、进行功能模拟和分析物质流来研究产业生态系统的代谢机理与控制论方法”。21世纪初，国内的工业代谢研究逐渐活跃，并取得了许多新的突破。段宁等提出的产品代谢和废物代谢概念进一步完善了工业代谢的内涵，并将物质代谢引入循环经济领域，指出“研究循环经济的自然科学理论应该以物质代谢为出发点”。段宁等在对国内外工业代谢理论研究与实践进行回顾和总结的基础上，首次提出将工业代谢划分为产品代谢和废物代谢，即“以产品流为主线的代谢称为产品代谢，以废物流为主线的代谢称为废物代谢”。此外，工业代谢的理论方法也被应用于诸如煤的生产过程的工业代谢分析等研究中。

1.1.4 工业代谢分析的研究对象和范围

代谢研究往往需要在一定的系统边界范围内进行。例如，生命体的新陈代谢研究是以某一生物或者生物的器官为载体和边界，生态系统的代谢研究范围是某一子系统或全球生态系统。同样，工业代谢的研究范围上至全球、某一个国家或地区的工业生产和消费活动引起的物质流动与转化过程，下至某一个行业、企业甚至车间等特定场所内的物质流动与转化过程。其研究对象既可以涵盖所有输入、输出系统的物质，也可以仅针对某一单质或化合物的代谢及转化过程。早期经典的工业代谢研究案例包括：Ayres等研究了哈德森流域1880～1980年污染物的水平；Lohm等研究了瑞典1880～1980年铬和铅的污染状况；Stigliani等研究和识别了排放至莱茵河流域内的主要污染物的来源和污染路径。

以莱茵河污染事件与工业代谢的研究说明工业代谢的研究对象和时空范围。莱茵河是一条著名的国际河流，它发源于瑞士阿尔卑斯山圣哥达峰下，自南向北流经瑞士、列支敦士登、奥地利、德国、法国和荷兰等国，于鹿特丹港附近注入北海，全长1360km，流域面积$2.24 \times 10^5 km^2$。自古以来莱茵河就是欧洲最繁忙的水上通道，也是沿途几个国家的饮用水源。1986年冬季的一个深夜，位于瑞士巴塞尔附近的桑多斯化学公司仓库发生起火事件，装有1250t剧毒农药的钢罐爆炸，随后，硫、磷、汞等有毒物质随着百余吨灭火剂进入下水道排入莱茵河，形成了70km长的微红色污染带，以每小时4km的速度向下游流去。污染带流经河段的鱼类死亡，沿河自来水厂全部关闭，改用汽车向居民送水。近海口的荷兰，所有与莱茵河相通的河闸统统关闭。这次事故带来的污染使莱茵河的生态遭到了严重破坏。

表面上看，莱茵河污染事件具有突发性和偶然性，但从工业生态学的角度来看根本问题在于人类的日常活动（工业、农业、居民生活消费等）导致大量有毒有害物质长期地、持续性地流入莱茵河水体。这些污染源进入水体的路径往往是分散的、错综复杂的，而且具有累积性。回顾莱茵河流域的历史可以发现，实际上自19 世纪末期开始，随着流域内人口的增加和工业的发展，莱茵河曾一度成了欧洲最大的下水道，莱茵河的水质日益下降。仅在德国段就有约300家工厂把大量的酸、漂液、染料、铜、镉、汞、去污剂、杀虫剂等上千种污染物倾入河中。此外，河中轮船排出的废油，两岸居民倒入的污水、废渣以及农场的化肥、农药，使水质遭到严重的污染。

随后，科学家们针对莱茵河流域几种主要污染物质（镉、铅、锌和氮、磷等）的工业代谢模式开展了研究，结果显示，从1950年至1988年该流域通过各种代谢路径（城市工业和生活、农业面源，以及森林等自然源等）进入水体的镉多达6350t。

总体来看，工业代谢研究范围的大小决定了其研究尺度。针对工业系统的物质代谢研究，根据代谢的系统边界范围，即研究尺度大小来进行划分，工业代谢可分为人类圈物质代谢（全球尺度）、区域物质代谢（包括国家、流域、城市等）、行业物质代谢和企业物质代谢四个层面，如表1-1所列。

表1-1　不同尺度的工业代谢研究

序号	研究尺度	研究目的	研究方法、工具
1	全球尺度	通过研究系统边界范围内某一物质或元素的流动（代谢途径、代谢方式、代谢量等），反映出该物质或元素的利用效率及利用方式存在的问题，从而为资源可持续管理和环境保护提供依据	MFA,SFA,LCA,PIOT
2	区域尺度		
3	行业尺度	通过研究某一行业在特定系统边界范围（国家或区域）内物质或元素的流动（代谢途径、代谢方式、代谢量等），反映出该行业物质或元素的利用效率及利用方式存在的问题，从而为行业的可持续发展和环境保护提供依据	MFA,SFA,LCA,PIOT
4	企业尺度	通过研究企业生产过程中物质的输入和输出（代谢途径、代谢方式、代谢量等），反映某一生产工艺对资源的利用效率及环境绩效，从而为该企业资源利用及环境管理水平提升提供依据	MFA,SFA,LCA

注：MFA—物质流分析；SFA—元素流分析；LCA—生命周期评价；PIOT—投入产出分析。

图1-3示意了一个典型的区域尺度的工业代谢研究范围，包括各类人类活动的扰动产生的物质代谢与污染过程，例如采矿和钻井活动，制造业、建筑业和储运销等活动，农林牧副渔等活动，家庭与个人消费以及废弃物处理处置等多种物质的输入和输出过程。

1.2　工业代谢分析的研究意义

由于工业代谢概念的提出借鉴和参考了生命体代谢以及生态系统代谢，即假定工业系统也同生命体、生态系统一样具有代谢的功能和机制，因此工业代谢与生命体、生态系统的代谢在多个方面具有传承性和一致性，但这种传承性和一致性并不意味着对等性，工业代谢在多个方面表现出的差异性也正是其研究意义所在。

（1）如何实现工业代谢体系的闭环循环

自然生态系统的结构主要由外部环境（非生物环境）、生产者（植物、浮游生物等）、消费者（食草动物、食肉动物等）和分解者（细菌、真菌等）四部分组成，如图1-4（a）所示。同样的，在以工业代谢为主要功能的人工系统中，也是由相应的外部环境、生产者（电厂等原料、产品生产商）、消费者（下游厂商和人类）和分解者（污水处理、垃圾填埋等末端治理设施）组成，如图1-4（b）所示。

由图1-4可知，自然生态系统和人工系统的代谢功能与代谢途径是基本一致的。但值得注意的是，工业代谢和自然界物质代谢在物质循环方面存在差异性。自然界的物质循环（例如水循环、碳循环、营养物循环等）是物质代谢的结果和表现形式，而传统的

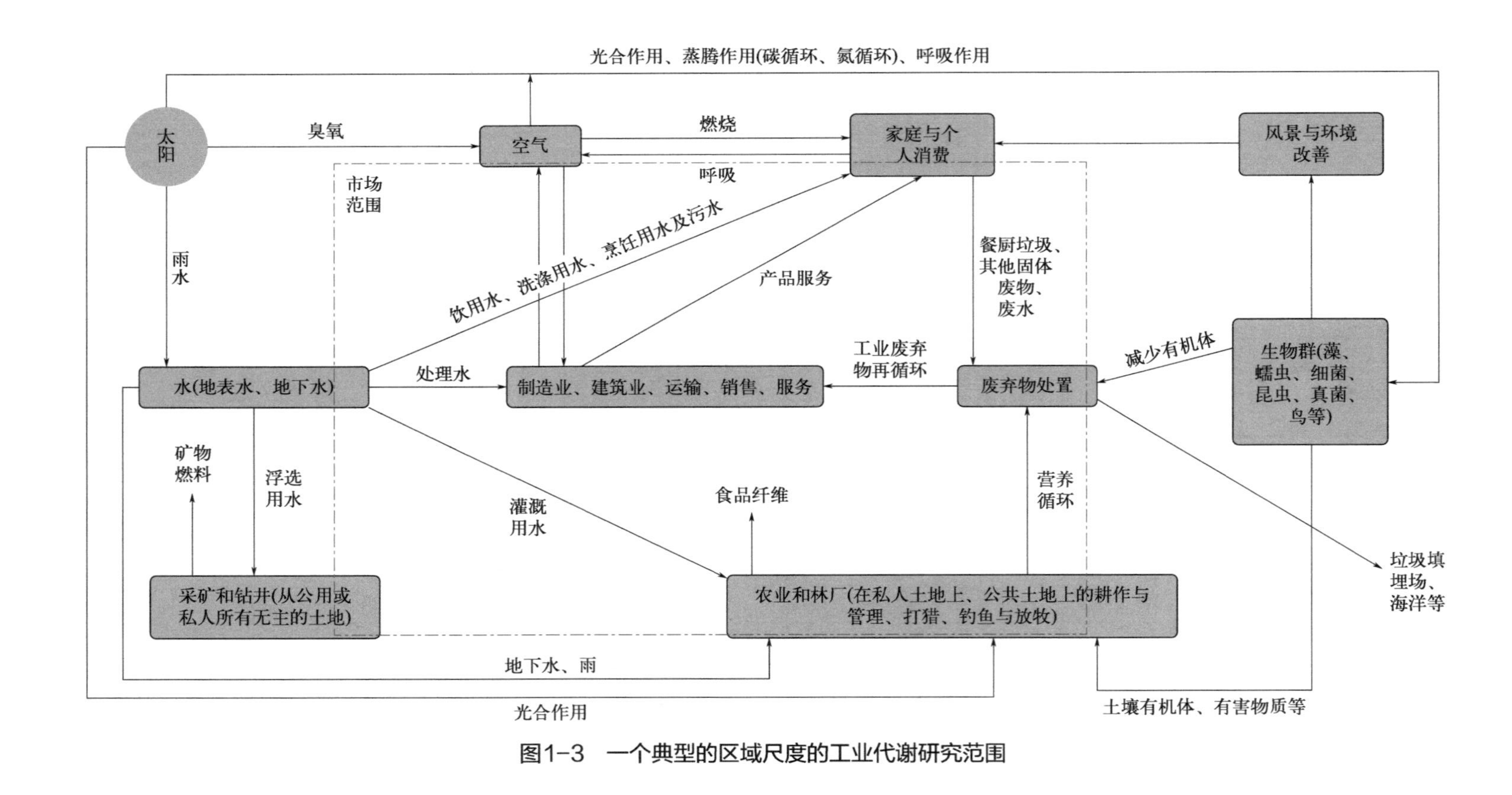

图1-3 一个典型的区域尺度的工业代谢研究范围

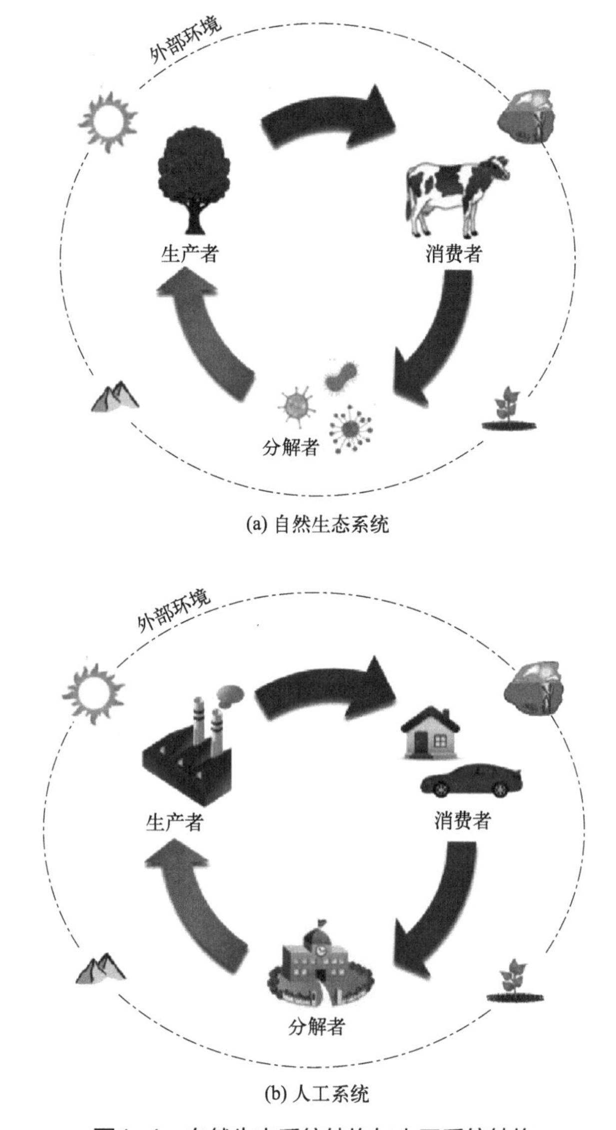

图1-4　自然生态系统结构与人工系统结构

工业代谢在这一点上区别于自然界的物质代谢：工业代谢并不总是能实现物质的闭环循环。这也是自工业时代以来环境问题产生的根本原因。

（2）如何实现工业代谢单元的自我调节

尽管代谢尺度和代谢过程不同，但工业代谢活动与生物体的新陈代谢行为在很多方面具有相似性。首先，表现在系统结构方面的相似性。二者都是在一定范围内，在能量交换、物质传递驱动下构成的物质转化体系。并且，二者都是处于稳定状态的自组织"耗散系统"，而且远未达到热力学平衡。其次，表现在基本代谢单元的相似性。所有的物质代谢都是由基本单元的代谢过程构成的。一个生物体可以视为是由各个功能相异的器官或组织构成的整体，同样，一个工业系统也可以视为是由具有不同生产功能以及经济价值的企业（生产商）所构成的整体。最后，表现在代谢过程的相似性。新陈代谢过程一般为生物体的器官或者组织将输入的养分、原料等物质转化为供生物体所需的能量或物质，以及不被需要的代谢产物（例如CO_2等）；而工业代谢，特别是企业的生产过程一般为生产企业将输入的原材料（包括燃煤、电力等能源）转化为具有市场价值的产品和废物。

但需要注意的是，生物体的器官或组织与经济系统中的企业并不是完全对等的，主要体现在：

① 部分生物组织可以进行自我复制，但企业只能生产产品或提供服务，而不能复制出另一个企业；

② 生物组织是高度专业化的（每个组织对应的功能都不相同），而且其行为（功能）固定（除非经过长时间进化后组织的功能有所改变），而企业的专业化程度相对较低，可以根据市场需求来调整生产的产品或提供的服务；

③ 生物体的器官或组织内部具有高度的协调性，能够实现物质和能源的高效利用与转化，而企业在生产过程中并不总是能够实现资源能源利用最大化和污染物最小化。

这些差异性使工业代谢的基本单元——企业的自我调节能力相对薄弱，需要进行人为的调控。

以上关于“如何实现工业代谢体系的闭环循环”和“如何实现工业代谢单元的自我调节”的分析，体现了在企业层面进行工业代谢研究的意义和必要性。工业代谢体系的物质代谢更强调工业体系的整体性，一般包括从资源开采、产品生产、消费到废弃物处理处置等一系列物质循环的生命周期过程；而工业代谢单元，即企业层面的代谢研究则是强调从生产过程中预防和控制污染物的产生，实现资源、能源的高效利用，通过企业工业代谢的研究建立起企业的自我调节机制，使其从代谢的基本单元层面更有利于实现整体工业代谢体系的闭环循环，这也是本书的研究意义之一。

1.3 工业代谢的分析方法

工业代谢的研究目的是了解和掌握经济社会对自然资源的开发利用情况以及在开发利用这些自然资源过程中对环境造成的影响。而实现这一目的的基本做法主要是通过分析某一个系统内所有的物质流，识别可能的排放源和其他与这些物质流有关的影响。

工业代谢分析方法的核心在于通过建立物质平衡账户，估算物质流动与贮存的数量，描述其代谢路径及复杂的动力学机制，同时给出代谢过程中物质相应的物理化学状态，是一种面向资源和能源代谢过程的分析方法。进行工业代谢分析的主要方法包括物质流分析、元素流分析、投入产出分析、生命周期评价、生态足迹分析等。

1.3.1　物质流分析与元素流分析

1.3.1.1　物质流分析的基本概念

物质流分析（material flow analysis，MFA）是指对某一特定的系统在特定时间和空间范围内物质流量与存量的变化进行的系统性的分析。在开展物质流分析研究时会涉及一些基本的概念和术语。

（1）物质（material）

通常来说，物质一词既指各种元素又指具体的商品。在本书中，将研究对象（系统）内某个主要关注的物质称为目标物质。例如，研究冶炼生产过程中重金属铅的工业代谢时，铅即目标物质。

国外部分学者认为，当物质流分析的对象是某一种元素的时候，称为元素流分析（substance flow analysis，SFA）。物质流分析与元素流分析在国内一般统称为物质流分析，但一些学者仍持有不同看法。国内有学者为了区分二者，将SFA译为物质流分析，而将MFA译为原料流分析；还有学者将SFA译为元素流分析，而将MFA译为物质流分析。实际上SFA的研究对象并不只是单一元素构成的物质，还包括单一化合物组成的物质，例如氧化铁等，因此针对将SFA定义为元素流分析的说法，一些学者提出了不同的定义。例如袁增伟、毕军等将MFA定义为基于通量的物质流分析，即主要针对基本材料、产品、制成品、废弃物等的分析；而将SFA则定义为基于单一物质的物质流分析，即主要针对元素、化合物或某一类物质的分析。

就概念和研究对象来说，MFA与SFA二者既有区别又有联系。Udo de Haes 等认为SFA是MFA的一个特殊分支，SFA只进行特定物质（化学物质）流的分析，而MFA的概念相对更宽泛，其研究领域包括经济系统的物质流以及某些特定的大宗物质流，例如（经济社会系统中的）纸、玻璃或塑料等。二者在方法学上相同，但具体操作时略有差异。大宗物质流研究可以反映出宏观经济指数，而SFA（例如化学物质流）的研究则反映了相应的环境问题，并且能为污染物预防和控制政策提供决策依据。对生产过程中某一类或几类物质代谢行为的研究应当属于SFA的研究范畴。目前研究的元素主要包括铅、锌、汞、镉、磷、碳、铁、铜、硅等具有重要经济意义且与环境问题相关的元素，主要涉及这些元素的源、汇、流向、流量和库存等。

无论是MFA还是SFA，其作用都是用于理解和刻画特定元素、化合物、物质在某一特定系统内的流动状况，用于识别特定污染问题产生的原因，试图找到治理和预防这些问题的可能性。

（2）过程（process）

过程是指各种物质的迁移、转化或贮存的一组活动。例如，钢铁生产过程，废旧太阳能电池板回收过程，河流中溶解态磷的迁移转化过程等。

（3）存量（stock）

存量是指分析系统内物质贮存、汇集而成的库。存量是在某项活动或者过程中逐渐贮存、累积起来的，是系统代谢的重要特征之一。例如，随着各类建材进入人类社会系统中的铁或铝，以建筑物或电子产品等消费品的形式存在于消费过程中；又例如，工业生产过程中，不同车间或工段产品产量增加较多时，无法进入下一个生产阶段，以库存的形式暂存于工业生产过程中。存量可能保持不变，也可能随着时间的推移增加（物质累积）或减少（物质消耗）。

（4）系统（system）

系统是指由大量的物质流动、贮存以及各种过程组成的集合，具有较为明确的边界。例如某一个车间甚至某一道工序，或者某个工厂，也可以是某个行业、区域或者流域等。

（5）系统边界（system boundary）

系统边界是指限定的时间或空间范围，既包括特定的地理边界（例如某个区域或者厂界），也包括人为划定的边界（例如某个污水处理过程）。

工业代谢和物质流的分析研究都需在一定的系统边界范围内展开，这个系统边界的选择不仅是研究目标的需求，而且需考虑到数据可得性、物质输入与输出平衡关系建立的可行性等。

1.3.1.2 物质流分析的基本步骤

2001年，欧盟统计局（Eurostat）出版了一部有关物质流分析研究方法的手册，将进入经济系统的自然物质分为可再生固体物质、不可再生固体物质、水、空气和非直接投入使用的物质5类。该手册的出版推动了世界各国在社会-经济系统物质流分析方面的研究。

此外，Ester van der Voet在借鉴前人成果的基础上总结了物质流分析的3个基本步骤。

① 系统界定：主要是对时间、空间的界定。如果有必要的话，可以将系统划分成几个子系统，识别子系统内的过程、流量、流向，关注重要节点。

② 定量化：包括识别、收集数据，建立簿记、大体框架或者动静态模型。

③ 对结果的解释和评价。

物质流分析使用物理量（通常为质量）作为单位，在一定程度上弥补了以货币作为单位存在的缺陷，使可持续性度量建立在自然科学分析的基础上。而结果的评价关键在于指标的选取，研究中通常采用输入、输出、消耗、平衡、强度和效率、综合指数6大类共10多个指标来评价系统的物质代谢效率、代谢通量、代谢强度等。

2002年，耶鲁大学生态工业中心开始了STAF（stocks and flows）项目研究。该项目基于对欧洲铜循环的研究，提出了STAF研究框架，如图1-5所示。按照全生命周期理念，将金属分解成生产、加工制造、使用、废物处理等不同环节，识别一定时间范围（通常是1年）内每个环节中金属元素的流向、流量和库存。2002年以后，耶鲁大学采用动静态模型对铜、锌、铅、铬在全球、国家、城市等尺度的循环和库存情况进行了细致的研究。在上述研究中，库存的核算是重点研究内容之一，研究人员认为元素的累积库存与环境污染、资源再利用有直接的联系。库存的核算方法主要有“自上而下”和“自下而上”两种方法。“自上而下”的方法主要用于对全球、国家层面社会库存的研究，而“自下而上”的方法多应用在城市层面上。K. Drakonakis从建筑、机械和电器、交通工具、其他4个方面对美国钢铁库存和纽黑文市钢铁库存状况进行了比较分析。2004年以后，Graedel和Johnson等研究学者采用相同的研究框架，对铜、锌、银、铬、镍等有色金属在全球、多个国家和地区的多级循环流动、库存、损失情况进行了系统的研究。

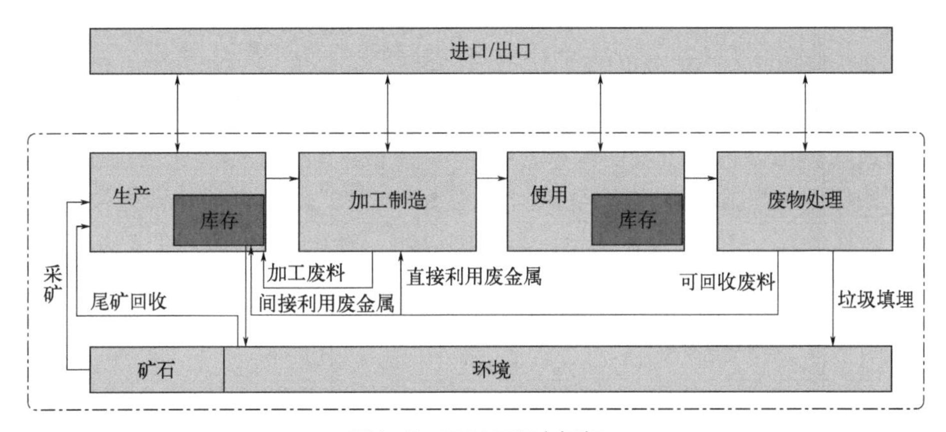

图1-5 STAF研究框架

由于物质流分析是衡量资源利用效率的重要手段，在计算区域资源产出率等指标时具有较大优势，因此在工业活动频繁和集中的工业园区层面可作为生态化、循环化改造的重要工具。通过物质衡算来辨别工业园区的物质代谢格局、过程、结构和绩效，在开展物质流分析的基础上，可合理设定体现园区各类绿色化改造成效的可量化的指标。2020年，我国发布了一项国家标准《工业园区物质流分析技术导则》（GB/T 38903—2020），对工业园区物质流分析的通用框架与评价指标、数据采集、物质流账户与分析等内容进行了规定和规范。

1.3.2 投入产出分析

投入产出是一种“自上而下”的分析方法，是研究经济系统中各个部分之间在投入与产出方面相互依存的经济数量分析方法，该法主要通过编制投入产出表及建立相应的数学模型，反映各部门初始投入、中间投入、总投入与中间产出、最终产出、总产出之间的关系。最初由美国经济学家Leontief于1936年提出，用于研究美国各部门间的经济关系，并且成功预测了美国1950年的钢铁需求量。Leontief在后期进一步完善了其理论框架，这种方法得到了迅速普及，20世纪70年代开始被广泛应用于工业企业构成分析、企业资源合理利用研究以及环境和能源领域研究等各个方面。

投入产出分析是一种模型化的方法，投入产出模型在研究资源环境问题时可分为价值型、实物型和混合型3种。不同于传统的能源平衡表分析方法以及基于物质流、元素流、能量流等的非模型化的分析方法，投入产出分析具有以下特点：

① 用矩阵形式编制投入产出表，更加直观简洁地反映工序内部消耗与产品之间的关系；

② 提出了产品能值的概念，更加全面和系统地分析了工业企业的能耗情况；

③ 投入产出模型的构建具有一定的原则，具有较强的通用性和可扩展性。

投入产出模型的数据基础是投入产出表。统计部门调查统计某一个年度国内生产部门间的投入和产出数据、增加值、最终需求等，编译成投入产出表。20世纪50年代初，西方国家纷纷编制投入产出表以解决实际经济问题，苏联于1959年开始应用投入产出分析方法，联合国于1968年推荐将投入产出表作为各国国民经济核算体系的组成部分。中国是应用投入产出分析比较晚的国家，1974～1976年试编了第一张全国投入产出表，1987年开始将投入产出表编制工作制度化，每5年（逢2、逢7年份）调查和编制一次全国投入产出基本表，基本表编制年份以后3年（逢5、逢0年份）编制延长表。

1.3.3 生命周期评价

生命周期评价（life cycle assessment，LCA）是一种对产品、工艺或活动的全过程，包括原材料开采，产品生产、运输、使用，废弃物处置所消耗的资源以及污染物排放造成的潜在环境影响等进行量化的系统分析方法。LCA方法始于20世纪70年代初，最初被称为资源与环境状况分析。

1997年6月，ISO 14040标准《环境管理　生命周期评价　原则与框架》正式颁布，其中明确提出LCA的框架包括目标和范围确定、清单分析、影响评价和结果解释4个部分（见图1-6）。

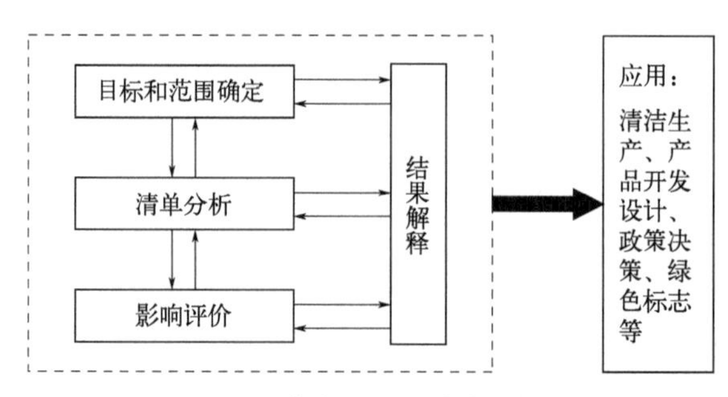

图1-6　生命周期评价流程框架

① 目标和范围确定是生命周期评价的第一步，它是清单分析、影响评价和结果解释所依赖的出发点与立足点，决定了后续阶段的进行和LCA的评价结果，直接影响整个评价工作程序和最终的评价结果。

② 清单分析是计算符合LCA目的的全体边界的资源消耗量和排出物数据阶段，是目前LCA中发展最为完善的一部分，也是相当花费时间和劳力的阶段。主要是计算产品整个生命周期（原材料的提取、加工、制造、销售、使用和废弃物处理）的能源投入、资源消耗以及排放的各种环境负荷物质（包括废气、废水、固体废物）的数据。

③ 影响评价建立在生命周期清单分析的基础上，根据生命周期清单分析数据与环境的相关性，评价各种环境问题造成的潜在环境影响的严重程度。把清单分析的数据按照温室效应、臭氧层破坏等环境影响项目进行分类，评价每个类别的影响程度。

④ 结果解释即把清单分析和影响评价的结果进行归纳以形成结论和建议的阶段。在LCA中，如果调查范围、清单分析中体系边界的定义和分配方法，以及影响评价阶段特征化系数选择不同，都有可能导致不同的结论，因此有必要进行解释。

LCA在工业中产品系统的生态辨识与诊断、产品生命周期影响评价与比较、产品改进效果评价、生态产品设计与新产品开发、循环回收管理与工艺设计以及清洁生产审计6个方面有重要的应用。

1.3.4　生态足迹分析

生态足迹（ecological footprint），也称生态占用（ecological appropriation），指能持续地向一定人口提供他们所消耗的所有资源和消纳他们所产生的所有废物的土地与水体的总面积。生态足迹的概念在1992年由加拿大生态经济学家Willianm Rees首次提出，随后Willianm Rees和他的博士研究生Mathis Wackemagel在1996年对生态足迹方法进行了进一步的完善。

生态足迹的分析计算主要基于两个基本事实：一是人类可以确定自身消费的绝大多数资源及其所产生的废弃物的数量；二是这些资源和废弃物能转换成相应的能提供或消纳这些流量的、具有生物生产力的陆地或水域面积。生态足迹计算以生物生产性土地为基础，主要考虑化石能源用地、耕地、林地、牧草地、建筑用地和水域6种类型，将这6类具有不同生态生产力的生物生产面积加权求和。因此，任何已知人口（某个个人、一个城市或一个国家）的生态足迹是生产这些人口所消费的所有资源和吸纳这些人口所产生的所有废弃物所需要的生物生产总面积（包括陆地和水域）。生态足迹的计算公式如下：

$$\mathrm{EF} = N \cdot \mathrm{ef} = N\sum(\mathrm{aa}_i) = N\sum(c_i/p_i) \tag{1-1}$$

式中　i——消费商品和投入的类型；

p_i——i种消费商品的平均生产能力；

c_i——i种商品的人均消费量；

aa_i——人均i种交易商品折算的生物生产面积；

N——人口数；

ef——人均生态足迹；

EF——总的生态足迹。

生态足迹模型主要用来计算在一定的人口和经济规模条件下，维持资源消费和废弃物吸收所必需的生物生产面积。由式（1-1）可知，生态足迹是人口数和人均物质消费的一个函数，是每种消费商品的生物生产面积的总和。生态足迹测量了人类生存所必需的真实的生物生产面积，将其同国家和区域范围所能提供的生物生产面积进行比较，就能为判断一个国家或区域的生产消费活动是否处于当地生态系统承载力范围内提供定量的依据。

1.3.5 能值分析

能值分析（emergy analysis，EMA）来源于国外，最早由美国生态学家Odum在1986年的时候提出，之后在Brown和Ulgiati的继续研究下发展成能值分析理论。该方法从系统的观点出发，从能量产生的源头计算消耗的、转化为产品的包被能（embodied energy），是评估系统资源价值以及运行效率的有效研究方法。20世纪80年代起，国外陆续有一些国家开始系统地研究能值分析，美国国家科学基金会率先开展能值研究；到了20世纪90年代，瑞典和澳大利亚等一些国家也随之开展能值分析工作。

国内关于能值分析的研究是从20世纪90年代开始的，由蓝盛芳首次将能值理论引入中国，随后吸引了众多领域的学者参与研究，并取得了卓越的发展。能值分析是以能值为基准，把生态系统或生态经济系统中不同种类、不可比较的能量转换成同一标准的能值来衡量和分析，从而评价其在系统中的作用和地位；综合分析系统中各种生态流（能物流、货币流、人口流和信息流），得出一系列能值综合指标（emergy indices），定量分析系统的结构功能特征与生态效益和经济效益。

能值分析的基本概念如表1-2所列。

表1-2　能值分析的基本概念

术语	定义
有效能	具有做功能力的潜能，其数量在做功过程中减少（单位：joules, kilocalories, BTUs等）
能值	产品形成所需直接和间接投入应用的一种有效能总量（单位：emjoules）
太阳能值	产品形成所需直接和间接应用的太阳能总量（单位：太阳能焦耳sej）
太阳能值转换率	单位能量（物质）所含的太阳能值之量（单位：sej/J或sej/g）
能值功率	单位时间内的能值流量（单位：sej/time）
能值/货币比率	单位货币相当的能值量；由一个国家年能值利用总量除以当年GNP而得（单位：sej/美元）
能值-货币价值	能值相当的市场货币价值，即以能值来衡量财富的价值或称宏观经济价值

该方法是将生物圈中的经济系统看作一个开放的热力学系统，从生物地球物理学的角度来估测生产及自然和人力资源使用过程中的能量。并将不同类型的能量、物质资源、人力资源以及费用通过能值转换率转换成统一标准的太阳能焦耳。太阳能值转化率即单位物质所含太阳能量的大小，该值越高，表明该物质的能值越高，在能量系统中的等级越高。能值分析中常使用能值转换率，即单位能量（J）或物质（g）所具有的能值。实际应用的是太阳能值转换率，即单位能量或物质相当于多少太阳能焦耳。如形成1J木材需要34900sej（太阳能焦耳），那么木材的能值转换率就是34900sej/J。

能值分析方法有以下3个主要步骤：

① 准备阶段。收集所研究系统的社会经济和自然环境等各项资料数据，按能量流、货币流和物质流初步归类、整理。

② 处理数据阶段。对数据进行初步分析。首先，使用Odum规范能量系统图例，绘制系统能流图；其次，编制各个子系统的能值分析表，构建各子系统和系统整体的能值结构图。

③ 数据分析和解读阶段。首先建立系统能量与经济结构的分析指标体系，然后解释和评价各指标，并根据数据反映的问题提出解决方案，指导区域的生态经济建设。

能值分析的重点和难点就是对系统的能物流、货币流、信息流进行能值综合分析，建立可比较的能值指标体系。因此，要用能值转换率计算各种能物流乃至信息流的能值，首先要解决能值转换率的问题。尽管Odum等已研究计算出自然界和人类社会主要能量类型与物质的能值转换率，可满足较大范围（如国家、地区、城市）生态系统的能值分析需要，但人类经济产品的能值转换率因生产水平和效益的差异而出现差别。在大系统分析中这种差别不是很大。产品的能值转换率的计算，需对生产该产品的系统做能值分析，以产品消耗应用的太阳能值总量除以产品的能量而求得，这种分析计算的复杂度和难度不小。信息流的能值计算评估难度更大。Odum在能值分析专著及其他论著中对能值转换率和信息的计算分析有特别的论述，但仍需做深入研究。

1.3.6 人类占用的净初级生产量

净初级生产量（net primary production，NPP）是植被在单位时间和单位面积上固定的干物质的总重量，是衡量土地生产能力的主要指标之一。由高级甚高分辨率辐射计（advanced very high resolution radiometer，AVHRR）、生产效率遥感模型（global production efficiency model，GLOPEM）所模拟的地表植被净初级生产量，其模型运行所需要的生物和环境变量来自遥感参数，因而得到的植被净初级生产量的空间分辨率与遥感数据的空间分辨率相同，从而解决了以前净初级生产量估算模型因依赖空间插值得到的气象数据而无法获取精确NPP的问题。

净初级生产力的人类占用（human appropriation of net primary production，HANPP），指未受干扰的潜在的植物净初级生产量与实际存留在生态系统中的总生物量间的差额。

HANPP与NPP的比值直接反映了人类对生态系统的影响程度，可以定量评估一个国家或区域发展的可持续性，是近年来国际上一种重要的生物物理量衡量方法，表征人类社会对自然生态系统的占用程度。一般而言，有两方面因素对净初级生产力的人类占用具有重要影响：一是生态系统平均生产力（每单位面积每年的NPP）的变化，如森林生态系统中道路的建设等；二是收获量，如果实际植被的净初级生产力表示为NPP_{act}，收获量为NPP_h，则NPP_t（实际存留在生态系统中的总生物量）$=NPP_{act}-NPP_h$，而总的净初级生产力的人类占用可表示为：

$$HANPP=NPP_0-NPP_t=NPP_0-NPP_{act}+NPP_h$$

式中，天然植被的净初级生产力（NPP_0）一般用迈阿密模型进行计算，或通过对年平均温度、降水与净初级生产力的回归分析进行估算；实际植被的净初级生产力（NPP_{act}）大多依据植被类型假设平均生产力；收获量（NPP_h）则根据农林牧业部门的统计资料计算而得。

对于净初级生产力的人类占用的研究，国外Krausmann等分析了1910～2005年间的全球人口、经济以及HANPP数据，并对2050年的全球HANPP做出了预测。国内学者使用此方法进行研究起步较晚。2008年，龙爱华等采用HANPP对黑河流域进行评价，发现生态系统平均生产力的变化和收获量对净初级生产量的人类占用（HNAPP）有影响；2009年，王均等基于AVHRR GLOPEM NPP数据集及相应时段的气候数据集，通过对逐个像元信息的提取与分析，研究了1981～2000年内蒙古自治区中部地区植被净初级生产量退化的状况及其与气候变化的相关性。

目前，国际上对HANPP的研究尚处于理论框架的完善与发展阶段，主要包括以下6个方面：

① 对潜在NPP和实际NPP计算模型的改进，提高其评估精度。

② HANPP与其他生物物理量评估方法的适用范围和优劣的比较，如与生态足迹的对比。

③ 对HANPP导致物种损失假说的验证。对奥地利东部农业景观的研究表明，HANPP和NPP_{act}与物种多样性呈负相关，而与NPP_t则呈正相关。

④ HANPP与土地利用相互关系的分析。Wrbka等探讨了HANPP将社会-经济活动和代谢机制与特定地区的土地利用强度相联系的能力，研究表明，当HANPP具有中等水平时景观差异最大，因此基于生物多样性保护的土地利用政策应当是通过保持混合土地利用方式以使HANPP达到中等水平。

⑤ HANPP与能源可持续发展的冲突问题。能源可持续发展的策略之一就是提倡用生物质来代替化石燃料，以减少CO_2的释放，但这必然增加净初级生产力的人类占用量，从而对生物多样性造成威胁，结果在替代能源、CO_2减少和生物多样性保护之间产生冲突，而这些都是可持续发展的重要方面。研究表明，生物质能多用途利用与节约能源是可行的解决办法。

⑥ HANPP的实证评估。目前尚未广泛开展，已有的研究也均集中于全球与国家尺度。

1.3.7 常用分析方法的对比

以上分析方法中最常用的工业代谢的基本分析方法是物质流分析（material flow analysis，MFA；substance flow analysis，SFA），其遵循的基本原理是质量守恒原理。该原理由2000多年前的希腊哲学家首次提出，此后被不断证实，例如法国化学家Antoine Lavoisier（1743—1794年）曾通过大量的实验证实物质的总量不会被化学过程改变。物质守恒原理被广泛应用于多个领域进行过程的物质平衡研究，包括医药、化学、经济、工程以及生命科学等。例如，在过程与化工领域往往需要进行化学反应过程的输入、输出平衡分析，而Leontief于20世纪30年代发明的投入产出表也是基于此原理。

生命周期评价、生态足迹分析是在对能够表征研究对象物质流动情况的数据收集的基础上根据不同的研究目的对所获得的数据进行进一步的评价。其中，生命周期评价步骤中的生命周期清单分析（LCIA）是运用物质守恒原理进行数据收集的方法，而生态足迹分析方法之一是利用投入产出表来获得地区消费量，因此，物质流分析（SFA/MFA）和投入产出分析是工业代谢分析的基本工具，而生命周期评价和生态足迹分析是工业代谢的评价方法。随着工业代谢研究的不断深入，进行工业代谢分析与评价的方法已不再局限于LCA和生态足迹分析（EFA），而是根据研究目的不同发展出更多面向目标的研究方法。

工业代谢分析方法汇总如表1-3所列。

表1-3 工业代谢分析方法汇总

研究方法	研究目的	研究对象	研究尺度	时间尺度	衡量单位
物质流分析（MFA）	物质减量化，可持续发展评价	系统内所有物质的流动情况，注重大宗物质	国家/地区/流域/家庭	年	重量/体积
物质流分析（SFA）	追踪解决某一特定物质的环境或资源效率等问题，提出相应的解决途径	以内部物流之间的相互影响关系为基础，注重元素在系统中迁移转化的各种途径及其所存在的形态	国家/地区/流域/企业	年/天	重量/体积
投入产出分析（PIOT）	通过Leontief矩阵方程分析生产、消费、处置等部门初始、中间和最终阶段的物质关联，解析国民经济各部门之间的相互依存关系	商品/产业/国家宏观经济	国家/地区	年	重量
生命周期评价（LCA）	评价产品/服务在全生命周期内对环境产生的影响	产品/服务的功能	产品/服务全生命周期	年	重量/体积/面积
生态足迹分析（EFA）	将区域内人类资源、能源消费总量转换为土地面积，并将其与区域生态承载力进行比较，从而评价区域的可持续发展状况	资源/废物	国家/地区	年	面积

1.4 工业代谢分析的研究与应用

1.4.1 工业代谢的实证研究

国际上对工业代谢的研究已经开展了20多年的时间，在系统边界和研究目标的确定、模型构建、清单编制、分类方法、数据分析、结果解释等方面已经基本形成了工业代谢物质分析方法的技术框架。国际上对工业代谢的研究主要集中在德国、加拿大、美国、日本等少数发达国家。美国、德国、瑞士、瑞典以及意大利等国家利用物质流分析的方法开展了国家经济系统的物质流分析，瑞士、美国、英国等利用物质流分析开展了造纸、建筑、食品等行业的物质代谢研究。在基于元素流分析的工业代谢研究方面，研究尺度也集中在大尺度宏观层面，研究对象包括20种金属与非金属元素，例如铜、锌、铝、镉、铅、汞、银、铂、氮、磷、氟、氯等，其中对磷元素代谢的研究涵盖了流域、城市及行业层面。

1969年，Ayres等建立了物质流分析的雏形，特别指出了应当注意低价值物质对经济系统的影响。1974年，Kneese等在物料平衡核算的基础上对经济系统中的物质流进行研究，认为要削减废物产生量必须减少物质输入量。从20世纪90年代开始，物质流分析的重点由侧重于探究特定元素转向考察整个经济系统的总物质通量。1998年，德国Wuppertal研究所（Wuppertal Institute）提出物质流账户体系（material flow accounts，MFA），以其作为基本工具定量测度经济系统运行中物质的使用量，同时提出生态包袱（ecological rucksacks，ER）的概念，即后来研究中的隐藏流（hidden flow，HF）。Newcombe等与Boyden等对19世纪70年代中国香港的城市代谢情况进行了研究，Warren-Rhodes等在其研究基础之上对同一时期内香港城市代谢的主要变化情况进行了研究，结果表明，主要资源消耗指标，如人均粮食、水和物质消耗分别增长了20%、40%和149%，而相关环境影响物的指标，如废气、二氧化碳、市政垃圾及污水的排放量分别增长了30%、250%、245%和153%。Cristina Sendra等在MFA指标的基础上，添加了水和能源指标，建立了评价产业集聚区物质与能源利用效率的指标体系，并对西班牙加泰罗尼亚地区某生态园区进行研究，可用于衡量企业的物质利用效率。Ariana Bain等利用物质流分析方法对印度迈索尔（Mysore）地区某工业区产业共生集聚体废物的产生、循环和再利用进行了量化研究。

上述研究基于物质流分析的方法，在国家、区域和产业部门的物质代谢、经济与社会发展以及环境影响等层面进行了深入的研究，对物质流分析使用方法标准化的广泛发展起到了一定的推动作用。

从20世纪80年代开始，欧美国家陆续展开了宏观层面的金属、有机化合物、营养元素流动和库存的研究。通过追踪元素的流动情况，进而发现环境污染的原因，并较早意识到元素的累积库存对环境问题的重要性。丹麦采用元素流分析方法对铅、锌、镉等重金属和多氯联苯等一些有毒有害的化合物迁移路径进行了追踪。1995年，Stephen分析了汞在美国的流动情况。1996年，Ester van der Voet在其博士论文中对元素流分析的定义、总体框架、系统界定、应用的模型和政策导向进行了详细的阐述，并基于政策导向对镉在欧盟地区的流动和库存情况进行了案例分析。2000年，Kleijn R基于元素流分析和正态分布动态模型，对瑞典的聚氯乙烯库存进行了核算，并由此推测未来的排放量。Hekkert和Joosten提出了STREAMS（statistical research for analyzing material streams）分析方法，并用该方法计算出1990年荷兰塑料、纸制品和木制品的最终消费量分别是126万吨、360万吨和390万吨。

美国采用元素流静态分析方法，从1994年开始对铅、钽、铁、砷、镉等十几种金属元素的循环再生情况进行了详细的分析。1998年回收铅、钽、铁的数量占各自表观供应量的比例分别为63%、21%、41%，回收效率分别为95%、35%、52%。2010年，美国共回收6600万吨金属，相当于这些金属表观供应量的65%。其中，90%以上的再生金属是钢铁；铅的回收率最高，达到82%。这些研究成果为制定资源管理和环境保护等相关政策提供了理论依据，是国家水平上元素流分析应用的典型案例。

自20世纪90年代末起，我国学者也开始了工业代谢的研究。陈效逑等通过物质流方法分析了1989～1996年间我国经济系统的物质输入，数据显示，1994年我国的资源利用效率相较于发达国家存在不小的差距。2001年，陈效逑等通过对1990～1996年输入和输出数据的研究进一步发现：随着社会经济的发展，我国的物质总需求（TMR）、直接物质投入量（DMI）和物质消耗强度呈稳定增长趋势，资源消耗量高和利用效率低的问题依然存在。2005年，刘敬智等以德国Wuppertal研究所提出的物质流账户系统框架为基础，对1990～2002年我国经济系统的直接物质投入进行了核算。2004年，石磊等以Wuppertal研究所物质流账户系统框架为基础，将区域物质流分析与贵阳市实际情况相结合，结合地区区域特征，在原有方法的基础上做了必要改动，对2000年贵阳市的整体物质流平衡，以及1978～2002年城市资源的投入，污染物排放的总量、强度、结构及人均规模变化趋势进行了分析。杨建新等在生态工业园区层面开展了工业区内企业及其构成的工业共生网络的物质核算和研究，并通过部门间实物型投入产出表改进了该尺度MFA的核算方法，构建了EIPs-MFA模型及指标体系。

肖忠东、孙林岩等从工业生态制造的角度对工业剩余物质的代谢管理问题进行了研究。徐大伟以工业生态系统中工业生态链为研究对象，运用工业代谢分析方法和原理，建立了反映工业代谢中工业生态链物质流的流动关系和链接关系模式以及其数学表达模型。元素的工业代谢研究侧重于以某种特定元素为追踪对象，关注所有与之相关的重要工业过程和产品。氯相关工业过程的原料开采、生产加工、产品消费、废物排放和环境消纳过程可以看作若干以源和汇为端点，经由诸多物质节点，通过物质流动的路径构成的网络。杨宁等以中国2005年氯相关工业的主要过程为系统边界，涉及资源开采、生产、消费及最终环境消纳，运用工业代谢研究方法，对中国2005年氯元素的工业代谢进行了宏观研究，通过大量数据、资料的分析与核算，首次较为系统地完成了“资源开采—产品加工—环境消纳”生命周期内定量的氯元素工业代谢网络图。另外，工业代谢还被运用到工业园区的规划和管理中，以及企业行业的清洁生产与节能减排研究中。

1.4.2 流域尺度的代谢研究

流域尺度的代谢分析较为经典的研究案例是莱茵河流域水污染事件及其后续大量的科学家对镉、铅、锌和氮、磷等物质的代谢分析。随着工业代谢及物质流分析等手段在国内的逐步发展，我国学者也逐步开展了流域尺度的氮、磷、氯、锰、硅等元素在不同层面循环和流动情况的探索，研究成果不断丰富。由于氮、磷是造成湖泊等水体富营养化的主要原因之一，因此流域尺度的氮、磷代谢研究较多。以磷的代谢研究为例，南京大学袁增伟等对巢湖流域2008年的人为磷流量进行了定量分析，并提供了一种在流域水平量化人为磷流量的方法（模型和计算公式），有助于了解人类活动与富营养化之间的关系。乐萍萍等进行了白洋淀流域磷物质流分析，并提出了白洋淀流域磷控制政策建议。刘毅、王晓燕等通过建立全国水平和流域层面静态磷元素代谢分析模型，识别了全国、滇池流域、巢湖流域、密云水库上游流域磷元素循环的总体特征。但目前，对磷的研究主要集中在农业生产系统，将农业生产视为“黑箱”，并对磷的输入、输出以及累积量进行估算，这种方法不利于追踪和分析磷的利用与转换，可能导致无效的磷素养分管理。实现磷资源的可持续管理的关键点在于对磷的来源、流动以及最终去向进行全面系统的调查。流域磷代谢研究中，工业生产的磷排放等代谢行为及路径有待进一步研究和明确。

1.4.3 金属及重金属工业代谢研究进展

通过对各个尺度工业代谢研究案例的回顾性分析可以发现，重金属代谢是区域和行业层面的主要研究对象之一。表1-4和表1-5列举了近年来区域（全球、国家或地区、城市）、行业等不同研究尺度的重金属物质流分析研究案例。在区域尺度上铜、铅、锌、铝等金属的研究最为广泛，而在行业尺度上钢铁行业的物质代谢研究案例最多。在这些区域及行业尺度的研究中，往往选择某一个元素或几个元素作为主要研究对象，通过识别和追踪研究对象在系统边界范围内的输入、输出流量以及在系统内部不同环节之间的流动、贮存和分布情况，并特别关注这些研究对象在流动过程中进入环境的量和以消费形式暂存在系统内的量（社会库存）。

表1-4　区域层面工业代谢研究案例——以重金属为例

研究尺度	研究范围	研究对象	研究内容	发表时间
全球		铅	重点从铅的利用方式的角度，对人类圈铅循环过程中各个组成部分进行分析，并对52个国家、8个地区和世界范围内的铅循环进行了案例分析	2008年
		锂	研究锂在全球范围内的需求与供给以及排放至环境中的流量	2012年
国家或地区	欧洲	铜	对一年之内进入和输出欧洲的全部的铜物质流进行了追踪研究，建立了区域物质流模型，并对20世纪90年代初期欧洲部分国家的铜的利用模式进行了评估	2002年
	拉丁美洲和加勒比地区	铜	对一年之内进入与输出拉丁美洲和加勒比地区的铜物质流进行了追踪研究，并利用区域物质流模型对20世纪90年代初期该地区铜的利用模式进行了评估	2004年
	荷兰	铅	利用物质流分析研究了荷兰的隐藏流中的铅，并对可能产生的环境影响进行评估	2009年
	美国	铅	对美国本土的铅总消耗量（包括输入流和隐藏流）等进行了研究	2009年
		铝	对美国1900～2009年铝的库存和流动进行了分析	2012年
		铜	利用物质流分析对美国1975～2000年铜的耗散型排放进行了分析	2012年
	韩国	钙	利用物质流分析对韩国钙的物质流动、库存及未来可能的流动情况进行了分析和预测	2013年
	日本	铝	利用物质流分析对日本铝及其伴生元素Si、Fe、Cu、Mn的物质流动进行了分析	2007年
		锌	利用物质流分析对日本锌的物质流动进行了分析	2009年
		铜	利用物质流分析对日本铜的物质流动进行了分析	2009年
	中国	铜	运用物质流分析对中国2004年铜的流动进行了研究	2008年
		铅	利用库存与流量模型（STAF）分析了2006年中国铅的社会存量变化及其流动状况	2009年
		锌	运用物质流分析对中国2006年锌的流动进行了研究	2010年
		铝	对中国1950～2009年铝的库存和流动进行了分析	2012年
城市	斯德哥尔摩	金属（Sb、Cd、Pb、Hg）等	运用物质流分析对瑞典首都斯德哥尔摩的金属（Sb、Cd、Pb、Hg）和有机化合物（烷基酚、烷基酚乙氧基化物）等物质进行了研究	2009年
	北京	铅酸蓄电池中的铅	对2005年北京市铅酸蓄电池的种类、数量等进行了调查研究，估算了铅酸蓄电池中铅的蓄积量及其构成情况	2010年

表1-5　行业层面工业代谢研究案例

研究范围	研究对象	研究内容	发表时间
英国	钢铁行业	对1954～1994年英国钢铁行业进行了物质流分析	2000年
日本	电子行业	为了建立有效的铟回收系统，对日本平板显示器中的铟元素进行了物质流分析	2007年
	有色金属行业	建立了日本2000年的有色金属行业物质流账户	2004年
	钢铁行业	对2004年日本钢铁行业中的钼元素进行了物质流分析	2007年
		对2005年日本钢铁行业（主要是不锈钢、铁合金及碳钢）中的氯元素进行了物质流分析	2010年
		对2004年日本钢铁行业（主要是不锈钢）中的氯和镍元素进行了物质流分析	2010年
韩国	钢铁行业	对韩国2005年钢铁行业中的磷元素进行了物质流分析	2009年
中国	铅酸电池行业	通过构建铅酸电池生命周期铅流图，建立了铅酸电池系统与外部环境之间的关系，得出了铅酸电池行业铅的工业流动的基本规律	2006年
	钢铁行业	对中国2001年的全部铁流及此前22年的报废产品铁流进行了物质流分析，给出了“2001年中国铁流图”和“2001年中国钢铁产品生命周期铁流图”	2005年
全球	电力行业	运用情景分析对1980～2050年电力行业不同发电技术造成的全球金属的物质流动情况进行了分析和预测	2013年

企业的生产过程可以视为是将资源和能源转化为产品与废物的代谢过程，因此工业代谢的概念同样适用于企业的生产过程。相较整个经济系统的物质代谢，在企业内部更容易实现物质的库存与流量的追踪，因此更易实现生产过程的工业代谢分析。但目前，企业层面（或生产过程）的工业代谢研究案例相对较少，在以往的企业工业代谢分析案例研究中，研究对象以重金属等有毒有害物质为主，例如Rotter等对利用生活垃圾制造垃圾衍生燃料过程中的物质流，特别是重金属和氯元素进行了代谢分析；Palmquist对城市污水处理系统中2种不同的废水处理方式下包括重金属和有机物在内的16种有毒有害物质进行了物质流分析和对比研究；Chancerel等对电子废弃物处理过程中的稀贵金属（金、银等）进行了物质流分析，并为技术改进、工艺过程优化提出建议；Oguchi等为了更好地实现电子废物管理，对电子废物处理过程中的有害重金属进行了物质流分析。

在社会库存方面，楼俞等采用“自下而上”的计算方法，对邯郸市的钢铁和铝2种元素的存量及其分布进行了研究，弥补了我国在城市层面元素库存分析的空白。在企业层面，陆钟武等提出了钢铁企业生产流程“基准物流图”的概念，并在此基础上建立了钢铁生产流程的元素流对能耗（e-p分析法）、大气环境负荷影响分析方法（v-p分析法），讨论了各股元素流的流量、流向对钢比系数、工序能耗和大气环境负荷的影响。

1.4.3.1 铅的物质代谢研究进展

由于铅的环境毒性及资源战略性，金属铅被视为应重点跟踪其全生命周期代谢过程的最重要元素之一，铅元素流分析吸引了国内外的研究兴趣。铅元素流分析的研究尺度可以分为全球、国家、地区、生产部门等，由于数据可得性和研究目的等方面的限制，国家尺度、地区尺度的研究较多。

在全球层面上，毛建素等采用STAF模型研究了全球、52个国家、8个区域人为铅循环过程中铅流量、使用库存、损失的情况。研究表明，从采矿到废物处置全生命周期过程中，每投入1t铅就有0.5t铅将流失到环境中，主要是由于填埋和使用过程中的耗散；并从暴露性、移动性、危害性等方面综合比较了7种含铅废物的环境影响程度。Rauch研究了全球铅循环流动情况，结果表明人类活动已显著扰动了自然地球化学循环。

在国家尺度上，Smith研究供给因素、需求因素对美国铅回收率的影响程度，结果表明，美国铅回收效率高达95%。Elshkaki研究铅元素流中非有意流量对荷兰经济和环境的影响，结果表明荷兰社会库存中铅金属有望被重新利用，库存和循环的铅金属可满足荷兰经济系统对铅金属的需求。Elshkaki应用动态模型对欧盟阴极射线管铅库存量进行了预测分析。郭学益等构建了我国铅循环的STAF模型，并分析了2006年我国铅元素流动状况和社会库存变化情况。Wang对比分析了我国2000年和2004年铅金属的流量与存量变化情况。

在区域尺度上，Obernostere、Bergbäck分别对维也纳市、斯德哥尔摩市的铅金属流量、存量、损失进行了量化，约90%的金属存量位于建筑和基础设施中，若对城市矿产中铅金属进行回收，可以在很大程度上减少铅精矿的开采。曾润等利用元素流分析中“自下而上”的计算方法，对2005年北京市铅酸电池中铅的使用蓄积进行了分析计算。

在行业尺度上，毛建素、Karlsson构建了铅工业元素流分析模型、铅酸电池系统的铅元素流程图，对中国工业铅与铅酸电池系统、瑞典铅酸电池系统中铅元素流动进行了分析，结果表明我国铅生态效率低，只有瑞士铅生态效率的1/80。Gottesfeld应用元素流分析方法，分析了中国、印度太阳能光伏发电系统中铅的损失情况。

在企业生产工艺方面，姜文英从循环经济建设及资源综合利用的角度出发，在企业层面上对铅锌冶炼工艺中铅元素及伴生元素进行了物质流分析，采用物质总需求与输出（TMRO）的方法研究了铅锌冶炼企业总体的输入、消耗与输出情况，并用生命周期评价方法对铅锌冶炼工艺之间铅锌元素的流动情况进行了研究。王洪才以企业能源节约为目标，建立了水口山铅冶炼工艺的铅元素流模型、能量流模型以及两者的耦合模型，并通过分析以上3种能量的变化对铅能耗的影响程度，计算了企业的节能潜力。汤景文通过对富氧底吹炼铅（SKS法）工艺中砷的分布及流向的调研，采用神经网络法及回归分析法进行砷流向的模拟与预测。钟琴道进行了粗铅冶炼过程的铅元素流分析，并运用评价指标，包括铅直收率、回收率、初级废弃物量、初级废弃物循环率等对各工序铅元素的流动、分配、循环规律进行了研究。

1.4.3.2 铜的物质代谢研究进展

岳强、陆钟武研究了涵盖铜生产、铜制品加工制造、铜制品使用、废杂铜回收四个方面铜循环的“STAF”模型，介绍了“具有时间概念的铜产品生命周期铜流分析方法”，分析了中国铜的社会存量变化及其流动状况，得到了2002年的铜流图，计算了铜工业的原料自给率、使用废杂铜的比例、矿石指数、铜资源效率和废铜指数等指标。针对我国铜循环现状，从促进铜矿山发展、提高铜再生资源利用率、扩大进口、加强对尾矿和熔渣的回收利用四个方面提出促进铜工业健康发展的建议。郭学益、宋瑜、王勇等从铜的生产、加工制造、使用和废铜处理四个阶段详细阐述了铜循环的“STAF”物质流分析模型，并以此模型分析了2004年我国铜的流动状况和社会存量变化，指出1998～2004年我国铜工业生产阶段的原料自给率和使用废杂铜的比例、加工制造阶段的原料自给率和使用废杂铜的比例平均值分别为49.08%、25.98%、57.14%和21.45%，远低于欧洲发达国家水平；指出今后我国铜工业可持续发展的工作重点是加强政策引导与科研投入力度，大力提高一次铜的资源生产率和二次铜的再资源化效率。

1.4.3.3 铝的物质代谢研究进展

楼俞、石磊采用“自下而上”的方法对邯郸市钢铁和铝的存量进行了调查研究，计算了钢铁和铝的使用规模、使用强度、总存量及其分布情况。截至2005年底，邯郸市使用中的钢铁存量为1333kg/人，建筑、基础设施、交通系统的钢铁存量分别占钢铁总存量的66.6%、19.7%和7.9%；使用中的铝存量为19.6kg/人，建筑、基础设施、交通系统的铝存量分别占铝总存量的61.5%、4.1%和24.4%。Dahlstrm和Ekins、Martchhek、陈伟强等、楼俞等、Buchner等、Ding等、Melo、Niero等、李春丽等、赵贺春等、Condeixa等、Schebeka等描绘了某一时间某地区的静态铝物质流图，主要用于判别自然环境退化和污染物的来源，衡量指标有铝原料自给率、铝对外依存度、资源效率、环节损耗等；Ciacci等、Chen等、Sevigne-Itoiz等、Hatayama等、陈伟强等、岳强等、楚春礼等、任希珍等、Liu等、Mathieuxa和Brissauda等、Bertrama等刻画了某一时间段某地区的存量变化的动态铝物质流图，除静态的评价指标外，动态模型还应用铝使用存量强度、废杂铝使用比例等分析原材料或产品的社会代谢模式、结构和通量，为进行资源优化管理、污染控制提出实施方案和长期战略。

1.4.3.4 镉的物质代谢研究进展

国外如Matsuno、Kyoko Ono等分别应用动态元素流分析方法研究了日本国内Cd元素的流动和存量；Kyounghoon Cha等应用静态和动态SFA分析方法对韩国的Cd流量与存量进行了全面分析，并根据分析结果为国家管理自然资源及环境保护提供了理论依据；David T. Waite等运用元素流分析方法，研究1998～1999年Cd元素在澳大利亚经济中的流动；R. Lig等运用元素流分析了Cd元素在欧洲工业生产中的全生命周期迁移转化，量化了欧盟27国Cd元素的生产、消费、排放情况；Stephane Audry等从水文学特征角度出发依托元素流分析方法对法国洛特-加仑河到吉伦特河口的Cd迁移转化规律进行了研究；Thomas O.Llewellyn等运用元素流分析方法对美国工业系统中的Cd元素进行了全生命周期分析；J.B. Guinée等运用元素流方法在荷兰展开了对Cd、Ni等元素的流动分析及风险评估，发现这些元素的累积量已超过临界水平，并且会造成一定的危害，故而提出了一些相关措施及建议。对于Cd排放进入整个环境介质的研究也有一些报道。欧共体（现欧盟）根据其排放因子核算方法对欧洲1975年的Cd排放量进行统计，发现欧洲每年排放到环境中的Cd共约6118t，其中2%进入大气、4%进入水体、94%进入土壤。Shi等采用物质流分析的方法对1990～2015年中国大陆工业生产中Cd的流动与库存进行了调查，研究发现，中国大陆超63%的Cd排放来自有色金属矿采选。罗涛主要通过实测的废物排放量与Cd排放因子相结合的方法制定Cd排放清单，结果表明江苏省丁蜀镇2015年人为源排放进入环境中的Cd的总量约为43.5kg，其中排放进入水体、土壤和大气中的Cd占比分别为90.4%、9.5%和0.1%，Cd主要的污染来源为工业生产和牲畜养殖。

1.4.4 流程型生产过程的物质代谢研究进展

国内对过程系统的物质流模型的研究最早始于东北大学的陆钟武院士。由于在实际钢铁生产流程中，含铁物料的流动情况十分复杂，陆钟武院士将钢铁生产流程中的实际物质流归纳概括为：

① 第一道工序开始，贯穿始终的主物质流。

② 第一类物质流，即系统外输入的含铁物料的全部物质流。

③ 第二类物质流，即从其他工序（包括本工序）输出后又返回至本工序再次处理的物质流，各工序输出后返回至上游工序再次处理的物质流，以及由下游工序返回至本工序的物质流（即循环物质流）。

④ 第三类物质流，即各工序完全向外界的物质流，这些物质流不再返回本工序。

陆钟武院士还以工序为基本单位，给出了“含铁物料在工序中的流动情况图”。随后，蔡九菊等在该图基础上给出了“企业的Fe流图”。以上两个含铁物料的物流图分别作为基本工序物流图和基本工艺流程物流图奠定了钢铁行业物质流代谢研究的基础。例如，蔡九菊等为解决高炉-转炉流程生产过程中产生的SO_2烟气造成环境污染的问题，基于基本工序物流图建立了工序的硫素流分析模型，并得到了以吨钢为基准的实际生产流程的硫素流图。由于钢铁行业是较为典型的物质流与能量流相互伴随且相互影响的工艺过程，为分析钢铁生产流程中物流对能耗的影响，陆钟武院士还提出了“钢铁生产流程的基准物流图”。杜涛等应用基准物流图建立了钢铁生产流程中的物流对大气环境负荷影响的分析方法。

此外，吴复忠以工业代谢理论为基础，应用物质流分析方法对某钢铁联合企业的硫元素进行了工业代谢分析，绘制了钢铁生产硫素流图，并在此基础上进行了软锰矿、菱锰矿烧结烟气脱硫的实验研究。王艳红重点研究了钢铁制造系统辅料资源的运行特性，运用人工神经网络方法建立了钢铁制造系统资源优化运行理论模型。柴祯采用物质总需求输入-输出及特定物质流分析法对废杂铜冶炼过程进行物质流分析，利用Aspen Plus软件构建了废杂铜冶炼工艺过程的模拟模型。

参考文献

[1] 岳良举."新陈代谢的基本类型"的教学构思[J].生物学教学，2003(8): 20-21.

[2] 王雅珍.生物科学[M].长春：吉林大学出版社，2005.

[3] Ayres R U. Industrial metabolism[M]// Jesse H A, Hedy E S. Technology and environment. Washington, D C: National Academy Press, 1989.

[4] Ayres R U. Industrial metabolism and global change[J]. International Social Science Journal, 1989,121: 363-373.

[5] Ayres R U. Industrial metabolism: Theory and policy[M]// Robert U A, Udo E S. Industrial metabolism: Restructuring for sustainable development. Tokyo: United Nations University Press, 1994.

[6] Suren Erkman. 工业生态学[M].徐兴元，译.北京：经济日报出版社，1999.

[7] 戴铁军.工业代谢分析方法在企业节能减排中的应用[J].资源科学，2009(4):703-711.

[8] Ayres R U, Leslie A. A handbook of industrial ecology[M]. Cheltenham U K. Northampton M A, USA: Edward Elgar Publishing Ltd, 2002.

[9] Moleschott J. Der kreislauf des lebens[M]. Mainz: Von Zabern,1857.

[10] Fischer-Kowalski M. On the history of industrial metabolism[J]. Perspectives on Industrial Ecology, 2003(2): 35-45.

[11] Marsh G P. Man, nature, or physical geography as modified by human action[M]. London, New York: Scribners and Sampson Low, 1864.

[12] Shaler, Nathaniel S. Man and the earth[M]. New York: Duffield & Co,1905.

[13] Thomas, William L J. Man's role in changing the face of the earth[M]. Chicago: University of Chicago Press,1956.

[14] Wolman, Abel. The metabolism of cities[M]. Scientific American, 1956, 213(3):178-193.

[15] Boulding, Kenneth. The economics of the coming spaceship earth[M]// Boulding K, et al. Environmental quality in a growing economy. Baltimore: John Hopkins University Press, 1966: 3-14.

[16] Ayres R U, Allen V K. Production, consumption and externalities[M].American Economic Review, 1969,59(3):282-297.

[17] Allen V K, Ayres R U, Ralph C D.Economics and the environment: A materials balance approach[M]// Wolozin H. The economics of pollution. Morristown: General learning Press, 1974:22-56.

[18] Ayres R U. Resources, environment, and economics: Applications of the materials/energy balance principle[M]. New York : John Wiley & Sons, 1978.

[19] 袁增伟，毕军.产业生态学[M].北京：科学出版社，2010:81.

[20] Ayres R U, Udo E S. Industrial metabolism: Restructuring for sustainable development[M]. Tokyo: United Nations University Press, 1994.

[21] 杨建新，王如松. 产业生态学基本理论探讨[J]. 城市环境与城市生态，1998, 11(2): 56-60.
[22] 段宁，孙启宏，傅泽强，等. 我国制糖(甘蔗)生态工业模式及典型案例分析[J]. 环境科学研究，2004, 17(4) :29-33.
[23] 段宁，傅泽强，乔琦，等. 工业代谢与生态工业网络分类理论研究[M]. 北京：清华大学出版社，2006.
[24] 段宁. 物质代谢与循环经济[J]. 中国环境科学，2005, 25(3): 320-323.
[25] 钱易. 清洁生产与循环经济——概念、方法和案例[M]. 北京：清华大学出版社，2006.
[26] 周哲，李有润，沈静珠，等. 煤工业的代谢分析及其生态优化[J]. 计算机与应用化学，2001, 18(3): 193-198.
[27] 徐大伟，王子彦，李亚伟. 基于工业代谢的工业生态链梯级循环物质流研究[J]. 环境科学与技术，2005, 28(2): 43-45.
[28] 肖忠东，孙林岩. 工业生产中物质流程的均衡分析[J]. 管理工程学报，2003, 17(2): 36-40.
[29] Ayres R U, Samuel R R. Patterns of pollution in the Hudson-Raritan Basin[J]. Environment, 1986, 28(4):14-43.
[30] Lohm U, Anderberg S, Bergbäck B. Industrial metabolism at the national level: A case-study on chromium and lead pollution in Sweden, 1880—1980[M]// Ayres R U, Udo E S. Industrial metabolism: Restructuring for sustainable development. Tokyo: United Nations University Press, 1994.
[31] Stigliani William M, Peter F Jaffé, Anderberg S. Industrial metabolism and long-term risks from accumulated chemicals in the Rhine Basin[J]. Industry and Environment, 1993, 16(3): 30-35.
[32] 孙儒泳，李庆芬，等. 基础生态学[M]. 北京：高等教育出版社，2002:192-193.
[33] Ayres R U. Self-organization in biology and economics[R]. Luxenburg, Austria: International Institute for Applied Systems Analysis, 1988.
[34] Anderberg S. Industrial metabolism and the linkages between economics, ethics and the environment[J]. Ecological Economics, 1998, 24(2): 311-320.
[35] 李慧明，王军锋. 物质代谢、产业代谢和物质经济代谢——代谢与循环经济理论[J]. 南开学报：哲学社会科学版，2008 (6): 98-105.
[36] 卢伟. 废弃物循环利用系统物质代谢分析模型及其应用[D]. 北京：清华大学，2010.
[37] Udo de Haes H A, van der Voet E, Kleijn R. Substance flow analysis (SFA), an analytical tool for integrated chain management[R]//. Bringezu S, Fischer-Kowalski M, Klein R, et al. Regional and national material flow accounting: From paradigm to practice of sustainability. Leiden: The ConAccount Workshop,1997: 32-42.
[38] Leontief W W.Quantitative input and output relations in the economic systems of the United States[J].The Review of Economic Statistics, 1936, 18 (3) :105-125.
[39] Leontief W. The structure of American economy1919—1929[M]. Cambridge: Harvard University Press, 1941.
[40] Leontief W. The structure of American economy,1919—1939:An empirical application of equilibrium analysis[M].2nd ed.New York:Oxford University Press,1951.
[41] Walter I.The pollution content of American trade[J].Economic Inquiry, 1973, 11 (1) :61-70.
[42] Bourque P J.Embodied energy trade balances among regions[J].International Regional Science Review, 1981, 6 (2) :121-136.
[43] 梁赛，王亚菲，徐明，等. 环境投入产出分析在产业生态学中的应用[J]. 生态学报，2016, 36(22): 7217-7227.

[44] 赵佳骏. 基于投入产出法的钢铁企业能耗分析模型研究[D]. 南京：东南大学，2015.
[45] 李吉喆. 基于投入产出模型的城市碳排放代谢分析[D]. 北京：华北电力大学（北京），2019.
[46] 孙建卫，陈志刚，赵荣钦，等. 基于投入产出分析的中国碳排放足迹研究[J]. 中国人口・资源与环境，2010, 20(5): 28-34.
[47] International Organization for Standardization(ISO). ISO 14040 Environmental Management Life Cycle Assessment General Principles and Framework[S]. Geneva:ISO, 2006.
[48] Darnay A, Nuss G. Environmental impacts of Coca-Cola Beverage Containers[R]. Kansas City:Midwest Research Institute for Coca Cola USA, 1971.
[49] International Organization for Standardization(ISO). ISO 14040 Environmental Management Life Cycle Assessment General Principles and Framework[S]. Geneva:ISO, 1997.
[50] 郑秀君，胡彬. 我国生命周期评价（LCA）文献综述及国外最新研究进展[J]. 科技进步与对策，2013, 30(6): 155-160.
[51] 翟一杰，张天祚，申晓旭，等. 生命周期评价方法研究进展[J]. 资源科学，2021, 43(3): 446-455.
[52] 姚猛，韦保仁. 生态足迹分析方法研究进展[J]. 资源与产业，2008(3): 70-74.
[53] Rees W E.Ecological footprint and appropriated carrying capacity:What urban economics leaves out[J]. Environment and Urbanization, 1992, 4 (2) :121-130.
[54] Wackernagel M, Rees W E.Our ecological footprint:Reducing humanimpact on the earth[M].Gabriela Island, BC:New Society Publishers, 1996.
[55] 徐中民，张志强，程国栋. 甘肃省1998年生态足迹计算与分析[J]. 地理学报，2000(5): 607-616.
[56] Van D V E, Van R, O L, et al. Substance flows through the economy and environment of a region:Prat Ⅰ. Systems definition[J]. Environmental Science & Pollution Research International,1995,2(2):90-96.
[57] Brunner P H, Rechberger H.Practical handbook of material flow analysis[J].International Journal of Life Cycle Assessment, 2004, 9: 337-338.
[58] Bouman M, Heijungs R, van der Voet E , et al. Material flows and economic models : An analytical comparison of SFA, LCA and partical equilibrium models[J].Ecological Economics,2000,32(2):195-216.
[59] 韩峰. 生态工业园区工业代谢及共生网络结构解析[D]. 济南：山东大学，2017.
[60] 肖忠东，孙林岩. 工业生态制造——剩余物质的管理[M]. 西安：西安交通大学出版社，2003: 126-127.
[61] 徐大伟，王子彦，李亚伟. 基于工业代谢的工业生态链梯级循环物质流研究[J]. 环境科学与技术，2005(2): 43-44, 53-117.
[62] 杨宁，陈定江，胡山鹰，等. 中国氯元素工业代谢分析[J]. 过程工程学报，2009, 9(1): 69-73.
[63] 叶祖达，田野，王静懿. 工业代谢方法在生态产业园区规划中应用[C]. 中国城市规划学会. 城市规划和科学发展——2009中国城市规划年会论文集，2009: 1535-1546.
[64] 乔琦，万年青，欧阳朝斌，等. 工业代谢分析在生态工业园区规划中的应用[C]. 中国环境科学学会. 中国环境科学学会2009年学术年会论文集（第三卷），2009:1077-1080.
[65] 张新力. 工业代谢分析法在啤酒行业清洁生产审核中的应用[J]. 河南科技，2008(1): 35-36.
[66] Ayres R U, Kneese A V.Production, consumption, and externalities[J].The American Economic Review, 1969, 59 (3) :282-297.
[67] Knees e A V, Ayre s R U, d’Arge R C.Economics and the environment:A materials balance approach[M]. Routledge, 2015.

[68] 徐一剑，张天柱，石磊，等. 贵阳市物质流分析[J]. 清华大学学报（自然科学版），2004, 44 (12) : 1688-1691.

[69] Schuetz H, Bringezu S.Economy-wide mate rial flow accounting[J]. Wuppertal: Wuppertal Institute, 1998, 1:31.

[70] Newcombe K, Kalma J D, Aston A R.The metabolism of a city: The case of Hong Kong[J].Ambio, 1978:3-15.

[71] Boyden S, Millar S, Newcombe K, et al.Ecology of a city and its people:The case of Hong Kong [M]. Australian National University, 1981.

[72] Warren Rhodes K, Koenig A.Escalating trends in the urban metabolism of Hong Kong:1971—1997[J]. AMBIO:A Journal of the Human Environment, 2001, 30 (7) :429-438.

[73] Sendra C, Gabarrell X, Vicent T. Material flow analysis adapted to an industrial area[J]. Journal of Cleaner Production, 2007, 15 (17) :1706-1715.

[74] Bain A, Shenoy M, Ashton W, et al.Industrial symbiosis and waste recovery in an Indian industrial area [J]. Resources, Conservation and Recycling, 2010, 54 (12) :1278-1287.

[75] 陈效逑，乔立佳. 中国经济-环境系统的物质流分析[J]. 自然资源学报，2000, 15 (1) :17-23.

[76] 刘敬智，王青，顾晓薇，等. 中国经济的直接物质投入与物质减量分析[J]. 资源科学，2005, 27(1) :46-51.

[77] 石磊，张天柱. 如何度量区域循环经济的发展——以贵阳市为例[J]. 中国人口·资源与环境，2005 (5) :63-66.

[78] 杨建新，刘晶茹. 基于MFA的生态工业园区物质代谢研究方法探析[J]. 生态学报，2010, 30 (1) :228.

[79] Rotter V S, Kost T, Winkler J, et al. Material flow analysis of RDF-production processes[J]. Waste Management, 2004, 24(10): 1005-1021.

[80] Palmquist H. Substance flow analysis of hazardous substances in a Swedish municipal wastewater system [J]. Vatten, 2004, 60(4): 251-260.

[81] Chancerel P, Meskers C E M, Hagelüken C, et al. Assessment of precious metal flows during preprocessing of waste electrical and electronic equipment[J]. Journal of Industrial Ecology, 2009, 13(5): 791-810.

[82] Oguchi M, Sakanakura H, Terazono A. Toxic metals in WEEE: Characterization and substance flow analysis in waste treatment processes[J]. Science of the Total Environment, 2013, 463(5): 1124-1132.

[83] Mao J S, Dong J, Graedel T E. The multilevel cycle of anthropogenic lead Ⅰ. Methodology [J]. Resource Conservation & Recycling, 2008, 52(8-9): 1058-1064.

[84] Mao J S, Dong J, Graedel T E. The multilevel cycle of anthropogenic lead Ⅱ. Results and discussion[J]. Resource Conservation & Recycling, 2008, 52(8-9):1050-1057.

[85] Mao J S, Graedel T E. Lead In—Use Stock[J]. Journal of Industrial Ecology, 2009, 13(1): 112-126.

[86] Ziemann S, Weil M, Schebek L. Tracing the fate of lithium—The development of a material flow model[J]. Resources, Conservation and Recycling, 2012, 63(2): 26-34.

[87] Spatari S, Bertram M, Fuse K, et al. The contemporary European copper cycle: 1 year stocks and flows[J]. Ecological Economics, 2002, 42(1): 27-42.

[88] Vexler D, Bertram M, Kapur A, et al. The contemporary Latin American and Caribbean copper cycle: 1 year stocks and flows[J]. Resources, Conservation and Recycling, 2004, 41(1): 23-46.

[89] Elshkaki A, van der Voet E, Van Holderbeke M, et al. The environmental and economic consequences

of the developments of lead stocks in the Dutch economic system[J]. Resources, Conservation and Recycling, 2004, 42(2): 133-154.

[90] Elshkaki A, van der Voet E, Van Holderbeke M, et al. Long-term consequences of non-intentional flows of substances: Modelling non-intentional flows of lead in the Dutch economic system and evaluating their environmental consequences[J]. Waste Management, 2009, 29(6): 1916-1928.

[91] Marilyn B B, Daniel E S, Lorie A W. Total materials consumption an estimation methodology and example using lead—A materials flow analysis report[R]. Washington : United states covernment printing office, 1999.

[92] Chen W Q, Graedel T E. Dynamic analysis of aluminum stocks and flows in the United States: 1900—2009[J]. Ecological Economics, 2012, 81(5): 92-102.

[93] Lifset R J, Eckelman M J, Harper E M, et al. Metal lost and found: Dissipative uses and releases of copper in the United States 1975—2000[J]. Science of the Total Environment, 2012, 417-418(4): 138-147.

[94] Cha K, Son M, Matsuno Y, et al. Substance flow analysis of cadmium in Korea[J]. Resources, Conservation and Recycling, 2013, 71(2): 31-39.

[95] Hatayama H, Yamada H, Daigo I, et al. Dynamic substance flow analysis of aluminum and its alloying elements[J]. Materials Transactions, 2007, 48(9): 2518-2524.

[96] Tabayashi H, Daigo I, Matsuno Y, et al. Development of a dynamic substance flow model of zinc in Japan[J]. ISIJ international, 2009, 49(8): 1265-1271.

[97] Daigo I, Hashimoto S, Matsuno Y, et al. Material stocks and flows accounting for copper and copper-based alloys in Japan[J]. Resources, Conservation and Recycling, 2009, 53(4): 208-217.

[98] Guo X, Song Y. Substance flow analysis of copper in China[J]. Resources, Conservation and Recycling, 2008, 52(6): 874-882.

[99] 郭学益，钟菊芽，宋瑜，等. 我国铅物质流分析研究[J]. 北京工业大学学报，2009, 35 (11):1554-1561.

[100] Guo X, Zhong J, Song Y, et al. Substance flow analysis of zinc in China[J]. Resources, Conservation and Recycling, 2010, 54(3): 171-177.

[101] Chen W Q, Shi L. Analysis of aluminum stocks and flows in mainland China from 1950 to 2009: Exploring the dynamics driving the rapid increase in China's aluminum production[J]. Resources, Conservation and Recycling, 2012, 65(8): 18-28.

[102] Månsson N. Substance flow analyses of metals and organic compounds in an urban environment: The Stockholm example[D]. Kalmar: University of Kalmar, 2009.

[103] 曾润，毛建素. 2005年北京市铅的使用蓄积研究[J]. 环境科学与技术，2010, 33(8): 49-52.

[104] Michaelis P, Jackson T. Material and energy flow through the UK iron and steel sector. Part 1: 1954—1994[J]. Resources, Conservation and Recycling, 2000, 29(1): 131-156.

[105] Nakajima K, Yokoyama K, Nakano K, et al. Substance flow analysis of indium for flat panel displays in Japan[J]. Materials Transactions, 2007, 48(9): 2365-2369.

[106] Murakami S, Yamanoi M, Adachi T, et al. Material flow accounting for metals in Japan[J]. Materials Transactions, 2004, 45(11): 3184-3193.

[107] Nakajima K, Yokoyama K, Matsuno Y, et al. Substance flow analysis of molybdenum associated with iron and steel flow in Japanese economy[J]. ISIJ International, 2007, 47(3): 510-515.

[108] Oda T, Daigo I, Matsuno Y, et al. Substance flow and stock of chromium associated with cyclic use of

steel in Japan[J]. ISIJ International, 2010, 50(2): 314-323.

[109] Daigo I, Matsuno Y, Adachi Y. Substance flow analysis of chromium and nickel in the material flow of stainless steel in Japan[J]. Resources, Conservation and Recycling, 2010, 54(11): 851-863.

[110] Jeong Y S, Matsubae-Yokoyama K, Kubo H, et al. Substance flow analysis of phosphorus and manganese correlated with South Korean steel industry[J]. Resources, Conservation and Recycling, 2009, 53(9): 479-489.

[111] 毛建素，陆钟武，杨志峰. 铅酸电池系统的铅流分析[J]. 环境科学，2006, 27(3): 442-447.

[112] 卜庆才. 物质流分析及其在钢铁工业中的应用[D]. 沈阳：东北大学，2005.

[113] Elshkaki A, Graedel T E. Dynamic analysis of the global metals flows and stocks in electricity generation technologies[J]. Journal of Cleaner Production, 2013, 59(11): 260-273.

[114] 姜文英. 典型铅锌冶炼企业循环经济建设的物质流分析方法研究[D]. 长沙：中南大学，2007.

[115] 王洪才. 基于SKS炼铅法能耗系统的分析研究[D]. 长沙：中南大学，2009.

[116] 汤景文. SKS铅冶炼过程有害元素砷流向分析[D]. 长沙：中南大学，2014.

[117] 钟琴道. 典型铅冶炼过程铅元素流分析[D]. 北京：中国环境科学研究院，2014.

[118] 于庆波，陆钟武. 钢铁生产流程中物流对能耗影响的计算方法[J]. 金属学报，2009, 36(4): 379-382.

[119] 蔡九菊，王建军，陆钟武，等. 钢铁企业物质流与能量流及其相互关系[J]. 东北大学学报（自然科学版），2006, 27(9): 979-982.

[120] 蔡九菊，吴复忠，李军旗，等. 高炉-转炉流程生产过程的硫素流分析[J]. 钢铁，2008, 43(7): 91-95.

[121] 陆钟武，谢安国. 钢铁生产流程的物流对能耗的影响[J]. 金属学报，2009, 36(4): 370-378.

[122] 杜涛，戴坚. 钢铁生产流程的物流对大气环境负荷的影响[J]. 钢铁，2002, 37(6): 59-63.

[123] 吴复忠. 钢铁生产过程的硫素流分析及软锰矿、菱锰矿烟气脱硫技术研究[D]. 沈阳：东北大学,2008.

[124] 王艳红. 面向绿色制造的钢铁制造系统辅料资源运行特性研究[D]. 武汉：武汉科技大学，2013.

[125] 柴祯. 废杂铜冶炼过程中污染物迁移转化规律研究[D]. 北京：中国矿业大学（北京），2014.

[126] Kyounghoon Chaa, Minjung Sona, Yasunari Matsunoc, et al.Substance flow analysis of cadmium in Korea[J]. Resources, Conservation and Recycling, 2013(71): 31-39.

[127] Kwonpongsagoon S , Waite D T , Moore S J , et al. A substance flow analysis in the southern hemisphere: Cadmium in the Australian economy[J]. Clean Technologies and Environmental Policy, 2007, 9(3):175-187.

[128] Pandelova M , Lopez W L , Michalke B , et al. Ca, Cd, Cu, Fe, Hg, Mn, Ni, Pb, Se, and Zn contents in baby foods from the E U market: Comparison of assessed infant intakes with the present safety limits for minerals and trace elements[J]. Journal of Food Composition and Analysis, 2012, 27(2):120-127.

[129] Stephane Audry, Gerard Blanc, Jorg Schafer. Cadmium transport in the Lot-Garonne Riversystem (France)-temporal variability and a model for flux estimation[J]. The Science of the Total Environment, 2004(319): 197-213.

[130] Llewellyn, Thomas O U S. Bureau of mines information circular 9380: Cadmium (materials flow)[J]. US Geological Survey.

[131] van der Voet E, Jeroen B Guinée, Helias A Udo de Haes. Metals in the netherlands: Application of FLUX, Dynabox and the indicators[M]. Springer Netherlands, 2000.

[132] Radoti K, Dui T, Mutavdi D. Changes in peroxidase activity and isoenzymes in spruce needles after exposure to different concentrations of cadmium[J]. Environmental and Experimental Botany, 2000,

44(2): 105-113.

[133] Shi J J, Shi Y, Feng Y L, et al. Anthropogenic cadmium cycles and emissions in Mainland China 1990-2015[J]. Journal of Cleaner Production, 2019, 230: 1256-1265.

[134] 罗涛. 基于排放清单的丁蜀镇镉污染来源解析[D]. 南京：南京大学，2019.

[135] 高天明，代涛，王高尚，等. 铝物质流研究进展[J]. 中国矿业，2017, 26(12): 117-122.

[136] 张超. 中国铝物质流综合分析[D]. 沈阳：东北大学，2017.

[137] 赵贺春，张立娜. 我国铝业生产的物质流分析——基于2010年我国铝行业的数据[J]. 北方工业大学学报，2014, 26(4): 1-8.

[138] 楚春礼，马宁，邵超峰，等. 中国铝元素物质流投入产出模型构建与分析[J]. 环境科学研究，2011, 24(9): 1059-1066.

[139] 陈伟强，石磊，钱易. 1991 ～ 2007年中国铝物质流分析（Ⅱ）：全生命周期损失估算及其政策启示[J]. 资源科学，2009, 31(12): 2120-2129.

[140] 陈伟强，石磊，钱易. 2005年中国国家尺度的铝物质流分析[J]. 资源科学，2008(9): 1320-1326.

[141] 蓝盛芳，钦佩. 生态系统的能值分析[J]. 应用生态学报，2001(1): 129-131.

[142] 韩骥，周燕. 物质代谢及其资源环境效应研究进展[J]. 应用生态学报，2017, 28(3): 1049-1060.

[143] 彭建，王仰麟，吴健生. 净初级生产力的人类占用：一种衡量区域可持续发展的新方法[J]. 自然资源学报，2007(1): 153-158.

[144] 保罗·汉斯·布鲁纳，赫尔穆特·莱希伯格. 物质流分析的理论与实践[M]. 刘刚，楚春礼，等译. 北京：化学工业出版社，2022.

第2章 流程型工业

□ 工业生产的类型

□ 工业生产基本代谢过程

□ 流程型生产与代谢特征

□ 常见的流程型工业

流程型工业是指通过对原材料采用物理或化学方法以批量或连续的方式进行生产的工业行业。流程型工业上下游的物质、能量的输入、输出过程和依存关系相对紧密，一般来说，上一个生产过程（例如某个工序）产出的主要产品是下一个生产过程的主要原料（投入品）。相对于流程型工业，离散型工业生产多以零部件生产及加工过程为主，上下游的物料连续性差，但在总装或者装配环节，对上游零部件的质量和数量稳定性要求高。流程型工业和离散型工业的提出与划分，是通过定点跟踪大量工业生产活动的共性特点和规律，以聚焦生产要素对产排污的影响为原则，根据工业代谢过程物质流动和转化的特点，通过分析产排污行为与生产要素之间的响应关系，在现有国民经济行业分类的基础上，对工业生产进行的二次分类。常见的流程型工业包括钢铁、有色、水泥、医药等行业。

2.1 工业生产的类型

我国工业生产的分类研究历史较长，目前有诸多的分类方法，比较常见的包括按照投入方式的分类方法、按照产品性质的分类方法、按照生产对象的分类方法［也即《国民经济行业分类》（GB/T 4754—2017）中的门类划分］或其他分类方式等（见图2-1）。

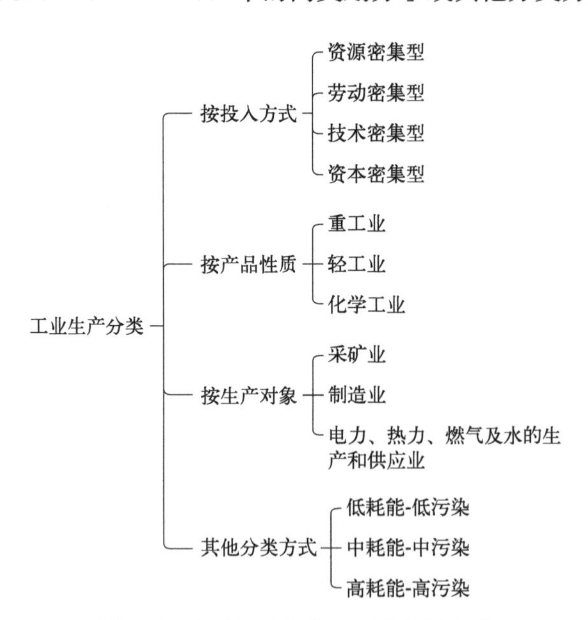

图2-1 我国工业生产的主要分类方式

按照主要生产要素投入方式可分为资源密集型产业、劳动密集型产业、资本密集型产业和技术密集型产业。按照产品性质即产品的体积大小分为重工业、轻工业和化学工业。按照生产对象的分类方法［《国民经济行业分类》（GB/T 4754—2017）］，与工业生产相关的行业包括3个门类，即采矿业、制造业以及电力、热力、燃气及水的生产和供应业，41 个行业大类（代码 06 ～ 46），共计 666 个小类行业。近年来，也有研究基于可持续发展理念，从构建资源节约型社会和环境友好型社会的角度提出了产业分类研究，将不同行业分类为低耗能 - 低污染、中耗能 - 中污染和高耗能 - 高污染行业，以及低耗水 - 低污染、高耗水 - 低污染和高耗水 - 高污染行业。

不同分类方式也反映出工业生产活动的多样性和复杂性，而生产活动的主要特征之一就是进行大量的物质输入之后，经过一系列代谢过程再进行物质输出，代谢过程主要涉及物理和化学变化，或少量的微生物作用（如食品工业的发酵）。输出的物质包括产品（中间产品、半成品、零部件日用品和工业产品等）以及废弃物，即污染物。上述过程即是工业代谢的过程。

在工业代谢过程中，由于部分原料、燃料等在生产过程中不能完全转化为工业产品，而向环境排放有毒有害废物等，造成了工业污染。工业污染与工业生产要素密切相关，由于我国目前已有的工业分类方法基本上未考虑工业生产与污染物产生排放之间的响应关系，依照现有的工业行业分类，难以对工业生产各要素与污染物产排之间的客观和本质的作用关系、主要特征等开展解析。从工业代谢的视角对我国所有工业行业的环境行为进行评估，可以发现，物质和能量输入工业生产系统后，按照其运动方向和代谢路径大致可以归为两类：一类是呈现单一方向聚集的线性运动；另一类则是呈现多方向聚集的线性运动（见图 2-2）。进一步考虑污染产生与排放特征后发现，污染产排环节相对聚集但又局部分散，而且部分行业尽管产品不同，但产排污规律存在一致性或相似性。

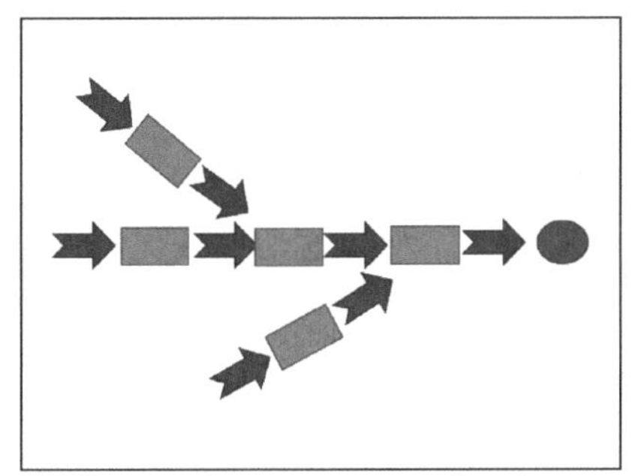

(a) 呈现单一方向聚集的线性运动

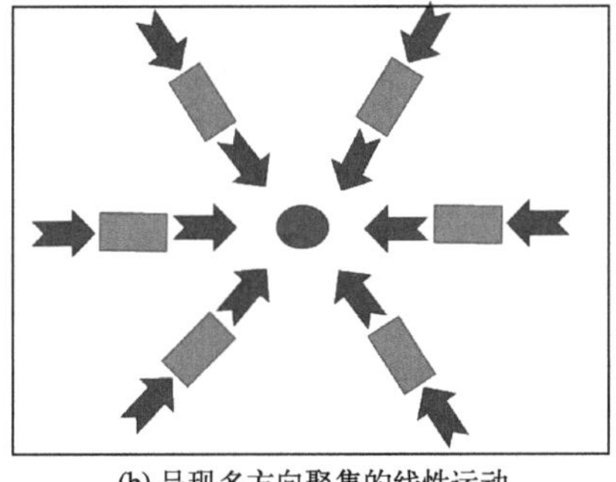

(b) 呈现多方向聚集的线性运动

原料　产品　生产过程

图 2-2　工业生产过程物质流动示意

通过定点跟踪大量工业生产活动的共性特点和规律，以聚焦生产要素对产排污的影响为原则，根据工业代谢过程物质流动和转化的特点，通过分析产排污行为与生产要素之间的响应关系，在现有国民经济行业分类的基础上，对工业生产进行二次分类，划分为流程型生产和离散型生产。

其中，流程型生产是通过对原材料采用物理或化学方法以批量或连续的方式进行生产的过程。流程型生产过程中，物料一般均匀地、连续地按一定工艺顺序运动，在生产中原料（物料）的物理性能和化学性能不断改变，伴随着物质转化与迁移形成产品。以流程型生产为主要工艺过程的加工制造业称为流程型工业。流程型工业生产连续性强，工艺流程相对固定，原料（物料）一般来源于自然界，产品很难还原为原料（物料）。

离散型生产是对多个零件装配组合的加工生产过程，主要发生物料物理性质（形状、组合）的变化。离散型生产过程中，物料一般离散地按一定工艺顺序运动，产品通过多个零部件经过一系列并不连续的工序加工装配而成，在最终产品形成中不改变零部件的化学性能。以离散型生产为主要工艺过程的加工制造业称为离散型工业，相对于流程型工业而言，离散型工业生产物料连续性差，零部件生产及加工过程相对独立，产品外形规格或性能变化频繁，工艺流程错综复杂，原料以零部件为主且来源多样化，产品可进行分拆，还原成装配之前的零部件。

2.2 工业生产基本代谢过程

2.2.1 工业生产过程的代谢

2.2.1.1 工业生产过程代谢的一般模型

通过对工业代谢分析研究进展的回顾可知，目前工业代谢分析主要集中在宏观层面，即国家及行业层面，而微观层面，即涉及工业生产过程的工业代谢研究相对较少。

工业生产是将一系列物料、能量投入进行转化的过程，涉及大量物质和能量的输入、输出。生产过程一般是指从投料开始，通过对生产系统投入各种原辅料和能源，经过一系列的加工、转化，直至成品（包含半成品）生产出来的全部过程。由于工业生产系统并不能将投入的物质与能源全部转化为所需的产品或服务，导致一定污染物（或温室气体等）产生与排放，由此也造成了一定的环境问题。工业生产过程的一般模型如图2-3所示。

2.2.1.2 工业生产的主要过程

现实中的工业生产和代谢过程异常复杂，图2-3仅展示了概化的一般过程。一般来说，从物质和能源的投入到产品产出，以及污染物的产生排放，途经输入、转化、治理和输出等几个基本过程（见图2-4）。

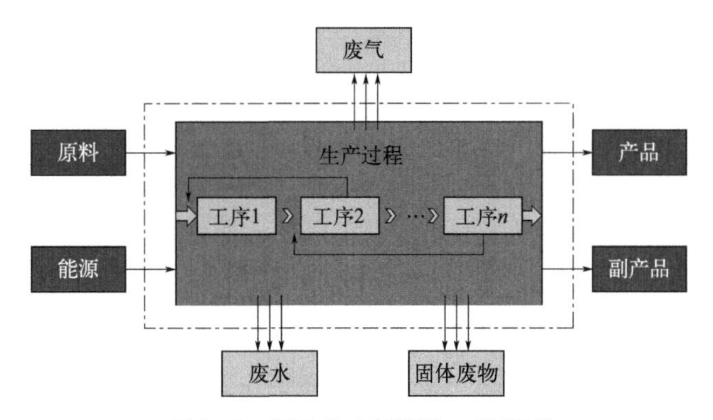

图2-3 工业生产过程的一般模型

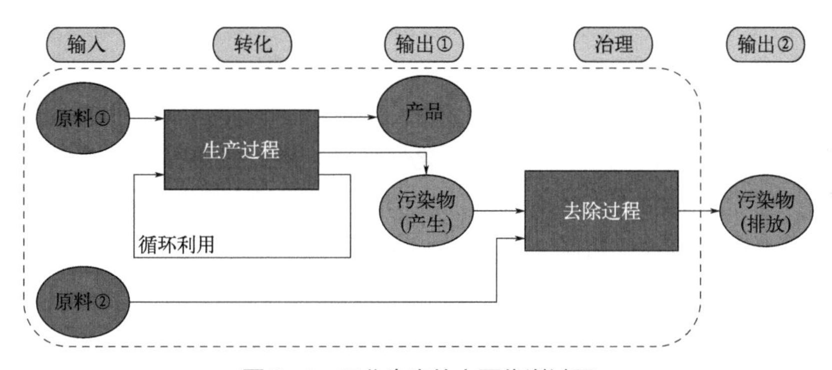

图2-4 工业生产的主要代谢过程

① 输入过程：以产品转化为目标，有目的性地选择原料、辅料、能源、空气、水的过程。

② 转化过程：原料转化为产品的过程。产品制造的工艺路线具体包括工艺过程、工艺参数和技术装备水平等。

③ 输出过程：产品产出的过程，往往伴随着污染物的产生。

④ 治理过程：从污染物产生经末端治理设施处理后，排放到环境中的过程。

在追踪某种物质或者污染物的代谢行为时，往往面临着多种复杂的情况。上述四个过程中，输入、转化和输出过程的关系相对紧密，伴随着这三个连续过程的发生，产品（包括副产物）和污染物同时产生，而随后的治理过程则相对独立。

借助物质流分析等研究工具对工业行业污染物产生来源及代谢途径的定性、定量分析结果显示，工业生产过程中存在着多种产排污规律。一般来说，污染物的最终排放经历了从产生到去除的过程，而且污染物主要来源于生产过程，通过收集装置收集再经厂内集中处理后排放。但也有部分污染物来源于治理过程，或因生产工艺与治理过程界限无法明确划分而难以确定来源归属。在实际工业生产中，特别是在化工、制药等行业，同一企业甚至同一车间内还存在大量的产品、原料、工艺路线交叉并存的现状，并对污染物进行统一收集处理，给污染物的代谢行为和代谢量的研究带来一定困扰。

通过上述分析可知，在对工业生产过程开展研究时，存在多种多样的代谢路径，特别是当研究目标（目标物质）在生产系统中的转化率不能达到100%时将会以不同形式的污染物排放，此时在生产系统内部需要处理好产生与排放的关系。此外，鉴于所需要面对的工业生产体系的复杂性，对一些特殊的污染代谢途径仍需特殊考虑和灵活处理。依据污染物产生来源及代谢途径来看主要存在以下三种情形。

第一种情形为基本情形，污染物主要来源于生产过程，经治理过程去除后离开生产系统。

第二种情形是污染物主要来源于治理过程。污染物的治理技术从原理上来说，包括物理去除（例如吸附、过滤、沉淀等）和化学去除（例如生物化学法或催化燃烧法等）。有时，为了达到去除某个污染物的目的会在治理过程中投加其他物质。比较典型的是造纸和纸制品业的制浆、造纸生产工段，除采用亚铵法制浆工艺在生产环节投加氮元素外，其他生产工艺无氮、磷元素投加，因此产生的废水属于缺氮、磷型废水。因废水氮、磷缺失，送污水处理厂处理时，为提高生化处理段对化学需氧量（COD）的去除效率，需在该节点添加尿素、碳酸氢铵、磷酸二氢钠（或磷酸氢二钠）等营养盐来补充氮源和磷源，用于微生物的增殖，以维持生化处理过程适宜微生物生长的C/N/P值。大部分氮、磷等元素以剩余污泥的形式排出，少部分随出水排出。此时，针对造纸和纸制品业的制浆、造纸生产工段，氨氮、总氮、总磷的污染物来源于治理过程而非生产工艺。

第三种情形是污染物来源于生产+治理过程。对于部分行业来说，特别是生产工艺中烟尘产生量较大且烟尘中原材料含量较高需进一步回收的行业，部分除尘的治理设施和生产工艺的界限划分往往不够清晰，甚至对于有些行业来说，这些除尘工艺会被视为生产工艺的一部分。如有色金属冶炼中火法冶炼熔炼炉过程由于原材料和燃料燃烧会产生大量的烟尘，这些烟尘往往重金属含量高，特别是主元素含量较高（例如铅冶炼工艺），需要通过电除尘进行烟尘的回收，回收的烟尘一般作为原料继续进入生产过程。此外，谷物加工过程中，由于谷物研磨会产生大量的粉尘，这些粉尘经除尘器回收后往往也是作为原料继续进入生产过程。此种情况下，除尘工艺和生产工艺的界限无法明确划分，因此将除尘工艺视为生产工艺的一部分。

2.2.2 社会经济系统中的工业代谢

社会经济系统是一个以人为核心，包括社会、经济、教育、科学技术及生态环境等领域，涉及人类活动的各个方面和生存环境的诸多复杂因素的巨系统。人类为了满足自身的生存和发展需求，从自然界采掘石油、矿产等资源，进行加工利用，生产各类工业产品和生活消费品，大量的物质资源通过此途径进入人类的社会经济系统，再通过污染治理和处理处置等行为，排放人自然环境。尽管工业代谢的研究主要是针对工业生产系统的，但工业生产活动作为人类社会经济系统中的重要环节，同时也受到人类其他行为的影响，例如人类的消费选择决定了消费市场，由此牵动了生产市场。为此，将工业代谢的尺度和范围放大至社会经济系统的研究更有利于学者和决策者从系统观和全局观的角度观察人类社会经济的整体行为对自然资源和环境的影响。

按照耶鲁大学以金属代谢为主要研究目标所提出的STAF（stocks and flows）框架，社会经济系统中的工业代谢一般遵循物质代谢的全生命周期理念，将目标物质的代谢过程分解为资源开采、初级生产、加工制造、消费使用、废物处理处置等不同环节，识别一定时间范围（通常是1年）内每个环节中金属元素的流向、流量和库存（见图2-5）。

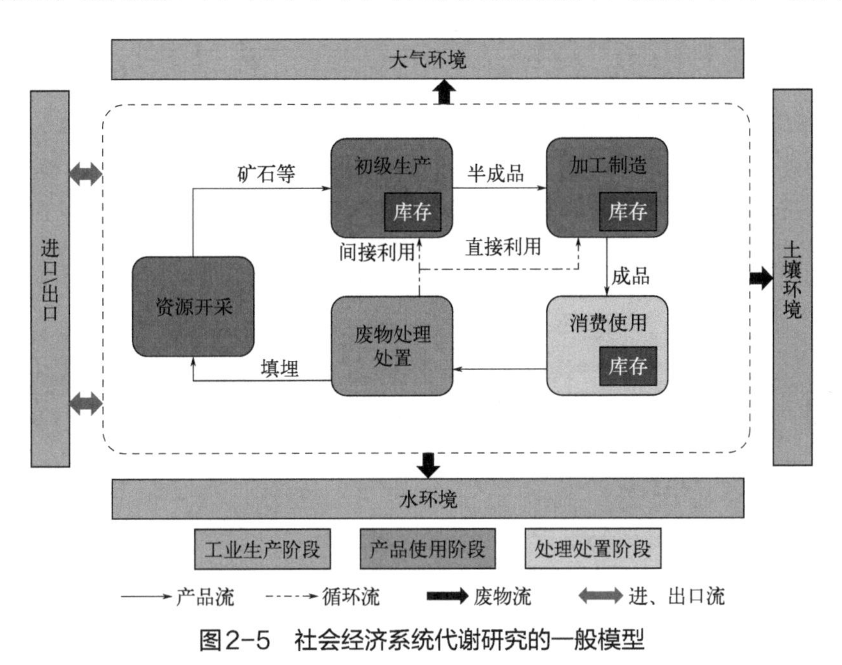

图2-5　社会经济系统代谢研究的一般模型

2.3　流程型生产与代谢特征

按照生产过程中加工方式的不同，以及生产和产排污规律的一致性或相似性，工业生产可划分为流程型生产和离散型生产。其中，流程型生产是对原料（物料）以批量或连续的方式进行生产的过程（如图2-6所示），主要发生物理化学变化。离散型生产是对多个零件装配组合的加工生产过程，主要发生物料物理性质（形状、组合）的变化。

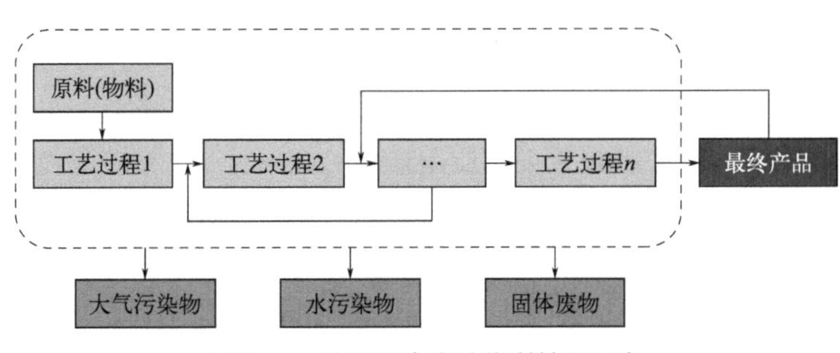

图2-6　流程型生产的代谢特征示意

流程型行业的工业生产过程一般都存在多个相互耦合关联的过程，由于原料属性、成分多变，加工过程包含复杂的物理过程和化学反应，不同产品生产的工艺流程长短不一。通常一个完整的工艺流程，即从原料投入到产品产出，包括若干个工艺过程。在一些工艺流程较长的产品生产中，全工艺流程与仅涵盖部分工艺流程的企业共存，如水泥生产，生产熟料、生产水泥、既生产熟料也生产水泥的企业均在现实中存在。

从污染物产生与排放规律来看，流程型行业由于生产工序多且以物理化学反应为主，故涉及的污染物种类相对较多，废水和废气污染物偏多；离散型行业生产工序少且以物理变化为主，故涉及的污染物种类相对较少，固体废物偏多。以物质代谢规律为视角，流程型行业和离散型行业的分类更适用于工业生产过程与污染物产排污规律之间的相关性分析。

流程型生产与离散型生产的产排污特征对比如表2-1所列。

表2-1　流程型生产与离散型生产的产排污特征对比

项目	流程型生产	离散型生产
代谢特征	长流程，生产工序多且以物理化学反应为主	短流程，生产工序少且以物理变化为主
产排污环节	产排污环节因行业、产品、工艺和原料不同，差异较大	存在大量通用、共性的产排污环节（如喷涂、电镀等）
主要工艺过程	提炼、提纯、合成等	改变物料形状和尺寸，包括车、钳、铣、刨、磨、铸造、锻压、焊接、吹塑等过程；提高物料物理性能，包括热处理、电镀、涂装（喷涂）等表面处理过程
污染物	污染物种类相对较多，废水和废气污染物偏多	涉及的污染物种类相对较少，固体废物偏多
代表性行业	化工、有色金属行业	机械加工、电子产品制造行业

2.4　常见的流程型工业

2.4.1　钢铁行业

钢铁工业是指生产生铁、钢、钢材、工业纯铁和铁合金的工业，是世界上所有工业化国家的基础工业之一。钢铁广泛用于国民经济各部门和人民生活的各个方面，是社会生产和公众生活所必需的基本材料，在国民经济中占有极为重要的地位，是社会发展的重要支柱产业，是现代化工业最重要和应用最多的金属材料。通常把钢、钢材的产量、品种、质量作为衡量一个国家工业、农业、国防和科学技术发展水平的重要标志。

（1）铁矿石的采选过程

铁矿石是钢铁工业的主要原料，通过对铁精矿冶炼生成含碳量不同的生铁（含碳量一般在2%以上）和钢（含碳量一般在2%以下）。生铁按用途不同分为炼钢生铁、铸造生铁、合金生铁。我国铁矿资源分布非常广泛，开发利用程度较高，是世界上第一大铁矿石生产国。国内铁矿石产量在2005～2014年期间一直呈现明显的增长趋势，2014年以后略有下降。钢铁工业的迅速发展促进了全球铁矿资源的开发利用。根据国际钢铁协会数据，全球铁矿石产量在2000年后显著提升，2009年有所回落之后，2010年至今基本保持了每年20亿吨左右的产量。

黑色金属的采矿、选矿工艺类似，采矿方式主要有露天开采、地下开采和水力开采。接近地表和埋藏较浅的矿床采用露天开采方式；深部矿床采用地下开采方式。露天开采是指用一定的开采工艺，按一定的开采顺序，剥离岩石、采出矿石的方法。地下开采是指从地下矿床的矿块里采出矿石的过程，主要包括矿床开拓、矿块采准、矿块切割和矿块回采4个流程。

选矿就是把矿石加以磨碎，利用物理、化学方法，将有用矿物与脉石矿物彼此分离开，然后将有用矿物富集起来，抛弃绝大部分脉石的工艺过程。目前我国的铁矿石选矿中处理磁铁矿的最多，磁选铁精矿产量占铁精矿总产量的3/4。对于弱磁性的赤铁矿，主要采用重选、浮选、强磁选、焙烧磁选及几种方法的联合流程，其中焙烧磁选由于能耗和环保等问题，近年来应用渐少。褐铁矿采用强磁选-正（反）浮选联合流程指标较好，菱铁矿主要采用焙烧磁选。复合铁矿选矿根据矿石性质不同，方法不同，如包头白云鄂博稀土铁矿，采用的主要是磁选-浮选联合流程，攀枝花钒钛磁铁矿采用磁选回收钒铁精矿。黑色金属矿采选工艺流程如图2-7所示。

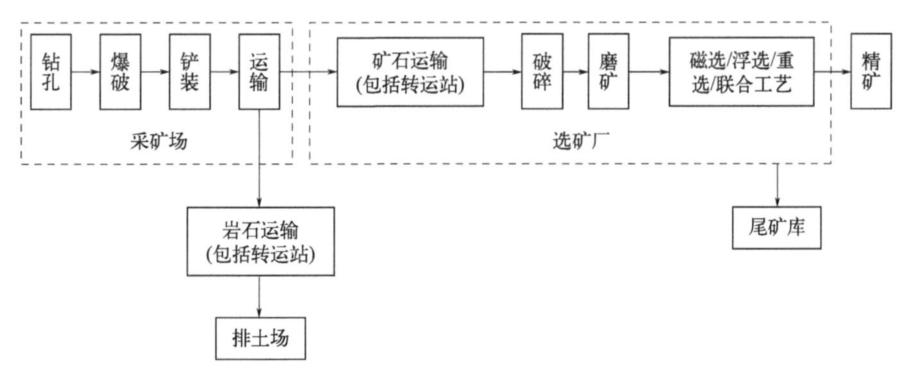

图2-7　黑色金属矿采选工艺流程

（2）钢铁冶炼过程

根据国家统计局和中国钢铁工业行业协会统计的钢铁企业六大区域分布情况，我国炼铁产能主要集中在河北、江苏、山东、辽宁4个省份。2017年，4省生铁产量占全国生铁总产量的53.2%。截至2017年底，我国炼铁高炉951座，产能9.34亿吨。2017年底，全国高炉装备和产能情况如下：2000m^3及以上装备数量占比11.88%，产能占比28.60%；1000～1999m^3装备数量占比32.39%，产能占比36.78%；999m^3及以下装备数量占比

55.73%，产能占比34.62%。可见，小容积高炉占比仍然较高，但行业高炉大型化发展趋势逐步加速。

炼铁的流程主要包含原料堆场、烧结、球团、高炉。其中球团有单独设厂的情况出现，烧结和高炉环节都是以联合企业的形式存在。

原料堆场主要是炼铁厂铁矿（粉）、球团矿、石灰、焦粉、煤粉、膨润土等原料堆放场所，主要的堆场方式为有完全厂房堆场和无完全厂房堆场。烧结主要是铁粉矿、石灰、焦粉、煤粉等原料经过原料系统的混合、布料后，在烧结机经过点火、烧结、破碎、冷却，产出烧结成品。球团是铁精矿等原料与适量的膨润土均匀混合后，通过造球机造出生球，然后高温焙烧，使球团氧化固结的过程，物料不仅由于滚动成球和粒子密集而发生物理性质的改变，更重要的是发生了化学性质和物理化学性质的改变，使物料的冶金性能得到改善。

高炉炼铁是现代炼铁的主要方法，是炼铁生产中的重要环节。含铁原料（烧结矿、球团矿）、燃料（焦炭、煤粉等）及其他辅助原料（石灰石、白云石等）按一定比例自高炉炉顶装入高炉，并由热风炉在高炉下部沿炉周的风口向高炉内鼓入热风助焦炭燃烧，在高温下焦炭中的碳同鼓入空气中的氧燃烧生成一氧化碳和氢气。原料、燃料随着炉内熔炼等过程的进行而下降，下降的炉料和上升的煤气相遇，先后发生传热、还原、熔化、脱炭作用而生成生铁，铁矿石原料中的杂质与加入炉内的熔剂相结合而成渣，炉底铁水间断地放出装入铁水罐，送往炼钢厂。

高炉炼铁工艺流程如图2-8所示。

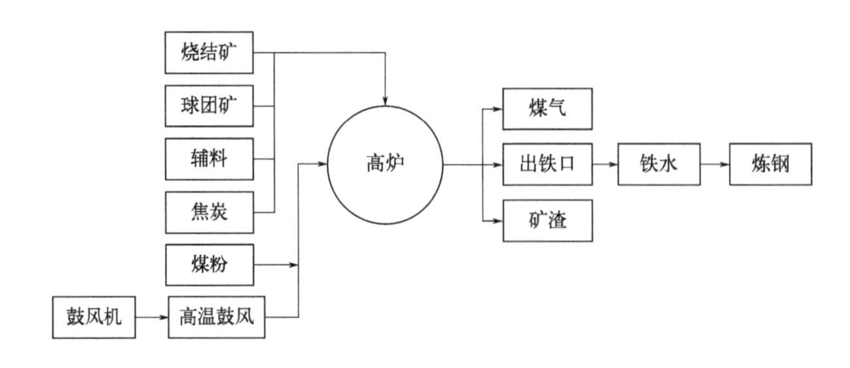

图2-8 高炉炼铁工艺流程

2.4.2 有色行业

有色金属是指除铁、铬、锰3种金属以外的所有金属，包括铜、铅、锌、铝、镁、金、银、铂等。有色金属作为基础原材料，主要应用于电力、建筑、汽车、家电、电子和国防等多个领域。我国已发现的有色金属矿种多达64种，储量丰富、品种多样。从已探明的储量看，我国锡、锌、钒、钛和稀土储量均居世界首位。

我国有色金属分布呈现明显的区域集中性。从采选来看，有色金属采选企业主要集中分布在长江流域，其中，铝土矿主要分布于山西省、贵州省、广西壮族自治区；锡主要集中在云南省、广西壮族自治区；80%以上的稀土金属集中在内蒙古白云鄂博；62.2%的镍集中在甘肃省；锑矿主要分布在广西壮族自治区、湖南省，保有储量占全国储量的41%；辽宁省的镁资源储量最为丰富，约占全国储量的85.6%。从冶炼看，有色金属冶炼企业主要分布在湖南、江西、云南等省份，其中锑冶炼企业主要集中在湖南省、广西壮族自治区，稀土冶炼企业主要集中在江西省，铝冶炼企业主要集中在河南省、山西省，金冶炼企业主要集中在山东省。

（1）有色金属的采选过程

有色金属采选分为采矿和选矿两个主要步骤。我国有色金属矿产品种类多，分布广，资源总量大，但是贫矿多，富矿稀少，多为共伴生矿床和中小型矿床，开采方法有露天开采和地下开采。我国的有色金属和稀有金属矿产资源的品位大多较低，各种有用矿物和脉石间共生的关系很复杂，必须经过选矿、去杂、富集后才能利用。有色金属选矿的主要任务是：利用矿物的理化性质差异，借助各种选矿设备将矿石中的有用矿物与脉石矿物分离，使有用矿物相对富集，抛弃无用的脉石。经破碎、磨矿和分选等多道工序，从矿石中分选出有用的金属精矿，排出尾矿，尾矿就是选矿过程中的固体废物。有色金属矿采选行业的工艺流程如图2-9所示。

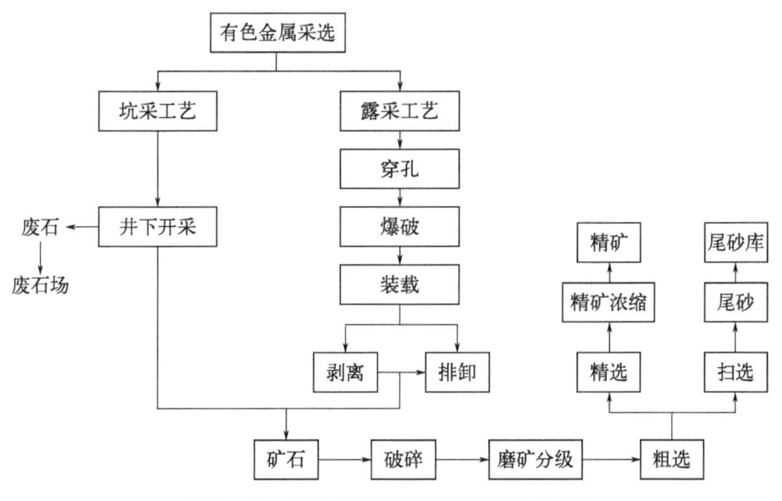

图2-9 有色金属矿采选行业工艺流程

（2）有色金属的冶炼过程

有色金属冶炼过程的工艺可分为火法和湿法两大类。相对来说，湿法工艺较为清洁，主要污染物为浸出渣，过程中的浸出液一般在系统内循环利用，不外排。火法冶炼行业的工艺过程主要包括配料、进料、氧化、还原、除杂等工序，过程中有大量的冶炼烟气产生，并产出各种冶炼渣，其中一些为危险废物，需要特别处理。目前，我国的有色金属冶炼及压延加工以火法工艺为主。

以铜冶炼为例，铜压延加工行业共分为铜板材-电解铜/铜合金-熔铸+热轧+冷轧、铜盘条-电解铜/铜合金-熔铸+开坯+轧制、铜管材-电解铜/铜合金-熔铸+热轧+挤压/冷拔、铜管材-废杂铜-熔铸+热轧+挤压/冷拔、铜线材-电解铜/铜合金-光亮铜杆连铸连轧、铜带材-电解铜/铜合金-熔铸+连轧、铜箔-电解铜/铜合金-熔铸+开坯+冷轧7个组合，其中，铜管材-废杂铜-熔铸+热轧+挤压/冷拔工艺流程如图2-10所示。

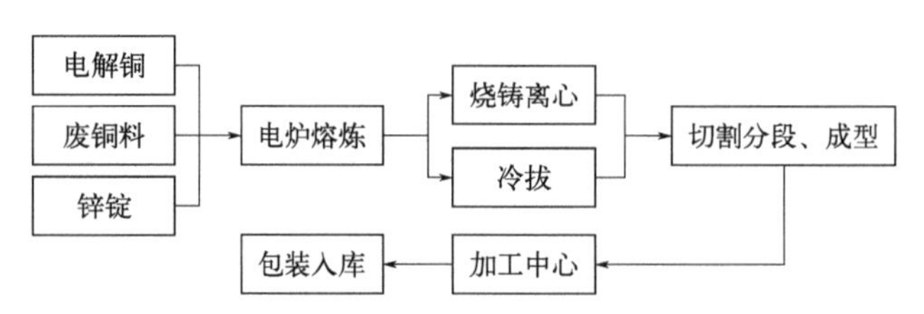

图2-10 铜管材-废杂铜-熔铸+热轧+挤压/冷拔工艺流程

2.4.3 水泥行业

水泥工业是国民经济发展水平和综合实力的重要标志。我国是水泥生产与消费大国，水泥产量占世界总产量的一半以上，截至2015年我国水泥产量已经连续30年居世界第一，水泥行业成为产能严重过剩行业之一。自2008年以来我国水泥产量增长速度逐步降低，进入了长期低速增长的阶段，2015年水泥产量23.48亿吨，首次出现了负增长。2017年，我国水泥产量达23.16亿吨，约占全球水泥产量的58%。我国水泥产量总的分布特点是：a.华东和中南地区最多；b.西北和东北地区最少。水泥产量居前十位的省（区、市）分别为江苏省、广东省、山东省、河南省、四川省、安徽省、广西壮族自治区、湖南省、贵州省、云南省，水泥产量均过亿吨，占全国水泥产量的60%。

一直以来水泥工业就是能源、资源消耗大户，水泥工业煤炭消耗量大，约占工业部门能源消耗总量的5%，对大气污染排放具有重大影响。据统计，我国水泥行业粉尘、SO_2和NO_x的排放量分别占全国工业生产总排放量的15%～20%、3%～4%、8%～10%，是大气污染的重点排放源。

新型干法水泥生产线是目前我国主流的水泥生产线，工艺流程可概括为“两磨一烧”，即原材料粉磨、熟料煅烧、水泥粉磨。此外，还有很少一部分立窑。水泥典型生产工艺流程见图2-11。

2.4.4 医药行业

我国医药工业包括化学原料药制造业、化学药品制剂制造业、中药饮片制造业、中

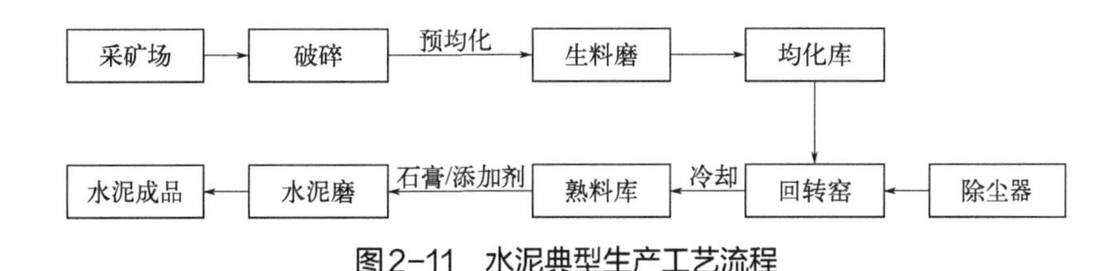

图2-11　水泥典型生产工艺流程

成药制造业、生物药品制造业、卫生材料及医药用品制造业、医疗仪器设备及器械制造业和制药机械制造业8个子行业。据《中国化学制药工业年度发展报告（2017）》统计，2017年医药工业企业数量合计8793家，其中，化学药品工业企业数量占27.91%，中成药和中药饮片占33.20%，生物、生化制品工业占11.18%，卫生材料及医药用品工业占9.48%，制药机械工业占1.48%，医疗器械工业占16.75%。目前我国医药制造企业主要分布在以广东省为代表的珠江三角洲地区，以上海市、浙江省、江苏省为代表的长江三角洲地区，以及以北京市、天津市、河北省、山东省为代表的环渤海地区三大区域。

医药制造行业的生产工艺主要包括化学合成、发酵、提取/生化提取、酶法、生物工程、制剂工艺。化学合成类制药生产过程主要以化学原料为起始反应物，化学合成类制药的生产工艺主要包括反应和药品纯化两个阶段。发酵类制药生产工艺流程一般包括种子培养、微生物发酵、发酵液预处理和固液分离、提炼纯化、精制、干燥、包装等步骤。提取是指运用生物化学或物理的方法，从生物体内通过生化提取、分离、纯化等制备药品（包括多肽类药物、糖类药物、酶类药物、核酸药物、脂类药物、血液制品等）的生产过程。酶法制药主要应用于化学原料药（抗生素药物）的生产制备，是指利用酶的催化作用（酶偶合反应）制备药物的一种新型绿色生产工艺。制剂类药物生产工艺过程是通过混合、加工和配制，将具有生物活性的药品制备成成品。根据制剂的形态可分为固体制剂类、注射剂类及其他制剂类三大类型，主要包括冻干粉针、粉针、水针输液、固体制剂。化学合成类制药生产工艺流程如图2-12所示。

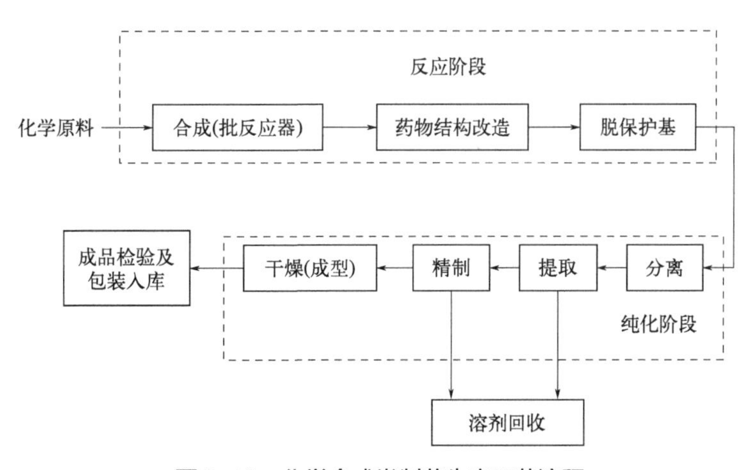

图2-12　化学合成类制药生产工艺流程

参考文献

[1] 韩骥，周燕. 物质代谢及其资源环境效应研究进展[J]. 应用生态学报，2017, 28(3): 1049-1060.
[2] Huang H P , Bi J, Zhang B, et al. Critical review of material flow analysis (MFA)[J]. Acta Ecologica Sinica, 2007, 27(1): 368-379.
[3] 乔琦，白璐，刘丹丹，等. 我国工业污染源产排污核算系数法发展历程及研究进展[J]. 环境科学研究，2020, 33(8): 1783-1794.

第3章 流程型行业代谢分析与评价基本方法

□ 流程型工业代谢分析框架

□ 物质流的静态分析法

□ 物质流的动态分析法

为了实现研究目标，需要借助一些研究手段，对代谢过程中的物质流动进行识别和定量化，并进一步结合模型等分析手段还原以及模拟研究对象的代谢过程。其中，为了获取研究对象在系统内的代谢路径、去向及代谢量信息，需要借助工业代谢分析的最基本工具——物质流分析（SFA）。目前学术界尚未对物质流分析框架做出统一规定，但很多学者，例如Udo de Haes、Brunner等分别提出了物质流分析的基本步骤。总体来说，物质流分析的基本步骤可以概括为：首先需要明确研究对象、系统边界以及时间范围；其次在上述界定的研究范围内识别研究对象所在的物质（包括流动的物质以及库存的物质等）流的流向、流量信息，在识别物质流的基础上建立物质平衡账户；最后通过制定评价指标或模型等方法对物质流信息的数据进行分析、评价，并得出结论。在以上步骤中，进行代谢分析的评价指标或模型最为关键，针对不同的研究目的选用和设计的方法不同。

本章重点针对流程型行业开展工业代谢分析时所采用的方法开展论述。

3.1 流程型工业代谢分析框架

3.1.1 基本步骤

开展流程型工业代谢分析研究，应首先明确研究目的，例如是重点关注某种物质或资源的代谢效率，还是重点关注某种污染物的产生来源、路径、去向和排放特征等内容。研究目的决定了研究的时间、空间范围和研究手段。若是以资源代谢效率为主要目的，则代谢研究不仅关注工业生产系统中的代谢，还需延伸至下游的消费、处理处置等领域，以掌握目标物质在社会经济系统中不同子系统的代谢路径。若是以通过掌握某种物质（或污染物）在生产系统中的代谢分析，寻找污染较重或防控的重点环节，并提出预防和减缓的控制性措施为目的，则需要将研究范围下沉至生产过程内部不同的环节（例如工艺、车间，甚至是工序等）。在明确了研究目的、研究范围（包括目标物质、系统边界、时间范围等）后，就可以在较为清晰的物理边界范围内开展物质流的识别、追踪、研究。识别物质流和建立物质平衡的内容一般包括对流向、流量（物质含量）和形态特征等的掌握，一般是利用各类数据信息得到的量化的结果。而代谢分析则是通过制定评价指标或模型等方法对物质流信息的数据进行分析、评价，并得出结论的过程。

综上所述，基于物质流识别的流程型行业生产过程工业代谢分析框架如图3-1所示。

3.1.2 确定研究范围和对象

工业代谢研究的典型特征是具有明确的研究范围及研究对象。研究范围包括时间和空间尺度。对于工业生产过程来说，时间尺度可以是以年、月、日为单位，考察系统内

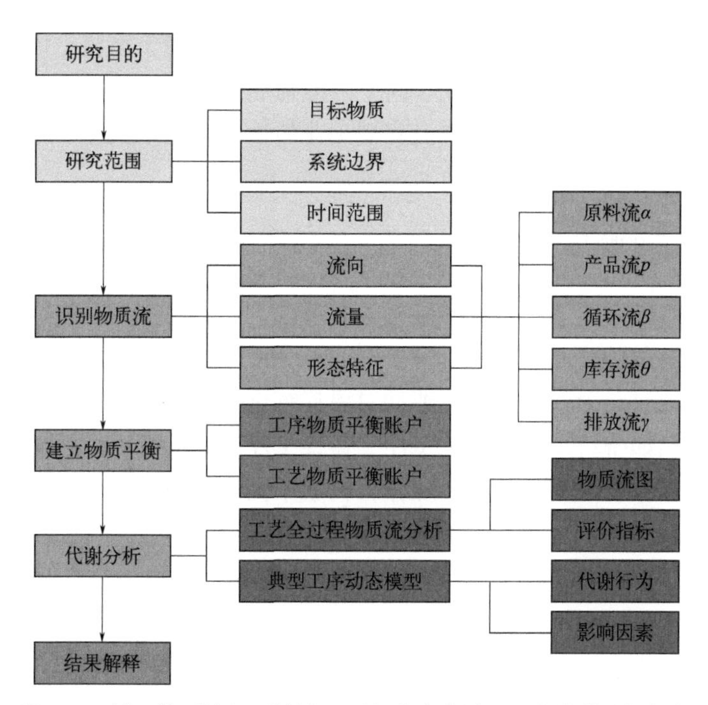

图3-1 基于物质流识别的流程型行业生产过程工业代谢分析框架

的物质流动及变化情况。通常时间尺度取决于物质流数据的获取方式及难易程度。对于可以掌握大量企业生产实践数据的研究来说，越大的时间尺度越能够反映物质流的代谢情况，但企业生产实践数据往往难以覆盖全部物质流，特别是中间代谢产物的物质流数据，故需要以现场实测的方式获取数据。然而受经费、人力、物力等因素的限制，现场实测获取的数据难以支持长时间尺度的研究，因此可以通过连续实测多日且选择企业正常生产期的方式增大数据的有效性。

空间尺度需要明确研究的系统边界，即研究对象所在系统内部包含的具体工序。一般情况下，只要涉及研究对象的可能的代谢过程都应纳入系统边界范围内。

研究对象一般是某工业生产系统采用物料、产出产品的主元素，或某种特定的物质，可以是一种也可以是多种。对于以污染防治为目的的研究说来，研究对象还可能是一些与生态环境质量改善有关的物质，例如重金属、硫、氮、磷，以及与气候变化有关的温室气体物质，例如碳、氨、氟等。以冶炼过程为例，钢铁冶炼过程常见的研究对象是铁元素或者硫元素，而对于有色冶炼过程，由于富含大量的重金属物质的流动，因此一般将重金属作为工业代谢研究的重点对象。

3.1.3 流程型工业物质流识别

识别物质流实际上是明确系统内的研究对象所在的载体及其流向和存储路径甚至是形态特征的过程。在识别物质流的过程中，特别是对于流程型工业生产来说，整个生产工艺是由一系列相互关联的生产工序组成的网状模式。为便于物质平衡账户的建立，可首先对各个生产单元（工序、工段或车间）内的物质流进行识别，再识别和建立整个工艺流程的物质平衡账户。因此，整个流程型工业的物质流识别由生产单元的物质流识别和生产工艺的物质流识别组成。

3.1.3.1 生产单元的物质流识别

生产单元是构成工业生产系统的若干子系统之一，其范围划分根据研究目的可大可小。对全流程工艺的生产过程来说，生产单元一般是指生产工序，也即一个（或一组）工人在一个工作地对一个（或几个）劳动对象连续进行生产活动的集合，是组成生产过程的基本单位。例如备料工序、熔炼工序、铸锭工序、检验工序、运输工序等。但有时同一车间内部还存在若干不同的生产操作，构成不同工序，例如备料车间可能包含物料的破碎、筛分、研磨、制粒等一系列操作，才能得到本车间的球状或块状的成品物料。此时，对于研究对象生产单元的识别可以是备料车间，也可以进一步细分为不同操作工序。

对流程型行业生产过程的单个生产单元进行剖析，可以发现在特定时间范围（例如某年/月/日）内，同时存在多种输入、输出生产单元的物质流。例如，早期东北大学陆钟武院士团队对钢铁行业开展了大量的深入研究，提出钢铁冶炼过程存在几股物质流，即材料流、循环流、排放流、产品流等。

通过实地调研与监测发现，与钢铁生产过程中常见的物质流相比，其他生产过程，例如有色冶炼过程中除了材料流、循环流、排放流、产品流以外，还存在库存流。这是由于流程型行业的生产过程大多由不同连续工段组成，前端工段产品并非全部进入后端工段，因此会出现暂时的产品库存的现象，随着后端工段生产能力的调整慢慢消化吸收。

总体来看，在特定时间范围（例如某年/月/日）内，某生产单元j的输入、输出物质流共有六股（见图3-2）。

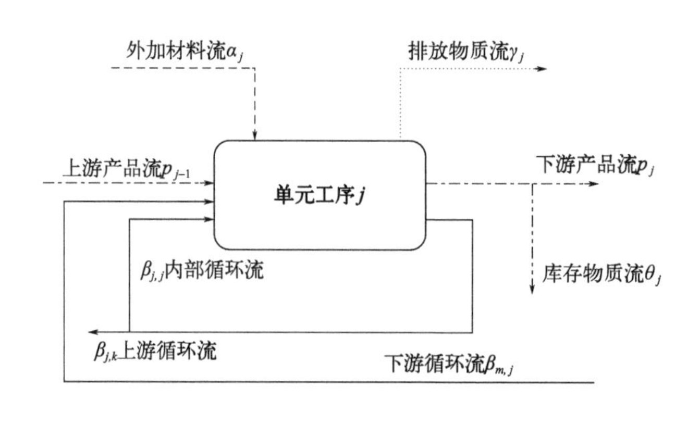

图3-2 特定时间范围内某生产单元j的物质流

对构成该生产单元的各股物质流进行如下定义。

（1）上游产品流p_{j-1}

生产单元j所需要的来自第$j-1$个生产单元的产品（以目标物质计）。当$j=1$时，无上游产品流，输入该工序的物质仅有原材料。例如，对铅冶炼过程来说第一个生产单元的输入物质流即为铅精矿及各种辅料。

（2）外加材料流α_j

生产单元j所需的除上游产品流以外的物质。外加材料流是指下游生产单元除了接受上游生产单元的产品作为本单元输入物质流外，所输入的其他材料（例如催化剂等辅助材料）。以有色冶金工业为例，各个工序之间彼此相连构成的工艺流程并不是全封闭的，特别是炼铅工艺由粗铅冶炼和精铅冶炼两大体系构成，一些企业在实际生产中可能还会购入其他企业的粗铅产品作为精铅冶炼的原料来源，此时新购入的这部分物质流即作为精铅冶炼的外加材料流。

（3）循环物质流β_j

生产单元j循环利用的物质流总和。

进一步对循环物质流分解可以发现，循环物质流包括三种流：第一种为内部循环流，即由第j个生产单元输出并返回本单元的物质流，$\beta_{j,j}$；第二种为上游循环流，即第j个生产单元输出并返回上游单元的物质流，$\beta_{j,k}$；第三种为下游循环流，即下游第m个生产单元输出并返回第j个生产单元的物质流，$\beta_{m,j}$。

（4）排放物质流γ_j

生产单元j排放或损失的物质流总和。该部分物质不进入下游生产环节，主要包括向外界输出的副产物$\gamma_{\text{by-product}}$、向外界输出的废物（废气、废水、固体废物等）$\gamma_{\text{waste}}$，以及生产过程中的物质损失$\gamma_{\text{loss}}$。根据上述定义，则有：

$$\gamma_j = \gamma_{\text{by-product}} + \gamma_{\text{waste}} + \gamma_{\text{loss}} \tag{3-1}$$

（5）库存物质流θ_j

第j个生产单元输出但因生产调度计划等原因未进入下游生产工序的合格产品流。这部分物质流虽然暂时脱离了生产系统，但与排放物质流不同的是，库存物质流并不直接输入外界，而是根据生产调度计划再次返回生产系统。

（6）下游产品流p_j

第j个生产单元输出至下游生产单元的合格产品流。

以上物质流中，上游产品流及下游产品流均属于产品流，因此从物质流的属性来说，输入、输出工序j的物质流共有五类，分别为原料流、产品流、循环流、库存流和排放流。图3-2中分别用不同箭头线表示了这五类物质流。

由于流程型生产是连续生产工艺，假设各工序中不存在物质的滞留，即一段时间内输入物质流的通量=输出物质流的通量，则根据物质守恒原理，对于工序j，有：

$$p_{j-1}+\alpha_j+\beta_{j,j}+\beta_{m,j}=p_j+\gamma_j+\beta_{j,j}+\beta_{j,k}+\theta_j \tag{3-2}$$

3.1.3.2 生产工艺的物质流识别

将各个生产单元的物质流代谢过程进行组合，得到全工艺流程的物质代谢路径，如图3-3所示。以全工艺流程为系统边界，可以发现系统内除产品流外，同样存在原料流、排放流、循环流和库存流。

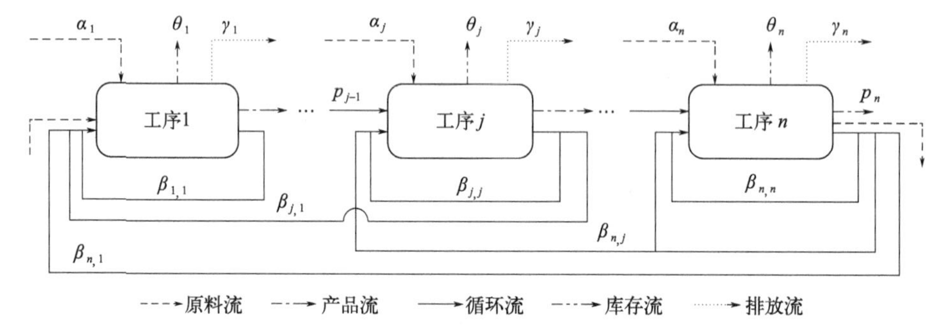

图3-3 全工艺流程的物质代谢路径

设α_j、$\beta_{l,j}$、γ_j和θ_j分别为一定时间内，生产单位产品（例如1t精铅）工序j所需的外加材料量、循环物质量、排放物质量和库存物质量，则将全工艺流程的物质流定量化后，可以得到如下4个表征该工艺流程的代谢量。

（1）工艺外加材料量α

对于整个工艺流程，有：

$$\alpha=\sum_{j=1}^{n}\alpha_j \tag{3-3}$$

（2）工艺循环物质量β

对于整个工艺流程，有：

$$\beta=\sum_{j=1}^{n}\sum_{l=1}^{n}\beta_{l,j} \tag{3-4}$$

（3）工艺排放物质量γ

对于整个工艺流程，有：

$$\gamma=\sum_{j=1}^{n}\gamma_j \tag{3-5}$$

（4）工艺库存物质量θ

对于整个工艺流程，有：

$$\theta=\sum_{j=1}^{n}\theta_j \tag{3-6}$$

3.1.4　物质平衡账户的建立

3.1.4.1　物质平衡账户建立的原理与方法

物质平衡账户的建立主要以物质守恒为原理。即对于连续生产工艺，假设各生产单元中不存在物质的滞留，即一段时间内输入物质流的通量=输出物质流的通量，则根据物质守恒原理，对于生产单元j，有：

$$p_{j-1}+\alpha_j+\beta_{j,j}+\beta_{m,j}=p_j+\gamma_j+\beta_{j,j}+\beta_{j,k}+\theta_j \tag{3-7}$$

在建立物质平衡账户时，首先需要明确物质流通量的度量单位，可以是研究时间范围内全部的物质流通量，也可以是生产单位产品某物质时，各物质流中的物质量。由于绝大多数流程型行业均是以提炼或者提纯为目的的加工生产，所以系统内物质流通量较大，一般以t计量。例如，研究铅冶炼过程的物质代谢时，度量单位可以是生产1t精铅产品各物质流中某物质的流量。

假设某生产系统的研究对象为物质X，建立物质平衡账户所需的数据由两部分组成：一是各股物质流的流量数据M_i（t/d），即工艺过程中使用的原材料以及产出的产品、副产品的量和污染物等物质的产生、排放量，一般由企业、车间的生产日报表获取；二是以上各物质流中物质X的含量（百分比）C_i（%），通常需要对各股物质流进行采样、监测分析，从而获取其中X的含量或浓度。

各股物质流中X的流量m_i（t/d）由下式获得：

$$m_i=M_i\times C_i \tag{3-8}$$

依据质量守恒原理，各生产单元输入物质流中所有输入物质中X的流量等于所有输出物质中X的流量，即对于生产单元j，有：

$$\sum_{i}^{n} m_{i,j输入}=\sum_{i}^{n} m_{i,j输出} \tag{3-9}$$

对于整个系统（全工艺流程）来说，物质守恒原理同样适用，因此有：

$$\sum_{j=1}^{k}\sum_{i=1}^{n} m_{i,j输入}=\sum_{j=1}^{k}\sum_{i=1}^{n} m_{i,j输出} \tag{3-10}$$

在建立物质平衡账户时，首先依据式（3-8）和式（3-9）建立各工序的物质平衡账户，在此基础上，依据式（3-10）得到整个工艺流程的物质平衡账户。

在实际操作时，为便于计算，在物质平衡账户建立时是以流量系数f_i为基本单位，即生产每单位（例如t）最终产品所需的各股物质流中X的流量。流量系数f_i定义如下：

$$f_i=\frac{m_i}{m_k} \quad i=1,\cdots,k \tag{3-11}$$

式中　m_k——一定时间内，系统产出的最终产品中X的流量。

在进行物质流分析时，数据的获取及物质平衡账户的建立通常相对棘手。尽管物质平衡账户已经细化到以各生产工序、单元为单位，但受计量和监测技术手段的限制，仍不能保证能够建立各工序输入、输出100%平衡的物质账户。为了表示各工序物质平衡账户的准确度，可用物质（X）损失比来进行衡量，即各工序输入物质和输出物质中物质（X）含量的差值与输入物质中物质（X）含量之比，该值越小表示平衡程度越高。公式如下所示：

$$物质X损失比=\frac{X_{输入}-X_{输出}}{X_{输入}}\times 100\% \tag{3-12}$$

以元素Pb为例，某生产过程中Pb的损失比可用下式表示：

$$Pb损失比=\frac{Pb_{输入}-Pb_{输出}}{Pb_{输入}}\times 100\% \tag{3-13}$$

3.1.4.2　物质平衡账户建立的基本步骤

物质平衡账户的建立过程是一个针对目标物质（研究对象）展开的资料和数据收集的过程，同时也是将目标物质在不同的物质流（产品流或者废物流）及形态（例如液、气、固）中进行逐一量化的过程。其基本步骤如下。

（1）工艺流程分析

通过专家咨询、现场调查和专业文献查阅等方式，收集行业资料，深入了解生产工艺原理及工艺流程、主要生产设备及原料，详细了解生产过程的物料计量及成分检测状况。

（2）生产单元划分

对某一全流程生产工艺，可按照生产单元（工序、车间）或生产单元的组合划分为若干可单独进行物料衡算的单元过程。在进行单元过程划分时需要注意划分的尺度。过于宽泛的单元过程不利于目标物质的精细化追踪与管控，而考虑到不同单元过程都需建立物质平衡账户，过于细致的单元过程划分又增加了数据收集的难度。另外，在划分时可剔除不影响目标物质代谢的生产环节，单元过程系统内部可适当进行简化。

（3）物质流识别

识别方法如“3.1.3　流程型工业物质流识别”所述。

（4）建立物料衡算系统

建立物料衡算系统时需注意以下两点：一是所有目标物质成分的各类投入及产出物料都应纳入资料及数据收集范围；二是各类投入及产出物料（一般不包含目标物质）的质量统计数据及相关成分数据也要获得，而且数据精度需满足要求。

（5）数据获取

进行单元过程物料衡算时所需的数据分为以下两类。

1）物料质量数据

指属于研究对象的各类投入及产出（一般不包含目标污染物）物料的质量数据，在一般情况下，应满足未知量为一个的要求。另外，还需收集用于产污系数计量的原料消耗量或产品产量。

2）物料成分数据

指属于研究对象的各类投入及产出物料的成分参数。为确保准确性，此类参数应定期或定批进行检测，再按统计学方法取值。

在上述两类数据中，如果某些数据难以准确计量或检测，而某种物料或工艺参数与之有准确的对应关系，需收集该种物料或工艺参数的对应数据。

（6）输入输出量核算

针对目标物质在不同物质流中的分布和量化结果，按照物质守恒原理进行平衡计算。根据平衡计算结果，得到特定时间范围（例如某年/月/日）内目标物质的输入输出量及各股物质流中的通量。

（7）核算结果校准

在进行输入输出量衡算时往往会遇到目标物质难以平衡的问题。由于工业生产中目标物质的载体（也即投入物料的量或产物量）计量单位一般是吨或立方米，而目标物质，尤其是重金属等物质往往含量较低，相较其他物质存在数量级差异。此时物料的计量精度对核算结果会产生较大影响。此外，由于工业生产的复杂性，一些生产设备的物料投入或者输出点位会有大量无组织气体的散逸，这部分损失量需要考虑。特别是随着生态环境保护要求的不断提升，对无组织排放管控的需求应予以关注。

根据物料计算精度，分析统计数据的误差以及由此带来的计算结果误差，确定最主要误差源，采用实测法或其他物料衡算方法进行对比核算，校正不准确的物料成分参数以及计算结果。

3.1.5 代谢分析与结果解释

代谢分析一般是通过定性或定量的方式对识别、追踪和量化的物质流的结果进行分析评价的过程。对于流程型行业来说，开展代谢研究的对象主要是工业生产系统的生产和排放行为，对物质流的表征、分析和评价的内容也围绕其展开。

在对物质流进行代谢分析中通常会使用大量模型来实现表征和模拟。工业生产中通常将处理物料和能量的系统称为过程系统。在过程系统中，物料经过一系列的物理或化学的单元工序转化为产品，各工序之间通过串联、并联、回流、绕行等方式连接。流程型行业主要的生产过程是典型的过程系统，而过程系统的模型开发或表征通常采取双层结构模型，即系统结构模型和单元功能模型。

（1）系统结构模型

该模型主要用于描述各生产单元（生产工序）之间的联系和传递关系。通常以图形的方式表达，例如最典型的系统结构模型为工艺流程图。

（2）单元功能模型

该模型的作用是作为系统结构模型的结点，描述单个单元过程的输入、输出和状态参数之间的关系。例如黑箱模型，即以守恒定律为基础的衡算模型，把生产过程视为“黑箱”，不考虑其中发生的各种反应，仅根据输入的物质和能量与输出量之间的关系建立模型，用来模拟分析其中物质流和能量流的概况。另外，还有可以反映单元内化学反应、物质及能量传递的动态性质的数学模型，通常包括动力学模型、热力学模型、传输模型等。

根据模型开发和建立的原理，物质流的分析也可以分为静态分析法和动态分析法。系统结构模型主要是描述现实生产的工业生产活动，是对已有生产行为的量化表征，因此是静态分析法。基于系统结构模型，可对不同状态、不同性质的物质流建立评价指标，以反映不同物质流的代谢效率。

单元功能模型通常具备模拟预测的功能，不仅能体现实际工业生产状态，还能对不同控制条件下的工业生产行为进行预测、预判，通过调整关键控制参数寻求最优解决方案，因此是动态分析法。

3.2　物质流的静态分析法

静态分析是指根据研究对象既定状态或者某一固定状态开展分析，是对已发生的某种行为或者结果进行综合性评价分析的一种方法。静态分析法广泛应用于计算机科学、经济学、工程学、力学等方面。典型的静态分析方法之一是采用评价指标对研究对象在某些方面的表现或者性能进行定性或者定量的评价。物质流的静态分析也可采用评价指标法，即通过一些量化指标分析评价物质代谢的效率，从而识别系统代谢过程中存在的问题和改进方向，并提出改善措施和建议。

3.2.1　量化表征与评价分析

为了掌握整个工艺流程的总体代谢情况以及反映生产过程中物质流的运行效率，可通过一些评价指标来体现各股物质流之间的关系。对于以生产过程为主要研究对象的代谢分析来说，目标物质或元素的产出率、利用率、得率等往往是最能直接反映代谢效率的指标。通常单一的指标不能全面表征复杂生产过程的代谢情况，可通过多项指标来综合分析。

（1）工序产品产出率（工序产品得率）Q_j

即对每个工序j，其单位投入物料产出的主要产品产量，%。根据定义，有：

$$Q_j=\frac{p_j+\theta_j}{p_{j-1}+\alpha_j+\beta_{j,j}+\beta_{m,j}}\times 100\% \tag{3-14}$$

（2）过程废品率w

即每生产1t（或其他单位）产品，系统中没有进入最终产品中的物质的总和。根据定义，有：

$$w=\beta+\gamma+\theta \tag{3-15}$$

（3）过程废物循环率η

生产过程中循环利用的物质占没有进入最终产品中的物质的比例，%。根据定义，有：

$$\eta=\frac{\beta}{\beta+\gamma+\theta}\times 100\% \tag{3-16}$$

（4）过程代谢效率 E

单位投入原材料所能生产出的最终产品的产量，%。根据定义，有：

$$E=\left(\frac{\alpha-\theta-\gamma}{\alpha}\right)\times 100\%=\left(1-\frac{\theta+\gamma}{\alpha}\right)\times 100\% \tag{3-17}$$

由上式可知，过程代谢效率取决于 α、γ 以及 θ 这三个参数。在投入物料 α 一定的情况下，降低各工序产品的库存以及污染物的产生和排放有利于提高过程代谢效率。

例如，对于铅冶炼生产流程来说，如果要使单位铅精矿的产出率提高，则需要尽量降低废弃物的产生量，而对于不可避免产生的废弃物则应尽可能在流程内循环利用。也就是说，重金属的过程控制既有利于污染预防又有利于提高其资源代谢效率。此外，若 γ 和 θ 一定时，α 越大则代谢效率越高，意味着提高投入物料中的含铅量可提高过程代谢效率。由于在铅冶炼过程中 α 除了主要原材料铅精矿之外，还包括部分本工艺或其他来源的含铅废渣，该公式表明，废渣中的含铅量越高或越接近铅精矿中含铅量，则代谢效率越高；反之，废渣中含铅量过低且投入量大时会影响该工艺的铅代谢效率。

（5）资源综合代谢效率 E_{Total}

过程代谢效率 E 的评价仅考虑了系统中的最终产品，例如精炼铅的一次得率。然而在该系统中，产出的全部含铅固体废物由于其中的部分重金属，特别是稀贵金属可被二次开发利用，若将此部分可被继续利用的物质流考虑在内，则系统的资源综合代谢率可用下式表示：

$$E_{\mathrm{Total}}=\frac{\alpha-\theta-(\gamma-\gamma_{\mathrm{reuse}})}{\alpha}\times 100\%=\left[1-\frac{\theta+(\gamma-\gamma_{\mathrm{reuse}})}{\alpha}\right]\times 100\% \tag{3-18}$$

3.2.2 图形表征与物质流图绘制

为了更清晰明确地掌握研究对象在系统内的流动及代谢情况，可在工艺流程图的基础上进一步反映物质流动大小，建立物质流图。物质流图不仅能够表述系统内各个生产工序之间的联系和传递关系，还能将这种联系和传递关系进行量化，并且可以追踪研究对象在系统内经过代谢后的最终去向和代谢量，用图形的方式直观地表达研究结果。

绘制方法为：在识别物质流和建立物质平衡账户的基础上，结合工艺流程图及具体的物质代谢状况，通常用线条的粗细表示物质流中研究对象的流量，线头的方向表示物质流的代谢路径，线条的颜色表示物质流的种类。每一种研究对象单独绘制一张物质流图。通过对比不同元素的物质流图，还可以进一步分析这些元素之间的协同代谢关系。

3.2.3 常用的制图软件

绘制物质流图时可以借助相关的软件，例如奥地利维也纳工业大学研发的专业物质流分析软件STAN，此外用于生命周期评价的专业软件GaBi、SimaPro等也可以绘制物质流图。

（1）桑基图

桑基图（Sankey diagram），也称为桑基能量分流图，或桑基能量平衡图（见图3-4，书后另见彩图）。因1898年Matthew Henry Phineas Riall Sankey绘制的“蒸汽机的能源效率图”而闻名，此后便以其名字命名为“桑基图”。桑基图通常应用于能源、材料成分、金融等数据的可视化分析。

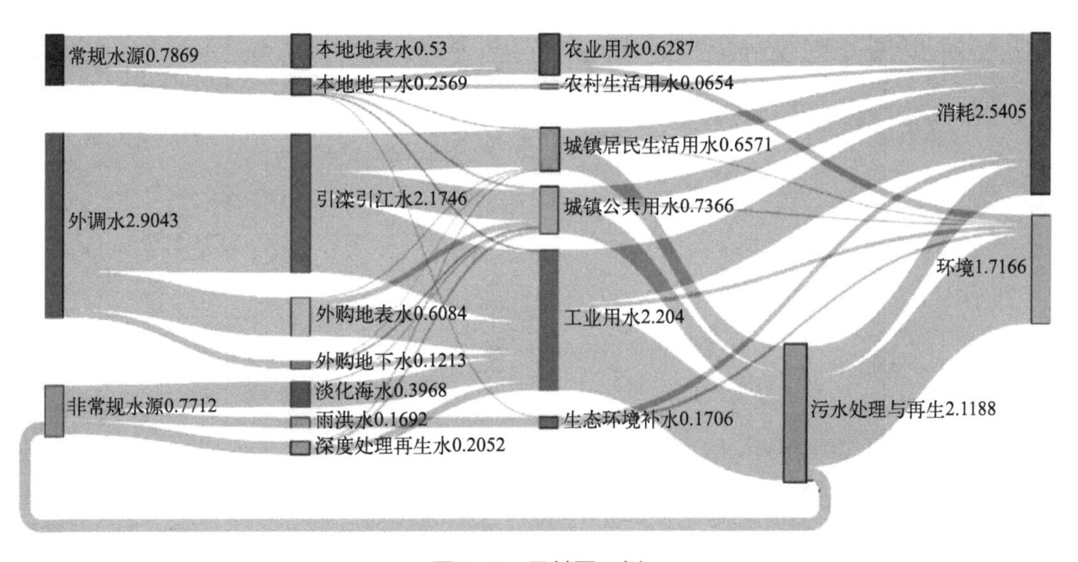

图3-4　桑基图示例

（图片来源：程亮等的水资源供用耗排回过程及其桑基图绘制，图为天津市滨海新区供用耗排回过程环节水量桑基图）

桑基图的显著特征和表现方式是：基于能量守恒，始末端的分支宽度总和相等，即起始数据和结束数据相同，所有主支宽度的总和与所有分支宽度总和相等，以保持能量的平衡。各分支的宽度代表了特定状态下的流量大小，宽度越大，表示流量越大。

在物质流分析中，也频繁使用桑基图表征物质（或能源）的不同去向（分支）及其大小。常见的桑基图的绘制软件包括Origin等。

（2）STAN

STAN软件是奥地利维也纳技术大学水质、资源与废物管理研究所开发的一款专业用于进行物质流分析和展示的软件。STAN可以通过使用预定义的模块功能（例如过程、流量、系统边界等）建立图形化的模型（见图3-5）。在输入或导入不同图层（物质的、能量的）和不同时期的数据（质量流量、存量、浓度、转化系数）后，可计算出未知量（或损失量）。所有流量都可以用桑基图的方式显示，即流量的宽度与它的值成正比。在操作层面，可使用Microsoft Excel进行数据的导入和导出。但该软件目前仅支持英语和德语，暂无汉化版本。

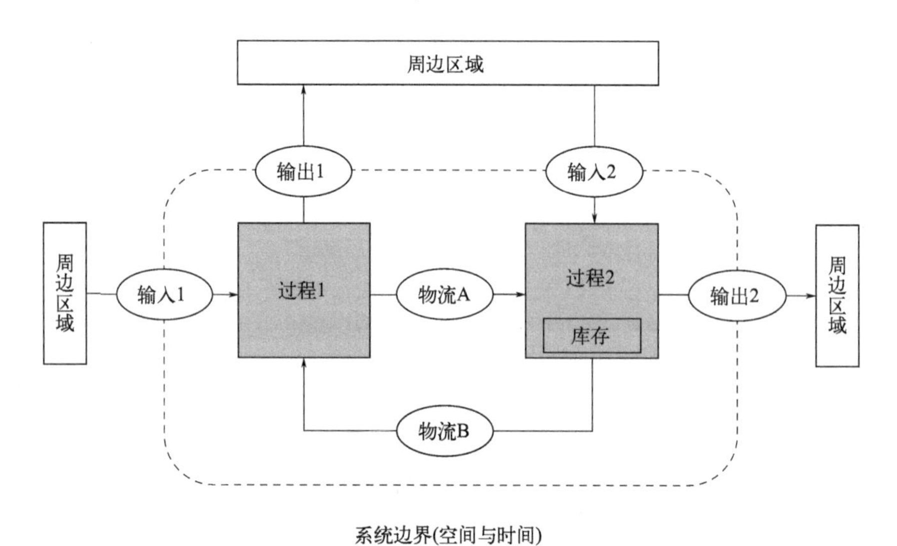

图3-5 STAN软件制图示例

（图片来源于https://www.ifu.com/e-sankey/）

（3）e!Sankey

e!Sankey是由德国汉堡ifu有限公司（ifu Hamburg GmbH）开发的一款桑基图制图软件，通过绘制流和节点来可视化研究数据，为可持续性发展、提高能源效率和资源效率提供方案。软件提供了全面的绘图功能和丰富的设计选项，可以将能量、物质、成本可视化为便于查看的流程图（见图3-6，书后另见彩图）。e!Sankey作为绘制桑基图的工具软件已经被全世界各行业广泛使用，软件语言包括简体中文（zh-CN）及其他5种语言（英语、法语、德语、西班牙语、葡萄牙语）。

（4）GaBi

GaBi软件是一款以生命周期评价（LCA）方法论为基础设计的软件，通过对各类产品从原材料到终端产品进行数据采集，建立可视化的LCA模型（见图3-7），可量化分析整个循环过程中产品对环境潜在的影响。

软件中LCA模型中不同过程和连接方式可以帮助我们理解产品“从摇篮到坟墓”的生命周期，将不同的工艺通过中间产品串联起来，通过输入不同过程的物质量的大小，可实现各个生命周期阶段或不同生产过程的物质流的表征。

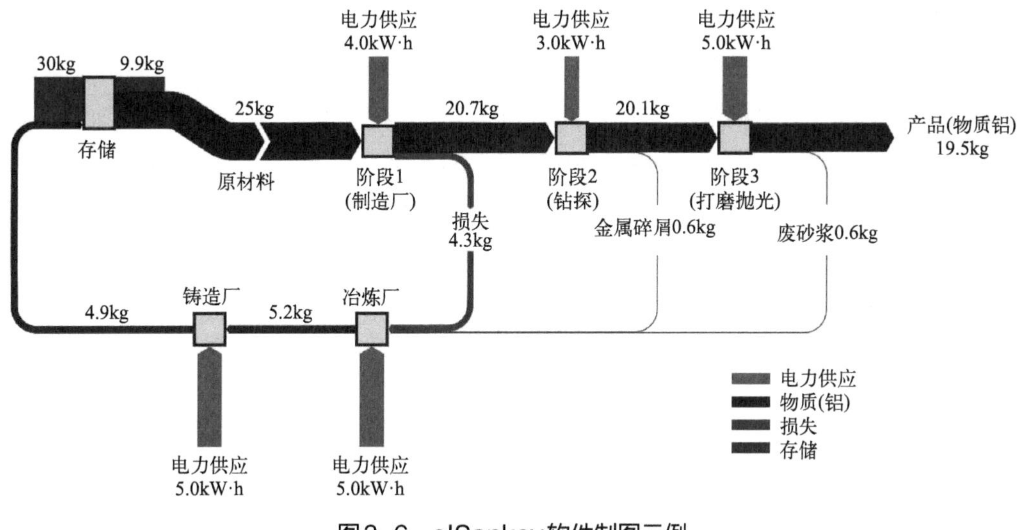

图3-6　e!Sankey软件制图示例

（图片来源于 https://www.ifu.com/e-sankey/）

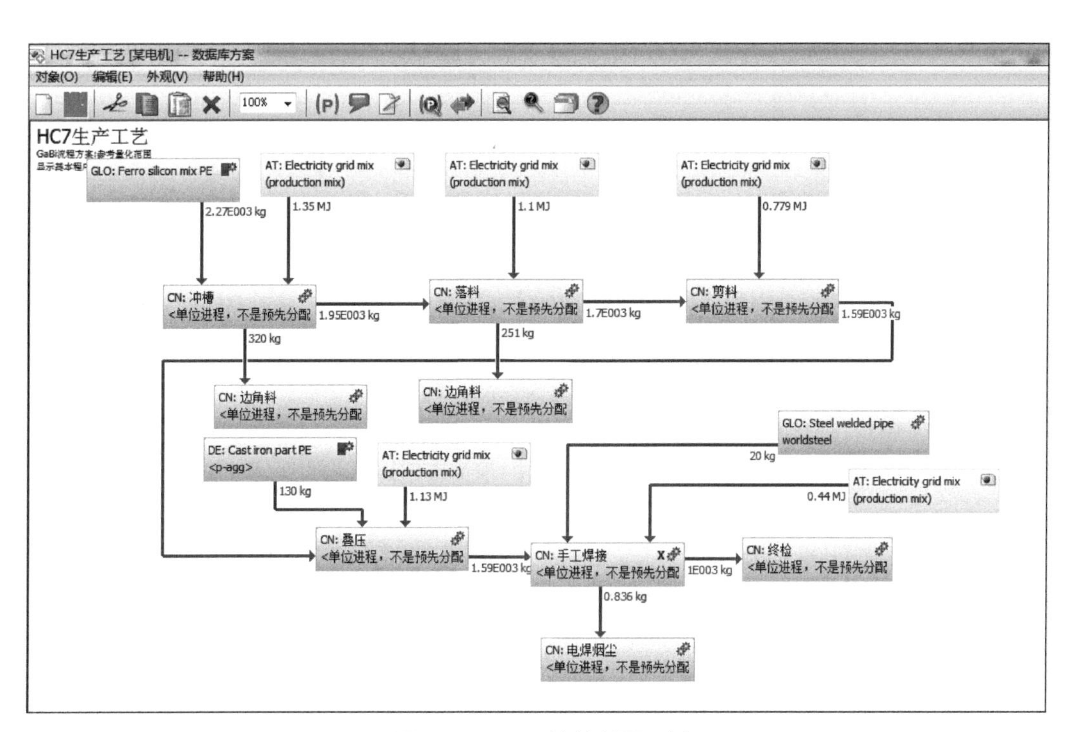

图3-7　GaBi软件制图示例

（图片来源：金栖凤的 GaBi 软件在环境影响评价中的应用，图为某金属制品公司的某电机生产工艺流程图）

（5）SimaPro

SimaPro是一种生命周期评估工具，由荷兰莱顿大学环境科学中心于1990年研发，被应用于全球80多个国家的工业企业、研究机构以及咨询公司。SimaPro软件的可视化环节以流量的形式呈现，使用者将产品生命周期内各个环节的输入输出量导入SimaPro软件，可识别出各个环节的环境负荷，了解产品和相关服务的环境表现，为决策者提供优化方案。根据对结果精度要求的不同，可选择SimaPro工具中的SimaPro Collect（简易版）、SimaPro Analyst（分析版）和SimaPro Develop（开发者版）。SimaPro软件集成多个数据库和影响评价方法，在软件开发的过程中不断简化操作过程、更新科学评价方法以及覆盖更全面的数据库，被应用于探索碳足迹、水足迹、可持续性报告、产品设计、环境产品声明和确定关键性能指标等多项课题。SimaPro软件制图示例见图3-8。

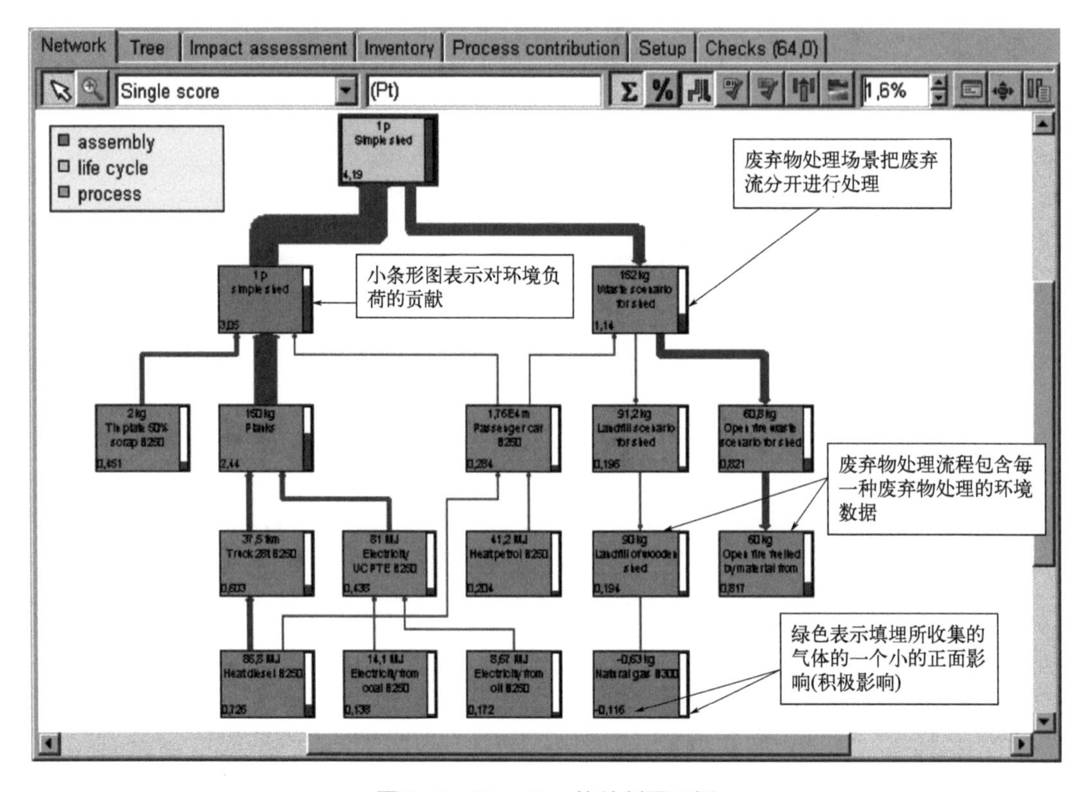

图3-8 SimaPro软件制图示例

（图片来源于http://www.1mi1.cn/，SimaPro软件在LCA中的应用简介）

assembly—组装；life cycle—生命周期；process—过程

3.3 物质流的动态分析法

动态分析是以研究现象所显现出来的数量或状态特征为基础，通过建模或大量统计分析方法判断或者预测研究对象在某一状态下的行为或表现。与静态分析相比较，动态分析不仅能系统了解研究对象全貌，还可预测其在不同状态下的表现，进而分析识别能够实现某种目标的影响因素。动态分析法广泛应用于经济学、工学等领域的研究中，通过动态分析方法或模型，可识别研究对象系统的运行机制，从而为过程控制提供更有利的决策手段。

3.3.1　冶金过程的数学模型法

对流程型行业生产过程来说，最终污染物的代谢量会随着原料、生产工艺及相应参数的改变而变化，因此污染物的代谢量应当结合原料及代谢过程进行系统分析。传统的分析评价方法依赖于研究系统输入、输出物质流的黑箱模型，通过建立评价指标对代谢效率及污染物的产生和排放情况进行分析，或运用大量工业生产数据建立回归分析经验模型，对污染物的产排量进行预测，但这两种方法并不能从本质上回答如何控制和影响污染物代谢过程的问题。而基于反应机理的数学模型，可通过物理化学反应机理来模拟反应物的代谢过程，并反映出代谢产物，特别是污染物产生的影响因素。

冶炼工序的数学模型研究是以工艺中的某个生产单元，也即工序为基本单位，对该工序中各物质在生产过程中的变化关系进行数学描述和模拟，并通过预测和模拟该工序生产过程中各股物质流的变化探讨影响生产过程中物质流代谢行为的原因。

3.3.2　化工过程的物料衡算法

化工过程物料衡算分为两类：一类是针对物理变化过程；另一类是针对化学反应过程。其中物理变化过程主要采用物质守恒原理进行物质的输入、输出核算，是利用已发生的大量数据进行分析的方法，属于静态分析法。而利用化学反应机理建立的物料衡算系统或者模型，可实现对不同状态下的物质产出进行预测，因此属于动态分析法。

该方法的原理是从分析生产过程的化学反应机理出发，建立起污染物与原料成分的定量关系，通过测定原料成分在化学反应过程中的变化，求出污染物产生量。但基于化学反应原理的动态分析方法的建立存在一些适用条件。目标物质的产生与原料成分或原料本身直接相关，其在反应前后的质量变化是由化学反应导致的，或其成分变化是由化学反应导致的，而且此种成分变化不会导致其他物质（主要是污染物）的产生。此外，反应机理应清晰，可准确列出工艺过程的化学反应式。

在使用该方法时，应注重对工艺流程的分析，确定目标物质的代谢路径和主要环节，建立工艺过程的化学反应式。在此基础上，厘清目标物质的产生机理。此外，还需要分析生产过程中的其他反应过程，明确这些反应过程对目标物质产生的影响。

参考文献

[1] Brunner P H, Rechberger H. Practical handbook of material flow analysis [M]. Boca Raton Florida USA: Lewis Publishers, CRC Press LLC, 2004.

[2] 张延玲. 冶金工程数学模型及应用基础[M]. 北京：冶金工业出版社，2013.

[3] Cencic O, Rechberger H. Material flow analysis with Software STAN[J]. Journal of Environmental Engineering and Management 2008, 18(1): 5.

[4] 程亮，吕学研，肖立敏，等. 水资源供用耗排回过程及其桑基图绘制[J]. 水电能源科学，2021, 39(6): 37-41.

[5] 金栖凤. GaBi软件在环境影响评价中的应用[D]. 苏州：苏州科技学院，2015.

第4章 工业代谢分析的数据及获取

- 物质流分析的数据需求
- 生产型数据获取
- 排放型数据获取
- 数据的不确定性分析

为了实现对研究边界内各股物质流的追踪和量化，需要在明确各股物质流代谢路径的基础上，对物质通量进行量化，涉及大量的数据需求。本章重点针对工业生产活动涉及的对物质量化的数据需求展开分析，同时对各类产业数据以及污染排放等数据的来源、获取方式进行介绍。

4.1 物质流分析的数据需求

对于物质在社会经济系统内的全生命周期代谢过程来说，研究某种物质或元素的代谢过程所需的数据一般通过大量的文献资料（特别是各类统计年鉴）调研，辅以现场实测的手段获取。例如，研究区域内目标物质的进出口量、开采量、主要产品产量、使用量、废弃量等。

对于物质在工业生产过程中的代谢过程来说，研究某种物质或元素的代谢过程所需的数据往往通过实地调研+现场实测的手段获取。例如，生产企业的年、月、日生产报表，物料平衡表，环境监测年报，工业企业“三废”排放与处理利用情况报表，企业对目标物质化验分析的资料，以及行业年鉴、清洁生产标准等技术标准、专家咨询、文献查阅获取的数据等资料。

为了提高数据收集的针对性和有效性，本书将物质流分析的数据分为两类：一类是与工业生产（以及消费等行为）活动息息相关的生产类数据，例如产品产量、原料用量、消费量等；另一类是与工业生产过程产生排放的污染相关的排放类数据，例如大气污染物（颗粒物、氮氧化物、二氧化硫、挥发性有机物等）、水污染物（化学需氧量、氨氮、总氮、总磷等）以及固体废物（一般工业固体废物、危险废物等）的排放量。

根据不同视角下工业代谢的一般模型，社会经济代谢和工业生产过程代谢研究的数据类型划分如图4-1和图4-2所示。

数据收集的内容和数据需求一般是根据研究的目标和研究方法确定的。例如，当需要了解目标物质在某个系统中的整体代谢情况或综合代谢效率时，仅需要掌握目标物质在系统内外的输入输出量，而当研究目标还需要掌握目标物质在系统内不同子系统之间的代谢情况时，则数据收集的内容还需细化分解至不同子系统的输入、输出情况。更进一步，若要了解目标物质在某一子系统内部的代谢情况及其影响因素或驱动机制时，则对数据需求提出更高的要求：不仅需要掌握目标物质在子系统内不同物质流内的流动情况，还需要全面掌握决定各股物质流输入、输出的关键参数（例如温度、压力等）。

数据收集的精细化程度并不是越高越好，而是根据研究目标和调查手段不断进行调整。通常，精细化程度更高的数据需求意味着更多的研究投入，例如采用监测手段（包括实时动态监测、随机抽样监测）或模型模拟等手段，但也存在监测和模拟手段也无法

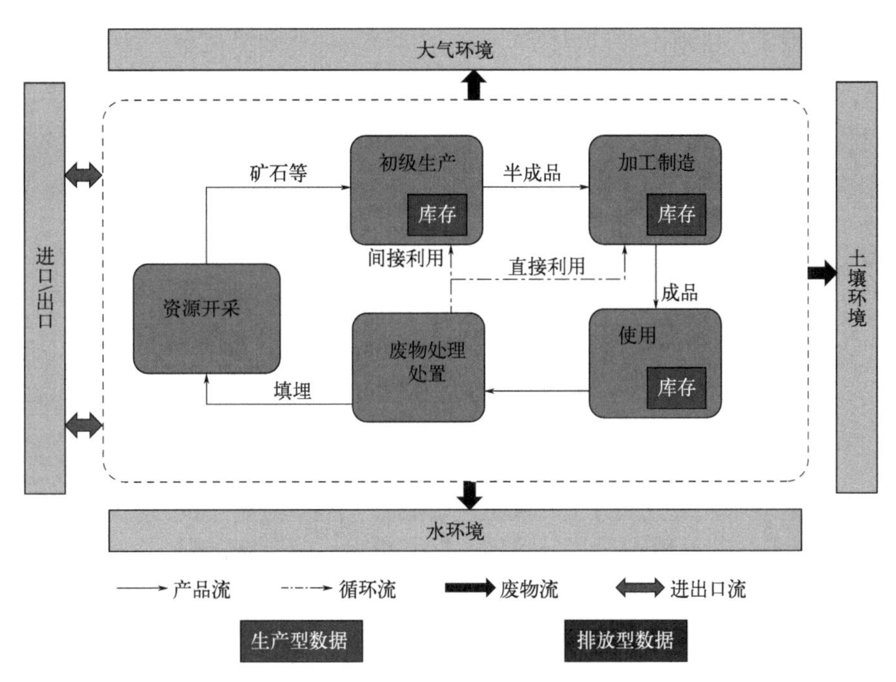

图4-1　社会经济代谢研究的数据类型

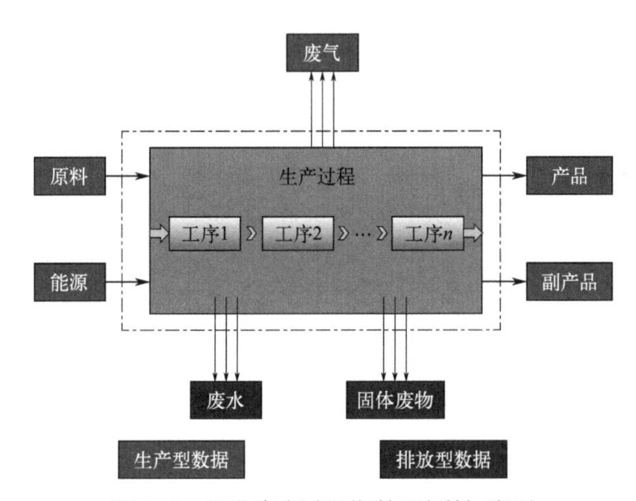

图4-2　工业生产过程代谢研究数据类型

获取数据的情况（例如和高温高压反应过程有关的系统过程）。数据获取是工业代谢分析中重要的研究内容之一，也充分体现了研究人员的智慧。

由于社会经济代谢研究的尺度和范围一般较大，例如某个区域、城市或者工业园区，此时主要以区域、城市或者工业园区的物理边界（空间范围）为界限，重点收集输入和输出系统内的各类物质流中目标物质的流量。而工业生产过程代谢的尺度和范围一般是某个全流程生产过程，或某个企业的厂界范围，此时根据研究目标和手段的要求，需要重点收集输入、输出企业厂界的各类物质流中目标物质的流量，甚至是各车间（各工序）的各股物质流信息。

不同代谢研究的数据需求根据其研究目标和系统边界差异较大，图4-3列出了研究中需要的常规性的数据需求。实际研究中涉及的数据需求和复杂程度远超列举情况。

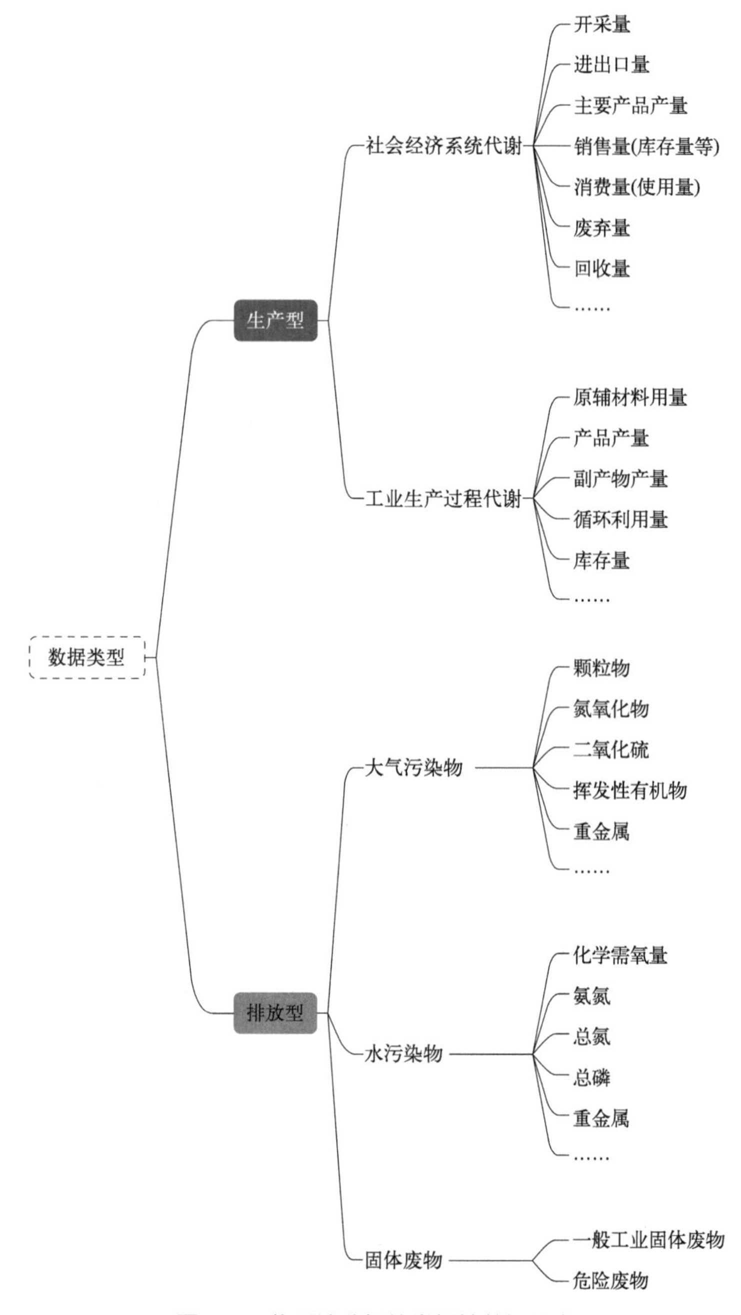

图4-3 物质流分析的常规性数据需求

4.2　生产型数据获取

4.2.1　国民经济统计年鉴

（1）《中国统计年鉴》

《中国统计年鉴》是国家统计局编印的一种资料性年刊，全面反映中华人民共和国经济和社会发展情况。某一年统计年鉴收录上一年全国和各省、自治区、直辖市每年经济与社会各方面大量的统计数据，以及历史重要年份和近二十年的全国主要统计数据，由国家统计局每年出版发行，是我国最全面、最具权威性的综合统计年鉴。

年鉴正文内容一般分为20余个篇章，根据不同年的经济社会发展情况略有调整。通常包括下列内容：

① 综合；
② 人口；
③ 国民经济核算；
④ 就业和工资；
⑤ 价格；
⑥ 人民生活；
⑦ 财政；
⑧ 资源和环境；
⑨ 能源；
⑩ 固定资产投资；
⑪ 对外经济贸易；
⑫ 农业；
⑬ 工业；
⑭ 建筑业；
⑮ 批发和零售业；
⑯ 运输、邮电和软件业；
⑰ 住宿、餐饮业和旅游；
⑱ 金融业；
⑲ 房地产；
⑳ 科学技术；
㉑ 教育；
㉒ 卫生和社会服务；
㉓ 文化和体育；
㉔ 公共管理、社会保障和社会组织；

㉕ 城市、农村和区域发展；

㉖ 香港特别行政区主要社会经济指标；

㉗ 澳门特别行政区主要社会经济指标；

㉘ 台湾省主要社会经济指标等。

附录篇章为国际主要社会经济指标。为方便读者使用，各篇章前设有“简要说明”，对该篇章的主要内容、资料来源、统计范围、统计方法以及历史变动情况予以简要概述，篇末附有“主要统计指标解释”。

（2）各省、城市、县域的统计年鉴

1）各省级统计年鉴

省级统计年鉴由我国各省级统计部门编印、按年连续出版，是了解当地的重要工具书。我国大陆地区31个省（自治区、直辖市）及香港特别行政区、澳门特别行政区、台湾省均制作有省级统计年鉴，并在互联网上进行信息公开。年鉴中的数据资料大部分来自统计报表，一部分来自抽样调查，分省资料来自国家统计局出版的有关统计资料。每一章通常由简要说明、统计表和主要统计指标解释三部分组成，其中统计表是年鉴的主体内容，根据不同省级的经济社会发展情况略有调整，并提供一定年份的时间历史数据，便于查阅者了解短期或长期趋势。统计表主要内容有综合概况，国民经济核算，人口，就业，价格指数，人民生活，财政与税收，能源、资源和环境，城市公共事业，固定资产投资和房地产开发，对外经济贸易，农业、工业、建筑业、第三产业、交通运输和邮电业、批发和零售业、住宿和餐饮业、旅游业、金融业，科技、教育、卫生及社会服务，文化和体育，公共管理，社会保障和社会组织，县（市、区）主要经济指标，附录等20余个章节，可从多领域、多行业反映当地经济和社会发展情况。

2）《中国城市统计年鉴》

《中国城市统计年鉴》是国家统计局城市社会经济调查司编印的一种资料性年刊，收录全国各级城市社会经济发展等方面的主要统计数据，自1985年开始按年连续出版发行。年鉴正文内容一般分为四个部分，根据不同年的经济社会发展情况略有调整。通常情况下内容包括：第一部分是全国城市行政区划，列有不同区域、不同级别的城市分布情况；第二、三部分分别是地级以上城市统计资料和县级城市统计资料，具体包括人口、资源环境、经济发展、科技创新、人民生活、公共服务、基础设施方面的数据；第四部分为附录“主要统计指标解释”。

3）《中国县域统计年鉴》

《中国县域统计年鉴》收录了年度全国2000多个县（市）及20000多个镇的基本情况、综合经济、农业、工业、基本建设、教育、卫生、社会保障等方面的资料。主要内容包括4个部分：

① 县（市）社会经济主要指标；

② 分区域县（市）社会经济基本情况，包括山区、丘陵、平原、民族地区、陆地边

境县、牧区、半牧区、九大农区、棉花生产大县、扶贫工作重点县等（分区域名单仅在统计时使用，不作其他用途）；

③ 按主要经济指标分组县（市）资料，包括按地方财政一般预算收入、农民人均纯收入分组；

④ 镇的综合情况。

篇末另附“主要指标解释”。

4.2.2　工业统计年鉴

我国的工业统计年鉴主要是反映区域工业经济发展情况的资料性年刊，一般由统计部门、工信部门编印，探索出版过省级工业统计年鉴、某行业工业统计年鉴等，主体内容包含了生产数量、经济效益、资源消耗、科技创新、企业概况等。其中，《中国工业统计年鉴》是工业领域最权威、最全面的统计年鉴。

《中国工业统计年鉴》是一部全面反映中国工业经济发展情况的资料性年刊，数据收录时间跨越1949～2020年，系统性地收录了年度全国各经济类型、各工业行业和各省、自治区、直辖市的经济效益、产品产量、生产能力等工业经济统计数据以及主要指标历史数据。年鉴包括综合数据、分行业数据、分地区数据和附录“主要指标解释”四部分内容。

4.2.3　能源统计年鉴

《中国能源统计年鉴》是一部反映我国能源建设、生产、消费、供需平衡的权威性工具书，自1986年开始由国家统计局组织编写，按年连续出版。主要内容包括能源经济主要指标，综合能源消费量，主要能源品种进出口量，主要高耗能产品进出口量，分地区废水、废气主要污染物排放量，能源建设投资情况，一次能源生产量及二次能源供应情况，不同能源消费量，全国能源平衡表，地区能源平衡表，香港、澳门特别行政区能源数据，台湾省及有关国家和地区能源数据、主要统计指标解释以及各种能源折标准煤参考系数。

4.2.4　实地调研数据

在确定工业代谢研究对象和边界范围的基础上，当研究数据没有被统计资料覆盖时，需要实地调研补充基础数据。实地调研收集数据的途径有设计和发放企业调查问卷，查阅环境影响评价报告、企业清洁生产审核报告、企业生产报表、环境监测报告、企业生产设备信息、工艺流程图等图件资料，以及实地收集企业生产运行参数等。为验证调研数据有效性，可采用查阅文献资料、咨询行业专家及专业技术人员等方式，进一步核实和验证。

当研究对象为某一生产过程中的物质代谢时，物质平衡的建立往往需要基于大量的实测数据，特别是对每一股物质流中的物质含量，以及废物流中的物质含量开展监测。在现场实测时，需要预先获取每一股物质流的代谢过程，从而合理地设计监测方案。附录中的附表1列举了基于监测数据的调研表供参考。

4.3 排放型数据获取

排放型数据获取途径包括生态环境调查与统计数据、工业污染源产排污系数以及实测数据等。

4.3.1 生态环境调查与统计数据

目前，我国与污染物排放量相关的管理制度主要包括全国污染源普查、总量减排、生态环境统计、排污许可制度、环境税、污染源管理清单等，生态环境调查与统计数据也主要指上述各项制度下形成的针对污染源（排放源）的大量统计信息。

由于这些制度的工作机制和数据收集及应用的目的不同，其统计手段、覆盖范围也有较为明显的差异。在开展工业代谢分析时，可充分了解和借鉴不同统计制度的结果，进行筛选、识别和应用。

（1）全国污染源普查数据

全国污染源普查数据是全国污染源普查工作的重要成果，获取方式包括针对污染源普查对象的全面调查、抽样调查及整体估算等。《全国污染源普查条例》规定了普查对象、范围及主要内容，例如工业污染源普查对象的主要普查内容有企业基本登记信息，原材料消耗情况，产品生产情况，产生污染的设施情况，各类污染物产生、治理、排放和综合利用情况等。集中式污染治理设施普查的主要内容则包括设施基本情况和运行状况、污染物的处理处置情况等。每次污染源普查的具体范围和内容由该次普查方案确定。最新数据为2020年6月发布的《第二次全国污染源普查公报》，时期资料为2017年度资料。

全国污染源普查是生态环境统计的重要组成部分，每十年进行一次全面调查，同时采用同期最先进的统计技术，是最高层级的生态环境统计调查制度，具有调查范围广、指标多、方法精细的特点，其统计结果可作为工业代谢分析中污染物排放的重要来源和依据。常规的生态环境统计工作多是基于污染源普查成果的改进和深度应用，调查范围经过综合考虑管理需求、统计能力确定，调查指标、核算方法及产排污系数等内容与污染源普查一脉相承。根据产排污单位生产工艺、污染治理水平变化情况可实施产排污系数动态更新，并与排污许可、环境统计等其他污染物排放量统计相关制度保持一致。

（2）排污许可数据

排污许可制度是以固定污染源为核心对象的管理制度。为加强排污许可管理，规范生产经营者的排污行为，控制污染物排放，保护和改善生态环境，国务院于2021年1月发布了《排污许可管理条例》。

排污许可制度采用名录管理模式，分为重点管理、简化管理、登记管理。《排污许可分类管理名录》基本覆盖了拥有重点污染工序、规定中涉及的通用工序和排污量达到一定量的企业，这些企业按要求报送污染物实际排放量，可作为工业代谢分析中污染物排放数据的主要来源之一。由于排污许可并不覆盖全部工业企业，对于排污许可证执行报告不要求报送排放量或未纳入排污许可管理的排污单位——来自工业源、农业源、集中式污染治理设施、生活源、移动源等，可根据行业和地区总体情况，建立科学的技术方法进行概化测算，或由有关职能部门按照统计要求开展独立统计，这部分排放量在开展区域污染排放统计时也可进行借鉴和参考。

（3）环境统计数据

环境统计数据是支撑生态环境管理决策的重要基础，是衡量生态环境保护工作成效的重要依据。为做好环境统计工作，国家统计局批准多种环境领域调查制度，为全国环境资源、污染排放及治理情况的调查统计提供制度依据。例如，2017年1月国家统计局发布《资源环境综合统计报表制度》，依据其报送的数据资料通过统计局网站、《中国统计年鉴》、《中国环境统计年鉴》等形式发布。

2019年起，为加快形成与“建设美丽中国”目标任务相适应的生态环境统计制度体系，生态环境部根据现有数据基准和管理需求，不断推进生态环境统计改革，将温室气体排放及治理情况纳入统计内容和统计方法，完善排放源统计工作。为了解全国污染物和温室气体排放及治理情况，为各级政府制定生态环境保护政策和计划、加强生态环境监督管理和污染防治提供依据，依照《中华人民共和国统计法》《中华人民共和国统计法实施条例》《部门统计调查项目管理办法》《环境统计管理办法》等规定，生态环境部制定、国家统计局批准了《排放源统计调查制度》（国统制〔2021〕18号），并于2021年发布实施。该调查制度于调查年度次年年底前通过《中国环境统计年报》发布。

1）《排放源统计调查制度》

2021年6月，为落实《排放源统计调查制度》要求，规范排放源产排量核算方法，统一产排污系数，生态环境部组织制定了《排放源统计调查产排污核算方法和系数手册》并予以发布。

根据《排放源统计调查制度》及其附件《排放源统计技术规定》，排放源统计调查分为年报和季报。其中，年报调查范围为各省、自治区、直辖市辖区内有污染物、温室气体产生或排放的工业源、农业源、生活源、移动源，以及实施污染物集中处理的污水处理厂、生活垃圾处理厂、危险废物（医疗废物）集中处理厂等集中式污染治理设施。季报调查范围为工业源和集中式污染治理设施，工业源的调查对象主要涉及火电、水泥等重点行业企业。

工业源的调查对象为《国民经济行业分类》（GB/T 4754—2017）中采矿业，制造业，电力、热力、燃气及水的生产和供应业3个门类中纳入重点调查的工业企业（不含军队企业），包括经工商行政管理部门核准登记，领取营业执照的各类工业企业以及未经有关部门批准但实际从事工业生产经营活动，有污染物、温室气体产生或排放的工业企业。

2）《中国环境统计年鉴》

《中国环境统计年鉴》是由国家统计局、生态环境部、自然资源部及其他有关部委共同编辑的环境领域的权威性资料年刊，反映了我国环境各领域基本情况，包含全国各省、自治区、直辖市环境各领域的基本数据和主要年份的全国主要环境统计数据。年鉴设有十一个部分，分别是我国自然状况、水环境资源利用和排放情况、海洋环境资源及利用情况、大气环境污染物排放情况、固体废物产生排放及综合利用情况、自然生态基本情况及治理情况、造林及森林资源保护情况、自然灾害及突发事件、环境治理及基础设施投资情况、城市环境、农村环境等数据，附录包含资源环境主要指标、东中西部地区主要环境指标、世界主要国家和地区环境统计指标及主要统计指标解释四部分。

（4）环境保护税相关数据

环境税制度计税污染物指标依照《中华人民共和国环境保护税法》附录确定，包括75种废水污染物、44种废气污染物，对于排污许可制管控排放量的污染物指标，以排污许可制为基础，其他污染物按《环境保护税法》规定的方法和顺序，基于监测数据或产排污系数（物料衡算）进行核算。环境税采取月申报、季征收的方式，排放量申报频次较以上管理制度更为频繁。另外，根据《环境保护税法》，部分排污单位暂予免征环境保护税，不需要统计排放量，因此环境税体系下的污染物排放量与生态环境统计、排污许可存在一定差异。同时国家税务管理部门对于偷税、漏税行为有惩处管理办法，强化环境保护税收监督管理，对提高污染物排放量数据的真实性也有促进作用。

（5）污染源清单数据

大气污染源排放清单、重污染应急清单等作为大气污染源管理工作的重要基础支撑，与生态环境统计在指标需求、管理需求等方面充分衔接。大气污染源清单中企业排放量数据可通过生态环境统计数据获得，也可通过制定本地化的排放因子核算获取或采用实际监测手段获得。但由于大气污染排放清单的排放量统计主要是对不同污染源项

（例如工艺过程源、道路扬尘源、有机溶剂使用源等）展开，在获取区域的污染排放数据时，需对大气污染排放清单中涉及工业生产的排放数据进一步辨识后再利用。

4.3.2 工业污染源产排污系数

工业污染源产排污系数具有表达方式直观、使用便捷和覆盖面广等特点，既可以合理、准确地量化污染物的产生量、排放量，又能够满足实施排污许可、污染物排放总量控制、环境税征收和排污权交易等工作需求，在持续为各项环境管理制度提供科学依据，以及在环境影响评价源强核算、污染排放清单编制、区域污染物排放量核算研究等方面起到重要支撑作用。

20世纪90年代初，随着清洁生产战略在我国的实施，人们对工业过程产排污量核算方法的需求不断增加，工业污染源产排污系数的概念与核算方法也应运而生。近30年来，该领域的研究不断深入和扩展，标志性的成果主要产出于全国污染源普查或重点地区或重点行业的调查。2017年开始的第二次全国污染源普查（简称“二污普”）进一步对其进行补充完善，形成了目前最为系统、行业覆盖面最全的产排污核算方法体系。

2016年10月，国务院下发了《关于开展第二次全国污染源普查工作的通知》，正式启动“二污普”，普查对象包括工业污染源、农业污染源、生活污染源、集中式污染治理设施、移动源及其他产生排放污染物的设施。其中，产排污系数法仍是工业污染源污染物排放量估算的最主要方法之一。以为普查提供技术支持为目的，设立了“第二次全国污染源普查工业污染源产排污核算”项目，由中国环境科学研究院承担，采用“1+*N*”的组织实施模式，在对已有产排污系数适用性、合理性和全面性评估的基础上，针对产排污系数使用过程中存在的问题及行业分类变化等因素，按照《国民经济行业分类代码》（GB/T 4754—2017），形成了全行业、模块化、双因子分段核算的产排污系数核算方法，列出了41个大类工业行业（657个小类行业）以及与工业生产特征相似的“05农林牧渔专业及辅助性行业”的2个小类行业，共计934个工段、1300种主要产品、1589种原料、1528个工艺、31327个废水和废气污染物的产污系数以及101587种末端治理技术的去除效率，这是我国目前最为系统、行业覆盖面最全的工业污染源产排污系数。

4.3.3 实测数据

根据定义，工业代谢的研究范围是一定范畴内的工业生产和消费活动引起的物质流动与转化过程。由于我国工业污染源具有类型多样、工艺复杂、产排污环节多的特点，为了获取工业代谢研究对象物质流动与转化的具体数据资料，可以针对某一单质或化合物的代谢及转化过程进行实测，也可以针对某一工艺环节进行实测。

4.4 数据的不确定性分析

不确定性表示数的含糊性，指事件或某种决策的结果不唯一。由于观测条件和认知水平的限制，在观测、模拟工业生产代谢过程中物质转换、释放及污染物产生、排放规律时，观测模拟的结果与实际状况可能存在一定偏差，使得计算结果存在一定的不确定性。在模拟工业生产代谢的过程中，产品种类和结构、原辅材料结构、生产技术水平、物质在系统内的迁移转化规律、设备运行状况、管理水平等因素都将给模拟结果带来一定的不确定性，需要对这些因素进行综合的分析和预测，以量化和降低模拟计算结果的不确定性。

工业代谢过程中污染物的产生与排放量数据的不确定性主要来源于测量数据的不确定性、计算方法的不确定性。其中测量数据的不确定性主要源于数据观测过程中的误差和观测手段的限制。由于计算方法是对现实工业生产过程中污染物产生、排放特征和规律的抽象表达，难以完全真实地反映现实世界的情况；同时，由于我们对工业代谢过程中污染物产排污规律认知的限制，计算方法本身具有一定的不确定性。

不确定性分析可用于重要污染源信息的甄别，评估排放清单的准确性，以及针对排放清单估算分析过程中不可避免存在的监测误差、随机误差、关键数据缺乏以及数据代表性不足等不确定性因素展开识别。

不确定性定性和定量分析方法主要有专家咨询、质量排名、计算和方法检查、专家判断、统计方法、灵敏度分析、其他清单对比、直接和间接测量、前向模式、反向模式、蒙特卡洛方法和拉丁超立方抽样方法等。

4.4.1 蒙特卡洛分析方法

蒙特卡洛分析又称随机抽样技巧或统计实验法，是运用概率论及数量统计方法，预测和研究各种不确定性因素对项目的影响，分析系统的预期行为和绩效的一种定量分析的建模方法。蒙特卡洛分析法是一种通过随机抽样统计估算结果的计算方法。其精确度很大程度上取决于抽样的样本量，一般需要大量的样本数据。Kuik等研究了蒙特卡洛辅助因子分析在大量环境数据中的应用，发现蒙特卡洛方法为确定分析中使用的因素数量提供了一种新的方法。Wang等采用蒙特卡洛分析法和情景分析方法对抚顺市的水环境承载力进行了模拟。结果表明，如果保持当前的社会发展模式，未来抚顺市的水环境承载力将缓慢改善。Jiang等基于蒙特卡洛方法研究了采矿活动对中国浅层地下水中重金属分布、来源及健康风险评估的影响。

排放清单的不确定性取决于输入数据的不确定性，采用蒙特卡洛数值分析法在各数据的概率密度函数上选择随机值，得出相应的输出值，重复多次，得到的输出值构成相应的概率密度函数，当输出值的平均值不再变化时结束计算，得到排放清单的不确定度。

4.4.2　拉丁超立方抽样方法

拉丁超立方抽样是一种从多元参数分布中近似随机抽样的方法，属于分层抽样技术。不同于蒙特卡洛使用随机数或伪随机数从概率分布中抽样的方法，拉丁超立方抽样是抽样技术的最新进展，将整个采样范围划分为$n \times n$个超立方空间（n为采样参数个数），然后在每个空间中随机抽取样本。拉丁超立方抽样在分布拟合和采样效率方面优于蒙特卡洛抽样方法。Ficklin等使用土壤和水评估工具（SWAT）结合拉丁超立方气候变化采样算法，对美国加利福尼亚州中央山谷河流流量和农业污染物迁移的气候变化敏感性进行评估。Wang等采用拉丁超立方抽样研究了在不确定性条件下，中国钢铁行业协同节能与二氧化碳减排的多目标优化问题。

拉丁超立方抽样和蒙特卡洛抽样都是通过从研究对象单元中抽取部分单元进行考察和分析，进而推断总体数量特征的一种调查方法。蒙特卡洛模拟适用于数据量大以及有随机性、复杂性的问题的模拟。而拉丁超立方抽样方法通过将总体样本切分成多个空间，保证了抽取样本的均匀性和全面性，能够通过较少的样本量得到精确度较高的模拟结果。

4.4.3　敏感性分析

敏感性分析法是指从众多不确定性因素中找出对研究项目评价结果有重要影响的敏感性因素，并分析、测算其对评价结果指标的影响程度和敏感性程度的一种不确定性分析方法。通过敏感性分析可以找出对评价结果影响最大、最敏感的变量因素，并分析、预测其影响程度，有利于找出产生不确定性的根源，为决策提供有力的参考信息。Cohan Daniel等采用二阶直接灵敏度方法探究了臭氧对其前体物氮氧化物和挥发性有机物排放的非线性响应。Luo等通过敏感性分析研究了SWAT进行流域尺度水质建模中的农药迁移和分布情况，发现地表径流、土壤侵蚀和沉积是影响有机磷农药毒死蜱和二嗪农迁移与运输的主要因素。Larsen等研究了意大利平原颗粒物污染的一次来源和二次来源，分析了颗粒物的61种化学成分的不确定性和敏感性，发现二次气溶胶、交通源和生物质燃烧是平原颗粒物的主要来源。Wang等使用基于观察的箱型模型（OBM）分析了中国长江三角洲地区臭氧污染事件期间臭氧对其前体物的敏感性，结果表明烃类在O_3行程中起主导作用，而且O_3的行程介于VOCs（挥发性有机物）限制和过渡状态之间。敏感度分析在一定程度上带有主观性和猜测性。敏感度分析只能确定对决策结果最敏感、影响最大的因素，但无法确定其真正的变化范围及对决策结果的影响程度有多大。

4.4.4 概率分析

概率分析是指使用概率论方法研究、预测各种不确定性因素的发生对评价结果影响的一种定量分析方法。Ashbaugh等通过开发一种估计概率密度的函数方法研究了大峡谷国家公园硫浓度的停留时间、概率以及不同源对受体高浓度的贡献情况。Yao等通过分析中国地表水污染食物中污染物数量的累计概率、涉及人数、污染带长度和污染持续时间，研究了中国各种地表水污染事故的起源和发生概率。Li等通过结合用于排放速率的人工神经网络模型和通过概率分析增强的数值扩散模型，使用概率方法评估典型VOCs的健康风险。基于概率密度函数的不确定性分析方法的计算量、取样量小，通过有限的几个点就可估计较高的精度，但其对非线性程度较高和高维度系统的估计的精度常难以满足要求。

参考文献

[1] Brunner P H, Rechberger H. Practical handbook of material flow analysis [M]. Boca Raton, Florida USA: Lewis Publishers, CRC Press LLC, 2004.

[2] 张延玲.冶金工程数学模型及应用基础[M]. 北京：冶金工业出版社，2013.

[3] 董广霞，王鑫，张震，等. 生态环境统计与污染源普查的比较分析与衔接建议[J]. 环境保护，2022, 50(9): 35-38.

[4] 王军霞，吕卓，李曼，等. 生态环境统计与排污许可制度衔接的技术分析及建议[J]. 环境影响评价，2021, 43(4): 10-13.

[5] 韩峰. 生态工业园区工业代谢及共生网络结构解析[D]. 济南：山东大学，2017.

[6] 乔琦，白璐，刘丹丹，等. 我国工业污染源产排污核算系数法发展历程及研究进展[J]. 环境科学研究，2020, 33(8): 1783-1794.

[7] Kuik P, Sloof J E, Wolterbeek H Th. Application of Monte Carlo-assisted factor analysis to large sets of environmental pollution data[J]. Atmospheric Environment Part A General Topics, 1993, 27(13): 1975-1983.

[8] Wang X, Zhan W, Wang S. Uncertain water environment carrying capacity simulation based on the Monte Carlo method——System Dynamics Model: A case study of Fushun city[J]. International Journal of Environmental Research and Public Health, 2020, 17(16): 5860.

[9] Jiang C L, Zhao Q, Zheng L G, et al. Distribution, source and health risk assessment based on the Monte Carlo method of heavy metals in shallow groundwater in an area affected by mining activities, China[J]. Ecotoxicology and environmental safety, 2021, 224: 112679.

[10] Olsson A, Sandberg G, Dahlblom O. On Latin hypercube sampling for structural reliability analysis[J]. Struct Saf, 2003, 25: 47-68.

[11] Ficklin D L, Luo Y Z, Zhang M H. Climate change sensitivity assessment of streamflow and agricultural pollutant transport in California's Central Valley using Latin hypercube sampling[J]. Hydrological Processes, 2013, 27(18): 2666-2675.

[12] Wang Y H, Wen Z G, Yao J G, et al. Multi-objective optimization of synergic energy conservation and CO_2 emission reduction in China's iron and steel industry under uncertainty[J]. Renewable and Sustainable Energy Reviews, 2020 (134): 110-128.

[13] Cohan Daniel S,et al. Nonlinear response of ozone to emissions: source apportionment and sensitivity analysis[J]. Environmental science & technology, 2005, 39(17): 6739-6748.

[14] Luo Y Z, Zhang M H. Management-oriented sensitivity analysis for pesticide transport in watershed-scale water quality modeling using SWAT[J]. Environmental Pollution, 2009, 157(12): 3370-3378.

[15] Larsen B R, et al. Sources for PM air pollution in the Po Plain, Italy: Ⅱ. Probabilistic uncertainty characterization and sensitivity analysis of secondary and primary sources[J]. Atmospheric Environment, 2012, 50: 203-213.

[16] Wang M, Wentai C, Lin Z, et al. Ozone pollution characteristics and sensitivity analysis using an observation-based model in Nanjing, Yangtze River Delta Region of China[J]. Journal of Environmental Sciences, 2020, 93(7): 13-22.

[17] Ashbaugh L L, Malm W C, Sadeh W Z. A residence time probability analysis of sulfur concentrations at grand Canyon National Park[J]. Atmospheric Environment (1967), 1985, 19(8): 1263-1270.

[18] Yao H, Zhang T, Liu B, et al. Analysis of surface water pollution accidents in China: Characteristics and lessons for risk management[J]. Environmental Management, 2016, 57(4): 868-878.

[19] Li R, Yuan J Y, Li X, et al. Health risk assessment of volatile organic compounds (VOCs) emitted from landfill working surface via dispersion simulation enhanced by probability analysis[J]. Environmental Pollution, 2023, 316(1): 1205-1235.

第5章

冶炼过程重金属物质代谢分析与评价——水口山工艺

冶金工业是典型的流程型工业，其特点为完整的工艺由一系列复杂的相互独立又彼此串联（并联）的生产单元（生产工序）构成。一般用表述单元过程之间关联关系的系统结构模型来表达，反映整个工艺流程内的物质流动情况。冶金工业中最常见的工业生产过程是冶炼过程。冶炼过程工业代谢是对冶炼生产工艺中物质代谢过程的研究。根据对目前国内外工业代谢分析研究进展的回顾可知，重金属的代谢研究是工业代谢的研究热点之一，本章以典型的铅冶炼过程为主要对象，借助物质流分析等手段识别和追踪冶炼过程中重金属物质，特别是铅等元素的代谢过程。通过开展冶炼过程重金属物质代谢分析和评价研究，为提升生产过程中重金属资源的利用效率，更重要的是为冶炼过程中重金属污染防治提供手段和依据。

5.1　我国铅冶炼发展概况

5.1.1　铅冶炼技术

铅在自然界中主要以硫化物的形态存在，冶炼矿物原料90%以上是铅锌硫化精矿。要得到单质铅，就要将PbS还原，而目前的生产技术条件很难找到一种能同时满足技术与经济要求的还原剂，因此世界上大多数铅冶炼厂所采用的冶炼方法是将硫化精矿焙烧或者烧结焙烧，即将PbS氧化为PbO，再利用碳质还原剂在高温下使PbO还原为金属。铅冶炼是指将铅精矿氧化还原为金属铅的过程，主要由粗铅冶炼和精铅冶炼两个步骤组成。粗铅冶炼是指硫化铅精矿经过氧化脱硫、还原熔炼、铅渣分离等工序，产出粗铅的过程，粗铅一般含铅95%～98%；精铅冶炼是将粗铅中含有的铜、镉、砷等杂质进一步精炼，去除杂质，形成精铅，精铅含铅99.99%以上。粗铅的生产方法以火法冶炼为主，由于工艺及成本等原因，铅的湿法冶金目前尚未有工业实践。粗铅中含有多种杂质，例如铜、镍、钴、铁、锌、砷、锑、锡、金、银、铋等，这些杂质对铅的性质有有害影响，因此需要将其去除，进一步提纯粗铅，去除杂质的过程称为粗铅的精炼。粗铅精炼分为火法精炼和电解精炼两种，国外多数工厂广泛采用火法精炼，我国和日本等国家采用电解精炼。由于电解精炼能通过一次电解得到纯度较高的电解精炼铅，贵金属和其他有价元素及杂质富集在阳极泥中，有利于集中回收再利用，因此我国大多数铅冶炼厂采用电解精炼。

由于我国粗铅精炼均采用电解精炼，因此与其他国家铅冶炼技术的区别主要反映在粗铅冶炼部分。2002年以前，我国铅冶炼工艺，除西北铅锌冶炼厂引进了德国鲁奇公司QSL炼铅技术外，其余全部是烧结、鼓风炉熔炼和精炼；除了韶关冶炼厂、株洲冶炼厂（株冶）、河南豫光金铅集团及安阳豫北金属冶炼厂等采用烧结机烧结外，其余均采用烧结锅或烧结盘进行烧结。冶炼烟气只有韶关冶炼厂（铅锌混合精矿烧结，用 ISP 工艺生产铅锌）采用单转单吸制酸，而河南豫光金铅集团及安阳豫北金属冶炼厂采用国内开发的非定态低浓度SO_2烟气转化技术制酸，株冶铅系统烟气引进了托普索工艺制酸，其他铅冶炼厂的烟气都直接排放至大气。2002年矿产铅中有50万～60万吨SO_2排入大气，严重污染环境。烧结机或烧结锅的操作及多段返粉破碎工序，铅粉尘及SO_2的低空污染同样十分严重，劳动条件恶劣。

随着各国环保政策要求日益严格，人们对满足环保要求、生产成本低廉的炼铅新工艺的需求也日益突出。20世纪80～90年代，有关国家研究开发出几种新的炼铅工艺为基夫赛特法（Kivcet法）、顶吹浸没熔炼法（TSL法）、氧气底吹法（QSL法）、卡尔多法（Kaldo法）等。这些技术均已应用于工业生产中。

目前，世界上粗铅冶炼方式主要为火法炼铅，湿法炼铅还未完全实现工业化。火法分为传统炼铅法、直接炼铅法。传统炼铅法主要包括烧结-鼓风炉炼铅法、电炉熔炼法等；直接炼铅法主要包括氧气底吹炼铅法（QSL法）、富氧顶吹熔炼法（Ausmelt法）、基夫赛特法（Kivcet法）、顶吹旋转转炉法（卡尔多法、TBRC法），以及我国自主研发的底吹氧化-鼓风炉炼铅工艺（SKS法）、液态高铅渣直接还原、三连炉法（底吹氧化-侧吹还原-渣烟化）等。目前，世界上相当一部分粗铅仍是采用传统的烧结鼓风工艺生产。从世界铅冶炼发展趋势上看，传统的烧结鼓风工艺仍然占主导，但从我国铅冶炼发展趋势上看，传统的烧结鼓风工艺已逐步被淘汰，直接炼铅法发展迅速。

典型的炼铅工艺如下。

（1）烧结-鼓风炉炼铅法

《产业结构调整指导目录（2011年本）》明确指出，烧结-鼓风炉炼铅法属于淘汰工艺，但偏远地区部分企业仍采用该工艺进行生产，其产量大约为65万吨，占矿产铅总产量的20%左右。其工艺流程如图5-1所示。

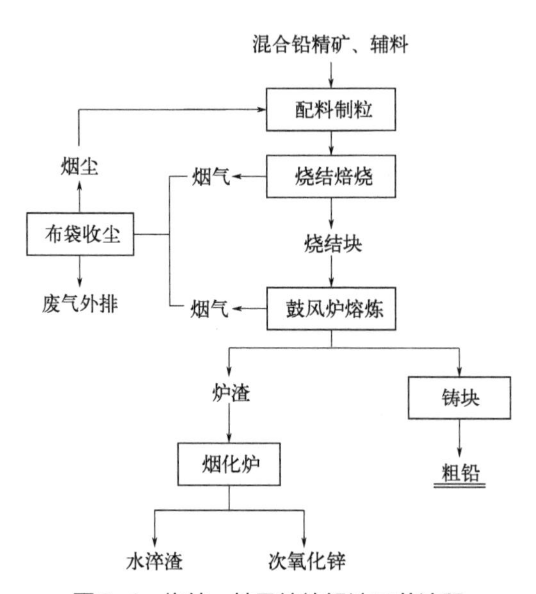

图5-1 烧结-鼓风炉炼铅法工艺流程

（2）水口山法工艺

水口山炼铅法是我国自主开发的一种炼铅工艺，也称为氧气底吹熔炼-鼓风炉还原炼铅工艺。该工艺主要由富氧底吹熔炼和鼓风炉还原熔炼两部分组成，其核心是富氧底吹熔炼。与传统炼铅工艺相比省去了烧结工序，具有流程短、热利用率高、烟气中SO_2浓度高、硫利用率高等特点。该工艺流程如图5-2所示。

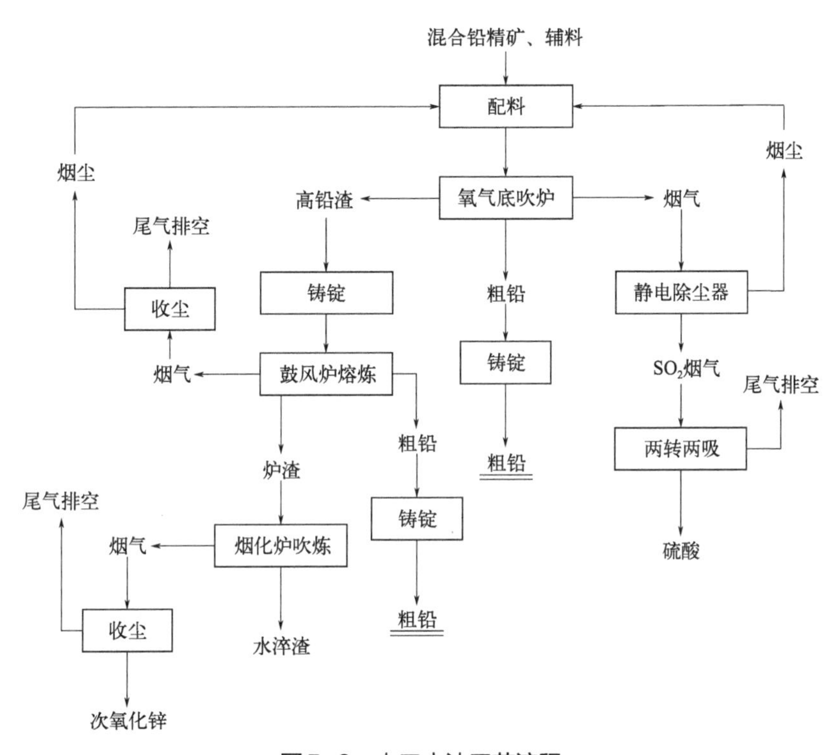

图5-2 水口山法工艺流程

（3）富氧底吹-熔融高铅渣直接还原法

以富氧底吹-熔融高铅渣直接还原法为主的其他直接炼铅法产量大约为65万吨，约占到全国矿产铅总产量的20%。富氧底吹-熔融高铅渣直接还原法工艺流程如图5-3所示。近年来，我国新建、改建的铅冶炼项目大多以直接炼铅法为主。与烧结-鼓风炉炼铅法相比，直接炼铅法具有自动化水平高、流程短、设备紧凑、综合能耗低、金属回收率高、环境卫生条件相对较好等优点。对比铅尘排放量，传统熔炼法是直接炼铅法的1～10倍，传统熔炼法的铅尘排放量占全国总排放量的90%以上。

国内目前采用较多的直接炼铅法是底吹-鼓风炉炼铅工艺（SKS法）、液态高铅渣直接还原熔炼工艺等。此外，还有基夫赛特法、氧气底吹法（QSL法）、卡尔多炉、富氧闪速法等炼铅工艺，但这些工艺目前国内少有正在运行的企业。SKS法近年来在国内外已快速推广应用，但熔融的高铅渣仍需铸渣冷却后送往鼓风炉还原，不仅浪费了液态高

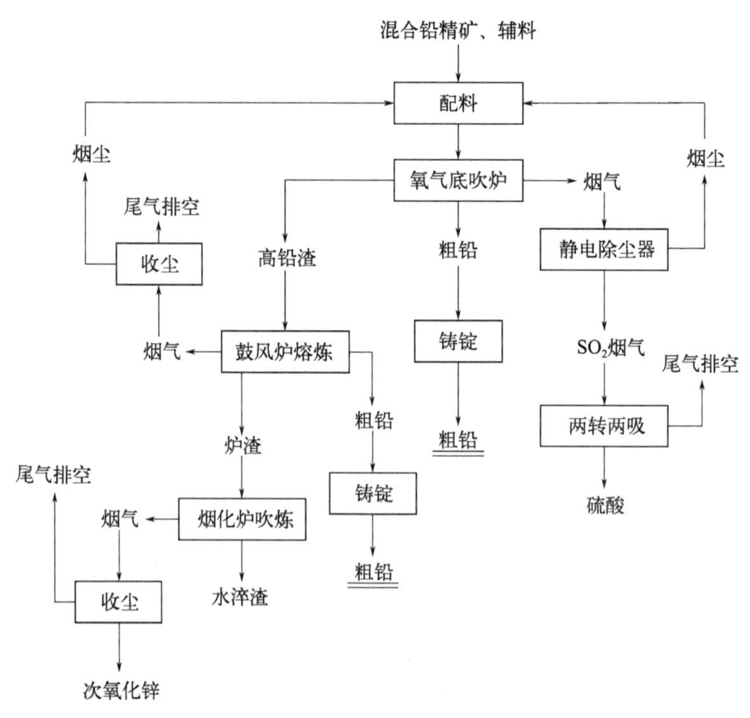

图5-3　富氧底吹-熔融高铅渣直接还原法工艺流程

铅渣的潜热，在冷却转运过程中还存在粉尘飞扬等问题，而且鼓风炉还原需消耗价格较贵的冶金焦，还有许多可以优化改进的地方。为此，我国开展了富氧底吹液态高铅渣直接还原的研发工作。该工艺的氧化炉熔炼部分与SKS法的熔炼工艺基本相同，还原部分采用富氧熔炼还原炉替代了鼓风炉，取消了铸渣机，用溜槽将氧化炉和还原炉进行连接。氧化炉产生的液态高铅渣经溜槽直接进入还原炉进行还原熔炼，还原炉内加煤粒或焦炭，采用天然气或煤或煤气等进行还原熔炼。

我国的精铅冶炼基本上均采用初步火法精炼加电解的工艺，在电解前根据粗铅成分有一段火法除铜过程，除铜通常是采用熔析及硫化除铜法。

5.1.2　铅冶炼过程主要环境问题

铅冶炼过程中，主要的污染物来源是各工序排放的废气、烟粉尘、SO_2以及废水和炉渣中的重金属等。

铅冶炼的一般过程及其主要产排污环节如图5-4所示。

（1）废水

铅冶炼生产过程中的废水来源一般是炉窑设备冷却水、烟气净化废水、冲渣废水以及冲洗废水等。其中炉窑设备冷却水由冷却冶炼炉窑等设备产生，废水排放量大，约占

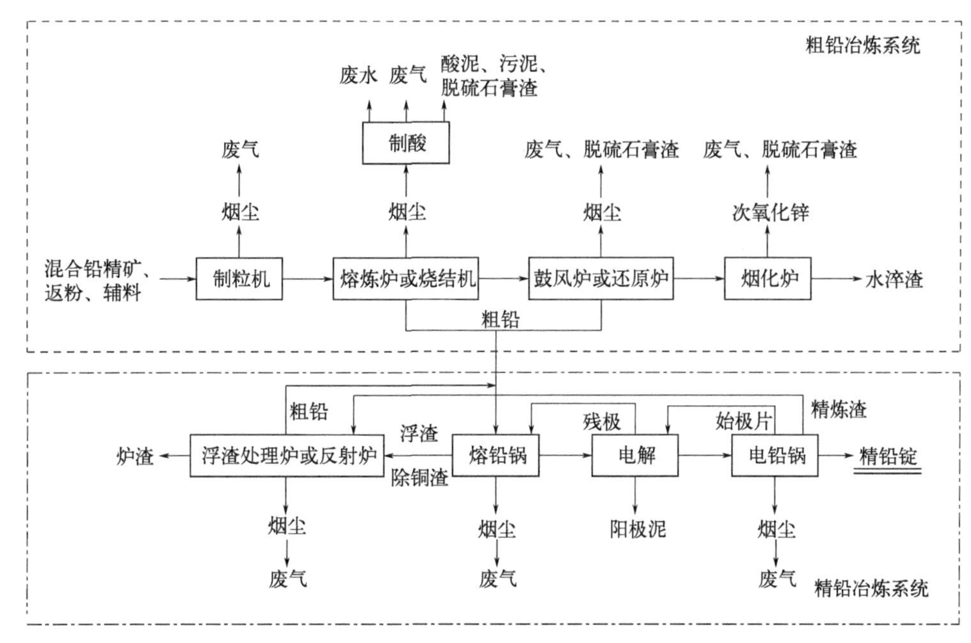

图5-4　铅冶炼的一般过程及其主要产排污环节

总水量的40%，但基本不含污染物。烟气净化废水是对冶炼、制酸等烟气进行洗涤所产生的，废水排放量较大，含有酸碱及重金属离子和非金属化合物。水淬渣水（冲渣废水）是对火法冶炼中产生的熔融态炉渣进行水淬冷却时产生的废水，含有炉渣微粒及少量重金属离子等。冲洗废水是对设备、地板、滤料等进行冲洗所产生的废水，包括精炼或其他湿法工艺操作中因泄漏而产生的废液，含重金属和酸。

（2）工业废气和烟、粉尘

铅冶炼过程中，许多阶段均有废气产生，如烧结、鼓风炉熔炼或直接熔炼、粗铅火法精炼、阴极铅精炼铸锭、硅氟酸制造、鼓风炉渣处理、各类中间产物（如铜浮渣）的处理、烧结烟尘及鼓风炉烟尘综合回收等。废气中主要包括粉尘、烟尘和烟气，烟尘中的主要污染物为铅、锌、砷、镉、铟、汞、碲等重金属及其氧化物，烟气中的主要污染物有SO_2、CO、氟等。各工序收尘器所收烟尘均返回生产工艺中回收金属。

（3）固体废物

铅冶炼生产过程中产生的固体废物主要有烟化炉渣、反射炉渣、煤气发生炉渣、石膏渣、含砷废渣、阳极泥、烟粉尘等。

5.1.3　研究背景和意义

铅是少数已知的古代就开始使用的元素，有些学者更是认为铅是人类历史上第一个被开采和使用的金属。伴随着人类文明的发展，铅被广泛应用于蓄电池、电缆等消费品的制作，铅冶炼行业作为有色金属工业的重要组成部分也在不断发展和进步。与此同时，人类频繁的开采和冶炼行为使得地壳中的铅及其伴生元素被大量地重新释放至环境中。20世纪80年代起，国外学者经研究发现，过去的一个世纪以来铅冶炼和汽车尾气造成的铅排放对地球的大气环境造成了很大程度的污染。随着铅冶炼生产规模和产量的不断扩大，排放至环境中的重金属总量也不断增长。而具有持久毒性的重金属在自然界中只能迁移转化，不能被降解，成为永久性潜在的污染物，部分重金属甚至经过生物富集后通过食物链进入人体，危害人体健康。铅对机体的损伤呈多系统性和多器官性的特点，其毒害作用包括对骨髓造血系统、免疫系统、神经系统、消化系统及其他系统的影响。此外，作为中枢神经系统毒物，铅对儿童健康及智力发育的危害更为严重。据调查，环境铅污染是造成儿童铅中毒的最主要原因，而环境铅污染的来源以有色金属冶炼、燃煤释放和汽车尾气排放等污染源为主。

目前我国铅的生产与消费主要呈现三个“高速增长”的特征：一是产能快速增长，中国铅冶炼产能从2000年开始高速增长，2003～2009年，铅冶炼产能年均增速超过产量年均增速；二是产量快速增长，精铅产量从2000年开始增长，2003年开始加速，同年超过美国成为全球最大的精铅生产国并保持持续增长，与此同时因铅冶炼产生的环境污染问题等，发达国家逐步进行产业转移，铅产量逐年递减；三是消费量快速增长，2004年我国超越美国成为全球最大的铅消费国。

产能、产量、消费量的迅速扩张意味着更多的重金属污染物从生产消费等环节释放至环境中，由于铅等重金属元素具有不可降解性及持久毒性，其在自然界中不断累积，由此引发的环境风险以及突发性的污染事故也频频出现。自2007年以来，我国相继爆发了多起重金属污染事件。仅2010～2011年8月，全国共发生39起重金属污染事件，其中18 起为血铅超标事件。这些血铅事件的污染源以铅冶炼企业和铅蓄电池生产企业为主，污染成因一方面是这些企业突发生产事故或长期有偷排、超标排放等违法行为；另一方面也反映出我国对铅冶炼行业的重金属污染防治不足，现有监管手段多注重末端排放而忽略过程控制。频发的重金属污染事件不仅考验企业、环保部门的环境风险应急处理能力，同时也对企业和政府部门长期以来的监督管理能力、制度建设等提出质疑，甚至还可能造成公众恐慌，引发公众与企业或与政府之间的对立矛盾。

随着重金属污染事件的频发，作为有毒有害物质的重金属及涉重金属行业也逐渐成为环境管理的重点。面临技术进步的内在动力及环境保护的外在压力的双重需求，现阶段铅冶炼行业迫切需要通过提升污染防控整体水平、实施精细化管理来实现绿色的、可持续的发展。铅冶炼行业是典型的长流程工业，其工艺复杂、工序繁多、占地面积广、污染排放的节点众多，而且由于涉及高温高压操作，还存在一定的安全及环境风险。此外，铅冶炼行业熔炼炉等主要设备多为半封闭或开放式，由此产生的无组织排放（以烟尘为主）是行业普遍存在的环境问题。而现有环境管理体系中对工业污染控制的管理仍以企业最终排放口的达标排放为主，针对过程控制，特别是冶炼行业普遍存在的无组织排放问题仍疏于监管。面对公众环境保护意识的不断增强以及环境质量亟须改善的压力，我国的环境管理要求必将日益严格，环境管理水平亦将不断提升，其管理的物种、环节将更加细致，精细化环境管理必将成为发展需求和发展态势。

以上问题反映出现有的末端达标排放监测及管理手段已不能从根本上解决铅冶炼行业的环境污染问题，从末端控制追溯至过程控制，从末端治理倒逼污染预防，才能实现有色冶炼行业的清洁、绿色甚至可持续发展。

开展铅冶炼行业的工业代谢研究，是解决上述问题的方法之一。工业代谢研究可以通过定量化追踪进入某系统中物质的流动、变化及路径来反映系统的代谢效率，以及代谢过程的影响因素，从而为污染物的过程控制与管理提供有力依据，因此是一种有效的过程控制分析手段。目前对典型铅冶炼过程中重金属的代谢行为、代谢量及其之间的关系还缺乏深入研究，对排放至环境中的代谢终产物的特征也缺乏系统研究。基于上述环境管理需求，开展铅冶炼过程的工业代谢分析，研究重金属在冶炼过程中的代谢途径、代谢量、代谢行为和排放特征具有十分重要的现实意义。

5.2 SKS工艺中重金属物质代谢分析与评价

5.2.1 SKS工艺研究对象与系统边界

5.2.1.1 研究对象概况

据相关数据统计，国内富氧底吹炼铅工艺的产能约占炼铅总产能的85%，其中富氧底吹-鼓风炉炼铅工艺的产能约占40%，富氧底吹-液态高铅渣还原炼铅工艺约占45%。鉴于国内铅冶炼工艺的应用现状，选取铅冶炼工艺中产能占比较高的富氧底吹炼铅作为案例，通过对采用该工艺的某企业进行现场实测与采样分析，获取工艺过程中的物质流数据。

实测企业为我国中部某省份一家设计产能为10万吨精炼铅的企业。采用的富氧底吹-鼓风炉炼铅工艺（SKS）流程如图5-5所示。由图5-5可知，该工艺共由九个工序组成。铅精矿等原料在制粒阶段被碾磨制粒后通过加料仓送入底吹炉进行熔炼，底吹炉主产物粗铅（含铅量95%～98%）被送往粗铅精炼工段，副产物之一的高铅渣被送入鼓风炉继续熔炼，另一副产物底吹炉熔炼烟气由于含大量SO_2被送往制酸工序生产硫酸。鼓风炉主产物粗铅同底吹炉主产物粗铅一起送往粗铅精炼工段继续提纯制造精铅，鼓风炉副产物火渣由于含锌量较高经电热前床保温加热后被送往烟化炉继续熔炼提取其中的锌，烟化炉主产物次氧化锌（含Zn量约40%）可作为锌冶炼原料提锌。为便于表示，本研究中将提取次氧化锌的电热前床+烟化炉处理过程统称为烟化炉工序。

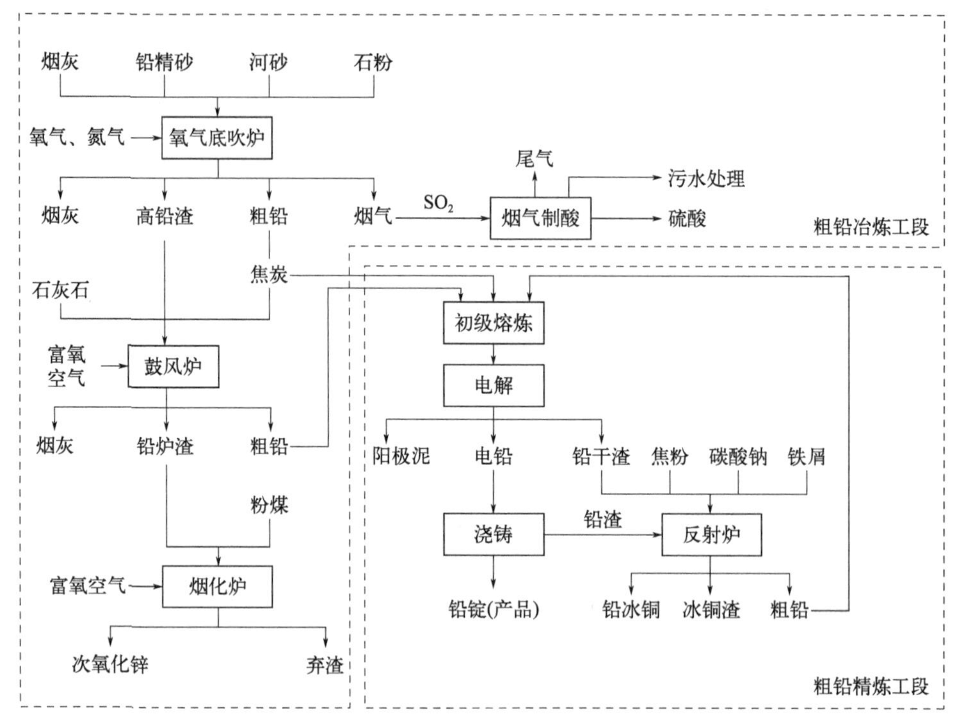

图5-5 富氧底吹-鼓风炉炼铅工艺流程

粗铅冶炼工段的主产物粗铅经初级精炼除去部分杂质后再进行电解精炼，得到主产物电解铅，最后经铸锭形成最终产品铅锭（也称精炼铅，含铅量99.99%）。电解精炼工序的副产物阳极泥由于含有大量稀贵金属可作为生产稀贵金属的原料继续提取利用。初级精炼和铸锭工序产生的除铜渣、精炼渣等含铅废渣送往反射炉进一步熔炼，生成的粗铅可以继续进行精铅提炼。

5.2.1.2 研究对象及系统边界的确定

依据第3章中建立的工业代谢分析基本框架，首先需要明确研究对象、系统边界以及时间范围。

本研究的系统边界范围即富氧底吹-鼓风炉炼铅工艺全过程❶，如图5-5所示。为便于数据获取和计算，本研究在建立物质平衡账户时以日为时间单位，收集和统计各工序每日的物质流流量，计量单位为t/d。

由于该工艺过程以Pb的代谢为主，因此首先将Pb作为重点研究对象。通过实地调研及采样分析发现，伴随重金属Pb进入研究系统范围内的物质还包括其他重金属元素，例如铅精矿中含量仅次于Pb的Zn，以及被确定为重点防控对象的重金属污染物❷Hg、Cr、Cd、As。初步分析进入系统总物料中各重金属的含量可知，以上几种重金属的含量

❶ 由于本研究以追踪重金属物质流为主，故研究确定的系统边界内不包含氧气制备等能源供应工序。

❷《重金属污染综合防治“十二五”规划》中确定的五类重点防控重金属为Hg、Cr、Cd、Pb、As。

大小依次为Pb>Zn>Cd>As>Cr>Hg，如图5-6所示。

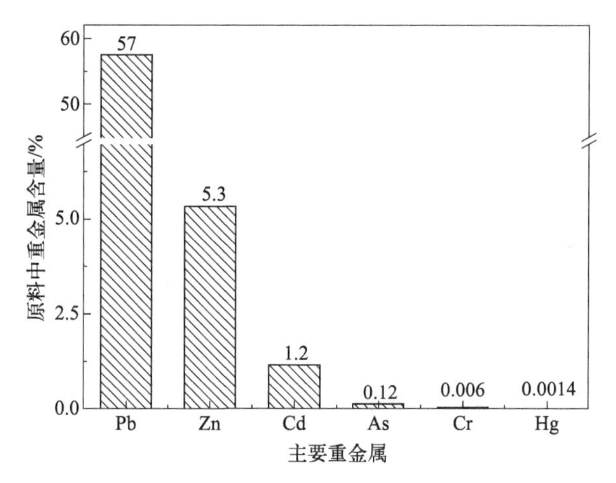

图5-6　系统输入总物料中的主要重金属含量

由图5-6可知，输入系统中的Cr和Hg的含量较低（＜0.1%），这将导致后期在建立物质平衡账户时误差较大，故最终确定研究对象为Pb、Zn、Cd、As，其中以Pb的代谢为主，同时研究Pb代谢过程中伴生金属元素Zn、Cd、As的代谢路径及代谢量。

5.2.2　铅冶炼过程物质流识别与确定

5.2.2.1　基本物质流图的构建

依据富氧底吹-鼓风炉炼铅基本工艺流程图和监测及采样期间被调研企业的生产实况，确定出含重金属物质的基本流向，如图5-7所示（书后另见彩图）。由图5-7可知，该工艺并不是简单的直线性流程工艺，而是以线性流程为主，辅以多种物质循环和梯级利用相结合的工艺流程。其中，制粒、底吹炉、鼓风炉、初级精炼、电解精炼和铸锭工序是整个流程的主工艺，而烟气制酸、烟化炉以及反射炉是受有色冶炼行业原材料伴生金属种类及品位的影响而产生的副产品加工工序，体现了有色冶炼行业最原始的资源综合利用思想。根据调研及实测确定该炼铅冶炼工艺共有38股物质流，依据第3章中确定的物质流分类，该工艺中同时存在原料流、产品流、循环流、库存流和排放流五种物质流。为建立物质平衡账户，本研究对识别出的38股含重金属物质流进行了分类、命名及编号（见图5-7，书后另见彩图）。

5.2.2.2　铅冶炼过程数据获取

（1）物质流采样及监测

依据“3.1.4　物质平衡账户的建立”部分，建立物质平衡账户所需的数据由两部分组成：一是各股物质流的流量数据M_i（t/d）；二是以上各物质流中重金属的含量（百分

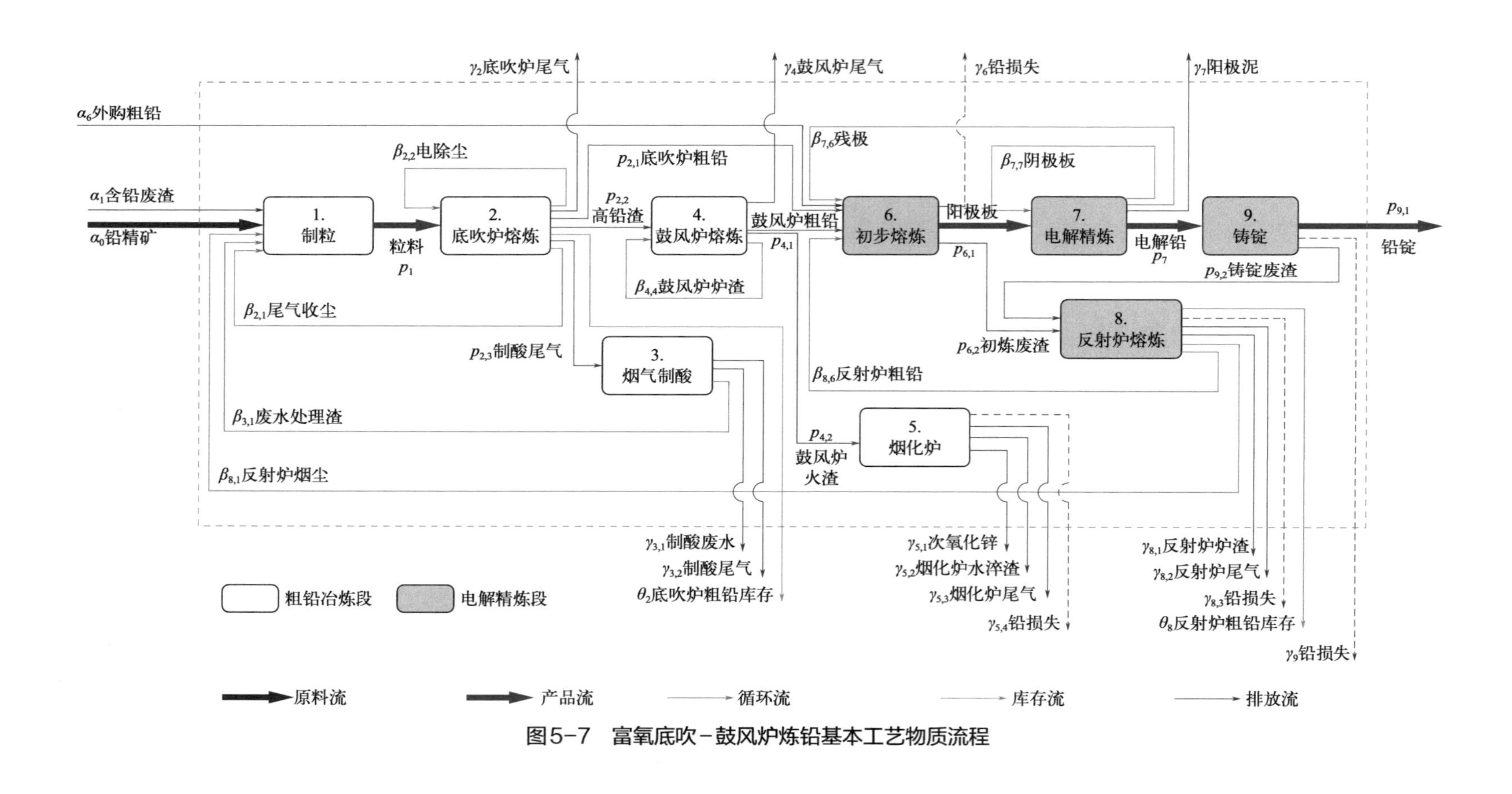

图5-7 富氧底吹-鼓风炉炼铅基本工艺物质流程

比）C_i（%）。物质流数据来源包括收集生产数据和物质流采样实测，其中物质流采样实测主要是为了获得各股物质流中重金属的含量（浓度）。

观测期为连续采样实测3天。废气及废水的采样频次为每天两次，产品及固体废物的采样频次为每天一次。产品、固体废物和废水的监测及采样点位如图5-8所示，废气的监测及采样点位如图5-9所示。采样及分析方法如表5-1所示。

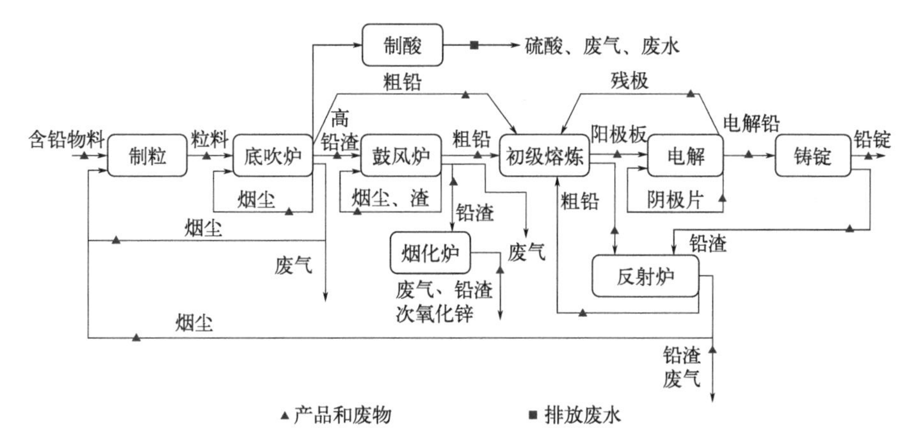

图5-8 产品、固体废物和废水的监测及采样点位

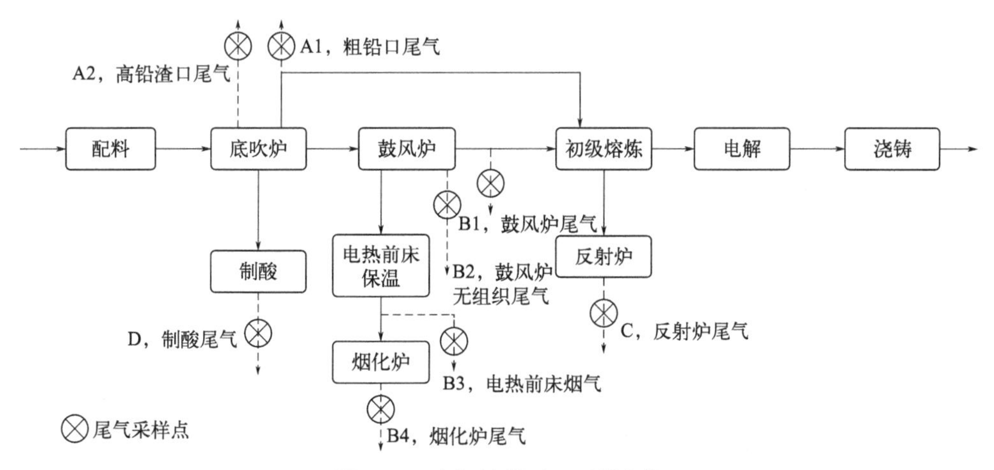

图5-9 废气的监测及采样点位

表5-1 含重金属的采样及污染物分析方法

类别	分析仪器	分析方法	分析内容
产品及固体废物	ICP-AES等	铅精矿化学分析方法（GB/T 8152—2006）	Pb、Zn、Cd、As的含量（%）
废水	原子吸收分光光度计AA-6300C等	水质铜、锌、铅、镉的测定原子吸收分光光度法（GB/T 7475—1987）	废水中Pb、Zn、Cd、As的浓度（mg/L）

续表

类别	分析仪器	分析方法	分析内容
废气	微电脑烟尘平行采样仪TH-880F、原子吸收分光光度计AA-6300C等	空气和废气监测分析方法（第四版增补版）5.3.6	废气中Pb、Zn、Cd、As、Cr、Hg的排放速率（kg/h）及排放浓度（mg/m^3）

该工艺共有8个集尘烟道通过4个烟囱将废气排放至大气。各集尘烟道采样点名称和编号如表5-2所列。其中底吹炉工序集尘烟道2个，分别为粗铅口收尘烟道和高铅渣口收尘烟道，废气经末端除尘处理后，最终汇集至底吹炉烟囱排放。鼓风炉工序集尘烟道4个，分别为鼓风炉熔炼尾气烟道、鼓风炉出渣口收尘烟道、电热前床尾气烟道和烟化炉尾气烟道，废气经末端除尘处理后，最终汇集至鼓风炉烟囱排放。此外，反射炉尾气烟道和制酸尾气烟道废气经末端除尘处理后，分别通过反射炉烟囱和制酸烟囱排放。

表5-2　含重金属排放废气采样点名称及编号

序号	采样点名称	环节	采样点编号
1	粗铅口收尘烟道	底吹炉工序	A1
2	高铅渣口收尘烟道		A2
3	鼓风炉熔炼尾气烟道	鼓风炉工序	B1
4	鼓风炉出渣口收尘烟道		B2
5	电热前床尾气烟道		B3
6	烟化炉尾气烟道		B4
7	反射炉尾气烟道	反射炉工序	C
8	制酸尾气烟道	制酸工序	D

由表5-2可知，鼓风炉工序的烟气排放节点最多，在建立物质平衡账户时，为便于计算，将鼓风炉尾气、鼓风炉渣口尾气以及电热前床尾气统一合并为鼓风炉尾气。底吹炉的粗铅口尾气和高铅渣口尾气也统一合并为底吹炉尾气。

（2）数据质量控制

监测采样及实验室分析过程中数据质量主要通过以下几个方面进行控制。

① 废气及废水的采样频次为每日两次，而且连续观测3天，以接近平均排放水平。产品及固废采样频次为每日一次，连续观测3天，并将实验室分析结果与该企业分析测试中心对产品的检测结果进行对比，去除异常值，取平均水平。

② 空白试验：每批样品均测定1～2个空白样进行对照。

③ 加标回收率：通过在样品中加入一定量标准物质，测定其回收率。每批样品均测试1～2次。

④ 平行性：每批样品至少进行3～6次测试，数据若出现异常值则重新测定。

（3）数据代表性分析

由于实际炼铅过程是连续不间断的，因此数据收集和采样也是同步连续进行。为使获取的数据更能反映出真实的物质代谢过程，观测期内铅冶炼工艺应当处于稳定运行状态（无机械故障等意外情况），而且尽可能地接近该工艺的正常运行水平。

为了对观测方案的代表性进行说明，分别选择制粒量及高铅渣含铅量这两个参数，将观测结果与该工厂正常生产水平进行了对比。其中制粒量为每日累计投入底吹炉的含铅原料的总量，该参数能反映出进入整个炼铅系统的铅量。高铅渣为底吹炉的主产物之一，该产物中的含铅量水平能够反映出炼铅系统中最重要的工序——底吹炉的运行效率和状况。将该工厂观测期当月每日的制粒量及高铅渣含铅量与观测期内3天平均制粒量和高铅渣含铅量进行对比，结果如图5-10所示。由图5-10可知，该厂日均制粒量在500 t/d以上，高铅渣含铅量为45%～55%，观测期内两项指标均处于正常范围内，反映出连续观测3天内该炼铅工艺处于稳定运行的状况。

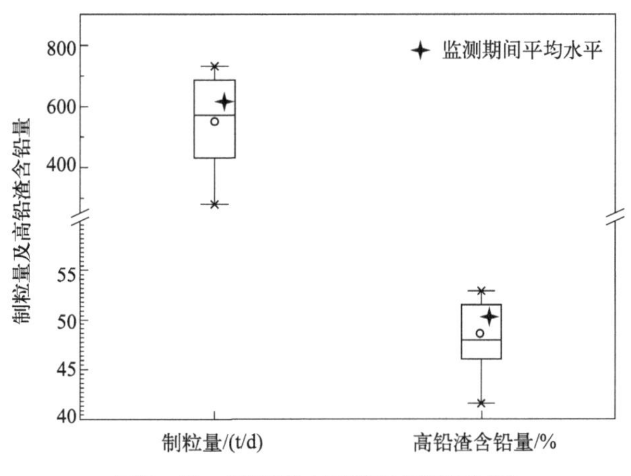

图5-10　观测期内工艺运行状况对比

5.2.2.3　物质平衡账户的建立

在进行物质流分析时，数据的获取及物质平衡账户的建立较为棘手。按照第3章中提出的物质损失比的概念和公式［式（3-13）］，用铅损失比即各工序输入物质和输出物质中铅含量的差值与输入物质中铅含量之比，来衡量各工序物质平衡账户的准确度，该值越小表示平衡程度越高。各个工序的铅损失比如表5-3所列。研究表明，一般物质损失比的可接受范围在10%左右，而且不会对结果产生显著影响。基于此标准，表5-3所列的铅损失比基本在可接受范围内。

表5-3　各工序铅损失比

序号	工序	铅损失比/%
1	制粒	—
2	底吹炉	—
3	制酸	—
4	鼓风炉	—
5	烟化炉	11.43
6	初级精炼	0.10
7	电解精炼	—
8	铸锭	3.02
9	反射炉	12.49

注："—"表示铅损失比＜0.01%。

引起物质不平衡（物质损失）的原因有很多，首先是计量误差引起的原因。在铅冶炼企业（包括绝大多数的有色冶炼企业）中，含重金属物质质量存在数量级的差异，例如每日各工序产品产量的计量和称量单位基本都是以吨计，而实际产生的烟粉尘、废水等物质中所含的重金属含量却在kg或10^2g之间甚至更小，由此产生的系统误差足以造成物质账户不平衡。其次，冶炼行业普遍存在的无组织排放现象也是引起物质损失的重要原因。大多数铅冶炼设备并不是全密闭的，而且工序多、流程长，整个工艺中可能存在多个由烟气泄漏引起的散逸烟粉尘排放点。

由富氧底吹炼铅工艺的实测结果可知，有4个工序存在物质损失的情况，分别为烟化炉、初级精炼、铸锭和反射炉工序（表5-3）。为便于分析和对比，在研究过程中将这些物质损失作为一种特殊的排放物质流，即"铅损失"物质流。由以上分析可知，铅损失主要由两部分物质损失构成：一是计量误差；二是无组织排放。尽管目前的技术条件与监测手段尚不足以解决大宗物料的计量误差和无组织排放的准确计量问题，但依据实测和现场调研可以进一步分析各铅损失物质流中计量误差和无组织排放的相对贡献。

最终核算确立的SKS工艺各工序Pb物质平衡账户详见附录2所列。

5.2.3　SKS冶炼过程工业代谢分析与评价

5.2.3.1　铅冶炼过程Pb物质流分析

（1）外加材料流（α）

该富氧底吹炼铅工艺共有3股外加材料流，分别是制粒工序配料时添加的含铅精矿α_0、铅渣α_1和初级精炼时投入的粗铅α_6。3股材料流中流量最大的是铅精矿α_0，是铅冶炼提取的最主要的原材料，占材料流总量的87.90%。铅渣α_1来自被调研企业的另一条生产线，即炼锌系统副产物——含铅废渣，由于该含铅废渣中铅含量较高（约40%），因此可作为铅冶炼的原料继续提取渣中的铅。铅精炼工段中外加的材料流粗铅α_6，是根据生产计划进行调度后的外加材料，一般情况下粗铅冶炼工段产出的粗铅产量无法满足后续铅精炼工段的需求时，会按照生产计划调度库存的粗铅或采购其他企业的粗铅。

（2）循环物质流（β）

经实测，富氧底吹炼铅工艺中共有8股循环物质流，其组成及比例如图5-11所示。这8股循环物质流中比重最大的是电解精炼工序回收利用的残极，占53.43%。在电解阶段，电解槽阳极放入含铅的阳极板，阳极板中的铅在电解过程中进入电解液并在阴极析出，而剩余的阳极板，也即残极，返回至初步精炼工序浇铸成为阳极板继续供电解工序使用。与此同时，电解槽阴极形成的阴极板（成分是电解铅），一部分进入下一环节即铸锭环节以形成最终产品，另一部分阴极铅循环利用，作为电解槽的阴极来继续电解出高纯度的铅。因此，阴极板的循环物质流的比重也较高，占11.02%。在初炼和铸锭阶段，会产生大量的含铅废渣，这些含铅废渣由反射炉还原熔炼之后可形成粗铅，这部分粗铅返回至初炼阶段，和来自上游工序的一次粗铅、二次粗铅一起加工成铅阳极板。

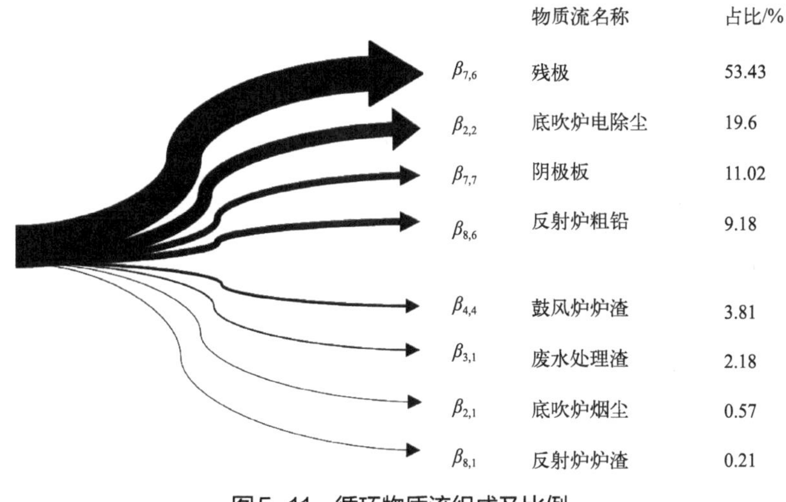

图5-11　循环物质流组成及比例

以上3股物质流的循环利用（回用）主要源自工艺的需求，而其他5股循环物质流回用的目的主要是能够反复提炼废渣中的铅。值得注意的是，这5股循环利用的物质流均是各个工序中的尾气经过除尘设备后由其捕集到的烟尘，这些烟尘中重金属的含量在1%～50%之间，仍然可以返回工序中继续提取铅。其中废水处理渣是由底吹炉烟气制酸后的污酸经废水处理站处理后形成的污泥压滤而成。

（3）排放物质流（γ）

根据“3.1.3.1　生产单元的物质流识别”部分，排放物质流是指该系统排放和损失的物质流总和，包括副产物、废物及铅损失流。依据调研及实测，该富氧底吹-鼓风炉炼铅系统排放物质流的组成及比例见图5-12。由图5-12可知，该工艺中共有14股排放物质流。

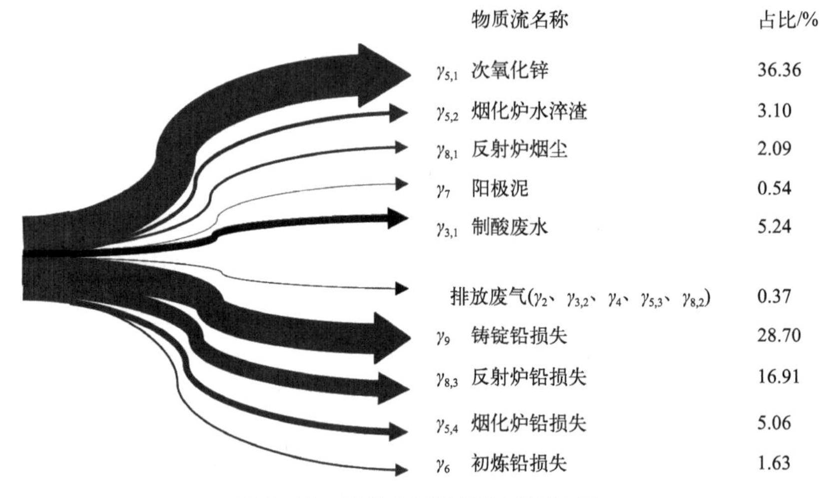

图5-12　排放物质流的组成及比例

1）副产品流

铅冶炼工艺生产过程中产生大量的含重金属固体废物，可分为废渣和烟粉尘两类。其中烟粉尘中重金属Pb的含量较高，一般都返回至配料阶段或该工序投料阶段，与原料混合继续提炼铅。而铅精矿经过逐级提炼后产生的废渣虽然已不能作为炼铅的原材料，但经过多道工序富集后，渣中其他重金属，特别是稀有贵金属的含量增加，基于资源综合利用的角度，这些废渣可作为二次资源开发的原材料继续提炼其中的重金属。

根据调研和实测可知，废渣是该冶炼系统排放物质流中含铅比重非常大的一部分污染物，共包含4股物质流。从废渣的产生量来看，废渣所占的比重是所有排放物质流中比例最高的，占排放物质流的42.09%。被调研工艺最终产生的固体废物及其处理处置方式如表5-4所列。由表5-4可知，该富氧底吹-鼓风炉炼铅系统产生的所有废渣均可以实现二次利用以提取其他金属，因此这4股废渣物质流同时也可视为该冶炼系统的副产品物质流。

表5-4　被调研工艺最终产生的固体废物及其处理处置方式

序号	固体废物	占固废总量比例/%	处理处置方式
1	次氧化锌灰	86.4	送往炼锌系统提取锌
2	熔炼车间水淬渣	7.36	出售给水泥生产企业
3	反射炉炉渣（铅冰铜渣）	4.96	出售给铜冶炼企业回收金属铜
4	阳极泥	1.28	出售给金银回收企业提取贵金属

阳极泥中富含大量稀贵金属，一般作为附加值相对较高的副产物被出售给稀贵金属回收企业。采样期间，电解精炼工序产生的阳极泥中Au、Ag、Sb、Bi等稀贵金属的含量如图5-13所示。由该图可知，该工艺过程代谢产物阳极泥中Au的含量为100 ～ 300g/t，而Sb的含量约为35%，Bi的含量约为20%，Ag的含量约为15%，此外还含有少量的Pb和As。

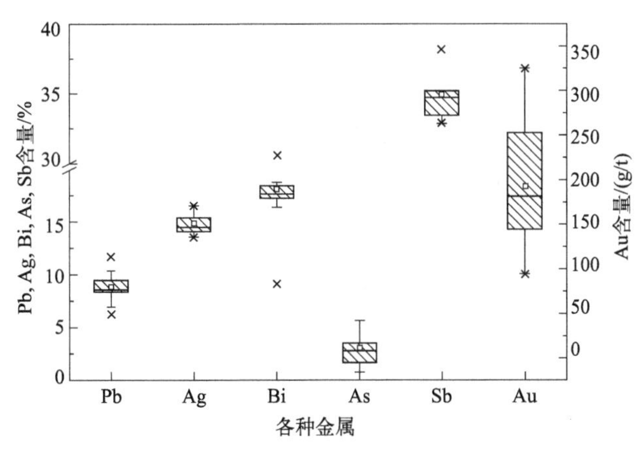

图5-13　阳极泥中重金属含量

值得注意的是，根据《国家危险废物名录》（铅锌冶炼行业）可知（表5-5），铅冶炼过程所产生的废渣及烟粉尘，由于含有大量重金属，基本均属于危险废物，而废渣与烟尘的回收综合利用不仅提高了重金属资源的利用效率，还避免了大量含重金属固体废物直接进入环境引起的污染。但需要强调，以上含重金属固体废物在后续利用中应特别注意避免二次污染引起的重金属污染转移。

表5-5　国家危险废物名录（铅锌冶炼行业）

废物类别	行业来源	废物代码	危险废物	危险特性
HW48 有色金属冶炼废物	常用有色金属冶炼	331-010-48	铅锌冶炼过程中，氧化锌浸出处理产生的氧化锌浸出渣	毒性
		331-014-48①	铅锌冶炼过程中，各干式除尘器收集的各类烟尘	毒性
		331-016-48	粗铅熔炼过程中产生的浮渣和底泥	毒性
		331-017-48	铅锌冶炼过程中，炼铅鼓风炉产生的黄渣	毒性
		331-018-48	铅锌冶炼过程中，粗铅火法精炼产生的精炼渣	毒性
		331-019-48	铅锌冶炼过程中，铅电解产生的阳极泥	毒性
		331-020-48	铅锌冶炼过程中，阴极铅精炼产生的氧化铅渣及碱渣	毒性
		331-022-48	铅锌冶炼过程中产生的废水处理污泥	毒性

① 对来源复杂，其危险特性存在例外的可能性，而且国家具有明确鉴别标准的危险废物，本名录标注以“*”。所列此类危险废物的产生单位确有充分证据证明，所产生废物不具有危险特性的，该特定废物可不按照危险废物进行管理。

2）排放废物流

根据图5-12所示，该工艺产生的污染物经最终处理后，直接排放至周边环境中的废物流共有6股，其中5股是排放废气流：底吹炉尾气γ_2、制酸尾气$\gamma_{3,2}$、鼓风炉尾气γ_4、烟化炉尾气$\gamma_{5,3}$以及反射炉尾气$\gamma_{8,2}$。第6股排放废物流为制酸工序产生的污酸经处理后排放的废水$\gamma_{3,1}$。此外，由图5-12可知，制酸废水在排放物质流中占比为5.24%，而5股排放废气流仅占0.37%。

3）铅损失流

据第3章相关定义可知，铅损失是指包含无组织排放以及计量误差在内的铅损失，是一种虚拟物质流。

生产现场散逸的烟粉尘是铅损失的重要组成，由计量引起的误差（主要是指根据车间报表以及现场实测的数据，部分工序的投入高于产出）也包含在铅损失中。在粗铅熔炼阶段，原料等物质流通过皮带传输机输送至熔炼炉内，这些物料量的计量都是相对精确的，而在粗铅精炼阶段，阳极板、阴极板等物质流的重量通常都是通过体积 × 密度的方式估算得出，企业对此并无准确称量，因此难以避免地会产生投入物料量、产出物料量不匹配的情况，损失的这部分物料就包含在铅损失物质流中。

由图5-14可知，铅损失是排放废物流中比例非常大的一部分，主要来自烟化炉、反射炉、初炼和铸锭工序，进一步对这些工序进行分析，可以确定主要引起铅损失的原因。

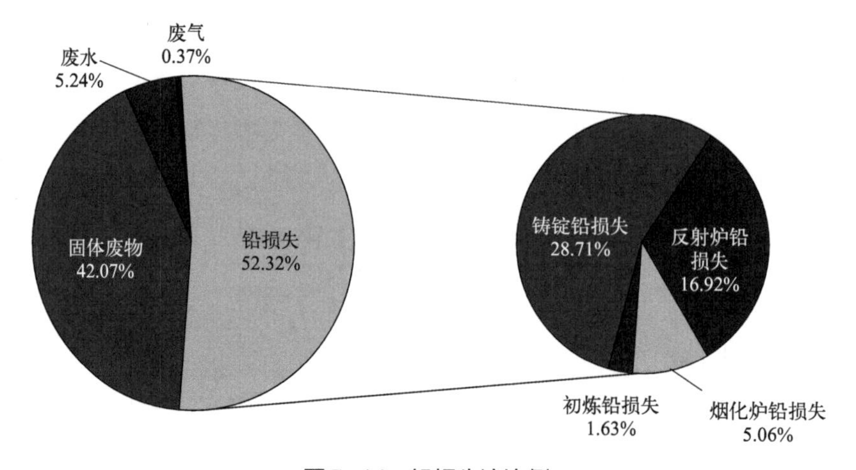

图5-14　铅损失流比例

① 烟化炉铅损失分析。烟化炉的产物包括次氧化锌、烟化炉水淬渣、烟化炉尾气以及尾气收尘。其中尾气收尘是烟化炉尾气经布袋除尘器过滤收尘后得到的烟灰，由于该部分烟灰不是每日定期清理，其烟灰量无法计量。在进行物质平衡计算时，这部分的烟灰量被计入烟化炉铅损失中。而据现场调研可知，整个烟化炉工序相对密闭，仅在排出次氧化锌渣时会有烟化炉烟气一同排出，无明显的无组织排放，因此，烟化炉铅损失物质流中，计量误差是最主要的原因。

② 粗铅精炼工段铅损失分析。由物质平衡账户结果可知，约90%的铅损失物质流

主要来自粗铅精炼阶段。粗铅精炼是将前端工序产生的粗铅进一步提纯，生产高纯度铅的过程。由于铅矿的伴生金属较多，处于后端的精炼工序的主要目的是进一步去除这些伴生金属，以提高铅产品的纯度。因而，后端工序包括电解、铸锭等较为复杂的工艺。和粗铅熔炼工段相对密闭的底吹炉、鼓风炉等设备不同，精炼阶段主要采用的熔炼锅（初炼工序）、精炼锅（反射炉工序）等设备需要不断进行搅拌和加入催化剂，从而导致密闭性较差，尽管生产车间已安装烟尘捕集和处理设施，但仍无法避免大量的烟粉尘散逸。在铅锭浇铸工序，电解铅需要先经加热熔化后浇铸成最终产品——铅锭。在此过程中，浇铸设备几乎是全开放式的，而经加热后的铅在冷却过程中释放出大量的烟粉尘，在该车间同样装有烟气捕集设备的情况下，仍无法避免无组织排放。因此，初炼、反射炉和铸锭工序的铅损失中无组织排放占很大比重。

（4）库存物质流（θ）

库存物质流在工艺过程物质流中相对不稳定，主要取决于上下游工序的生产调度计划。根据当月的生产调度计划，若前端工序产品量高于后端工序产能，则会出现前端工序产品库存的现象。监测期间该工艺共有两股库存物质流，分别是底吹炉工序产生的一次粗铅库存以及反射炉工序产生的粗铅库存。值得注意的是，现有的工艺过程工业代谢研究案例中尚未提出库存物质流。对于铅冶炼工艺来说，粗铅冶炼和粗铅精炼两个工段的相对独立性使得库存物质流成为铅冶炼过程工业代谢分析中不容忽视的一种物质流。

5.2.3.2 铅冶炼过程Pb物质流图

依据前述研究过程所建立的该工艺Pb物质平衡账户，可在图基础上借助物质流分析软件STAN绘制富氧底吹-鼓风炉炼铅工艺的Pb工业代谢图，如图5-15所示。该图物质流流速单位为t/t铅锭，即每生产1t铅锭时该生产系统内各段物质流中的铅的质量，线条粗细表示各股物质流流速大小。

Pb的最终代谢产物、代谢量如图5-16所示（书后另见彩图）。由图可知，当原料中Pb含量在56%～58%时，每生产1t精炼铅，约1.2295t的铅在系统内被循环利用，0.1106t的铅作为系统的排放物质流输入外界，其中46.6kg为固体废物并作为二次资源被其他系统继续利用，无组织排放及计量误差引起的铅损失为57.7kg，排放至外界环境的废气及废水中的铅约6.2kg。

依据目前生命周期评价及物质流分析常用的ecoinvent数据库中关于铅冶炼生产过程污染物排放的定量信息，目前全球原生铅冶炼的平均大气污染物排放水平[1]（56%的直接炼铅工艺数据和44%的ISP炼铅工艺数据的混合）为：每生产1t精铅，排放至大气环境中的铅约0.3kg。对比本研究结论可知，研究案例的富氧底吹炼铅工艺排放至大气中的铅量略高，其污染预防与末端控制水平仍待提升。

[1] 该数据库中未给出废水和固体废物中Pb的排放量，故暂无法比较分析。

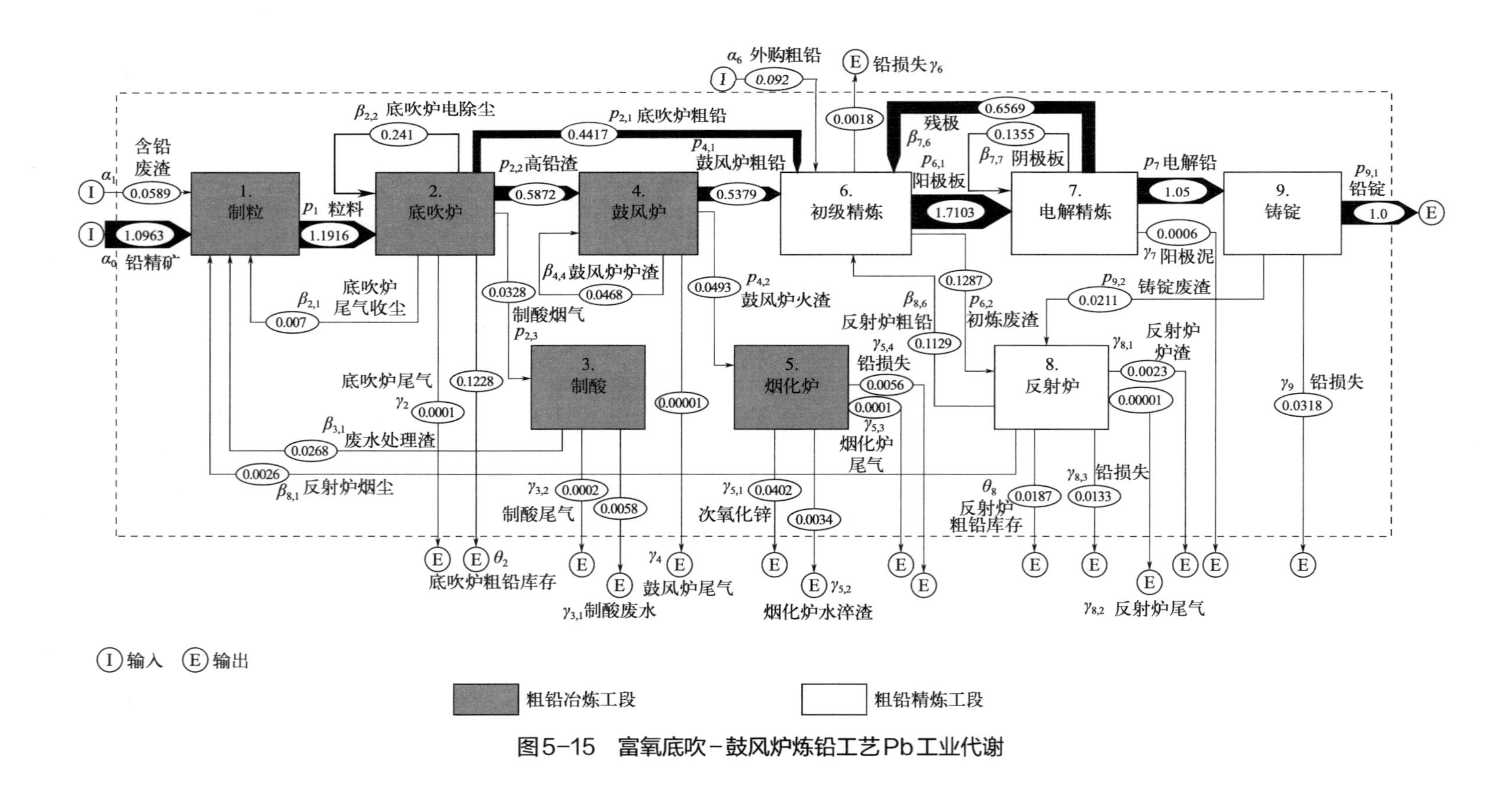

图5-15 富氧底吹-鼓风炉炼铅工艺Pb工业代谢

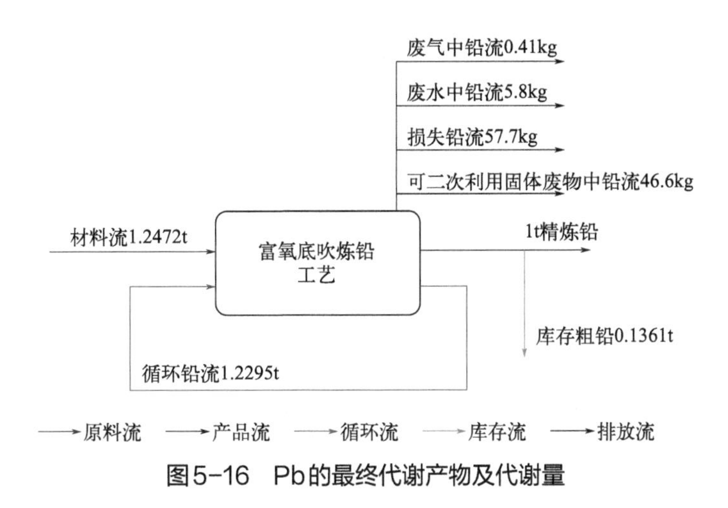

图5-16　Pb的最终代谢产物及代谢量

5.2.3.3　铅冶炼过程Pb工业代谢效率评价

根据“3.2.1　量化表征与评价分析”中提出的若干评价指标，计算得出几个主要工序[1]的产品产出率Q_j，结果如图5-17所示。由图可知，鼓风炉、初级精炼（简称初炼）、电解及铸锭工序的产品得率均在90%以上，其中初级精炼和电解达到99%以上；而底吹炉和反射炉的产品得率相对较低，底吹炉主要产品（底吹炉粗铅和高铅渣）得率仅为80.39%。通过分析底吹炉和反射炉物质流可知，输入、输出底吹炉的物质流数量和种类相对其他工艺更多、更复杂；其次是反射炉。

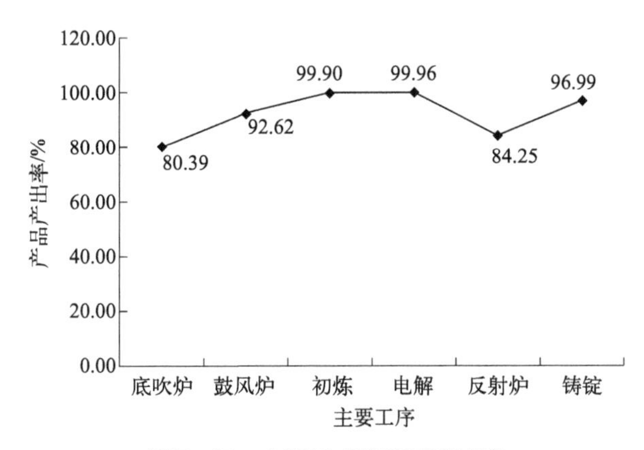

图5-17　主要工序的产品产出率

进一步分析底吹炉可知，底吹炉产物中除粗铅和高铅渣外，循环利用的物质流占比较高，而排放的废气仅占产物的1%。由此反映出底吹炉一次资源利用效率相对其他工序较低，但通过对产物加以循环利用的方式可提高资源综合利用效率。若考虑能源利用因素的影响，物质流的二次循环利用势必会导致生产过程中能耗的增加，因此出于节能

[1] 制粒、烟气制酸和烟化炉工序分别作为配料和资源利用工序，未包含在主要工序中。

角度考虑，底吹炉还应当进一步提高一次资源利用效率。

进一步分析反射炉可知，反射炉产物中除主产品反射炉粗铅，以及可返回至配料阶段继续利用的反射炉烟尘外，其他排放物质占比较高，其中以铅损失的占比最高。由此也反映出反射炉在利用效率，特别是无组织排放方面的管理亟待加强。

其他物质代谢指标评价结果如表5-6所列。由表5-6可知，过程废品率，也即没有进入最终精炼铅的物质流中含铅1.4762t/t。需要注意的是，过程废品率是针对该炼铅工艺的最终产品——铅锭而言的，所有输入该系统但未进入最终产品铅锭中的铅均包含在过程废品率（包含库存流、排放物质流和循环物质流）中。在这些未进入最终产品的铅中，83.29%（1.2295t/t）的铅在系统内被循环利用；7.49%（0.1106t/t）的铅作为系统的排放物质流输入外界，其中42.09%（0.0466t/t）的排放物质流（产生的固体废物）可作为二次资源被其他系统继续利用，52.32%（0.0577t/t）的铅损失（无组织排放或计量误差引起），仅5.62%（0.0062t/t）的铅（含铅废气及废水）经处理后直接排放至周边的环境中。最终，该炼铅工艺的过程代谢效率，也即该系统铅的得率为81.28%。该系统产出的全部含铅固体废物均可被二次开发利用，因此系统的资源综合代谢率E_{Total}为85.02%（其中$\gamma_{reuse}=0.0466t/t$）。

表5-6　富氧底吹－鼓风炉炼铅工艺物质代谢指标评价结果

序号	评价指标	单位	结果
1	过程废品率w	t/t	1.4762
2	过程废物循环率η	%	83.29
3	过程代谢效率E	%	81.28
4	资源综合代谢率E_{Total}	%	85.02

5.2.3.4　铅冶炼过程Pb及其他重金属的协同代谢

（1）代谢路径分析

以Pb工业代谢图的构建为例，同样可获得Zn、Cd、As的工业代谢图，如图5-18～图5-20所示（图中各股物质流的流量单位是%，即制粒工序的产品“粒料”中物质含量为100%时，其他各股物质流中该物质的量的分布比例。其中Zn的物质流图由于精炼工段各物质流中Zn的含量较低，物质平衡账户难以建立，故精炼工段物质流大小仅以物质流中Zn的含量表示）。

富氧底吹炼铅系统以重金属Pb的代谢过程为主，Pb的代谢过程和路径主要集中在制粒—底吹炉—鼓风炉—初级精炼—电解精炼—铸锭6个工序；Zn的代谢过程和路径主要集中在制粒—底吹炉—鼓风炉—烟化炉4个工序；Cd的代谢过程和路径主要集中在制粒—底吹炉—鼓风炉—烟化炉4个工序；As的代谢过程和路径主要集中在制粒—底吹炉—鼓风炉—初级精炼—反射炉以及制粒—底吹炉—鼓风炉—烟化炉8个工序。

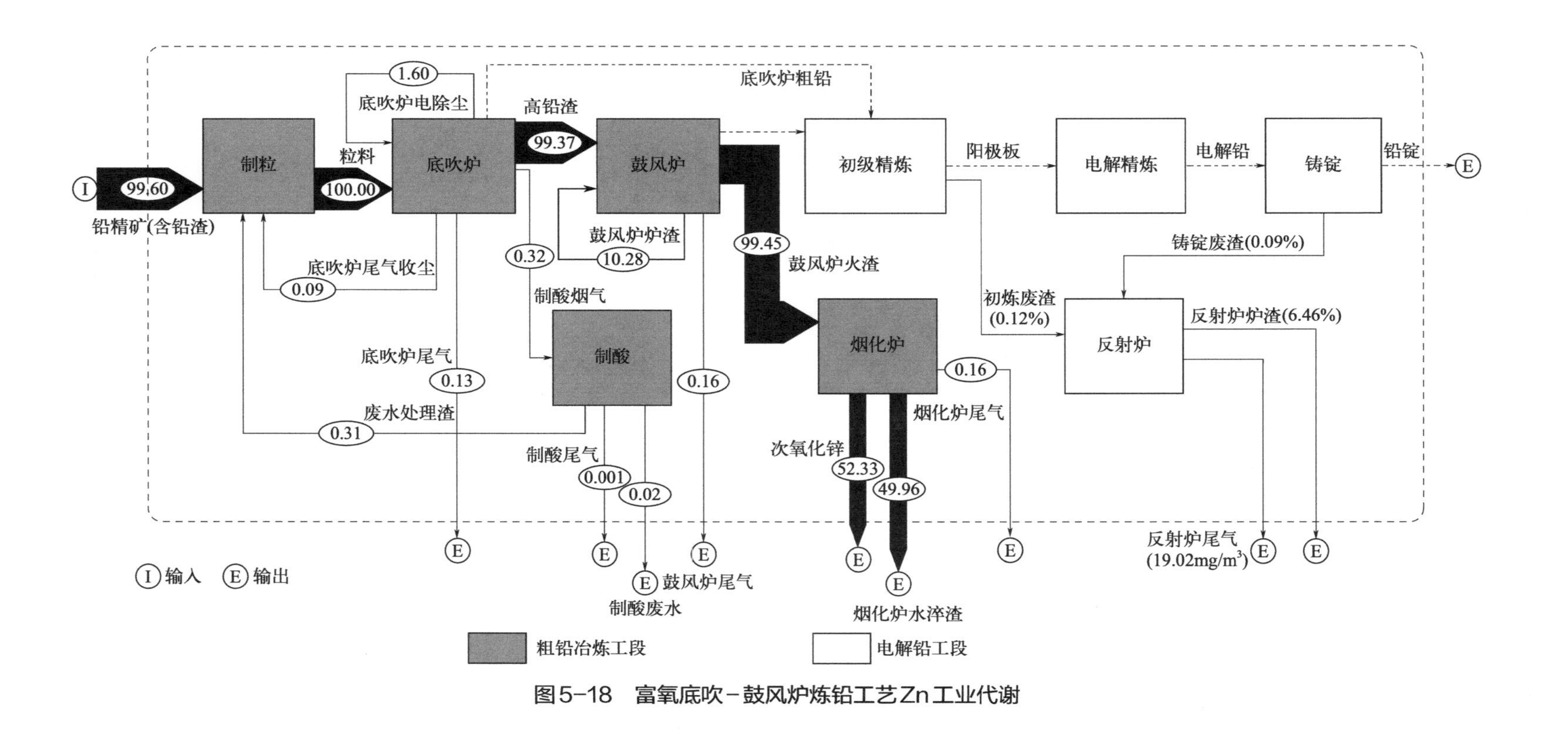

图 5-18　富氧底吹－鼓风炉炼铅工艺 Zn 工业代谢

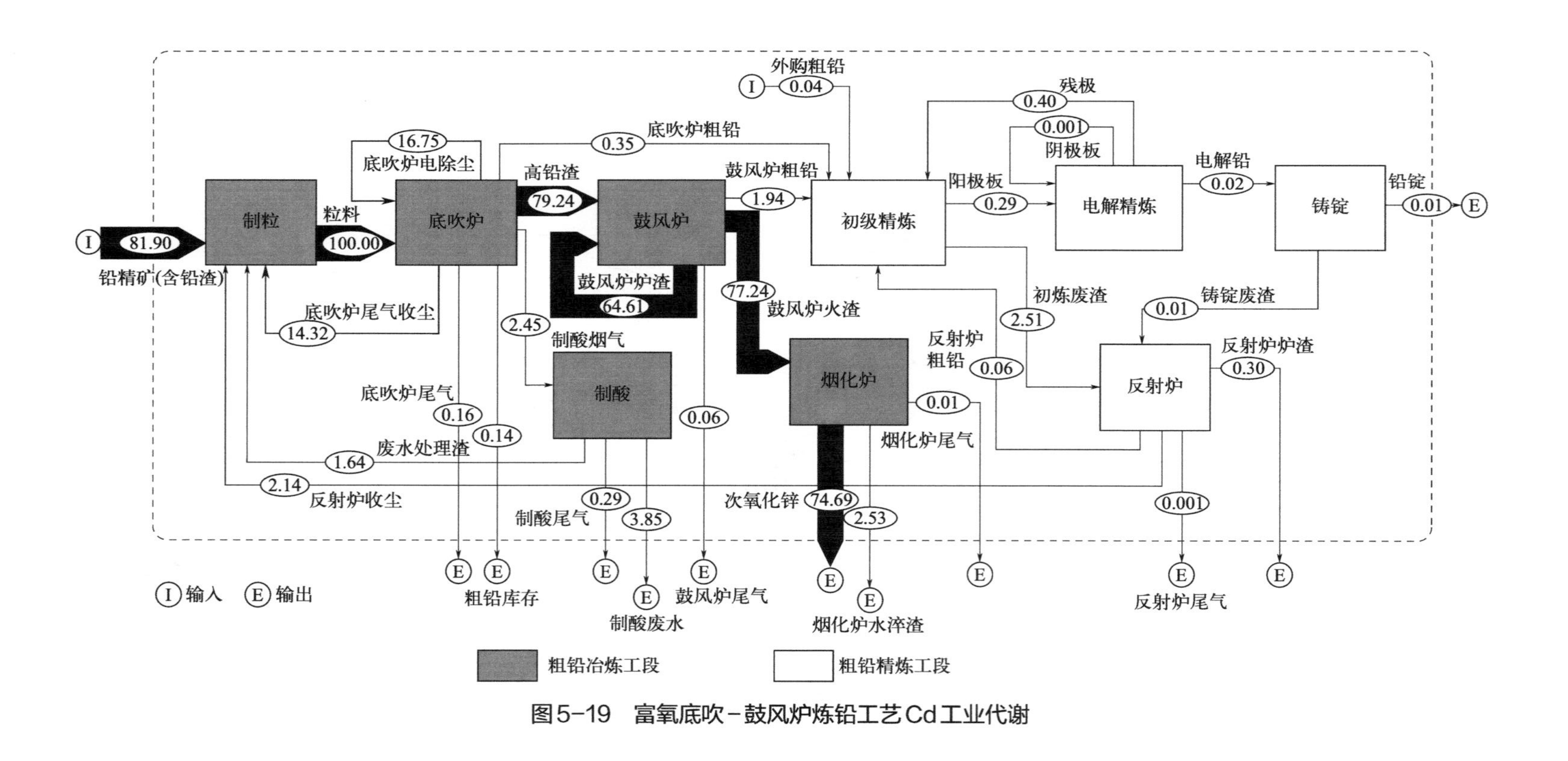

图5-19 富氧底吹-鼓风炉炼铅工艺Cd工业代谢

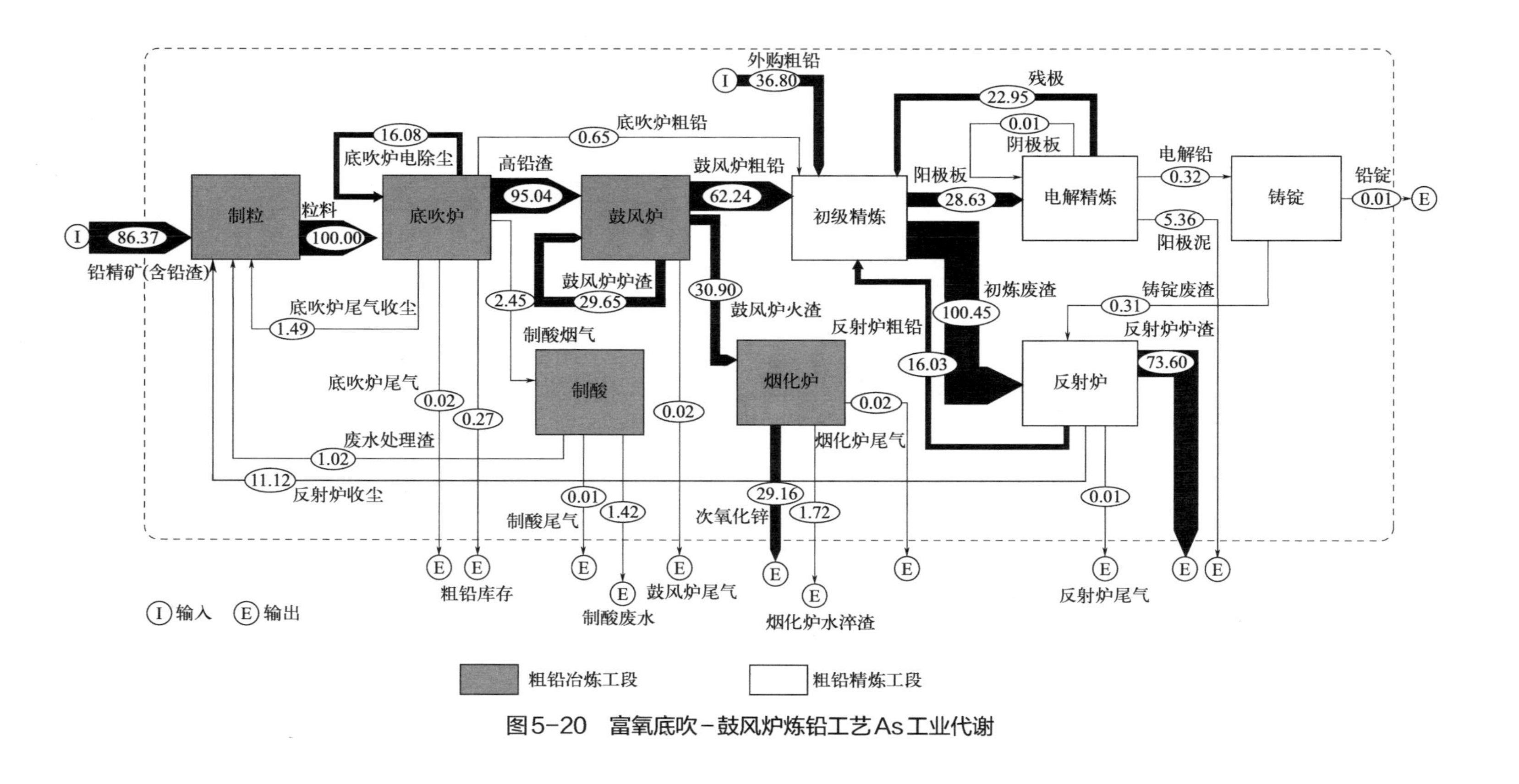

图5-20　富氧底吹-鼓风炉炼铅工艺As工业代谢

总体来看，Cd与Zn的代谢途径一致，几乎伴随Zn的所有代谢过程；Cd与Zn的代谢过程以粗铅冶炼工段为主，并通过烟化炉的熔炼剥离出Pb的代谢过程，Cd主要富集于次氧化锌物质流排出系统，Zn则主要富集于次氧化锌和烟化炉水淬渣物质流排出系统。粗铅冶炼工段需要特别注意Cd与Zn的污染防控。As与Pb的代谢途径相似，As的代谢过程涵盖粗铅冶炼及粗铅精炼工段，分别通过烟化炉及反射炉的熔炼剥离出Pb的代谢过程，As主要富集于反射炉渣物质流排出系统。粗铅精炼工段还需要注意As的污染防控。

（2）代谢量分析

由排放物质流分析可知，除了铅损失流外，排放至系统外的物质流有10股，根据物质平衡账户，可得到该富氧底吹-鼓风炉炼铅工艺每生产一吨精炼铅排放至系统外的重金属（Pb、Zn、Cd、As）排放量，如表5-7所列。由该表可知，当原料中重金属含量分别为Pb 56%～58%、Zn 5%～5.5%、Cd 1%～1.3%、As 0.11%～0.13%时，Pb、Zn、Cd、As经过富氧底吹-鼓风炉炼铅系统的熔炼后，最终主要以固体废弃物的形式排出系统，但并未直接排放至环境中，而是进入其他生产系统继续利用。

由重金属物质流图5-18～图5-20还可知Zn、Cd、As最终代谢产物的分布情况。由图5-21可知，Zn在经过熔炼过程代谢后几乎全部富集于冶炼废渣中，次氧化锌及烟化炉水淬渣几乎各占1/2。91.20%的Cd在经过熔炼过程代谢后富集于次氧化锌中。59.75%的As在经过熔炼过程代谢后富集于反射炉炉渣中，23.67%的As富集于次氧化锌中，还有4.35%的As富集于阳极泥中。

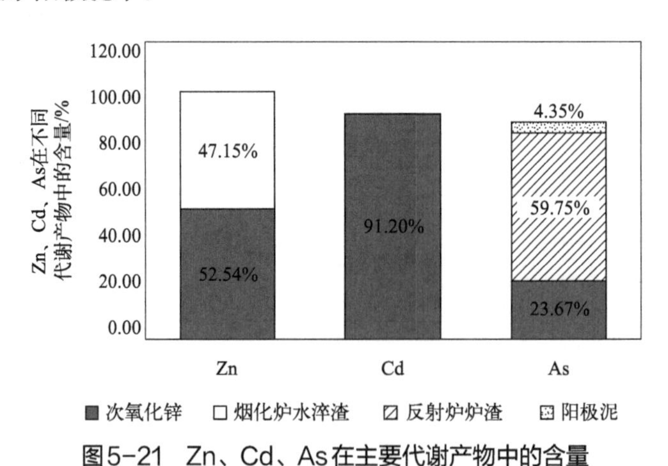

图5-21　Zn、Cd、As在主要代谢产物中的含量

除了代谢的主产物外，其余的Pb、Zn、Cd、As则以废气和废水的形式排出系统并直接进入环境中。由表5-7可知，废水中Pb和As的排放量显著高于排放废气中的含量，而废气中Zn、Cd的排放量则高于废水中的排放量。废水中Pb的总排放量高于其他重金属，废气中Zn的总排放量高于其他重金属，固废中Zn的含量显著高于其他重金属。

值得注意的是，原料（铅锌精矿）中Cd含量高于As含量，但最终代谢后输出系统

表5-7　富氧底吹-鼓风炉炼铅工艺重金属排放规律

原料中重金属含量	类别	总排放量/（kg/t精铅）				序号	物质名称	处理工艺	排放量/（kg/t精铅）			
		Pb	Zn	Cd	As				Pb	Zn	Cd	As
Pb 56% ～ 58% Zn 5% ～ 5.5% Cd 1% ～ 1.3% As 0.11% ～ 0.13%	废水	5.8	0.037	1.9×10^{-3}	0.02	1	污酸废水	“中和-铁盐曝气-中和”+超滤反渗透	5.8	0.037	1.9×10^{-3}	0.02
	废气	0.41	0.56	6.2×10^{-3}	2.1×10^{-3}	2	制酸尾气	钠钙双碱法吸收	0.2	0.7×10^{-3}	0.14×10^{-3}	0.17×10^{-3}
						3	底吹炉尾气	电除尘+两转两吸制酸	0.098	0.17	4.9×10^{-3}	0.66×10^{-3}
						4	鼓风炉尾气	“沉降室+多管除尘器+布袋除尘器”	0.014	0.19	0.94×10^{-3}	0.52×10^{-3}
						5	烟化炉尾气	“沉降室+多管除尘器+布袋除尘器”	0.10	0.175	0.16×10^{-3}	0.59×10^{-3}
						6	反射炉尾气	“沉降室+多管除尘器+布袋除尘器”	0.75×10^{-3}	0.029	0.06×10^{-3}	0.15×10^{-3}
	固体废物	46.56	109.48	0.94	1.14	7	次氧化锌	送往炼锌系统提取锌	40.22	57.67	0.031	0.96
						8	烟化炉水淬渣	出售给水泥生产企业	3.42	51.75	0.91	0.057
						9	反射炉炉渣	出售给铜冶炼企业回收金属铜	2.31	0.059	2.2×10^{-3}	0.032
						10	阳极泥	出售给金、银回收企业提取贵金属	0.60	—	—	0.095

的排放物中As的量显著高于Cd。对此进行成因分析，对比图5-19、图5-20发现，进入冶炼系统后，循环物质流中Cd的含量显著高于As的含量；此外，精炼工段系统输入原料（外购粗铅）中As含量显著高于Cd含量。因此，代谢最终产物中As的量显著高于Cd。通过以上分析还可知，Cd在系统中的流量高于As，并以循环物质流的形式库存于系统内。

5.2.4 铅冶炼过程重金属污染防治环节分析

根据前述章节对Pb及其他伴生金属的物质流分析可知，铅冶炼过程中重金属的代谢极其复杂，内部循环物质流量大，固体废物产生量高，烟气的排放节点多，水的排放节点相对较少，仅有制酸工段产生的污酸废水。其中，固体废物的产生及排放环节以烟化炉和反射炉为主，还包括电解精炼的副产物阳极泥。由于固体废物中Zn、Pb的含量较高，具有二次利用价值，并不直接排放至外界环境中，因此将重点对废气中重金属的污染防治环节进行分析。

5.2.4.1 有组织排放

依据物质流采样监测的结果，对采样过程中8个点位的烟气中重金属排放浓度进行分析。受采样时间的随机性和生产工况的影响，平行样点中重金属的浓度分布不稳定，故选择用多组数据比较的箱式图表示各采样点中不同重金属的浓度分布范围。

各采样点废气中重金属排放浓度如图5-22所示。由图5-22可知，各点位中重金属的排放浓度大小依次为Zn>Pb>Cd>Cr>As>Hg。其中，Zn的排放浓度最高，范围在10～150mg/m^{3}之间；其次是Pb的排放浓度，范围在0.5～40mg/m^{3}之间；再次是Cd，范围在0.05～1.5mg/m^{3}之间；Cr的浓度范围在0.02～0.3mg/m^{3}之间；As的浓度范围在0.05～0.2mg/m^{3}之间；排放浓度最低的是Hg，范围在0.01～0.09mg/m^{3}之间。

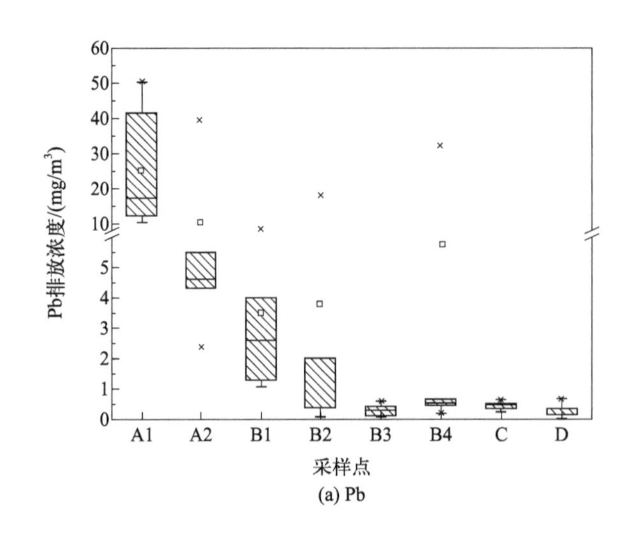

(a) Pb

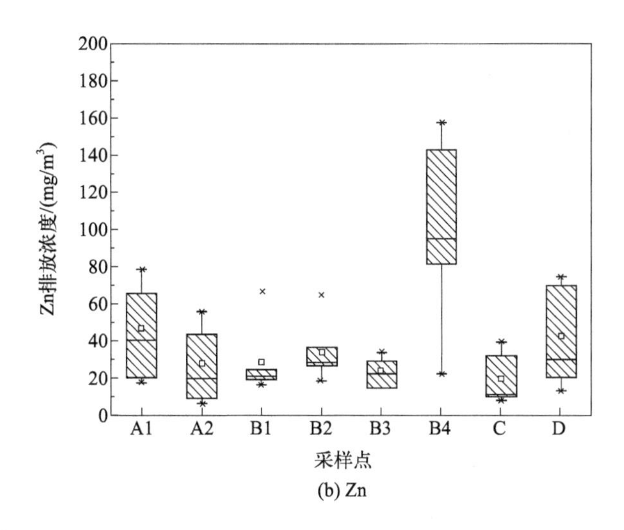

(b) Zn

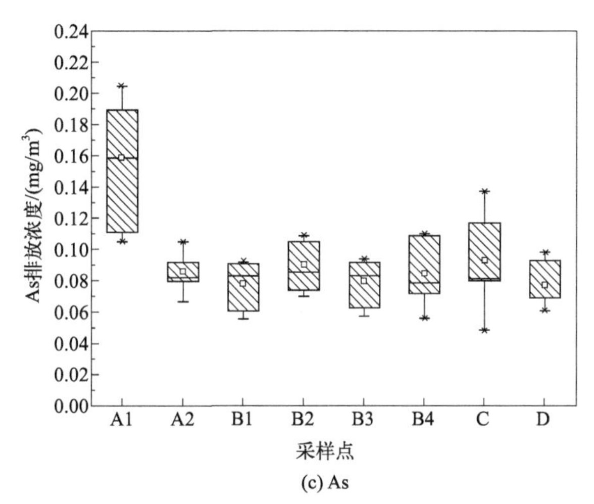

(c) As

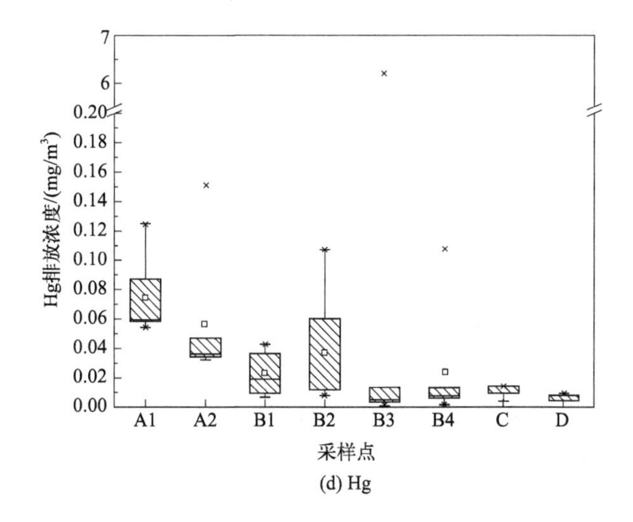

(d) Hg

图 5-22

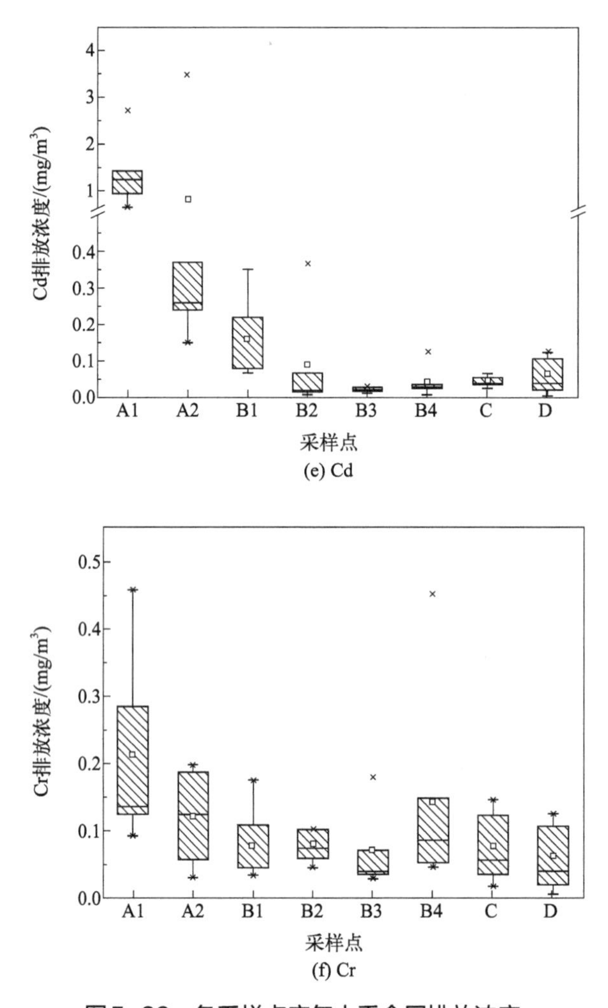

(e) Cd

(f) Cr

图5-22　各采样点废气中重金属排放浓度

由以上数据可知，粗铅冶炼工段尾气中重金属浓度显著高于粗铅精炼工段，其中底吹炉工序排放的尾气中各类重金属浓度最高，其次为鼓风炉工序，反射炉工序和制酸工序尾气中浓度相对较低。将以上排放浓度与2010年发布的《铅、锌工业污染物排放标准》（GB 25466—2010）进行对照发现，熔炼工序Pb的排放限值为8mg/m^3，Hg的排放限值为0.05mg/m^3（2012年以后全部企业执行此标准），依据以上标准值，粗铅口尾气中Pb和Hg排放浓度超标，表明该企业现有末端治理设施水平尚不能满足标准要求，粗铅口尾气的达标排放尚未得到很好的解决。

再次，《铅、锌工业污染物排放标准》（GB 25466—2010）仅对Pb和Hg提出了大气污染物浓度限值，并未对铅冶炼过程中产生的伴生金属例如Zn、Cd、Cr、As的大气污染物排放浓度限值做出规定，但该标准对水体中相关重金属（包含Zn、Cd、Cr、As）的水污染物排放浓度限值做出了规定。依据本次采样分析结果，废气中Pb以外的重金属，特别是Zn的排放浓度较高，也应当进一步加强废气中Zn等重金属的控制水平。

此外，从排放节点来看，鼓风炉的排放节点最多，包括鼓风炉尾气排口、鼓风炉渣口尾气排口、电热前床尾气排口、烟化炉尾气排口共4个烟气排口，各排口排放烟气浓度大小不一，也是需要重点监控的环节。

5.2.4.2　无组织排放

通过对该富氧底吹炼铅过程的实地调研发现，该工艺的无组织排放主要以生产车间烟粉尘的形式散逸、损失。铅冶炼过程中存在多个无组织排放环节，汇总如表5-8所列。

表5-8　富氧底吹炼铅过程无组织排放节点

序号	工序	节点	无组织排放产生原因
1	底吹炉	粗铅排口	输出粗铅时带出的底吹炉烟气
		高铅渣排口	输出高铅渣时带出的底吹炉烟气
2	鼓风炉	鼓风炉渣口	输出鼓风炉渣时带出的鼓风炉烟气
		烟化炉渣口	输出次氧化锌渣时带出的烟化炉烟气
3	初级熔炼	熔铅锅	半开放式设备
4	反射炉	反射炉	半开放式设备，密闭性差
5	电解精炼	电解槽	电解过程中产生的硫酸烟雾
6	铸锭	浇铸	熔融铅冷却过程中产生的烟尘

根据现场调研可知，该工艺底吹炉和鼓风炉的出铅出渣口都装设了集尘烟罩，对无组织排放烟气的收集起到了积极的作用，因而由无组织排放引起的铅损失比在底吹炉工序和鼓风炉工序占比较小，而电解精炼工序的无组织排放烟气中主要成分是硫酸雾，含铅量低，也不是重金属散逸烟粉尘的主要排放源。结合“5.2.3.1　铅冶炼过程Pb物质流分析”部分中对铅损失流的分析可以确定，初级熔炼、反射炉和铸锭是主要的无组织排放源。

5.2.4.3　重金属污染防控重点

根据上述分析确定该富氧底吹炼铅工艺的重金属污染预防控制以废气的产生及排放环节为重点。

有组织排放烟气的主要产生及排放环节包括底吹炉、鼓风炉、烟化炉、反射炉以及制酸工序，是需要进行重金属污染防控的主要对象。其中，底吹炉排放烟气中的重金属（特别是Pb）含量相对较高，需要进一步降低烟气中Pb的产生量，以及提高末端治理设施的除尘效率。此外，鼓风炉工序排放烟气的节点最多、最复杂，也是需要重点防控的环节。

无组织烟尘的产生及排放环节以粗铅精炼工段为主，主要为初级熔炼、反射炉和铸锭工序。针对无组织排放的主要环节，其重金属防控的重点一方面是提升设备的密闭性；另一方面是在潜在排放口增加集尘罩，尽可能地捕集散逸烟粉尘。

5.2.5 铅冶炼过程的统计熵分析

5.2.5.1 统计熵分析与MFA

（1）统计熵分析的基本概念

统计熵分析（statistical entropy analysis，SEA）是一种将统计熵应用于SFA结果的分析方法，最早由维也纳理工大学提出。该方法被认为是一种专门为物质流分析量身定做的方法，其考虑了来自物质流分析结果的所有信息，几乎不需要额外获取其他数据，为定量分析系统中过程中物质聚集程度的变化提供了一种工具。

熵的概念可以被看作是衡量一个过程利用自然资源的效率的指标，因此熵分析被作为一种分析方法引入许多资源消耗研究中。到目前为止，系统中的熵分析有两个角度。一个是从材料或物质的角度进行的，在这些研究中熵分析通常是基于系统的MFA或SFA结果。例如，它已被应用于欧洲和中国的铜循环研究中，以讨论铜的资源管理问题，还被应用于诸如废物处理过程研究中，以改善废物管理。另一个是从热力学的角度进行的，例如，熵分析已在铜生产过程和生物质综合利用系统的案例研究中得到验证，以讨论所研究系统的熵生成。

（2）基于物质流分析的SEA步骤

尽管物质流分析方法没有像生命周期评价（LCA）的ISO 14040那样被标准化，但学术界对实施过程存在一些基本共识。Udo de Haes等建议，物质流分析应分三步实施：第一步，定义目标（识别污染源、存量和损失、循环等）和系统（物质选择、系统边界、经济和环境子系统等）；第二步，借助流程图计算所有相关流量，或使用静态或动态建模进行核算；第三步，将结果以一组流量和存量的形式呈现，这也是涉及解释结果的最后一步。Brunner等建议，MFA和SFA过程应包括六个基本步骤：第一是研究目的的定义和监测指标的选择；第二是系统（研究范围）的定义，包括研究对象、系统边界和时间范围；第三是识别相关的流量、过程和存量；第四是设计材料或物质流程图；最后两个步骤是结果评估和结果解释。总体上看，物质流分析的基本步骤与本书“3.1　流程型工业代谢分析框架”所述基本一致，只是在“物质平衡”这一程序之后，利用统计熵分析的方法对结果展开评估，如图5-23所示。

5.2.5.2 统计熵分析方法

系统的物质流分析包括分析一个或多个过程和物质流。其中，过程是指物质的转化、运输或储存单元。因此，物质流系统可以被视为一个富集、稀释或保持其物质流量不变的单元（或一系列单元），这意味着该系统是一个将输入浓度集转换为输出浓度集的过程。如果富集或稀释的物质被视为任何物质流动系统的基本特征，那么统计熵分析是一种量化系统富集或稀释物质的能力的方法。熵在物质流分析中被用来测量系统中的

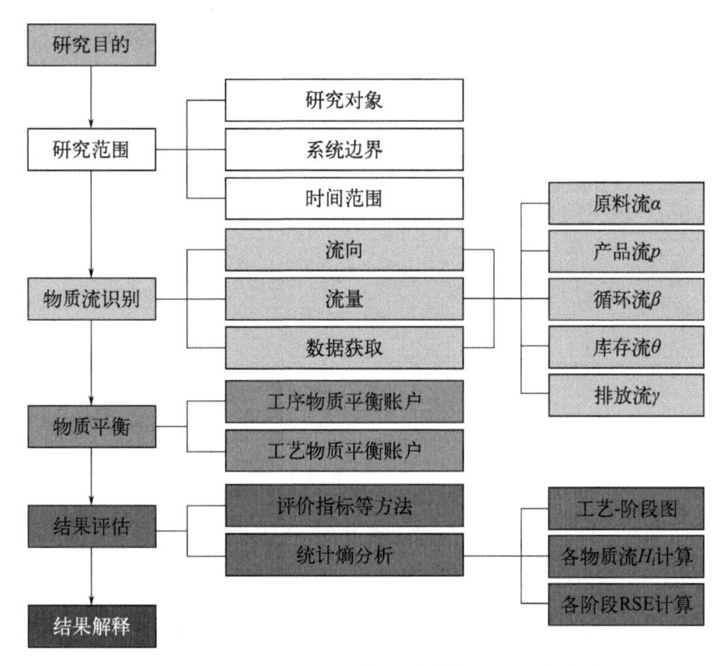

图5-23　采用SEA评估方法的物质流分析框架

物质分布情况和模式。

统计熵函数起源于Boltzmann对熵的统计描述。熵在信息论中被用来描述系统内信息的损失或获得，由Shannon在20世纪40年代提出。在统计熵分析方法中，熵的概念和研究基于Shannon的统计熵，而不是基于热力学熵。

有限概率分布的统计熵H由式（5-1）和式（5-2）定义：

$$H(P_i)=-\sum_{i=1}^{k}P_i\times\ln(P_i)\geqslant 0 \tag{5-1}$$

$$\sum_{i=1}^{k}P_i=1 \tag{5-2}$$

式中　P_i——事件i发生的概率。

统计熵分析的实施过程如下。

（1）绘制简化的物质流程图和工艺阶段图

简化的物质流程图将清楚地显示系统内的过程、流程的数量以及这些流程的方向。基于简化的物质流程图，可以绘制出工艺阶段图。假设系统作为一个整体一步一步地转移输入物质，那么每一步都被指定为一个“阶段”。如果系统中进程的数量是n_{p}，则阶段的数量是$n_{\mathrm{p}+1}$。阶段由一组物质流表示，第一阶段被定义为系统的第一过程的输入步骤，后续阶段由前面过程的输出定义。因此，阶段j（j>1）包括过程$j-1$的输出以及未被系统转换的先前过程的所有输出（即出口流和流入库存的流；回收流被视为输出流）。

（2）计算每个流量的统计熵（H_i）

每个流量的统计熵利用下式进行计算。

$$X_i = M_i c_i \tag{5-3}$$

$$m_i = \frac{M_i}{\sum_{i=1}^{k} X_i} \tag{5-4}$$

假设物质流分析的对象是单质铅，则其中M_i表示流i（i=1，⋯，k）的流速（物质量）；c_i表示流i的铅浓度；X_i表示流i的铅含量；m_i表示物质集的标准化质量分数，即流i的流速与所有流的铅含量之比。

根据式（5-3）和式（5-4），可以得到每个流量的X_i和m_i。然后，每个流量的统计熵H_i，可根据式（5-5）得到。应该注意的是，与被调查系统的产品（如固体残留物）相比，排放物被稀释到空气和受纳水体中，会导致熵的增加。因此，c_i和m_i的产品数据处理与排放略有不同。

$$H_i = -\sum_{i=1}^{k} m_i c_i \ln(c_i) \geqslant 0 \tag{5-5}$$

式中　ln——以e为底的对数。

其中，c_i被定义为：

$$c_i = \begin{cases} c_{\mathrm{geog,g}}/100 \\ c_{\mathrm{geog,a}}/100 \\ c_i \end{cases} \tag{5-6}$$

$$\text{for}\begin{cases} i=1,\cdots,k_{\mathrm{g}} \\ i=k_{\mathrm{g}}+1,\cdots,k_{\mathrm{g}}+k_{\mathrm{a}} \\ i=k_{\mathrm{g}}+k_{\mathrm{a}}+1,\cdots,k \end{cases} \quad \text{for}\left.\begin{cases} \text{gaseous（气）} \\ \text{aqueous（水）} \\ \text{solid（固）} \end{cases}\right\}\text{outputs（输出）}$$

式中　k——总产出物（物质流）的数量；

k_{g}——气态产出物（物质流）的数量。

式（5-6）中，“g”表示气态，“a”表示水态。

根据式（5-3），可以得到M_i=X_i/c_i。式（5-6）也意味着气态和水态产出物的M_i与固态产出物的M_i不同。M_i被定义为：

$$M_i=\begin{cases}\dfrac{X_i}{c_{\text{geog,g}}}\times 100\\ \dfrac{X_i}{c_{\text{geog,a}}}\times 100\\ M_i\end{cases} \tag{5-7}$$

$$\text{for}\begin{cases}i=1,\cdots,k_{\text{g}}\\ i=k_{\text{g}}+1,\cdots,k_{\text{g}}+k_{\text{a}}\\ i=k_{\text{g}}+k_{\text{a}}+1,\cdots,k\end{cases}\quad \text{for}\left\{\begin{matrix}\text{gaseous}\\ \text{aqueous}\\ \text{solid}\end{matrix}\right\}\text{outputs}$$

由于在计算步骤中引入了一个新的参数m_i，它代表一个物质集的标准化质量分数（这里m_i与Rechberger和Brunner的研究中的参数m_i不同），m_i由M_i决定，而M_i由c_i决定，因此，m_i也是由c_i决定的。

（3）计算每个阶段的相对统计熵

当所有物质被引导到具有最低地质浓度的环境区间（$c_{\text{geog,min}}$）时，每个阶段就达到了最大H值。当一个系统的金属浓度等于大气中的金属浓度时，该系统的重金属熵最大。如$c_{\text{geog,c}}$（地壳中的金属含量）$>c_{\text{geog,a}}>c_{\text{geog,g}}$。

最大的H值表示为：

$$H_{\max}=\ln\left(\frac{1}{c_{\text{geog,min}}}\right) \tag{5-8}$$

最后，相对统计熵（RSE）被定义为：

$$\text{RSE}=\frac{H}{H_{\max}} \tag{5-9}$$

（4）结果解释

根据式（5-3）～式（5-7），统计熵H（也即RSE）描述了系统边界内物质的分布。RSE是一个在[0, 1]范围内的无量纲值。当物质流中所包含的物质以纯净的形式出现时，该物质处于其可能的最高浓度，这种分布的RSE达到最小值，即零。当物质流中的某一物质与流中的所有其他物质具有相同的浓度时，该物质处于其可能的最高稀释度，并且这种分布的RSE达到最大值，即1。任何其他可能的分布都会在这两个极端范围之间产生一个RSE值。

对于铅的生产过程，无论处于何种阶段，RSE为0均代表所有的铅都集中在最终产品中，而某个阶段的RSE为1则代表所有的铅都被排放到环境中。因此，RSE的值越小，进入最终产品的铅就越多。产品产量效率越高，含铅污染物的产生就越少，冶炼过程的环境绩效就越高。

5.2.5.3 SKS铅冶炼过程的统计熵分析

(1)情景分析

在理想条件下，生产过程中产生的所有废气都应该被收集和集中处理。然而在现实中，这些状况是不可能的。例如，假设所有的生产过程都是密闭的，没有废气或无组织的排放物从过程中逸散出，而且所有的测量都是完全准确的，那么就不会产生铅损失流。因此，在本研究中提出了两种情况：情景Ⅰ代表考虑了所有铅损失的情况；情景Ⅱ代表没有铅损失的情况（理想条件）。

根据前述冶炼过程铅物质流分析结果（详见本章“5.2.2　铅冶炼过程物质流识别与确定”），SKS铅冶炼过程共包含37股物质流（见图5-7），也即本研究的情景Ⅰ。情景Ⅱ则不包括情景Ⅰ中的所有铅损失情况。这些损失情况分别来自烟化炉（F21）、初步熔炼（F25）、反射炉（F32）和铸锭（F36）。因此，情景Ⅱ仅由33股物质流组成。

(2)分配和计算

根据SKS铅冶炼工艺的物质流程（图5-7），将系统的物质流分配到各个阶段，结果如图5-24（情景Ⅰ）和图5-25（情景Ⅱ）所示。两种情景都有相同的9个过程和10个阶段，但物质流的数量不同（情景Ⅰ为37个，情景Ⅱ为33个）。

使用式（5-3）～式（5-7）计算每个流的H_i以及每个阶段的H和RSE。熵结果的构成如表5-9（情景Ⅰ）和表5-10（情景Ⅱ）所列。

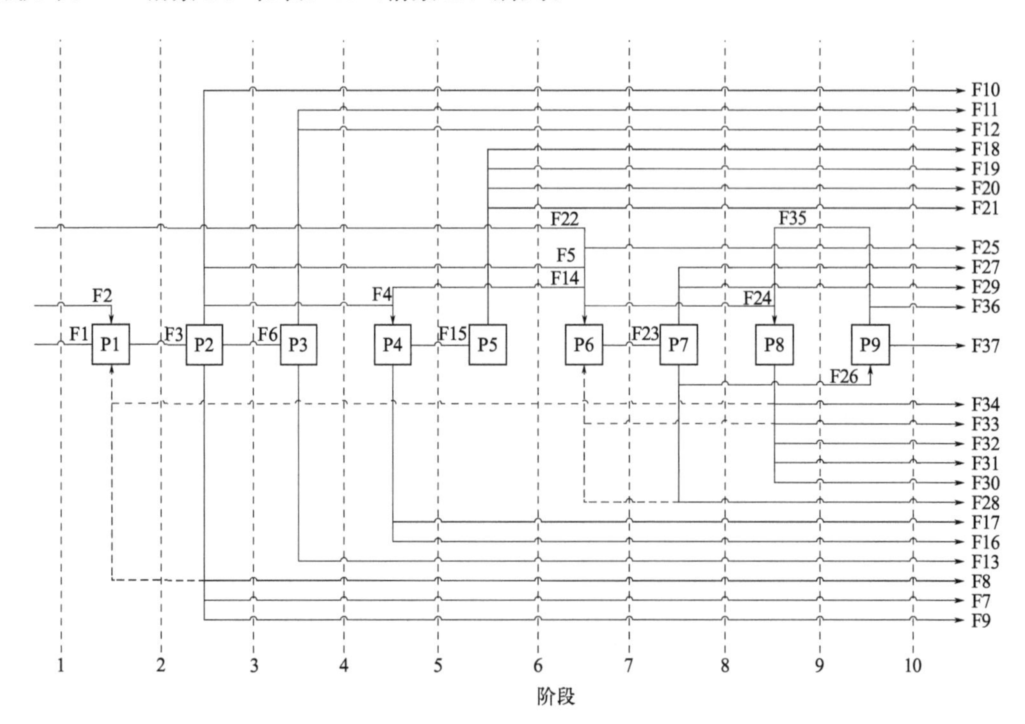

图5-24　情景Ⅰ中SKS铅冶炼工艺阶段

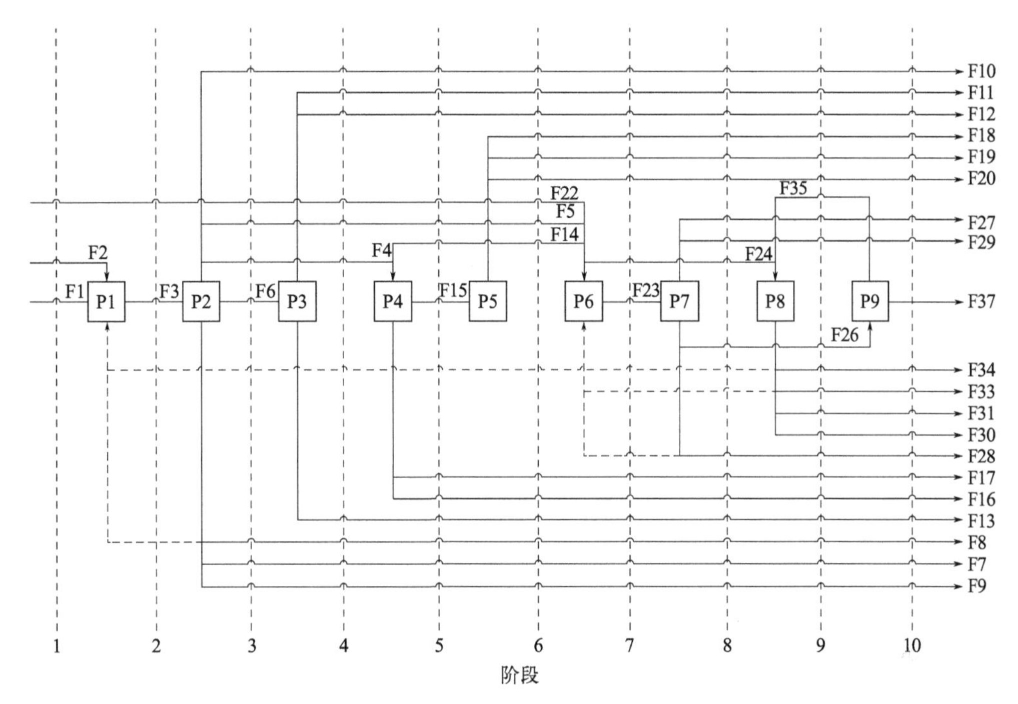

图5-25 情景Ⅱ中SKS铅冶炼工艺阶段

对于气态物质流，c_i不是尾气经过处理后测试的实际浓度。更确切地说，它是空气中铅的环境背景浓度$c_{geog,\ g}$的值。根据《环境空气质量标准》(GB 3095—2012)，铅的年平均浓度限值为0.5μg/m^3，铅的$c_{geog,\ g}$基于该浓度限值。同样，受纳水体中铅的环境背景浓度$c_{geog,\ a}$的值基于《地表水环境质量标准》(GB 3838—2002)，为0.05mg/L（此处受纳水体为工业废水）。

(3) RSE的各个阶段

被研究的物质在各个阶段的分布都对应着一个RSE值。这两种情景如图5-26所示。

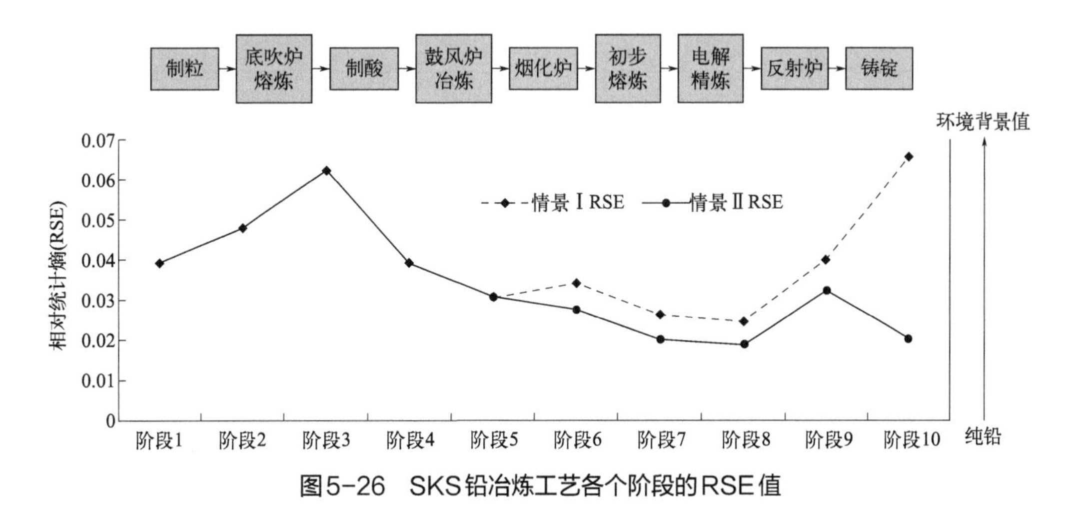

图5-26 SKS铅冶炼工艺各个阶段的RSE值

表5-9 情景Ⅰ中熵的构成（包括铅的损失）

阶段	阶段1		阶段2		阶段3		阶段4		阶段5		阶段6		阶段7		阶段8		阶段9		阶段10	
熵的构成	F1	0.5576	F3	0.7637	F4	0.3625	F4	0.3625	F5	0.0233	F5	0.0233	F7	0.0037	F7	0.0035	F7	0.0034	F7	0.0035
	F2	0.0700	F22	0.0025	F5	0.0240	F5	0.0240	F7	0.0051	F7	0.0051	F8	0.0016	F8	0.0015	F8	0.0015	F8	0.0015
	F22	0.0030			F6	0.6227	F7	0.0052	F8	0.0022	F8	0.0022	F9	0.0772	F9	0.0730	F9	0.0718	F9	0.0730
					F7	0.0052	F8	0.0023	F9	0.1067	F9	0.1067	F10	0.0016	F10	0.0015	F10	0.0015	F10	0.0015
					F8	0.0023	F9	0.1097	F10	0.0022	F10	0.0022	F11	0.0766	F11	0.0724	F11	0.0712	F11	0.0724
					F9	0.1097	F10	0.0023	F11	0.1058	F11	0.1058	F12	0.0032	F12	0.0031	F12	0.0030	F12	0.0031
					F10	0.0023	F11	0.1088	F12	0.0045	F12	0.0045	F13	0.0479	F13	0.0452	F13	0.0445	F13	0.0452
					F22	0.0023	F12	0.0046	F13	0.0661	F13	0.0661	F16	0.0002	F16	0.0002	F16	0.0002	F16	0.0002
							F13	0.0039	F14	0.0093	F14	0.0093	F17	0.0421	F17	0.0398	F17	0.0392	F17	0.0398
							F22	0.0023	F15	0.1102	F16	0.0003	F18	0.0301	F18	0.0285	F18	0.0280	F18	0.0285
									F16	0.0003	F17	0.0582	F19	0.0107	F19	0.0101	F19	0.0100	F19	0.0101
									F17	0.0582	F18	0.0416	F20	0.0001	F20	0.0001	F20	6×10^{-5}	F20	6×10^{-5}
									F22	0.0022	F19	0.0148	F21	0.0912	F21	0.0862	F21	0.0848	F21	0.0862
											F20	0.0001	F23	0.0102	F24	0.0173	F25	0.0271	F25	0.0275
											F21	0.1260	F24	0.0183	F25	0.0275	F26	0.0003	F27	0.0009
											F22	0.0022	F25	0.0291	F26	0.0003	F27	0.0009	F28	0.0042
															F27	0.0009	F28	0.0041	F29	4×10^{-5}
															F28	0.0042	F29	4×10^{-5}	F30	0.0354
															F29	4×10^{-5}	F30	0.0348	F31	1×10^{-5}
																	F31	1×10^{-5}	F32	0.2865
																	F32	0.2817	F33	0.0042
																	F33	0.0041	F35	0.0014
																	F34	0.0014	F36	0.4861
																	F35	0.0009	F37	0.0001
H		0.6306		0.7662		1.1310		0.6256		0.4962		0.5686		0.4439		0.4154		0.7142		1.2114
RSE		0.0202		0.0245		0.0362		0.0200		0.0159		0.0182		0.0142		0.0133		0.0228		0.0387

表5-10 情景Ⅱ中熵的构成（不包括铅的损失）

阶段	阶段1		阶段2		阶段3		阶段4		阶段5		阶段6		阶段7		阶段8		阶段9		阶段10	
熵的构成	F1	0.5576	F3	0.7637	F4	0.3625	F4	0.3625	F5	0.0233	F5	0.0234	F7	0.0037	F7	0.0035	F7	0.0056	F7	0.0036
	F2	0.0700	F21	0.0025	F5	0.0240	F5	0.0240	F7	0.0051	F7	0.0051	F8	0.0016	F8	0.0015	F8	0.0025	F8	0.0016
	F21	0.0030			F6	0.6227	F7	0.0052	F8	0.0022	F8	0.0023	F9	0.0775	F9	0.0732	F9	0.1180	F9	0.0747
					F7	0.0052	F8	0.0023	F9	0.1067	F9	0.1070	F10	0.0016	F10	0.0015	F10	0.0024	F10	0.0015
					F8	0.0023	F9	0.1097	F10	0.0022	F10	0.0022	F11	0.0768	F11	0.0726	F11	0.1170	F11	0.0741
					F9	0.1097	F10	0.0023	F11	0.1058	F11	0.1061	F12	0.0032	F12	0.0031	F12	0.0050	F12	0.0031
					F10	0.0023	F11	0.1088	F12	0.0045	F12	0.0045	F13	0.0480	F13	0.0454	F13	0.0731	F13	0.0463
					F22	0.0023	F12	0.0046	F13	0.0661	F13	0.0663	F16	0.0002	F16	0.0002	F16	0.0004	F16	0.0002
							F13	0.0039	F14	0.0093	F14	0.0094	F17	0.0423	F17	0.0399	F17	0.0644	F17	0.0408
							F22	0.0023	F15	0.1102	F16	0.0003	F18	0.0302	F18	0.0286	F18	0.0460	F18	0.0292
									F16	0.0003	F17	0.0584	F19	0.0108	F19	0.0102	F19	0.0164	F19	0.0104
									F17	0.0582	F18	0.0418	F20	0.0001	F20	6×10^{-5}	F20	0.0001	F20	6×10^{-5}
									F22	0.0022	F19	0.0149	F23	0.0102	F24	0.0174	F26	0.0025	F27	0.0009
											F20	0.0001	F24	0.0184	F26	0.0003	F27	0.0014	F28	0.0043
											F22	0.0022			F27	0.0009	F28	0.0067	F29	0.0000
															F28	0.0042	F29	0.0001	F30	0.0362
															F29	4×10^{-5}	F30	0.0572	F31	1×10^{-5}
																	F31	2×10^{-5}	F33	0.0043
																	F33	0.0068	F34	0.0015
																	F34	0.0023	F37	0.0001
																	F35	0.0014		
H		0.6306		0.7662		1.1310		0.6256		0.4962		0.4440		0.3245		0.3025		0.5293		0.3328
RSE		0.0202		0.0245		0.0362		0.0200		0.0159		0.0142		0.0104		0.0097		0.0169		0.0106

由于SKS铅冶炼过程是将铅化合物还原和精炼为元素铅的过程，因此整个过程的理想RSE曲线应从阶段1到阶段10持续下降。然而，SKS工艺的实际RSE曲线比理想曲线的波动性更大。在生产过程中，两种情景下的RSE都从第1阶段增加到第3阶段。为了减少二氧化硫的排放，增加经济利润，来自底吹炉含有大量二氧化硫的尾气被收集并输送到硫酸生产过程。因此，第3阶段硫酸生产尾气中的铅含量降低到非常低的水平，导致整个冶炼过程被稀释。

在这两种情景下，生产过程都会导致RSE从第3阶段到第8阶段不断减少，因为精炼后的产品中会逐步收集到越来越多的铅。然而，在第5阶段之后，两种情景之间开始出现差异。如图5-26所示，从第5阶段到第9阶段，情景Ⅰ中的RSE值略高于情景Ⅱ中的值，从第9阶段到第10阶段，情景Ⅰ中的RSE值比情景Ⅱ高得多。换言之，从第1阶段到第9阶段，这两种情景的RSE变化趋势非常相似，但在情景Ⅰ中，RSE在第9阶段后急剧上升，而在情景Ⅱ中则下降。

图5-27显示了两种情况下每个流的熵（H_i）的比较。明显的差异出现在F21、F25、F32和F36点。如上所述，两种情景下的差异在于含铅物质流的组成。更具体地说，是铅损失流的差异。情景Ⅰ中这4个流量的熵值显然要比情景Ⅱ中的熵值高得多，其中F21、F25、F32和F36被排除。如图5-26和图5-27所示，铅损耗流对RSE值有很大的影响。其中，F36在情景Ⅰ中的熵远远超过情景Ⅱ中的相应值，导致从第9阶段到第10阶段的RSE曲线不断升高。

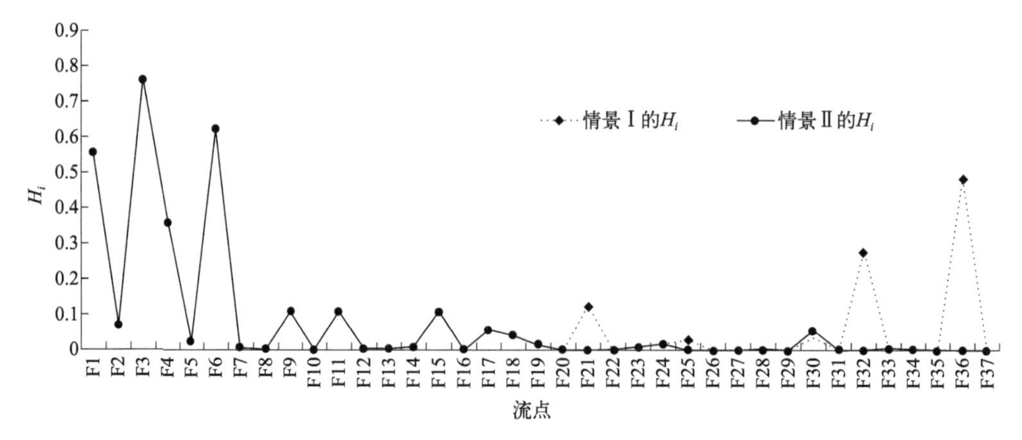

图5-27　两种情景下各个流的H_i值

（4）总RSE

系统的整体性能可以通过第一阶段和最后阶段的RSE之间的差异来进行最简单的量化。这个过程引起的熵变（ΔRSE_{Total}）可以是负值、零或正值，这取决于过程是富集、保持不变还是稀释物质的生产量。

$$\Delta RSE_{Total}=\Delta RSE_{1,10}=\frac{RSE_{10}-RSE_{1}}{RSE_{1}}\times 100\% \quad (5\text{-}10)$$

当 $\Delta RSE_{Total}>0$时，意味着铅在通过生产系统的过程中稀释和/或消散；当 $\Delta RSE_{Total}<0$时，意味着只有少量的铅被稀释或消散（在考虑排放的情况下），最大部分的铅以富集甚至纯铅的形式出现。当RSE_1在整个过程中恒定时，ΔRSE_{Total}的值越低意味着越多的铅富集在产品中；反之亦然。由式（5-10）可知，$\Delta RSE_{Total,\ 1}$（情景Ⅰ）为92.12%，$\Delta RSE_{Total,\ 2}$（情景Ⅱ）为−47.22%。这一结果表明，情景Ⅱ的生产过程比情景Ⅰ富集了更多的铅。此外，在情景Ⅰ中，$\Delta RSE_{Total,1}>0$，这意味着在该情景中，铅通过生产系统被稀释或消散了。两个情景中各个阶段的RSE值（图5-26）表明，从第9阶段到第10阶段，这两个情景之间存在着很大差异。如果只有8个过程（不包括铸造的最终过程），那么情景Ⅰ的比例将为13.27%（见表5-11）。如果只有7个过程（不包括铸造和反射炉的最后两个过程），则情景Ⅰ中的 $\Delta RSE_{1,\ 8}$为−34.13%（见表5-11）。这一结果表明，铸造和反射炉工艺决定了情景Ⅰ的冶炼工艺是稀释还是富集铅。由图5-27可以看出，F21、F25、F32和F36是最重要的决定因素。

表5-11　两种情景的熵变（ΔRSE）

情景	$\Delta RSE_{1,6}$	$\Delta RSE_{1,7}$	$\Delta RSE_{1,8}$	$\Delta RSE_{1,9}$	$\Delta RSE_{1,10}$
情景Ⅰ	−9.83%	−29.61%	−34.13%	13.27%	92.12%
情景Ⅱ	−29.59%	−48.53%	−52.03%	−16.05%	−47.22%

根据质量平衡结果，情景Ⅰ中F21、F25、F32和F36的流量合计仅占输出物质流量的4.69%（见图5-28）。底吹炉生产的铅锭和铅锭库存量分别占铅产量的81.08%和9.96%，排放量（包括铅损失）占8.96%。事实上，即使所有的铅损失都是100%无组织排放，生产系统仍会产生大量的富集铅产品（如铅锭）。然而，从相对统计熵的角度来看，情景Ⅰ和情景Ⅱ对铅的稀释或浓度显示出十分不同的结果。与所研究系统的产品相比，污染物在空气和受纳水中被稀释，导致熵的增加。因此，统计熵的结果对废气（包括无组织排放）和排放废水非常敏感。这可以解释为什么即使是物质流中很小的一部分（铅损失）也会影响整个生产过程的总RSE（ΔRSE_{Total}）。

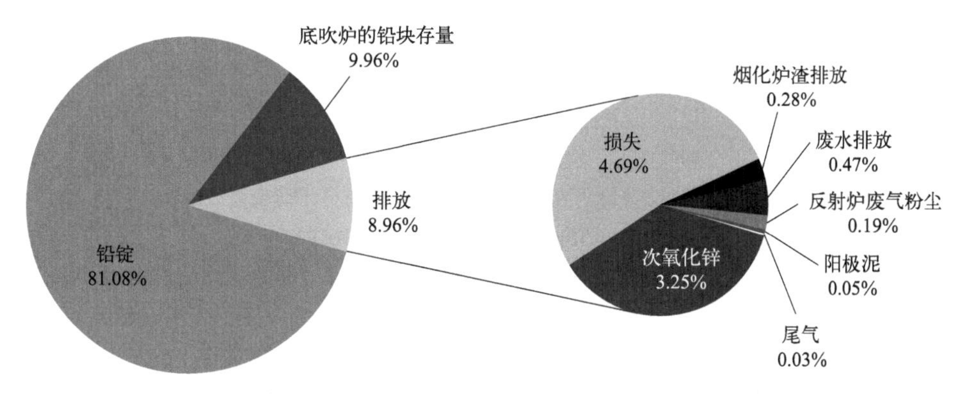

图5-28　情景Ⅰ中的部分产出物质流

（5）评价结果

在许多情况下，质量平衡是一项困难的任务，通常很难实现。本研究提出了一种情景分析作为在每个过程中达到100%质量平衡的折中方法。当然，在实际实践过程中，不可避免的测量误差和对无组织排放进行量化监测的难度将导致质量平衡误差落在情景Ⅰ和情景Ⅱ之间。即使可以监测和测试无组织排放浓度，其总排放量仍然是未知的。对生产过程进行详细的物质流分析是量化未知铅损失最可行的方法之一。而更准确的测量系统也有助于缩小无组织排放量的范围。

统计熵结果对来自尾气（包括无组织排放）和排放水的影响非常敏感。统计熵和情景分析的SFA都表明，铅的损失，特别是无组织排放，不仅对尾气的排放量和浓度有很大影响，而且对铅生产系统的物质代谢效率也有很大影响。然而，生产企业和环境监测及管理部门通常忽略了无组织排放和测量误差这两个主要问题。如果在生产过程中对重金属铅等材料处置不当，将直接导致工作环境受到极大影响。不仅是铅本身，还有铅损失流中所包含的其他重金属，都会影响到暴露于生产作业环境中的人体的健康，以及厂区附近的当地环境（空气、水和土壤质量）。因此，在铅冶炼生产过程中应采取一些预防和缓解措施。

首先，应加强对铅精炼阶段排放的监管力度，以预防或控制重金属污染。例如，在半开放式的炉窑工序安装固定和/或可移动的烟雾收集罩，其功能设计为可以捕获烟雾和灰尘中的大部分铅。还可以改进铸造、反射炉和初级冶炼过程的工艺（尤其是铸造），在开放式铸造机中形成铅锭会导致大量无组织的铅排放。此外，还可以在成品或铅渣排出系统的每个出口处安装密闭罩等设备，以减少逃逸的烟尘数量。一些含铅的粉尘也可能在工厂内从一个工序运输到另一个工序的过程中逸出。针对这种情况，可以采取喷水或用防尘膜覆盖运输的材料等措施。

其次，应提高对工厂内所有材料的计量能力，特别是铅块精炼阶段所使用的材料。细致的计量和台账管理将有助于铅冶炼企业减少投入，甚至可能捕获所产生的烟尘中所含的所有重金属铅等物质。特别是对每个生产单元的投入和产出材料的数量也应准确测量。这些措施既可以提高产品回收率，节约生产成本，又可以更准确地识别无组织排放造成的重金属损失，还有助于更准确地建立物质流平衡。

参考文献

[1] 白璐. 基于LCA的技术环境影响评价研究[D]. 北京：中国环境科学研究院,2010.

[2] 国家危险废物名录. http://www.gov.cn/flfg/2008-06/17/content_1019136.htm.

[3] 杜涛. 关于钢铁企业气体污染物减量化研究[D]. 沈阳：东北大学, 2005.

[4] Liu Liru, Aye Lu, Lu Zhongwu, et al. Effect of material flows on energy intensity in process industries[J]. Energy, 2006, 31(12): 1870-1882.

[5] 王吉坤. 铅锌冶炼生产技术手册[M]. 北京：冶金工业出版社, 2012.

[6] Lu Bai, Qi Qiao, Yanping Li, et al. Statistical entropy analysis of substance flows in a lead smelting process[J]. Resources, Conservation & Recycling, 2015, 1 (94) :118-128.

[7] Lu Bai, Qi Qiao, Yanping Li, et al. Substance flow analysis of production process: A case study of a lead smelting process[J]. Journal of Cleaner Production, 2015, 10(104) : 502-512.

[8] Bai Lu, Xie Minghui, Zhang Yue, et al. Pollution prevention and control measures for the bottom blowing furnace of a lead-smelting process, based on a mathematical model and simulation [J]. Journal of Cleaner Production, 2017, 159: 432-445.

[9] 保罗・汉斯・布鲁纳，赫尔穆特・莱希伯格.物质流分析的理论与实践[M]. 北京：化学工业出版社，2022.

[10] Rechberger H. (PhD thesis) Entwicklung einer Mehtode zur Bewertung von Stoff- bilanzen in der Abfallwirstschaft (PhD thesis)[D]. Vienna: Vienna University of Technology, 1999.

[11] Brunner P H, Rechberger H. Practical handbook of material flow analysis[J]. Boca Raton, FL, USA: Lewis Publishers, CRC Press LLC, 2004: 149-158.

[12] Rechberger H, Graedel T E. The contemporary European copper cycle: Statistical entropy analysis[J]. Ecological Economics, 2002, 42(1/2):59-72.

[13] Yue Q, Lu Z W, Zhi S K. Coppe cycle in China and its entropy analysis[J]. Resources Conservation & Recycling, 2009, 53(12):680-687.

[14] Gößling-Reisemann S. What is resource consumption and how can it be measured. Application of entropy analysis to copper production[J]. J Ind Ecol, 2008a, 12:570-582.

[15] Gößling-Reisemann S. What is resource consumption and how can it be measured?Theoretical considerations[J]. J Ind Ecol, 2008b, 12:10-25.

[16] Samieia K, Fröling M. Sustainability assessment of biomass resource utilization based on production of entropy-case study of a bioethanol concept[J]. Ecological Indicators, 2014, 45: 590-597.

[17] Udo de Haes HA, van der Voet E, Kleijn R. Substance flow analysis (SFA), an analytical tool for integrated chain management[J]. In: Bringezu S, Fischer-Kowalski M, Kleijn R, Palm V, editors Regional and national material flow accounting: From paradigm to practice of sustainability, 1997: 32-42.

[18] Huang C L, Vause J, Ma H W, et al. Using material/substance flow analysis to support sustainable development assessment: A literature review and outlook[J]. Resources Conservation & Recycling, 2012, 68:104-116.

[19] Boltzmann L. Vorlesungen über Gastheorie[J]. Barth, Leipzig, Germany in German, 1923.

[20] Rechberger H, Brunner P H. A new, entropy based method to support waste and resource management decisions[J]. Environmental Science & Technology, 2002, 36:809-816.

第6章 冶炼过程铅的代谢分析及优化——富氧底吹液态高铅渣直接还原工艺

- 富氧底吹液态高铅渣直接还原工艺研究对象与系统边界
- 物质流识别与确定
- 富氧底吹液态高铅渣直接还原工艺铅物质流代谢分析与评价
- 重点污染物与重点工序分析
- 铅物质代谢优化模型

生产单元和生产流程中铅的流向、流量和结构的变化，将影响研究系统铅元素流流向、流量、结构及其元素流指标的变化。因此，本章的案例研究分别建立生产工序、生产流程的铅元素流模型。针对目前铅元素流分析忽视含铅物质不同理化性质对环境影响的差异，增加了对含铅金属理化性质的分析。同时，针对如何降低自然资源铅精矿投入量和最终废弃物排放量问题，构建了铅冶炼生产过程铅元素流优化模型，以分析各个环节铅元素利用效率（回收率）对环境的影响。

6.1　富氧底吹液态高铅渣直接还原工艺研究对象与系统边界

6.1.1　研究对象概况

目前，列入我国粗铅冶炼过程污染预防最佳可行技术中的工艺有富氧底吹液态高铅渣直接还原熔炼技术、富氧底吹熔炼-鼓风炉还原法（SKS）熔炼技术以及富氧顶吹熔炼-鼓风炉还原法（浸没熔炼法）熔炼技术，这三种工艺的技术特点比较如表6-1所列。

表6-1　几种粗铅冶炼工艺特点比较

工艺名称	工艺特征	工艺参数	适用范围	使用案例介绍
富氧底吹液态高铅渣直接还原熔炼技术（“三连炉”熔炼技术）	铅精矿熔剂和工艺返回的铅烟尘经配料、造粒后，送底吹炉进行氧化熔炼，产出一次粗铅和高铅渣。一次粗铅铸锭后送精炼车间，熔融高铅渣经溜槽直接加入还原炉内	综合能耗220～260kgce/t铅，粉尘排放总量0.164 kg/t铅，二氧化硫排放量1.79kg/t铅	以铅精矿为原料的粗铅冶炼，也可合并处理铅膏泥及锌浸出的铅银渣	河南金利冶炼有限责任公司、河南豫光金铅股份有限公司、万洋集团
富氧底吹熔炼-鼓风炉还原法（水口山法）熔炼技术	从炉顶吹入富氧空气和燃料，熔池中的炉料发生熔化、硫化、氧化、造渣等过程，产出粗铅和高铅渣，高铅渣铸块后送鼓风炉还原	铅冶炼总回收率＞97%，吨粗铅排放含重金属烟尘＜0.5kg，能耗350～380kgce/t铅		湖南水口山、江西金德、安徽池州、广西苍梧公司等
富氧顶吹熔炼-鼓风炉还原法（浸没熔炼法）熔炼技术	从炉顶吹入富氧空气和燃料，熔池中的炉料发生熔化、硫化、氧化、造渣等过程，产出粗铅和高铅渣，高铅渣铸块后送鼓风炉还原	铅冶炼总回收率＞97%，吨粗铅排放含重金属烟尘<0.5kg，能耗330～380kgce/t铅		云南驰宏锌锗股份有限公司

富氧底吹液态高铅渣直接还原熔炼技术将SKS法350～380kgce/t的能耗降低至220～260kgce/t，同时避免了高铅渣冷却铸块运输带来的烟粉尘无组织排放的环境问题。该工艺是目前最为先进的技术之一，生产能力大，环境污染相对较小，是我国重点推广技术之一，我国已有7条生产线采用该技术。纵观我国铅冶炼行业的政策，国家对铅冶炼行业的清洁生产、节能减排等环保要求越来越严格。作为国家冶金行业重点推广技术的富氧底吹液态高铅渣直接还原熔炼技术，其产量还将逐年增加。因此，将其作为案例分析具有较大的示范作用和指导意义。本案例以富氧底吹液态高铅渣直接还原熔炼工艺作为研究对象，对其生产过程中铅元素流进行分析、识别，确定铅污染物产生和排放的种类和关键节点并评估其环境影响。

A铅冶炼厂采用的是富氧底吹液态高铅渣直接还原熔炼工艺，混合铅精矿、其他回用物料和辅料混合制粒后，进到氧气底吹炉中进行熔炼，产出液态粗铅、SO_2烟气和含铅烟尘几种产物。烟气进入制酸系统进行制酸，产出硫酸。液态粗铅和其他燃料、辅料按一定配比进入还原炉中进行还原熔炼，产出粗铅、烟气和含铅烟尘、炉渣。产出的粗铅送往精炼系统，先除铜后铸阳极、电解、熔铅铸锭。生产的硫酸外售，制酸后烟气经烟囱达标外排；还原炉炉渣进入烟化炉进行烟化挥发提锌，提取的次氧化锌成品作为副产品外卖，产出的水淬渣作为水泥厂原料外售。电解过程产生的阳极泥提取出金、银等贵重金属后，产生的除铜渣、精炼渣送往反射炉系统。生产过程中用水大部分循环利用，制酸废水经污酸污水处理站处理后回用。

6.1.2 系统边界及采样方案

结合富氧底吹液态高铅渣直接还原熔炼工艺的生产流程，运用元素流分析理论，以原料输入生产流程加工成产品，同时向环境系统排放各种废弃物为研究边界。在深入剖析企业工艺生产流程、产污节点、环境保护实施基本情况、工况情况、生产负荷、监测孔开设、监测断面布设及监测点位设置等情况下进行采样，样品涵盖各个环节中输入和输出冶炼过程的含铅物质。富氧底吹液态高铅渣直接还原熔炼工艺（包括精铅冶炼系统）采样点如表6-2、表6-3所列，流程及采样点如图6-1、图6-2所示。

表6-2　废物排放采样点

类别	序号	监测点	监测因子	检测频率
废气	1	岗位烟囱排口	烟气量、颗粒物、烟气中Pb浓度	连续3天，每天2次，同时参考企业例行监测数据
	2	底吹炉制酸烟囱排口		
	3	还原炉、烟化炉烟囱排口		
	4	熔铅锅烟囱排口		
	5	电铅锅烟囱排口		

续表

类别	序号	监测点	监测因子	检测频率
废水	6	污酸处理站进口	废水产生量、排放量、回用量；废水中Pb浓度；先测重金属总含量，再过滤后测溶解态重金属含量	连续3天，每天2次
	7	污酸处理站排口		
	8	废水总处理站进口		
	9	废水总处理站排口		
废渣	10	废水处理渣	Pb	连续3天，每天1次
	11	污酸处理泥		

表6-3　产品及循环物料采样点

生产环节	序号	监测点	监测因子	检测频率
底吹炉	1	混合铅精矿	物料总量、原料含水率和含Pb率	连续采样3天，每天1～2次，同时参考企业当日、当月检测数据；物料量需第1天、第2天、第3天、当月、半年采样检测
	2	原料制粒		
	3	投入总物料量		
	4	一次粗铅（底吹炉粗铅）		
	5	液态高铅渣（底吹熔炼炉）		
	6	岗位烟囱除尘		
	7	底吹炉静电除尘		
还原炉	8	投入总物料量（石灰石、焦炭）		
	9	二次粗铅（还原炉粗铅）		
	10	还原炉脉冲除尘		
	11	还原炉炉渣		
	12	脱硫渣		
烟化炉	13	烟化炉水淬渣		
	14	烟化炉尾气除尘		
	15	布袋次氧化锌		
	16	表冷次氧化锌		
	17	水淋次氧化锌		
精炼	18	反射炉粗铅		
	19	外购粗铅		
	20	阳极板		
	21	除铜渣		
	22	熔铅锅除尘		
	23	残极		
	24	阳极泥		

续表

生产环节	序号	监测点	监测因子	检测频率
精炼	25	阴极板		
	26	始极片		
	27	精炼渣		
	28	精铅锭		
	29	电铅锅除尘		

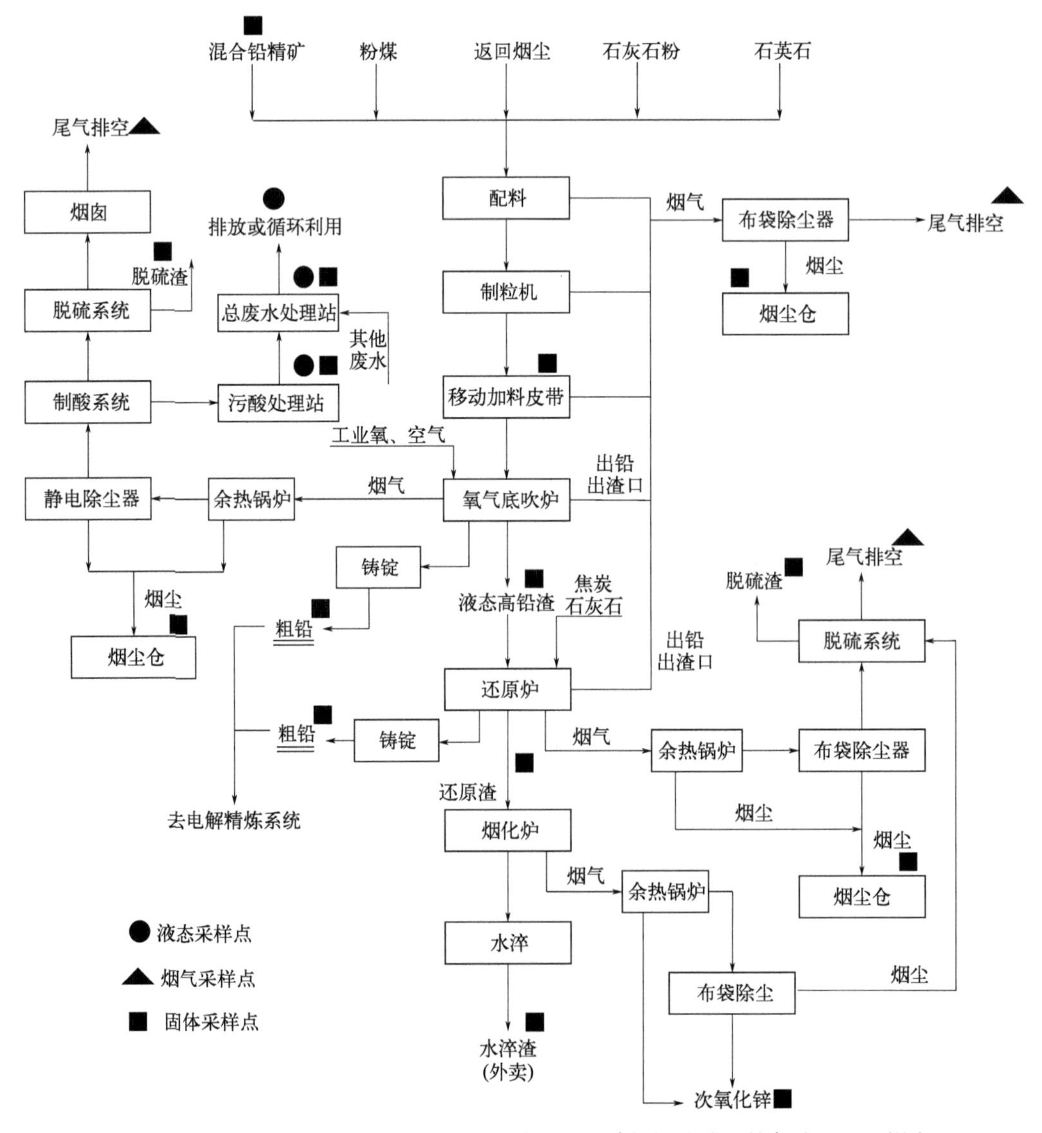

图6-1　富氧底吹液态高铅渣直接还原熔炼工艺（粗铅冶炼系统）流程及采样点

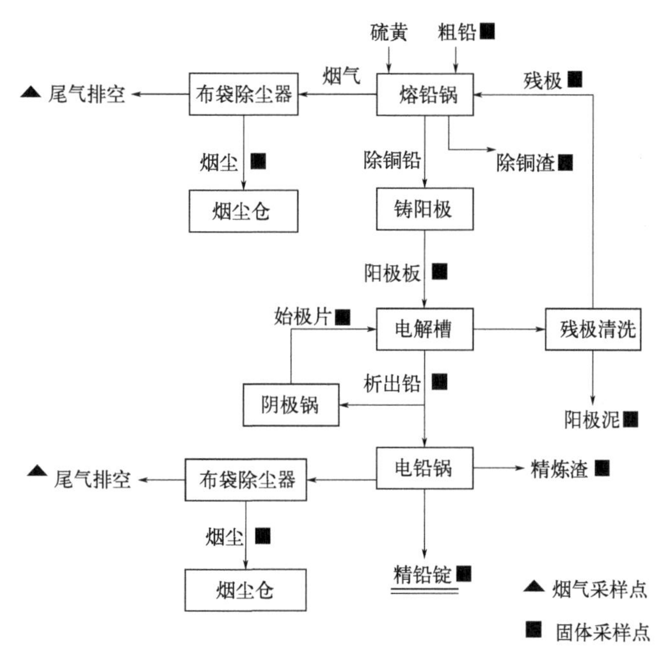

图6-2　富氧底吹液态高铅渣直接还原熔炼工艺（精铅冶炼系统）流程及采样点

6.2　物质流识别与确定

6.2.1　基本物质流图的构建

铅冶炼生产流程由制粒、氧化、还原、烟化、熔铅、电解、电铅铸锭多个生产工序共同组成，基于生产工序的物质流图，铅冶炼生产流程的物质流如图6-3所示。从图中可得到生产流程物质流的主要参数和相关评价指标。

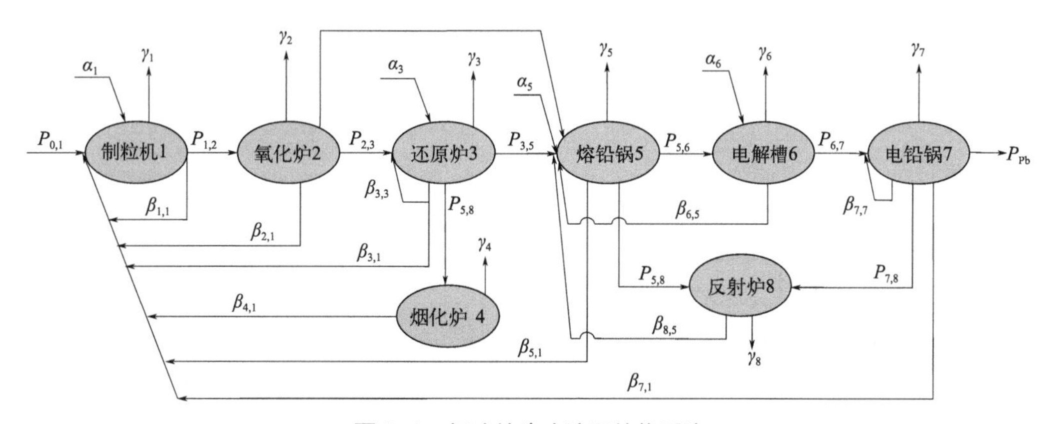

图6-3　铅冶炼生产流程的物质流

α—单位产品外加物质流；β—单位产品循环物质流；γ—单位产品外排物质流；P—含铅的物质流

（1）单位产品外加物质流α

对于整个生产流程，有：

$$\alpha=\sum_{i=1}^{n}\alpha_i \tag{6-1}$$

（2）单位产品循环物质流β

对于整个生产流程，有：

$$\beta=\sum_{i=1}^{n}\sum_{l=1}^{n}\beta_{l,i} \tag{6-2}$$

（3）单位产品外排物质流γ

对于整个生产流程，有：

$$\gamma=\sum_{i=1}^{n}\gamma_i \tag{6-3}$$

6.2.2 数据获取

对各物质流中重金属铅的流量数据主要通过实测手段获取。其他数据来源主要包括铅冶炼企业的年、月、日生产报表，物料平衡表，环境监测年报，工业企业“三废”排放与处理利用情况报表，企业对主要物质的化验分析资料，以及由行业年鉴、清洁生产标准等技术标准、专家咨询、文献查阅获取的数据资料。

（1）采样方法

各种样品的采样方法见表6-4。

表6-4 样品采样方法

采样类别	采样标准	采样介质	采样要求	监测频次及要求
废气	《固定污染源排气中颗粒物测定与气态污染物采样方法》（GB/T 16157—1996）	滤筒	>1.0m^2的采样平台，>8cm采样口，正常生产工况	在正常生产工况下，连续采样3d，每天2次，具体采样时间可根据企业生产周期确定

续表

采样类别	采样标准	采样介质	采样要求	监测频次及要求
废水	《水质 采样方案设计技术规定》（HJ 495—2009）；《水质 采样技术指导》（HJ 494—2009）；《水质采样 样品的保存和管理技术规定》（HJ 493—2009）	聚乙烯瓶，测总量的样品加硝酸使pH值为1～2	在正常生产工艺下，每份样品取2瓶	在正常生产工况下，连续采样3d，每天2次，具体采样时间根据企业生产周期确定。对于稳定排放，可取瞬时样；对于不稳定排放，可根据实际情况取不同排放周期的混合样
废渣	《工业固体废物采样制样技术规范》（HJ/T 20—1998）	聚乙烯瓶或袋	采用系统采样法或分层采样法，每个样品至少采集3个平行样	正常排放状态下，连续采3d，每天采1次

（2）样品分析方法

根据铅冶炼生产过程中产生的废弃物的特点，具体测试分析方法如表6-5所列。

表6-5　样品测试分析方法

样品类型	测试因子	含量/%	测试方法	测试仪器	检出限或测量范围
废气、烟气	铅		《空气和废气监测分析方法（第四版增补版）》5.3.6.2	石墨炉原子吸收分光光度计	$8\times10^{-3}\mu g/m^3$
废水	铅		《水质 铜、锌、铅、镉的测定 原子吸收分光光度法》（GB/T 7475—1987）	火焰原子吸收分光光度计	0.2mg/L
废渣、水淬渣	铅		《固体废物 铅、锌、镉的测定 火焰原子吸收分光光度法》（HJ 786—2016）	火焰原子吸收分光光度计	2.0mg/kg或0.06mg/L
		>80	杂质扣除法，使用ICP-AES 15～20种少量元素含量	ICP-AES	—
产品及物料	铅	50～80	《铅精矿化学分析方法 铅量的测定 酸溶解-EDTA滴定法》（GB/T 8152.1—2006）	容量法	50%～80%
		4～50	《铅精矿化学分析方法 铅量的测定 硫酸铅沉淀-EDTA返滴定法》（GB/T 8152.2—2006）	容量法	4%～80%
		0.5～4	《锌精矿化学分析方法 第22部分：锌、铜、铅、铁、铝、钙和镁含量的测定波长色散X射线荧光光谱法》（GB/T 8151.22—2020）	波长色散X射线荧光光谱仪	0.15%～4.00%

（3）数据质量控制

通过以下几个方面保证数据资料的质量。

① 空白试验　每批样品均测定1～2个空白试验。

② 加标回收率　在样品中加入一定量的标准物质，测定其回收率。每批样品均测试1～2个加标回收率。

③ 平行性　每批样品至少进行3～6次以上的测试，数据出现异常值时均重新测定。

④ 经验校验　参考企业自我监测样品数据，含铅物料量则参考采样期间企业年、月、日生产报表。个别样品无法采样分析或者无统计时，结合《产排污系数手册》、行业统计报表、论文等相关资料，参考专家经验数据进行反推校验。

6.2.3 铅物质流核算

6.2.3.1 粗铅冶炼系统铅物质流图

依据现场调研和实测结果，对粗铅冶炼系统各工序物料量、含铅量经过平衡计算，以1t粗铅（按铅计）为最终产品的代谢情况如图6-4所示（注：岗位收尘包括配料、进料、底吹炉出铅出渣口和还原炉出铅出渣口经布袋收集的烟尘）。

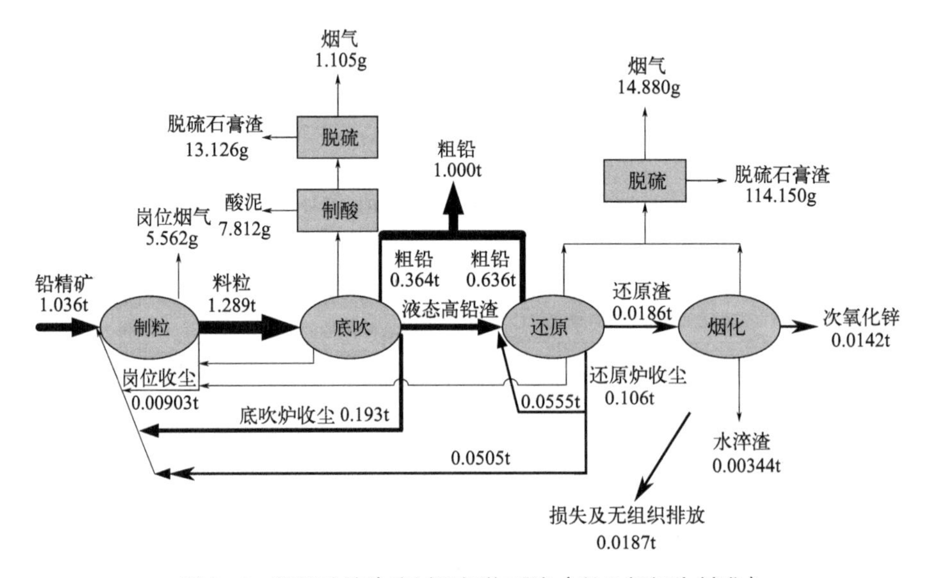

图6-4　粗铅冶炼生产过程铅物质流（以1t粗铅为基准）

如图6-4所示，1.289t料粒（按铅计）经底吹、还原、烟化（其中还原炉投入中除了液态高铅渣外，还有直接返回还原炉的返回烟灰铅量0.0555t），生产粗铅1.000t，0.308t铅进入烟尘，由于烟尘返回配料系统循环使用，所以该部分铅仍在系统中。粗铅冶炼过程中产生含铅废水进入污酸处理站和废水总处理站处理后全部回用，不外排，因此进入废水中的铅量按产生的酸泥和污泥中铅量计算，产生的污泥、石膏渣中铅量为158.90g，全部返回底吹炉系统熔炼。该过程外卖副产品和外排的主要有烟化炉生产的次氧化锌铅量0.0142t，水淬渣铅量0.00344t，净烟气铅量21.547g，损失和无组织排放0.0187t。根据质量平衡原理，粗铅冶炼系统铅元素平衡系数为98.61%，误差为1.39%，在可接受范围之内。

粗铅冶炼系统中铅投入主要有铅精矿、返回烟尘、石灰石、石英石、水混合配制的粒料以及直接返回还原炉的返回烟尘，铅的去向分配比例如图6-5所示。其中，生产粗铅产品1t，占输出铅量的74.38%；产生的烟尘、污泥、石膏渣等循环利用物质中的铅量占输出铅量的22.92%；损失及无组织排放、次氧化锌、水淬渣、废气等外排物质中铅量占输出铅量的2.70%。

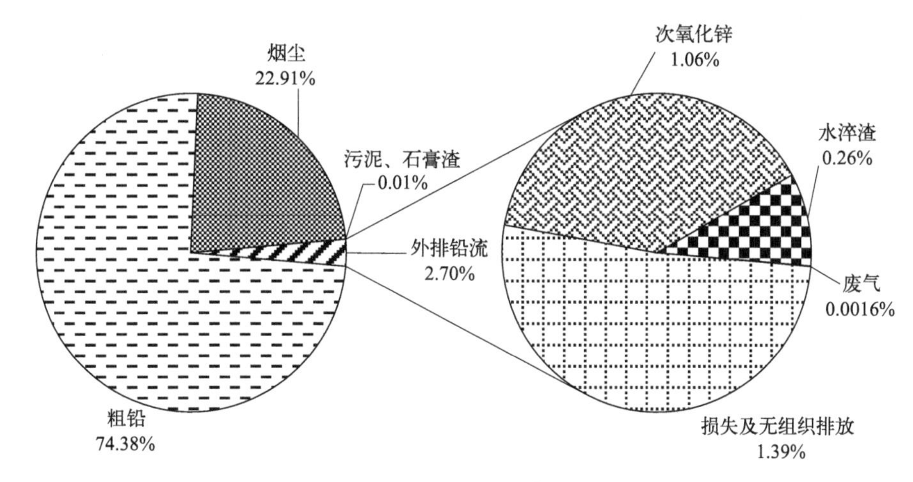

图6-5　粗铅冶炼系统铅元素去向分配情况

6.2.3.2　精铅冶炼系统铅物质流图

依据现场调研和实测结果，经过计算铅在各物质中的分配情况，精炼系统工艺铅元素代谢情况如图6-6所示。投入1.119t粗铅（按铅计）及循环利用的残极0.870t（按铅计），经过熔铅、电解、电铅等工序，生产1.000t精铅（按铅计）；0.870t铅进入残极中，

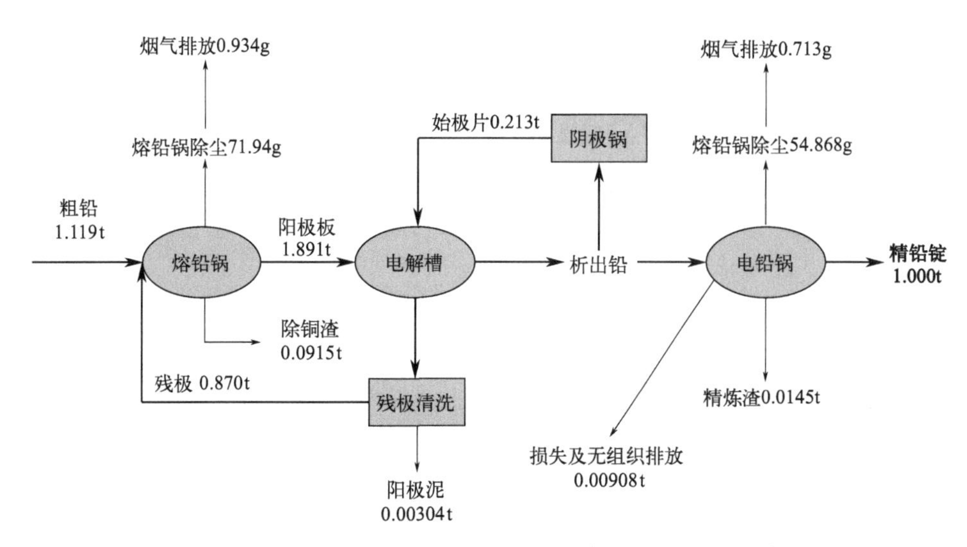

图6-6　精铅冶炼生产过程铅物质流（以1t精铅为基准）

由于残极返回粗铅熔炼工序循环使用，所以该部分铅仍在系统中；同时产生的除铜渣和精炼渣中铅量分别为0.0587t和0.0093t，作为反射炉原料利用；0.00304t铅进入阳极泥中，作为系统原料；熔铅锅和电铅锅排放烟气中铅量分别为0.934g和0.713g，产生的铅尘分别为71.94g和54.868g，产生的铅尘经过一段时间的累积，返回粗铅冶炼配料系统中循环利用。

精铅冶炼系统中铅投入主要有粗铅、残极中铅量1.989t。铅的去向主要有：精铅锭产品、阳极泥、除铜渣、烟尘（熔铅锅烟尘、电铅锅烟尘）、精炼渣、残极、废气、损失及无组织排放，分配比例如图6-7所示。其中，1t精铅锭产品，所含铅量占到输出铅量的50.28%；产生的阳极泥、除铜渣、烟尘、精炼渣、残极等可回收综合利用物质中的铅量占到输出铅量的49.25%；废气、损失及无组织排放等外排物质中铅量占输出铅量的0.47%左右。根据质量平衡原理，精铅冶炼系统铅质量平衡系数为（1.989−0.00908）/1.989=99.54%，误差为0.46%，在可接受范围之内。

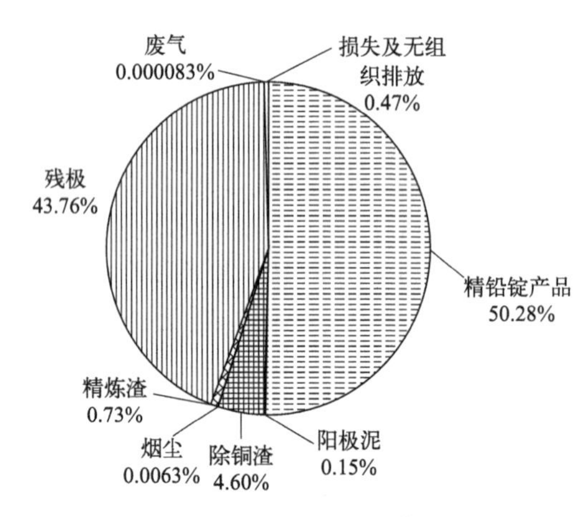

图6-7　精铅冶炼系统铅元素分配情况

6.3　富氧底吹液态高铅渣直接还原工艺铅物质流代谢分析与评价

6.3.1　粗铅冶炼过程铅的物质流分析

6.3.1.1　铅产品流分析

富氧底吹液态高铅渣直接还原工艺铅直收率为74.38%，其中一次粗铅直收率为28.24%，还原炉粗铅直收率为82.64%，与相同工艺87.47%的粗铅冶炼系统铅直收率相比，与富氧底吹-鼓风还原工艺45%～55%的一次粗铅直收率、相同工艺85.21%的还原炉粗铅直收率相比，还有一定的提升空间，如表6-6所列。

表6-6　粗铅冶炼系统部分技术指标对比

项目	本研究	液态高铅渣直接还原法	富氧底吹-鼓风还原法
混合料粒Pb品位/%	47.84	37.74①	52.7②
一次粗铅直收率/%	28.24	15.04①	45～55②③
二次（还原炉）粗铅直收率/%	82.64	85.21①	—
粗铅冶炼系统直收率/% 一次粗铅品位/% 二次粗铅品位/%	74.38 97.9～98.8 96.3～96.7	87.47① 94.5① 96.0①	— >98.5①、97.3② 97.3②
粗铅冶炼系统铅回收率/%	98.35	97～98④	>97①②、96.5～98④
底吹炉烟尘率/%	15.0	15①	12～15②、12～14④
还原炉烟尘率/%	12.5	8①、8～10④、12～13④	6～7④
还原炉渣铅含量/%	2.10	2.0⑤	2～3④、3～4③
次氧化锌灰铅含量/%	7.8～13.84	—	15.8②
水淬渣铅含量/%	0.52	—	1.2②
单位产品铅尘量/（t/t）	0.308	—	—
单位粗铅产品初级废品量/（t/t）	0.344	—	—
初级废弃物循环率/%	89.32	—	—

① 环境保护部. 铅冶炼污染防治最佳可行技术指南（报批稿）编制说明. 北京，2012.

② 陈建民，酒青霞，王雪峰. 传统铅冶炼企业污染物排放量的核定[J]. 有色金属，2008, 60(4): 166-173.

③ 张乐如. 铅锌冶炼新技术[M]. 湖南科学技术出版社，2006: 107-108.

④ 李小兵，李元香，蔺公敏，等. 万洋“三连炉”直接炼铅法的生产实践[J]. 中国有色冶金，2011, 40(6): 13-16.

⑤ Spatari S, Bertram M, et al. The contemporary European zinc cycle: 1-year stocks and flows[J]. Resources, Conservation and Recycling, 2003, 39: 137-160.

粗铅冶炼系统铅回收率为进入粗铅冶炼所有产品（包括粗铅、次氧化锌、铜锍等）中的铅量占原料中铅总量的比率，该工艺铅回收率为98.35%，与基夫赛特法、QSL法、卡尔多炉97%以上的铅回收率，水口山法、艾萨法96.5%的铅回收率较为接近。我国粗铅冶炼系统铅回收率普遍在97%～98%以上，比铅直收率高不少，这是由于产生的烟尘比重大。烟尘循环利用过程中消耗了更多能源，并产生一部分废弃物及无组织排放。因此，在冶炼过程中应优先提高铅直收率，其次对不可避免产生的烟尘进行循环利用。在《清洁生产标准 粗铅冶炼业》（HJ 512—2009）、《铅锌行业准入条件》等政策标准中，普遍强调铅回收率，而未考虑直接得铅率，建议下一步修订中增加对直接得铅率的考核。

6.3.1.2　铅循环流分析

粗铅冶炼过程中产生的初级废弃物主要有水淬渣、次氧化锌、烟尘、烟气、酸泥、脱硫石膏渣、损失及无组织排放等，单位粗铅产品初级废弃物量为0.344t/t。其中，回收循环利用的废弃物有烟尘、酸泥、污泥及石膏渣等，均属于危险废物，全部返回重新利用，不外排。因此，初级废弃物循环率为89.32%。

循环流中铅元素分配情况如图6-8所示。产生的烟尘物料量为0.636t，含铅0.308t，分别占循环物料量和循环利用铅量的95.48%、99.95%；产生的石膏渣、酸泥物料量为0.030t，含铅0.06t，分别占循环物料量和循环利用铅量的4.52%、0.05%。石膏渣、酸泥物料量较大，而由于含铅质量分数只有0.52%，与混合料粒中铅品位47.84%相差甚大，这部分物料返回配料，将较大限度地降低料粒铅品位。因此，产生的石膏渣、酸泥不必全部返回配料，将一部分送至有危险废物处置资质的单位处理也是一种选择。

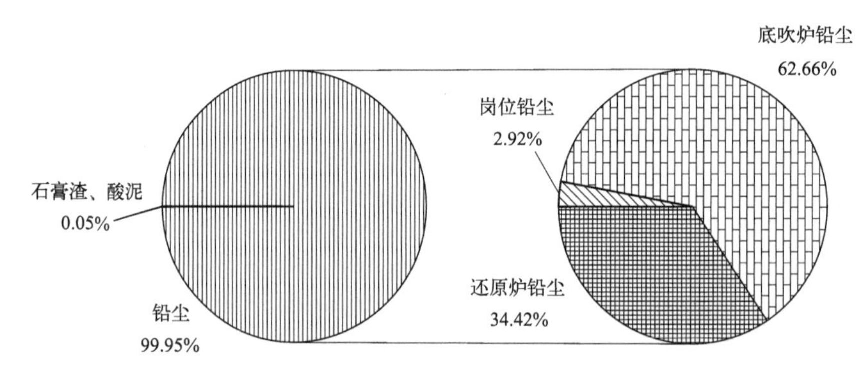

图6-8　粗铅冶炼系统循环流中铅元素分配情况

循环铅量中绝大部分铅元素富集在烟尘中，其中岗位收尘、底吹炉烟尘、还原炉烟尘铅量分别为0.009t、0.193t、0.106t，分别占烟尘铅量的2.92%、62.66%、34.42%。粗铅冶炼系统单位粗铅产品烟尘、铅尘产生量分别为0.64t/t和0.31t/t，即粗铅系统生产1t粗铅会产生0.68t烟尘和0.31t铅尘。可见，粗铅冶炼阶段产生的烟尘量和铅尘量是十分可观的。

经过计算得到，富氧底吹液态高铅渣直接还原工艺底吹炉烟尘率、还原炉烟尘率分别为15%、11.4%～13.4%，与返粉量较大、返粉加水部分有时水量偏小、混合料偏干、焦炭在炉内燃烧产生烟尘有较大关系。与我国广泛应用的相同工艺或富氧底吹-鼓风还原工艺相比偏高，在烟尘率控制方面还有一定的优化空间。为进一步降低富氧底吹液态高铅渣直接还原工艺的烟尘率，“ENFI”已立项开发电热焦直接还原技术，由于电热焦还原，烟气量少，还原炉烟尘率有望进一步降低。若烟尘率下降，烟尘返料的减少对整体节能是有利的。

在其他因素相同的条件下，向上游工序返回的物料量越大，单位产品能耗的增量越大，为了降低能耗，必须减少各工序含该生产元素副产品的生产量；不合格产品或废品返回的距离（按进出两工序的序号差值计）越大，则单位产品能耗的增量越大，单位产品产生排放废弃物的增量也越大。富氧底吹液态高铅渣直接还原工艺中，部分冶炼厂将产生的烟尘全部返回配料制粒，只有较少企业将产生的烟尘部分返回还原炉。底吹炉、还原炉产生的烟尘经氧化还原反应后，Pb、PbO较多，PbS较少，从节能减排角度考虑，对这部分烟尘可优先返回还原炉。

6.3.1.3　外排铅流分析

粗铅冶炼系统外排含铅物质主要有外售的次氧化锌和水淬渣、损失及无组织排放、排放烟气，总外排铅量0.0364t，即粗铅系统生产1t粗铅会外排0.0364t铅。外排铅物质流分配情况如图6-9所示。

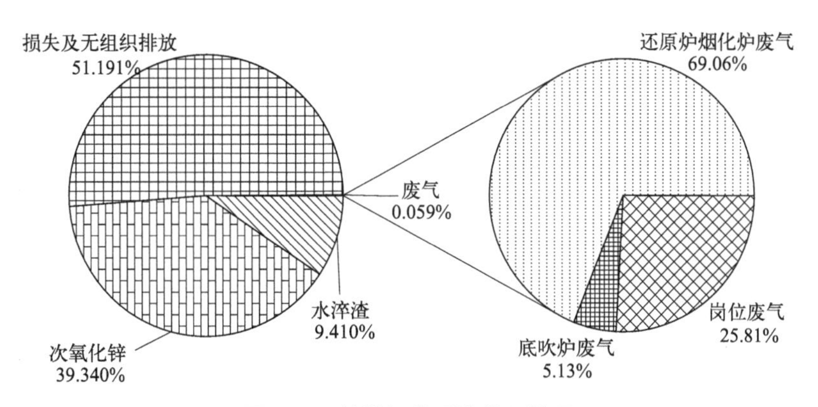

图6-9　外排铅物质流分配情况

（1）损失及无组织排放情况

由图6-9可知，铅损失及无组织排放0.0187t，占外排铅量的51.12%，主要包括系统误差及无组织排放。误差的主要影响因素有底吹炉、脱硫石膏渣、酸泥的物料量是人工经验数据或不够精确的称量工具统计，可能存在一些偏差；受原料不均匀和生产过程存在不稳定性，生产的粗铅、烟灰、水淬渣等物料量以及采集样品质量浓度有所波动。

根据对企业的现场调查，在粗铅冶炼过程中无组织产生环节主要为各装置的给料及出渣口、出铅口等部位。原料在制粒、熔炼炉加料等过程中产生含铅烟粉尘，底吹炉、还原炉出铅口、出铅溜槽及出渣口均产生含铅蒸气，各产铅尘点设置集气罩捕集，由于集气罩面积不能完全覆盖产尘点，风量不够大，负压条件不足，部分无组织源无法收集。当操作门开启时，也会有部分未收集的无组织源排入环境。另外，冶炼企业对物料特别是烟粉尘的管理普遍较为粗放是导致无组织排放的原因之一。次氧化锌在称重装袋、封口过程中也会产生部分无组织排放；收集的烟尘经人工铲车运输、装卸过程中存在撒落、逸散，以及粒料由敞开式皮带输送，粗铅经圆盘铸锭机铸块冷却过程中，存在少量含铅尘（蒸气）无组织排放现象。

在粗铅冶炼系统中，可能存在着多个环节的少量损失及无组织排放，不仅造成铅金属的流失，而且有可能产生重金属污染。目前环境监管多注重末端治理达标排放，对过程控制监管重视不足，因此，在考核末端达标排放的同时应重点加强对无组织排放，车间空气中铅烟、铅尘浓度的监管，促进企业积极采取措施减少散逸粉尘的产生量。企业在追求应用更高新技术工艺的基础上，应加强环境管理。在无组织排放管理方面，建议增加集气罩覆盖面积，加大风量，并在底吹炉、还原炉操作门开启前10min加大风量，以减少操作门开启时散逸出的铅尘；原料、烟尘的运输应采用密闭输运方式。

（2）次氧化锌和水淬渣产生情况

产生次氧化锌0.164t，铅质量分数主要集中在7.80% ～ 13.84%之间，相比我国某粗铅冶炼厂烟化炉次氧化锌15.8%的铅质量分数有所下降。产生水淬渣0.673t，铅质量分数主要集中在0.45% ～ 0.61%之间，是我国某粗铅冶炼厂水淬渣1.2%铅质量分数的1/2左右。水淬渣、次氧化锌中铅质量分数、排放量主要受烟化炉原料（还原炉、鼓风炉炉渣）的影响，由表6-6可知，本章研究中还原炉产生的炉渣铅质量分数在1.17% ～ 2.38%之间，相比鼓风炉产生炉渣3% ～ 4%、3.5%的铅质量分数有所减少，因此采用还原炉工艺相对鼓风炉工艺单位粗铅产品外排铅量较少。

（3）废气排放情况

由图6-9可知，排放的烟气中铅量占外排铅量的0.059%，比重虽小，但由铅尘引起的环境健康问题一直是铅冶炼行业亟待解决的难题。经过布袋除尘器净化后排放的细颗粒粉尘占相当大的比例，对人体健康和环境的影响较大。排放量最大的烟囱是还原炉-烟化炉烟囱，其次是岗位环保烟囱和底吹炉制酸烟囱，分别占废气铅排放量的69.06%、25.81%、5.13%。结合图6-8，还原炉烟尘、岗位环保烟尘、底吹炉烟尘含铅量分别占烟尘总含铅量的34.42%、2.92%、62.66%，两组数据进行比较可知，产污系数高，排放系数不一定高，与末端处置有较大关系。底吹炉烟气经过余热锅炉、静电除尘、两转两吸脱硫、碱液吸收法脱硫等工序，相比还原炉烟气多了一道两转两吸脱硫工序，相比岗位烟气多了两转两吸脱硫及碱液脱硫工序，在脱硫的过程中，也除去了部分铅尘，因此底吹炉废气铅排放量较还原炉废气铅排放量低。在重金属污染防治过程中，脱硫等协同防治技术对去除重金属污染起到了关键作用，在铅冶炼行业，重视脱硫除尘、除重金属协同技术的研发工作十分必要。

（4）污酸、废水中铅金属产生排放情况

粗铅冶炼过程中产生的含铅废水主要有烟气净化废水、烟气脱硫废水、冲渣水、冲洗地面滤料废水以及初期雨水，废水进入污酸处理站和废水总处理站处理后全部回用，实现了循环再利用，铅金属未外排，未形成污染源。因此，进入废水中的铅量按产生的酸泥和污泥中铅量计算，此部分已涵盖在循环流中。

6.3.2 粗铅精炼过程铅的物质流分析

（1）铅产品流分析

精铅冶炼系统中的火法精炼工艺采用的是国内普遍使用的粗铅铸锭后冷态入锅，与国内外先进的液态粗铅入锅工艺相比，不仅浪费了大量的能源，同时在粗铅冷却、储存、转移、熔化等过程中不可避免地产生铅蒸气等环境问题。

如表6-7所列，精铅冶炼系统铅回收率为99.51%，铅直收率较低，仅为50.28%，主要是与在熔铅锅生产过程中产生较多的残极有关。工艺采用小极板电解技术，单块阳极板重量为105 ～ 115kg，残极率46%左右，在《清洁生产标准 铅电解业》（HJ 513—2009）残极率45%的三级标准上下浮动，与国外36% ～ 38%的残极率有较大差距。残极率的降低对整体节能和污染防治是有利的。

表6-7 精铅冶炼系统部分技术指标

指标	本章研究情况	指标	本章研究情况
火法精炼工艺	粗铅铸锭后冷态入锅	单块阳极板重量	105 ～ 115kg
铅直收率	50.28%	铅回收率	99.51%
残极率	46%	单位产品铅尘产生量	0.127kg/t
单位产品初级废弃物量	0.988t/t	初级废弃物循环利用率	99.08%

（2）铅循环流分析

精铅冶炼过程产生的初级废弃物主要有除铜渣、残极、阳极泥、精炼渣、烟尘、废气、损失及无组织排放，单位精铅产品初级废弃物量为0.988t/t。其中，除了废气、损失及无组织排放之外，其余初级废弃物全部都返回利用或作为反射炉原料。因此，初级废弃物循环率为99.08%。虽然初级废弃物量较大，但基本都能回收综合利用。

由表6-6、表6-7可知，粗铅冶炼系统、精铅冶炼系统单位产品铅尘量分别为0.308t/t、0.127kg/t，粗铅冶炼系统与精炼冶炼系统在铅尘产生排放量方面有较大差距，建议在制定铅冶炼排放标准时分别制定。

（3）外排铅流分析

精铅冶炼系统外排含铅物质主要有排放废气、损失及无组织排放，单位精铅产品总外排铅量9.08kg/t精铅。在损失和系统误差方面，精炼原料粗铅包括底吹炉粗铅、还原炉粗铅、反射炉粗铅、外购粗铅，其中外购粗铅铅品位与其他粗铅铅品位相差较大，投入粗铅时，没有固定投入比例，因此只能参考经验值进行计算；收尘中铅量按排放铅量的除尘效率98.7%（工厂提供）进行反推。因此，精炼系统铅物质流平衡存在一定的系统误差和损失。

在铅烟无组织排放方面，粗铅在熔铅锅、电铅锅熔化除铜除杂过程中，沿用捞渣盘，需打开锅盖进行人工捞渣；搅拌机、捞渣盘、铅泵在锅中更迭频繁，完成各自不同的作业过程，即使在锅上设置了密封罩，由于频繁开启，产生的铅烟也有较大部分逸散在车间内，导致熔铅锅区域空气环境差，较大地影响操作工人的健康。

在废水中铅产生排放方面，电解精炼时产出的阴极铅、阳极泥及残极板需用水进行洗涤，汇集后的废水呈弱酸性，含少量铅等重金属。电解车间内建有专用沉淀循环系统，电解槽液循环使用，阳极泥清洗水补充到电解液中，不外排。

6.3.3 铅物质代谢评价

6.3.3.1 评价方法

（1）生产单元的评价

本案例中所采用的生产单元的物质流参数及评价指标如下。

① 生产工序废品率（w_i） 第i道铅冶炼生产工序单位合格产品所产生的废弃物（没有进入该工序生产的合格产品）的比例：

$$w_i=\frac{\beta_i+\gamma_i}{P_i} \tag{6-4}$$

② 生产工序废弃物循环率（η_i） 工序生产过程中循环利用的废弃物占工序产生的废弃物的比例：

$$\eta_i=\frac{\beta_i}{\beta_i+\gamma_i} \tag{6-5}$$

③ 工序铅直收率（μ_i） 工序生产过程（仅限于底吹炉和还原炉工序）中直接冶炼生产粗铅中金属铅量占该工序原料中铅总量的比例：

$$\mu_i=\frac{P_i}{P_{i-1}+\alpha_i+\beta_{i,i}+\beta_m}=\frac{P_i}{P_i+\gamma_i+\beta_i}=\frac{1}{1+w_i} \tag{6-6}$$

对于铅冶炼生产工序而言，希望投入的资源都最大化生产成合格产品，产生的废弃物越少越好，即工序铅直收率越高越好，生产工序废品率w_i越小越好。对于工序产生的废弃物而言，希望都能重复回收利用，即生产工序废弃物循环率η_i越高越好。

（2）生产流程的评价

本案例中所采用的工艺流程的物质流参数及评价指标如下。

① 生产流程初级废弃物量（w） 生产1t精铅所产生的初级废弃物总和，单位为t/t产品（以铅计）：

$$w=\beta+\gamma \tag{6-7}$$

② 生产流程初级废弃物循环率（η） 生产流程中循环利用的废弃物占产生的初级废弃物的比例：

$$\eta=\frac{\beta}{\beta+\gamma} \tag{6-8}$$

③ 粗铅冶炼系统（精铅冶炼系统）铅直收率（μ_1）　粗铅冶炼（精铅冶炼）系统中直接冶炼生产粗铅（精铅）中金属铅量占该系统原料中铅总量的比例：

$$\mu_1=\frac{1}{\beta+\alpha+P_{0,1}} \tag{6-9}$$

④ 粗铅冶炼系统（精铅冶炼系统）铅回收率（f）　粗铅冶炼（精铅冶炼）流程中，进入粗铅冶炼（精铅冶炼）所有产品中的金属铅量占原料中铅总量的比例：

$$f=\frac{1+\beta+\gamma^{\#}}{\beta+\alpha+P_{0,1}}=1-\gamma+\gamma^{\#} \tag{6-10}$$

6.3.3.2　粗铅冶炼评价结果

（1）铅直收率μ

一次（底吹炉）铅直收率μ_1：

$$\mu_1=\frac{\text{底吹炉粗铅}}{\text{混合料粒}}=\frac{0.364}{1.289}\times100\%=28.24\%$$

二次（还原炉）铅直收率μ_2：

$$\mu_2=\frac{\text{还原炉粗铅}}{\text{液态高铅渣+返料}}=\frac{\text{还原炉粗铅}}{\text{还原炉粗铅+烟尘+还原渣+烟气+损失及无组织排放}}$$

$$=\frac{0.636}{0.636+0.106+0.0186+0.000129+0.00886}\times100\%=82.64\%$$

粗铅生产系统铅直收率μ_3：

$$\mu_3=\frac{\text{底吹炉粗铅+还原炉粗铅}}{\text{混合料粒+返料}}=\frac{1.000}{1.289+0.0555}\times100\%=74.38\%$$

（2）铅回收率f

粗铅生产系统铅回收率f_1：

$$f_1=\frac{\text{粗铅+烟灰+酸泥+脱硫石膏渣+次氧化锌}}{\text{混合料粒+返料}}$$

$$=\frac{1.000+0.308+0.00000781+0.000127+0.0142}{1.289+0.0555}\times100\%=98.35\%$$

（3）单位产品铅尘产生量 r

粗铅生产系统单位产品铅尘产生量 r_1：

$$r_1=\frac{\text{底吹炉烟灰+还原炉烟灰+岗位收尘烟灰}}{\text{粗铅}}=\frac{0.193+0.106+0.00903}{1.000}=0.308(\text{t/t})$$

（4）初级废弃物量 w

粗铅生产系统初级废弃物量 w_1：

$$w_1=\frac{\text{水淬渣+次氧化锌+烟尘+烟气+酸泥+脱硫石膏渣+损失及无组织排放}}{\text{粗铅}}$$

$$=\frac{0.00344+0.0142+0.308+0.0000215+0.00000781+0.000127+0.0187}{1.000}=0.344(\text{t/t})$$

（5）循环率 η

粗铅生产系统初级废弃物循环率 η_1：

$$\eta_1=\frac{\text{烟尘+酸泥+脱硫石膏渣}}{\text{水淬渣+次氧化锌+烟尘+烟气+酸泥+脱硫石膏渣+损失及无组织排放}}\times 100\%$$

$$=\frac{0.308}{0.344}\times 100\%=89.32\%$$

（6）误差率 g

粗铅生产系统误差率 g_1：

$$g_1=\frac{\text{损失及无组织排放}}{\text{混合料粒+返料}}=\frac{0.0187}{1.344}\times 100\%=1.39\%$$

6.3.3.3　精铅冶炼评价

（1）铅直收率 μ

精铅生产系统铅直收率 μ_4：

$$\mu_4=\frac{\text{精铅}}{\text{粗铅+残极}}=\frac{1.000}{1.119+0.870}\times 100\%=50.28\%$$

（2）铅回收率 f

精铅生产系统铅回收率 f_2：

$$f_2=\frac{\text{精铅+除铜渣+阳极泥+残极+精炼渣+烟尘}}{\text{粗铅+残极}}$$

$$=\frac{1.000+0.0915+0.00304+0.870+0.0145+0.000127}{1.119+0.870}\times 100\%=99.51\%$$

（3）单位产品铅尘产生量 r

精铅生产系统单位产品铅尘量 r_2：

$$r_2=\frac{\text{熔铅锅烟灰+电铅锅烟灰}}{\text{粗铅}}=\frac{0.0000719+0.0000549}{1.000}=0.000127(\text{t/t})$$

（4）初级废弃物量 w

精铅生产系统初级废弃物量 w_2：

$$w_2=\frac{\text{除铜渣+阳极泥+残极+精炼渣+烟尘+烟气+损失及无组织排放}}{\text{精铅}}$$

$$=\frac{0.0915+0.00304+0.870+0.0145+0.000127+0.0000016+0.00908}{1.000}=0.988(\text{t/t})$$

（5）循环率 η

精铅生产系统初级废弃物循环率 η_2：

$$\eta_2=\frac{\text{除铜渣+阳极泥+残极+精炼渣+烟尘}}{\text{除铜渣+阳极泥+残极+精炼渣+烟尘+烟气+损失及无组织排放}}\times 100\%$$

$$=\frac{0.0915+0.00304+0.870+0.0145+0.000127}{0.0915+0.00304+0.870+0.0145+0.000127+0.0000016+0.00908}=99.08\%$$

（6）误差率 g

精铅生产系统误差率 g_2：

$$g_2=\frac{\text{损失及无组织排放}}{\text{粗铅+残极}}=\frac{0.00908}{1.119+0.870}\times 100\%=0.46\%$$

6.4 重点污染物与重点工序分析

铅冶炼过程中各生产工序污染物产生、排放情况如表6-8所列。

表6-8 各个工序污染物产生、排放情况比较

生产工序		污染物产生情况（以铅计）	污染物排放情况（以铅计）	备注
粗铅冶炼系统	配料制粒	0.00903t铅尘	5.562g烟气	混合配料、制粒、输送等环节产生烟尘及无组织烟尘排放
	底吹炉	0.193t铅尘、20.9g酸泥和脱硫石膏渣	1.105g烟气	排气口、进料口、出铅出渣口等产生烟尘及无组织烟尘排放
	还原炉、烟化炉	0.106t铅尘、114.150g脱硫石膏渣	0.0142t次氧化锌、0.00344t水淬渣、14.88g烟气	排气口、进料口、出铅出渣口、烟尘装卸输运等环节产生烟尘及无组织烟尘排放
精铅冶炼系统	熔铅锅	0.0915t除铜渣、71.94g烟尘	0.934g烟气	少量无组织烟尘排放
	电解槽	0.870t残极、0.00304t阳极泥	—	—
	电铅锅	0.0145t精炼渣、54.87g烟尘	0.713g烟气	—

由表6-8可知，粗铅冶炼生产过程中，生产1t粗铅，将会产生0.308t铅尘及135.05g酸泥、脱硫石膏渣，排放0.0142t次氧化锌、0.00344t水淬渣、21.55g烟气；精铅冶炼生产过程中，生产1t精铅，产生0.0915t除铜渣、0.870t残极、0.00304t阳极泥、0.0145t精炼渣、126.81g烟尘，排放1.65g烟气。其中，酸泥、脱硫石膏渣中铅含量较低，而且返回配料制粒工序进行回收利用；产生的除铜渣、残极、阳极泥和精炼渣较好收集，而且均综合利用；排放的次氧化锌和水淬渣比重较高，但次氧化锌外售给锌厂作原料，水淬渣属于一般固体废物，可作为水泥厂原料，对环境的影响有限。单位产品铅尘产生量大，即0.308t铅尘/t粗铅，铅尘产生排放口多，收集难度较大，不可避免地会产生无组织排放；由污染物理化性质分析可知，烟尘中重金属种类多、含量高，铅金属活性态含量高，细颗粒物比重大，对人体健康的不利影响较大。污染物颗粒细小，能在空中飘浮较长时间，比表面积大，还可能吸附其他有害气体，最终沉积到植物表面或土壤中；活性态含量高，易迁移转移，积累到一定程度会造成污染。因此，将产生的烟粉尘和排放烟气作为重点污染物进行处理。

由表6-8可知，精铅冶炼系统污染物产生量较大，单位精铅产品初级废弃物量为0.988t/t，但初级废弃物循环率η_2为99.08%，产生的污染物基本都能循环综合利用。从污染物排放情况看，配料制粒、底吹炉、还原炉、烟化炉等工序排放的污染物相对熔铅

锅、电铅锅更多。对比铅尘产生量，粗铅冶炼系统单位产品铅尘量0.308t，精铅冶炼系统单位产品铅尘量只有0.127kg，铅尘在收集输运过程中不可避免地会产生无组织排放。此外，粗铅冶炼系统更复杂，原料成分不稳定，产生、排放含铅金属污染物的节点多，收集难度较高。铅冶炼生产过程中，铅等重金属污染以粗铅冶炼系统为主。因此，本章将粗铅冶炼系统作为重点冶炼系统，将粗铅冶炼系统中的配料制粒、底吹炉、还原炉、烟化炉工序作为重点工序。

6.5　铅物质代谢优化模型

6.5.1　模型构建

针对铅冶炼过程中如何降低自然资源铅精矿投入量和最终废弃物排放量的问题，本章研究基于铅冶炼系统铅物质流经的生产环节、铅尘回收环节以及污染物处理环节三个基本环节，建立了铅冶炼生产过程铅物质流优化模型，分析各个环节铅元素利用效率（回收率）对环境的影响。

生产过程铅物质流优化模型如图6-10所示。

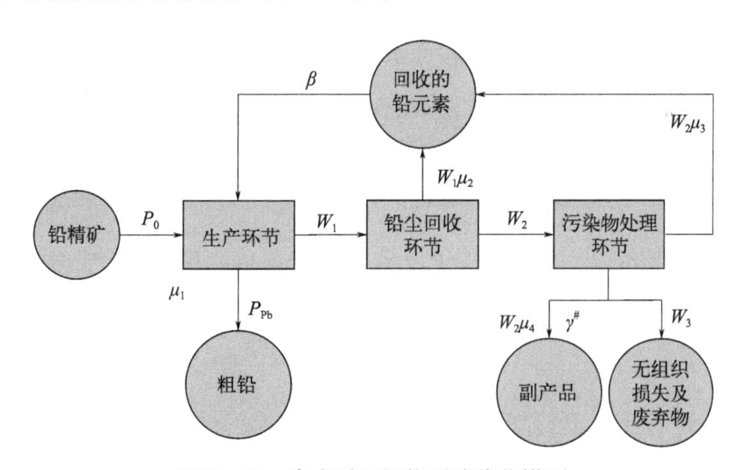

图6-10　生产过程铅物质流优化模型

P_0—投入的铅精矿中铅元素的质量；P_{Pb}—主产品中铅元素的质量；β—回收利用物质中铅元素的质量；W_1—初级废弃物（未被生产环节利用）中铅元素的质量；W_2—二级废弃物（未被铅尘回收环节利用）中铅元素的质量；W_3—最终废弃物（未被污染物处理环节利用）中铅元素的质量；$\gamma^\#$—副产品中铅元素的质量，例如生产次氧化锌、硫酸中铅元素的质量；μ_1—粗铅冶炼系统铅直收率（$0 \leqslant \mu_1 \leqslant 1$）；$\mu_2$—铅尘回收环节中铅元素的回收效率（$0 \leqslant \mu_2 \leqslant 1$）；$\mu_3$—污染物处理环节中铅元素的循环回收效率（$0 \leqslant \mu_3 \leqslant 1$）；$\mu_4$—污染物处理环节副产品中铅元素的利用效率（$0 \leqslant \mu_4 \leqslant 1$），而且$0 \leqslant \mu_3+\mu_4 \leqslant 1$

如图6-10所示，铅冶炼生产流程中，除了生产环节外，还有铅尘回收和污染物处理等环节。生产环节是铅精矿、循环烟尘等原料经配料制粒、氧化还原、精炼形成精铅的过程。铅尘回收环节是对生产环节产生的初级废弃物中的烟尘进行回收从而循环利用的过程。污染物处理环节是对除烟尘外的废弃物进行处置、排放的过程，包括生产的副产品、处置之后循环利用的物质、最终废弃物及无组织损失。

（1）生产环节中铅物质流动

依据物质守恒原理，生产环节中铅物质流动可表示为：

$$P_{Pb}=P_0+\beta-W_1 \tag{6-11}$$

主产品精铅中铅元素含量主要由原料及生产环节资源效率决定，即：

$$P_{Pb}=(P_0+\beta)\mu_1 \tag{6-12}$$

由式（6-11）、式（6-12）可得：

$$W_1=P_0+\beta-P_{Pb}=\frac{1-\mu_1}{\mu_1}P_{Pb} \tag{6-13}$$

（2）铅尘回收环节中铅物质流动

二级废弃物中铅元素的质量等于初级废弃物中未被铅尘回收利用的铅的质量，即：

$$W_2=W_1(1-\mu_2) \tag{6-14}$$

总回收的铅元素β等于铅尘回收的铅元素与污染物处理环节回收的铅元素质量之和，即：

$$\beta=W_1\mu_2+W_2\mu_3 \tag{6-15}$$

（3）污染物处理环节中铅物质流动

对产生的二级废弃物，需进行安全处置及再资源化利用。副产品中铅元素质量$\gamma^{\#}$可表示为：

$$\gamma^{\#}=W_2\mu_4 \tag{6-16}$$

铅冶炼生产过程中，最终废弃物W_3为二级废弃物中未被回收利用和再资源化利用而最终排放到环境中的铅元素质量，即：

$$W_3=W_2-W_2\mu_4-W_2\mu_3 \tag{6-17}$$

对于自然资源铅精矿利用效率以及最终排放到环境中的铅金属与主产品精铅的关系，依据式（6-11）～式（6-17），可得出：

① 自然资源铅精矿的投入量P_0：

$$P_0=\left(\frac{1-\mu_2-\mu_3-\mu_2\mu_3}{\mu_1}+\mu_2+\mu_3-\mu_2\mu_3\right)P_{Pb} \tag{6-18}$$

② 最终废弃物排放量W_3：

$$W_3=\frac{(1-\mu_1)(1-\mu_2)(1-\mu_3-\mu_4)}{\mu_1}P_{Pb} \tag{6-19}$$

6.5.2　模型边际影响分析

铅精矿资源利用效率和铅金属废弃物排放量是铅冶炼生产过程中影响生态环境和人体健康的重要因子。依据式（6-18）和式（6-19），采用边际影响分析方法，分析各个环节铅利用效率（回收效率）对铅精矿投入量和最终废弃物排放量的影响程度。

（1）冶炼系统铅直收率μ_1对环境的影响

根据式（6-18），铅直收率μ_1对铅精矿投入量P_0的边际影响为：

$$\frac{\partial P_0}{\partial \mu_1}=-\frac{1-\mu_2-\mu_3+\mu_2\mu_3}{\mu_1^2}=-\frac{(\mu_2-1)(\mu_3-1)}{\mu_1^2} \tag{6-20}$$

其中，$0\leqslant\mu_1\leqslant1$，$0\leqslant\mu_2\leqslant1$，$0\leqslant\mu_3\leqslant1$。

根据式（6-20），可知$\frac{\partial P_0}{\partial \mu_1}\leqslant0$。因此，通过提高铅直收率$\mu_1$可以降低铅精矿的投入量。

同理，根据式（6-19），铅直收率μ_1对最终废弃物排放量W_3的边际影响为：

$$\frac{\partial W_3}{\partial \mu_1}=-\frac{(1-\mu_1)(1-\mu_2)}{\mu_1} \tag{6-21}$$

根据式（6-21），可知$\frac{\partial W_3}{\partial \mu_1}\leqslant0$。因此，通过提高铅直收率$\mu_1$可以降低最终废弃物的排放量。

（2）铅尘回收环节铅回收效率μ_2对环境的影响

根据式（6-18），铅尘回收环节铅回收效率μ_2对铅精矿投入量P_0的边际影响为：

$$\frac{\partial P_0}{\partial \mu_2}=1-\mu_3+\frac{\mu_3-1}{\mu_1} \tag{6-22}$$

其中，$0\leqslant\mu_1\leqslant1$，$0\leqslant\mu_2\leqslant1$，$0\leqslant\mu_3\leqslant1$。

根据式（6-22），可知$\frac{\partial P_0}{\partial \mu_2}\leqslant0$。因此，通过提高铅尘回收环节铅回收效率$\mu_2$可以降低铅精矿的投入量。

同理，根据式（6-19），铅尘回收环节铅回收效率μ_2对最终废弃物排放量W_3的边际影响为：

$$\frac{\partial W_3}{\partial \mu_2}=-\frac{(1-\mu_1)(1-\mu_3-\mu_4)}{\mu_1} \tag{6-23}$$

根据式（6-23），可知$\frac{\partial W_3}{\partial \mu_2}\leqslant 0$。因此，通过提高铅尘回收环节铅回收效率$\mu_2$可以降低最终废弃物的排放量。

（3）污染物处理环节铅元素的循环回收效率μ_3对环境的影响

根据式（6-18），污染物处理环节铅元素的循环回收效率μ_3对铅精矿投入量P_0的边际影响为：

$$\frac{\partial P_0}{\partial \mu_3}=1-\mu_2+\frac{\mu_2-1}{\mu_1} \tag{6-24}$$

其中，$0\leqslant\mu_1\leqslant 1$，$0\leqslant\mu_2\leqslant 1$，$0\leqslant\mu_3\leqslant 1$。

根据式（6-24），可知$\frac{\partial P_0}{\partial \mu_3}\leqslant 0$。这表明，在铅尘回收环节中没有回收利用的废弃物，即废弃物在污染物处理环节经过处理处置，重新返回铅冶炼生产过程，以二次资源的形式用于主导产品的生产，可以减少铅精矿的投入量。

同理，根据式（6-19），污染物处理环节铅元素的循环回收效率μ_3对最终废弃物排放量W_3的边际影响为：

$$\frac{\partial W_3}{\partial \mu_3}=-\frac{(1-\mu_1)(1-\mu_2)}{\mu_1} \tag{6-25}$$

根据式（6-25），可知$\frac{\partial W_3}{\partial \mu_3}\leqslant 0$。这表明，在铅尘回收环节中没有回收利用的废弃物，即废弃物在污染物处理环节经过处理处置，重新返回铅冶炼生产过程，以二次资源的形式用于主导产品的生产，可以减少最终废弃物的排放量。

（4）污染物处理环节中副产品铅元素的利用效率μ_4对环境的影响

根据式（6-18）、式（6-19）可知，铅精矿的投入量P_0受μ_1、μ_2、μ_3影响，而与μ_4无关，但μ_4对最终废弃物排放有影响。

$$\frac{\partial W_3}{\partial \mu_4}=-\frac{(1-\mu_1)(1-\mu_2)}{\mu_1} \tag{6-26}$$

根据式（6-26），可知$\frac{\partial W_3}{\partial \mu_4} \leqslant 0$。这表明，将没有进入主产品精铅中的废弃物用于副产品的生产可减少最终废弃物排放。

综上所述，提高铅直收率μ_1、铅尘回收环节铅回收效率μ_2、污染物处理环节铅元素的循环回收效率μ_3中的一个或几个都可以减少铅精矿的投入量，提高μ_1、μ_2、μ_3、μ_4中的一个或几个都可以减少最终废弃物的排放量。因此，可以将这4个指标作为铅冶炼生产过程对环境影响程度的重要指标。以上分析结果如表6-9所列。

表6-9　模型环境边际影响结果

指标	指标环境边际影响	对应的循环经济基本原则	意义
μ_1	$\frac{\partial P_0}{\partial \mu_1} \leqslant 0$; $\frac{\partial W_3}{\partial \mu_1} \leqslant 0$	减量化	通过技术进步、更换装备等方法提高铅直收率可减少铅精矿的投入和最终废弃物的排放
μ_2	$\frac{\partial P_0}{\partial \mu_2} \leqslant 0$; $\frac{\partial W_3}{\partial \mu_2} \leqslant 0$	再利用	通过提高废弃物收集效率、采用密闭运输等方法提高铅回收效率可减少铅精矿的投入和最终废弃物的排放
μ_3	$\frac{\partial P_0}{\partial \mu_3} \leqslant 0$; $\frac{\partial W_3}{\partial \mu_3} \leqslant 0$		
μ_4	$\frac{\partial W_3}{\partial \mu_4} \leqslant 0$	资源化	通过资源的综合利用等方法提高副产品铅利用效率可减少最终废弃物的排放

6.5.3　生产过程铅物质流优化模型分析

由上节分析可知，铅冶炼生产过程中，粗铅冶炼系统是重点冶炼系统，铅等重金属污染主要集中在粗铅冶炼系统。因此，重点研究粗铅冶炼系统各个环节铅元素利用效率对环境的影响。根据粗铅冶炼系统铅物质流图构建了粗铅冶炼生产过程铅物质流优化模型，如图6-11所示。

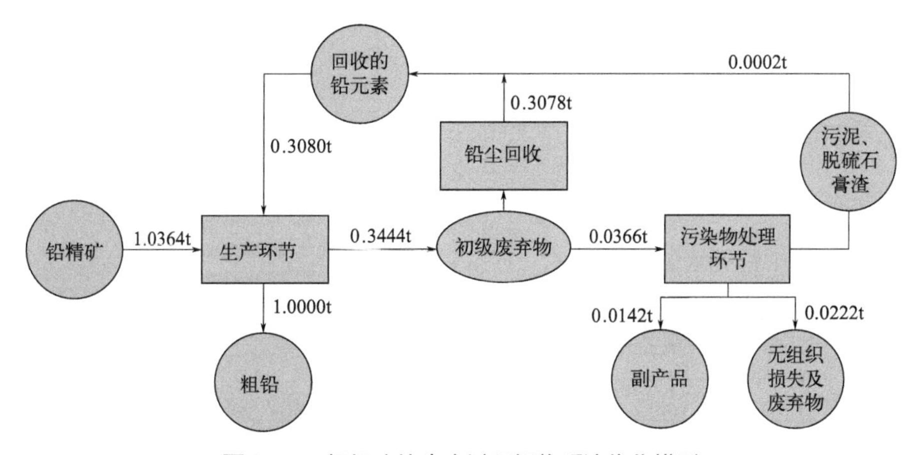

图6-11　粗铅冶炼生产过程铅物质流优化模型

如图6-11所示，投入的铅精矿中铅元素的质量P_0=1.0364t；主产品中铅元素的质量P_{Pb}=1.0000t；回收利用物质中铅元素的质量β=0.3080t；副产品中铅元素的质量$\gamma^{\#}$=0.0142t；初级废弃物（未被生产环节利用）中铅元素的质量W_1=0.3444t；二级废弃物（未被铅尘回收环节利用）中铅元素的质量W_2=0.0366t；最终废弃物（未被污染物处理环节利用）中铅元素的质量W_3=0.0222t。则各个环节铅元素利用效率（回收效率）分别如下所述。

粗铅冶炼系统铅直收率μ_1：

$$\mu_1=\frac{1.000}{1.0364+0.3080}\times 100\%=74.38\%$$

铅尘回收环节中铅元素的回收效率μ_2：

$$\mu_2=\frac{0.3078}{0.3444}\times 100\%=89.37\%$$

污染物处理环节中铅元素的循环回收效率μ_3：

$$\mu_3=\frac{0.0002}{0.0366}\times 100\%=0.546\%$$

污染物处理环节副产品中铅元素的利用效率μ_4：

$$\mu_4=\frac{0.0142}{0.0366}\times 100\%=38.80\%$$

根据式（6-18）和式（6-19），可以计算出粗铅冶炼系统各个环节铅元素利用效率（回收效率）对环境的影响效应。

铅精矿中铅元素的质量P_0：

$$\begin{aligned}P_0&=\left(\frac{1-\mu_2-\mu_3+\mu_2\mu_3}{\mu_1}+\mu_2+\mu_3-\mu_2\mu_3\right)P_{Pb}\\&=\left(\frac{1-0.8937-0.00546+0.8937\times 0.00546}{0.7438}+0.8937+0.00546-0.8937\times 0.00546\right)\times 1.000\\&=1.036(t)\end{aligned}$$

最终废弃物中铅元素的质量W_3：

$$\begin{aligned}W_3&=\frac{(1-\mu_1)(1-\mu_2)(1-\mu_3-\mu_4)}{\mu_1}P_{Pb}\\&=\frac{(1-0.7438)\times(1-0.8937)\times(1-0.00546-0.3880)}{0.7438}\times 1.000=0.0222(t)\end{aligned}$$

以上式子表明，若粗铅冶炼系统各个环节铅元素利用效率（回收效率）保持不变，则生产1.0000t粗铅产品（以铅计）需投入1.0364t铅精矿（以铅计），最终排放的废弃物中铅元素的质量为0.0222t。

（1）粗铅冶炼系统铅直收率μ_1对环境的影响

根据式（6-18），当μ_2、μ_3固定时，铅直收率μ_1与铅精矿投入量P_0的关系为：

$$P_0=\left(\frac{1-0.8937-0.00546+0.8937\times0.00546}{\mu_1}+0.8937+0.00546-0.8937\times0.00546\right)\times1.000$$

$$=\frac{0.10572}{\mu_1}+0.89428\,(\mathrm{t})$$

当μ_1=74.38%时，P_0=1.0364t。

当铅直收率提高1%，即μ_1=75.38%时，P_0=1.03453t，则铅精矿中铅元素投入量减少了0.18%。

同理，当μ_2、μ_3、μ_4固定时，铅直收率μ_1与最终废弃物排放量W_3的关系为：

$$W_3=\frac{(1-\mu_1)\times(1-0.8937)\times(1-0.00546-0.3880)}{\mu_1}\times1.000=\frac{0.64475(1-\mu_1)}{\mu_1}(\mathrm{t})$$

当μ_1=74.38%时，W_3=0.0222t。

当铅直收率提高1%，即μ_1=75.38%时，W_3=0.02106，则最终废弃物排放量中铅元素的质量减少了5.14%。

（2）铅尘回收环节铅回收效率μ_2对环境的影响

根据式（6-18），当μ_1、μ_3固定时，铅尘回收环节中铅元素的回收效率μ_2与铅精矿投入量P_0的关系为：

$$P_0=\left(\frac{1-\mu_2-\mu_3+\mu_2\mu_3}{\mu_1}+\mu_2+\mu_3-\mu_2\mu_3\right)P_{\mathrm{Pb}}$$

$$=\left(\frac{1-\mu_2-0.00546+0.00546\mu_2}{0.7438}+\mu_2+0.00546-0.00546\mu_2\right)\times1.000$$

$$=\frac{1-\mu_2-0.00546+0.00546\mu_2}{0.7438}+\mu_2+0.00546-0.00546\mu_2$$

$$=1.342567-0.342567\mu_2(\mathrm{t})$$

当μ_2=89.37%时，P_0=1.0364t。

当μ_2提高1%，即μ_2=90.37%时，P_0=1.0330t，则铅精矿中铅元素投入量减少了0.33%。

同理，当μ_1、μ_3、μ_4固定时，铅尘回收环节中铅元素的回收效率μ_2与最终废弃物排放量W_3的关系为：

$$W_3=\frac{(1-0.7438)\times(1-\mu_2)\times(1-0.00546-0.388)}{0.7438}P_{Pb}=0.20892(1-\mu_2)(t)$$

当μ_2=89.37%时，W_3=0.0222t。

当μ_2提高1%，即μ_2=90.37%时，W_3=0.02012，则最终废弃物排放量中铅元素的质量减少了9.37%。

（3）污染物处理环节铅元素的循环回收效率μ_3对环境的影响

根据式（6-18），当μ_1、μ_2固定时，污染物处理环节铅元素的循环回收效率μ_3与铅精矿投入量P_0的关系为：

$$\begin{aligned}P_0&=\left(\frac{1-\mu_2-\mu_3+\mu_2\mu_3}{\mu_1}+\mu_2+\mu_3-\mu_2\mu_3\right)P_{Pb}\\&=\left(\frac{1-0.8937-\mu_3+0.8937\mu_3}{0.7438}+0.8937+\mu_3-0.8937\mu_3\right)\times 1.000\\&=1.036615-0.036615\mu_3(t)\end{aligned}$$

当μ_3=0.546%时，P_0=1.0364t。

当μ_3提高1%，即μ_3=1.546%时，P_0=1.0360t，则铅精矿中铅元素投入量减少了0.034%。

同理，当μ_1、μ_2、μ_4固定时，污染物处理环节铅元素的循环回收效率μ_3与最终废弃物排放量W_3的关系为：

$$\begin{aligned}W_3&=\frac{(1-\mu_1)(1-\mu_2)(1-\mu_3-\mu_4)}{\mu_1}P_{Pb}\\&=\frac{(1-0.7438)\times(1-0.8937)\times(1-\mu_3-0.3880)}{0.7438}\times 1.000\\&=0.036615(0.612-\mu_3)(t)\end{aligned}$$

当μ_3=0.546%时，W_3=0.0222t。

当μ_3提高1%，即μ_3=1.546%时，W_3=0.021835t，则最终废弃物排放量中铅元素的质量减少了1.64%。

（4）污染物处理环节中副产品铅元素的利用效率μ_4对环境的影响

根据式（6-19），当μ_1、μ_2、μ_3固定时，污染物处理环节中副产品铅元素的利用效率μ_4与最终废弃物排放量W_3的关系为：

$$W_3=\frac{(1-\mu_1)(1-\mu_2)(1-\mu_3-\mu_4)}{\mu_1}P_{\text{Pb}}$$

$$=\frac{(1-0.7438)\times(1-0.8937)\times(1-0.00546-\mu_4)}{0.7438}\times 1.000$$

$$=0.036615(0.99454-\mu_4)(\text{t})$$

当μ_4=38.80%时，W_3=0.0222t。

当μ_4提高1%，即μ_4=39.80%时，W_3=0.021842t，则最终废弃物排放量中铅元素的质量减少了1.61%。

综上，铅直收率μ_1、铅尘回收环节铅回收效率μ_2、污染物处理环节铅元素的循环回收效率μ_3的提高均可减少铅精矿的投入量和最终废弃物的排放量，污染物处理环节中副产品铅元素的利用效率μ_4的提高可减少最终废弃物的排放量，但影响的程度有所不同。其中，μ_2提高1%，P_0、W_3减少程度最大，分别减少0.33%和9.37%；其次是μ_1，μ_1提高1%，P_0、W_3分别减少0.18%和5.14%；μ_3提高1%，P_0、W_3分别减少0.034%和1.64%；μ_4提高1%，对P_0无影响，W_3减少1.61%，如表6-10所列。从铅精矿投入量、最终废弃物排放量减少幅度考虑，应优先提高μ_2，其次是μ_1、μ_3和μ_4。

表6-10　各环节铅元素利用效率（回收效率）提高1%对环境的影响程度

指标	现状值	提高1%	P_0减少程度	W_3减少程度
μ_1	74.38%	75.38%	0.18%	5.14%
μ_2	89.37%	90.37%	0.33%	9.37%
μ_3	0.564%	1.564%	0.034%	1.64%
μ_4	38.80%	39.80%	—	1.61%

结合污染物理化性质分析等章节内容，可知产生的铅尘和排放烟气是铅冶炼生产过程中的重点污染物，潜在环境影响危害性大，而且提高铅尘回收环节铅回收效率μ_2时铅精矿投入量、最终废弃物排放量的减少幅度最大。因此，应优先对其进行收集和处置。由表6-6可知，本章研究案例中还原炉粗铅直收率为82.64%，与相同工艺85.21%的还原炉粗铅直收率相比，还有一定的提升空间。此外，由粗铅冶炼系统铅循环流分析可知，污泥、脱硫石膏渣物料量较大，而铅质量分数只有0.52%，返回配料在较大限度地降低混合料粒品位的同时，也会降低铅直收率，而且μ_3对铅精矿投入量和最终废弃物排放量的影响较μ_1对铅精矿投入量和最终废弃物排放量的影响小。

综上，针对铅尘的特殊性，应改进或选用高效除尘器进行收集，改进密闭罩，增大对无组织烟尘的收集效率；优先提高生产环节铅直收率的同时，考虑将产生的污泥、脱硫石膏渣部分返回配料，部分送至有危废处置资质的单位处理，并提高污染物处理环节中副产品铅元素的利用效率。

参考文献

[1] Gale N H, Stos-Gale Z. Lead and silver in the ancient Agean[J]. Scientific American, 1981, 244(6):176-192.

[2] Patterson C C, Settle D M. Review of data on eolian fluxes of industrial and natural lead to the lands and seas in remote regions on a global scale[J]. Marine Chemistry, 1987, 22:137-162.

[3] Settle D M, Patterson C C. Magnitudes and sources of precipitation and dry deposition fluxes of industrial and natural leads to the North Pacific at Enewetak[J]. Journal of Geophysical Research: Oceans (1978–2012), 1982, 87(C11): 8857-8869.

[4] 贾玲侠，宋文斌. 城市铅污染对人体健康的影响及防治措施[J]. 微量元素与健康研究，2007(6): 38-41.

[5] 李敏，林玉锁. 城市环境铅污染及其对人体健康的影响[J]. 环境监测管理与技术，2006, 18(5): 6-10.

[6] National Research Council(us) Committee on Measuring Lead in Critical Population.Measuring lead exposure in infants, children and other sensitive populations, committee on measuring lead in critical populations[M]. Washington, DC: National Academy Press, 1993.

[7] 楼蔓藤，秦俊法，李增禧，等. 中国铅污染的调查研究[J]. 广东微量元素科学，2013, 19(10): 15-34.

[8] 林星杰. 铅冶炼行业重金属污染现状及防治对策[J]. 有色金属工程，2012, 1(4): 23-27.

[9] 程明明，高永军，张文彦，等. 推动铅产业转型升级防止血铅事件[J]. 中国有色金属，2012 (9): 62-63.

[10] 王洪才，时章明，沈浩，等. SKS炼铅物质流变化对能耗的影响[J]. 中南大学学报（自然科学版），2012, 43(7): 2850-2854.

[11] Nriagu J O, Pacyna J M. Quantitative assessment of worldwide contamination of air, water and soils by trace metals[J]. Nature, 1988, 333(6169): 134-139.

[12] Skeaff J M, Dubreuil A A. Calculated 1993 emission factors of trace metals for Canadian non-ferrous smelters[J]. Atmospheric Environment, 1997, 31(10): 1449-1457.

[13] 环境保护部. HJ-BAT-7铅冶炼污染防治最佳可行技术指南（试行）[S]. 北京：中国环境科学出版社，2012.

[14] 刘大钧，李时蓓，李飒，等. 铅锌冶炼行业铅尘污染防治[J]. 环境保护，2011 (24): 42-44.

[15] 白璐. 基于LCA的技术环境影响评价研究[D]. 北京：中国环境科学研究院，2010.

[16] 国家危险废物名录. http: //www.gov.cn/flfg/2008-06/17/content_1019136.htm.

[17] 杜涛. 关于钢铁企业气体污染物减量化研究[D]. 沈阳：东北大学，2005.

[18] Liu Liru, Aye Lu, Lu Zhongwu, et al. Effect of material flows on energy intensity in process industries[J]. Energy, 2006, 31(12): 1870-1882.

[19] 环境保护部. 铅冶炼污染防治最佳可行技术指南（报批稿）编制说明. 北京，2012.

[20] 陈建民，酒青霞，王雪峰.传统铅冶炼企业污染物排放量的核定[J]. 有色金属，2008, 60(4): 166-173.

[21] 张乐如. 铅锌冶炼新技术[M]. 长沙：湖南科学技术出版社，2006: 107-108.

[22] 李小兵，李元香，蔺公敏，等.万洋“三连炉”直接炼铅法的生产实践[J].中国有色冶金，2011,40(6): 13-16.

[23] HJ 513—2009 清洁生产标准 铅电解业.

第 7 章 典型冶炼工序重金属代谢行为模拟——富氧底吹BBF-ME 模型

生产过程的数学模型的建立是以工艺中的某个生产单元，也即工序为基本单位，对该工序中各物质在生产过程中的变化关系进行数学描述和模拟，通过预测和模拟该工序生产过程中各股物质流的变化可探讨影响生产过程中物质流代谢行为的因素。本章以富氧底吹-鼓风炉炼铅工艺中最重要的环节——底吹炉熔炼工序为研究对象，进行了铅冶炼工序工业代谢数学模型的建模和实证研究。基于元素势法的多相平衡建模原理，在对底吹炉熔炼过程分析和设计模型计算流程的基础上，建立了底吹炉熔炼过程数学模型——BBF-ME模型（multiphase equilibrium model of bottom blowing furnace）。以正常连续生产工况下，加入底吹炉中1t原料为基准，模拟计算某富氧底吹炼铅工艺底吹炉工序工业状态下反应平衡时产生的各物质状态及物质的量，对研究案例中底吹炉工序的物质代谢情况进行了预测，并结合实测数据对模型进行了验证。模型的验证结果显示，模型所计算的数据与实际生产数据具有较好的吻合性，表明该模型基本能够反映和模拟富氧底吹炉的生产实践。利用上述模型进一步模拟了不同反应参数，即原料成分、熔炼温度、含氧量的变化对熔炼过程中Pb等物质代谢行为的影响和代谢规律。

7.1 火法冶炼过程的模型模拟

7.1.1 建模方法的选择

火法冶金[1]反应过程的数学模型一般分为两类，其中一类是根据实际生产数据得出的经验模型（这类模型通过对生产数据进行相关性分析，从而找出输入、输出的对应关系）。例如曾青云等对我国贵溪冶炼厂铜闪速炉作业数据进行了回归处理，得到冰铜组分之间的经验模型及渣含铜回归模型；此后，又采用遗传算法对铜闪速熔炼过程进行了模拟。

另一类是基于热力学原理和质量守恒定律的高温多相多组分平衡数学模型（简称多相平衡数学模型）。火法冶金的熔炼过程本质上是一个高温、多相、多组分的复杂体系。20世纪70年代初，日本学者Goto等将高温多相多组分平衡的原理应用于闪速造锍熔炼过程分析。此后，许多学者对火法冶金，尤其是闪速熔炼过程的数学模型建立和计算机模拟开展了大量的研究工作。

相平衡的计算方法主要有平衡常数法（K值法）和吉布斯自由能最小法两大类。

① 平衡常数法是Sanderson 和Chien于1973年提出的。该方法采用Newton Raphson法直接求解元素平衡方程、电中性方程、相平衡及化学平衡方程。随后，在K值法的基础上又衍生出了KZ 算法、双层K值法等。平衡常数法算法收敛快，计算机编程也较容

[1] 铅冶炼工艺可分为火法冶金和湿法冶金两类，目前应用的主要工艺均属于火法冶金。

易，但需要预先给出独立反应方程，体系的组分数、相数、相态通用性差，方程多，计算量大，不适用于相态和反应未知的复杂体系。

② 吉布斯自由能最小法由White等于1958年首次提出。该方法基于吉布斯自由能最小化原理：当一个系统达到化学平衡时，其总吉布斯自由能最小。该准则同样适用于热力学相平衡体系。吉布斯自由能最小法的核心是将化学平衡的计算问题转化为约束条件下的非线性规划问题，即最优化问题。以平衡时各产物的摩尔数或反应度为变量计算平衡时体系的吉布斯自由能，并通过求解数学最优化问题获得平衡时各相产物的组成。吉布斯自由能最小法无需确定体系化学反应方程，通用性强。但需要注意的是，在设计计算程序时对含有微量组分的体系需要采取一些措施以防止迭代求解的过程中出现负数。

早期算法通常是把吉布斯自由能函数看成二次函数或近似为二次函数，然后形成其拉格朗日函数。该类方法主要有RAND法、NASA法、二次规划的Wolfe法等。此后，一些研究人员引入了最优化方法，例如直接搜索法（Powell法）、梯度型算法（牛顿法）、投影类算法[改进的拟牛顿法（SVMP）]、梯度投影法、变尺度投影法、共轭梯度投影法、改进的BNR法等。

对于含大量元素和相态复杂的化学平衡计算，Powell基于最小自由能法提出了元素势法，Reynolds等对其进一步完善。国内的过明道等在这方面取得了一些研究成果。元素势法求解变量少，计算速度快，精度高，在计算过程中不会出现负摩尔分数，因此非常适用于含有微量平衡组分的多相平衡计算。故本章以元素势法作为建模基础。

火法冶金熔炼过程的模型模拟实例如表7-1所列。

表7-1 火法冶金熔炼过程的模型模拟实例

<table>
<tr><th>序号</th><th>分类</th><th>建模原理</th><th>研究对象</th><th>建模方法及求解</th><th>编程软件</th><th>时间</th><th>作者</th></tr>
<tr><td>1</td><td rowspan="8">经验模型</td><td rowspan="2">数理统计</td><td rowspan="2">铜闪速熔炼</td><td>回归分析</td><td>—</td><td>1994年</td><td>曾青云</td></tr>
<tr><td>2</td><td>遗传算法与前向神经网络算法BP相结合</td><td>—</td><td>2003年</td><td>曾青云等</td></tr>
<tr><td>3</td><td rowspan="6">平衡常数法</td><td>QSL炼铅过程</td><td>Newton-Raphson</td><td>—</td><td>1997年</td><td>张传福等</td></tr>
<tr><td>4</td><td>铜熔炼过程</td><td>Newton-Raphson</td><td>Fortran</td><td>1997年</td><td>谭鹏夫等</td></tr>
<tr><td>5</td><td>卡尔古利镍闪速熔炼</td><td>Newton-Raphson</td><td>Fortran</td><td>1997年</td><td>谭鹏夫等</td></tr>
<tr><td>6</td><td>锡反射炉熔炼</td><td>Newton-Raphson</td><td>—</td><td>2001年</td><td>曾青云等</td></tr>
<tr><td>7</td><td>铜冶炼艾萨炉熔炼模拟</td><td>Newton-Raphson</td><td>VB，C++</td><td>2001年</td><td>程利平</td></tr>
<tr><td>8</td><td>鼓风炉对高铅渣的还原熔炼模型</td><td>高斯消元法</td><td>VB，Matlab</td><td>2003年</td><td>彭楚峰</td></tr>
<tr><td>9</td><td rowspan="3">多相平衡计算</td><td rowspan="3">最小自由能法</td><td>铜冶炼熔池熔炼</td><td>最速下降法</td><td>Fortran</td><td>1998年</td><td>凌玲等</td></tr>
<tr><td>10</td><td>铜冶炼炉渣贫化过程</td><td>最速下降法</td><td>Fortran</td><td>1999年</td><td>凌玲等</td></tr>
<tr><td>11</td><td>镍闪速熔炼</td><td>最速下降法</td><td>Fortran</td><td>2000年</td><td>凌玲等</td></tr>
</table>

续表

序号	分类	建模原理	研究对象	建模方法及求解	编程软件	时间	作者
12	多相平衡计算	最小自由能法	铜闪速熔炼	Rand算法	Visual C#.NET	2007年	吴卫国
13				元素势法	—	2008年	童长仁等
14			奥托昆普铅闪速熔炼过程	元素势法	Delphi	2009年	汪金良
15			冲天炉熔炼过程	遗传算法	Matlab	2011年	史振忠

7.1.2 基于元素势法的多相平衡模型构建

7.1.2.1 模型构建原理

根据热力学第二定律，封闭体系在达到平衡时，系统的吉布斯自由能为最小值。设在温度T、压力p下，由S个组分、k个相组成多相多组分封闭系统，其吉布斯自由能可表示为：

$$G=\sum_{j=1}^{S} G_j N_j \tag{7-1}$$

$$G_j = G_j^{\ominus}+RT\ln(x_j\gamma_j) \tag{7-2}$$

式中 N_j——第j个组分的摩尔总数；

G_j——第j个组分的摩尔吉布斯函数；

$G_j^{\ominus}$——温度T、压力p时纯物质j的标准吉布斯生成自由能，即由稳定的单质元素生成1mol化合物时的吉布斯自由能；

x_j——j组分在所属相中的摩尔分数，%（同一种分子在不同相中视为不同组分）；

γ_j——j组分的活度系数。

设第m相中组分个数为S_m，则$\sum_{m=1}^{k} S_m = S$。同时，根据质量守恒定律，可得：

$$\sum_{m=1}^{k}\sum_{j=1}^{S_m} n_{i,j}N_j=b_i \quad i=1,2\cdots,c \tag{7-3}$$

式中 $n_{i,j}$——j组分分子式中第i种元素的原子数；

b_i——元素i在系统中的总摩尔数；

c——系统中元素的种类数。

将式（7-2）代入式（7-1）中可得：

$$G=\sum_{m=1}^{k}\sum_{j=1}^{s_m}N_j[G_j^{\ominus}+RT\ln(x_j\gamma_j)] \tag{7-4}$$

由吉布斯最小自由能原理可知，当体系处于平衡状态时系统的吉布斯自由能最小，此时多相平衡求解问题可视为有约束条件的极值求解问题。通过引入Lagrange乘子λ_i构造Q函数，将有约束条件的极值求解问题转化为无约束条件的极值求解问题。

设

$$Q=G-\sum_{i=1}^{c}\lambda_i\left(\sum_{m=1}^{k}\sum_{j=1}^{s_m}n_{i,j}N_j\right)-b_i \tag{7-5}$$

对上式求偏导，则有：

$$\frac{\partial Q}{\partial N_j}=\frac{\partial G}{\partial N_j}-\sum_{i=1}^{c}\lambda_i n_{i,j} \tag{7-6}$$

对式（7-4）求偏导，则有：

$$\frac{\partial G}{\partial N_j}=G_j^{\ominus}+RT\ln(x_j\gamma_j) \tag{7-7}$$

将式（7-7）代入式（7-6）中，则有：

$$\frac{\partial Q}{\partial N_j}=G_j^{\ominus}+RT\ln(x_j\gamma_j)-\sum_{i=1}^{c}\lambda_i n_{i,j} \tag{7-8}$$

当系统平衡时，$\frac{\partial Q}{\partial N_j}=0$，则有：

$$G_j^{\ominus}+RT\ln(x_j\gamma_j)=\sum_{i=1}^{c}\lambda_i n_{i,j} \tag{7-9}$$

式（7-9）将j组分的吉布斯函数，通过引入的Lagrange乘子λ_i，与j组分的各元素的原子数量联系起来，而λ_i代表了系统达到平衡时第i元素所具有的热力学势，也称为该元素的元素势。

由于j组分可以是系统中的任意组分，因此在一个平衡系统中，同一类元素的元素势与其存在形态无关，即任意相任意组分中相同种类原子的元素势相同。

由式（7-9）可得：

$$x_j=\frac{1}{\gamma_j}\exp\frac{-G_j^{\ominus}+\sum_{i=1}^{c}\lambda_i n_{i,j}}{RT} \tag{7-10}$$

根据x_j的定义有：

$$\sum_{j=1}^{s_m}x_j=1 \tag{7-11}$$

将式（7-10）代入式（7-11）中，可构造函数f_1：

$$f_1=\sum_{j=1}^{s_m}\frac{1}{\gamma_j}\exp\frac{-G_j^{\ominus}+\sum_{i=1}^{c}\lambda_i n_{i,j}}{RT}-1=0 \tag{7-12}$$

定义N_m为j组分所在相的总摩尔数，则有：

$$N_j=N_m x_j \tag{7-13}$$

联立式（7-3）、式（7-10）和式（7-13），可构造函数f_2：

$$f_2=\sum_{m=1}^{k}\sum_{j=1}^{s_m}n_{i,j}N_m\frac{1}{\gamma_j}\exp\frac{-G_j^{\ominus}+\sum_{i=1}^{c}\lambda_i n_{i,j}}{RT}-b_i=0 \tag{7-14}$$

由此，推导出基于元素势法的多相平衡方程组：

$$f_1=\sum_{j=1}^{s_m}\frac{1}{\gamma_j}\exp\frac{-G_j^{\ominus}+\sum_{i=1}^{c}\lambda_i n_{i,j}}{RT}-1=0 \tag{7-15}$$

$$f_2=\sum_{m=1}^{k}\sum_{j=1}^{s_m}n_{i,j}N_m\frac{1}{\gamma_j}\exp\frac{-G_j^{\ominus}+\sum_{i=1}^{c}\lambda_i n_{i,j}}{RT}-b_i=0 \qquad i=1,2,\cdots,c \tag{7-16}$$

式中　m ——相数，$m=1,2,3,\cdots,k$；

S_m ——第m相中组分个数；

γ_j ——第j组分的活度系数；

$G_j^{\ominus}$ ——第j组分的标准吉布斯生成自由能；

R ——气体常数；

T ——系统平衡时的温度；

$n_{i,j}$ ——第j组分中元素i的原子个数；

b_i ——元素i在系统中的总摩尔数；

λ_i ——元素i的元素势；

N_m ——j组分所在相的总摩尔数。

该方程组参数中，k、S_m、γ_j、$G_j^{\ominus}$、R、T、$n_{i,j}$、b_i为已知，λ_i、N_m未知，通过解方程组可求得λ_i、N_m。

根据上述推导过程可知，该方程组共有$m+i$个方程，或$m+i$个未知变量。

平衡时j组分在所属相中的摩尔分数x_j由式（7-10）得出。

平衡时j组分的总摩尔数N_j由下式得出：

$$N_j = N_m x_j \tag{7-17}$$

由此，求出系统平衡时各组分的量x_j、N_j。

7.1.2.2　模型计算流程

多项平衡模型计算流程如图7-1所示。模型建立及求解过程为：首先，确定反应平衡时，熔炼体系的组成物质及相态；其次，依据调研或采样监测确定参与反应（也即投入物料中）的各组分的物质的量、反应温度等参数，并查找和确定模型中所用参数，即平衡时各组分标准生成吉布斯自由能以及活度系数；最后，依据上一节中确认的元素势法建立熔炼过程达到平衡时的数学模型，并将上述参数代入模型，转化为计算机语言进行编程，运用相关软件模拟和求解。

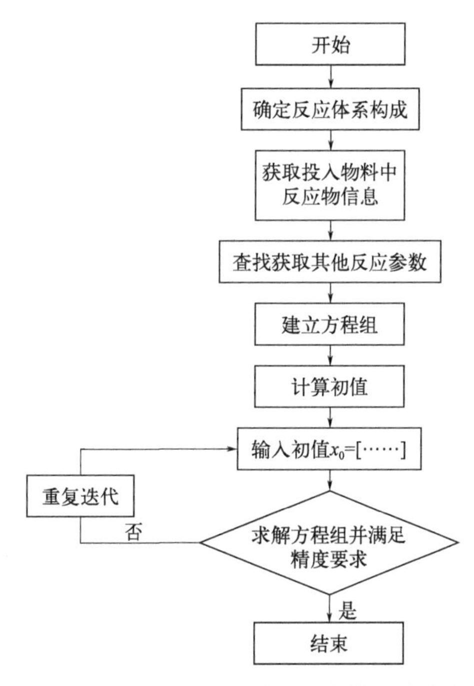

图7-1　铅冶炼熔炼过程多项平衡模型计算流程

7.1.2.3 模型求解算法

根据以上方法建立的数学模型多为复杂非线性多元方程组，该方程组的求解一般可转化为求多变量函数最小值的问题。

目前常用的多变量约束函数极值的求解方法如表7-2所列。由表7-2可知，根据不同的函数（方程组）特点，需要选择相应的求解算法。由于冶炼过程，特别是熔炼过程涉及较多的反应物，属于高温高压的复杂反应体系，根据实际反应条件建立起的方程组矩阵极有可能面临函数不可导（矩阵奇异）的现象，因此本章在案例研究中选用直接搜索法作为模型的求解方法。求解过程主要借助计算语言编程求解。

表7-2 求多变量约束函数最小值的算法

分类	名称	适用范围	特点
梯度法	最速下降法	函数导数可求时	收敛速度相对较快
	Newton法		
	Marquart法		
	共轭梯度法		
	拟牛顿法		
直接搜索法	单纯形法	适用于目标函数高度非线性，没有导数或导数很难计算的情况	收敛速度慢
	Hooke-Jeeves搜索法		
	Pavell共轭方向法		

多元方程组的求解一般为重复迭代过程，需要给出迭代运算的初始值，也即初值。由于求解过程对初值依赖性较强，因此在实际案例研究中，初值可根据被模拟工艺的工况数据推测得出。

7.2 BBF-ME模型的建立

7.2.1 研究对象及概况

7.2.1.1 研究对象

20世纪80年代以前，以硫化铅精矿为原料进行的粗铅冶炼都是先将铅精矿烧结焙烧后再进行熔炼，工艺几乎都以烧结-鼓风炉熔炼为主。自20世纪80年代以来，出现了较多的将硫化铅精矿直接进行熔炼的工艺，即直接炼铅法。根据炼铅过程原理的不同，直接炼铅法可以分为闪速熔炼和熔池熔炼两大类。闪速熔炼包括基夫赛特法、QSL法、奥托昆普法等工艺；熔池熔炼包括富氧底吹、顶吹（艾萨炉）、侧吹以及卡尔多炉等工艺。闪速熔炼法的工艺基本在一台反应炉内同时进行铅精矿的氧化、还原过程，而熔池熔炼工艺则是将铅精矿先进行氧化后再还原，反应过程需要在两个反应炉内分别完成。

熔池熔炼的特点是熔炼过程的化学反应和熔化过程都是在气体-液体-固体三相形成的羽状卷流运动中进行的，是典型的高温多相多组分复杂体系。高温多相多组分复杂体系在平衡时的组分可通过元素势法建立多相平衡模型求解和确定。富氧底吹工艺属于熔池熔炼，其中铅精矿被氧化生成粗铅的主要反应发生于底吹炉内，本章将以富氧底吹炉内的物质代谢过程为研究对象，运用元素势法建立富氧底吹炉的数学模型，即BBF-ME模型（multiphase equilibrium model of bottom blowing furnace），并进行模拟。

富氧底吹炼铅工艺的核心设备是富氧底吹炉。本章研究案例所选的富氧底吹-鼓风炉炼铅工艺中使用的SKS[1]型氧气底吹炉是一个沿炉子中心轴线转动的卧式圆筒形反应器，如图7-2所示。该反应炉内以氧化反应为主，炉身设有加料口、排烟口以及出渣口和出铅口，底部装设喷氧枪，两端炉壁装有燃油烧嘴供开炉以及炉内保温用。以铅精矿为主的原料和熔剂经混合制粒后，由底吹炉上方的加料口投入炉内，氧气从位于炉底的氧枪喷入熔池，利用交互反应机理产出粗铅、高铅渣等产物。

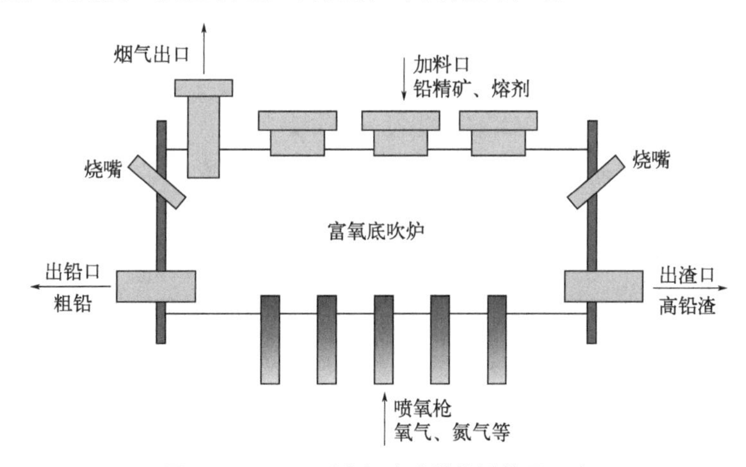

图7-2 SKS型富氧底吹炉构造简要示意

7.2.1.2 底吹炉熔炼过程分析

富氧底吹炉炉内发生的化学过程以氧化造渣反应和沉铅反应为主。进行熔炼时，底吹炉内呈液体熔池状，在喷入氧气的剧烈搅动下形成“金属-炉渣-气体”的复杂混合体系，反应炉内物质由较浅的底层粗铅和顶层氧化铅构成。其反应过程为：氧气进入熔池后，首先和铅液接触反应生成氧化铅，其中一部分氧化铅在剧烈的搅动状态下与位于熔池上部的硫化铅进行反应熔炼，产出一次粗铅并放出SO_2；反应生成的一次粗铅和铅氧化渣经沉淀分离后分别由粗铅口和高铅渣口排出。

[1] 本研究案例中富氧底吹-鼓风炉炼铅法即为水口山（SKS）炼铅法。

底吹炉内主要的化学反应如下所示。

① 氧化造渣反应：

$$2PbS+3O_2 \longrightarrow 2PbO+2SO_2 \tag{7-18}$$

$$2Pb+O_2 \longrightarrow 2PbO \tag{7-19}$$

$$2PbS+3O_2+SiO_2 \longrightarrow 2PbO\cdot SiO_2+2SO_2 \tag{7-20}$$

$$PbS+2O_2 \longrightarrow PbSO_4 \tag{7-21}$$

$$2FeS+3O_2+SiO_2 \longrightarrow 2FeO\cdot SiO_2+2SO_2 \tag{7-22}$$

$$2ZnS+3O_2 \longrightarrow 2ZnO+2SO_2 \tag{7-23}$$

② 沉铅反应：

$$PbS+O_2 \longrightarrow Pb+SO_2 \tag{7-24}$$

$$PbS+2PbO \longrightarrow 3Pb+SO_2 \tag{7-25}$$

$$2PbS+3O_2 \longrightarrow 2PbO+2SO_2 \tag{7-26}$$

③ 部分PbS挥发进入烟气，烟气温度下降时：

$$PbS+2O_2 \longrightarrow PbSO_4 \tag{7-27}$$

④ 烟气经过电收尘、布袋收尘后收集到的烟尘被返回制粒阶段重新进入底吹炉参与反应：

$$2PbSO_4 \longrightarrow 2PbO+2SO_2+O_2 \tag{7-28}$$

7.2.2 模型的简化与假设条件

一般来说，有色金属的冶炼过程涉及多个相态之间的化学反应平衡与相平衡，不仅包括有机物质的燃烧、放热，金属氧化剂的还原过程，还包括复杂的流体运动及传热传质等过程，富氧底吹炉中的复杂反应同样如此。本章主要以根据热力学第二定律和物质守恒原理建立的多相平衡模型为研究手段，重点研究底吹炉中物质（特别是重金属Pb）的代谢及流动情况，在运用模型模拟实际工业生产状况时做出了以下假设：

① 模拟的过程为底吹炉处于正常连续生产的工况，不包括开炉和停炉过程。

② 底吹炉内熔炼过程的产物相达到或十分接近平衡状态。

③ 模型中重点考虑Pb的代谢过程，投入物料中参与反应的主要物质元素包括Zn、

Fe、Cu、S、O、N、H、Si、Ca，其他元素如As、Sb等由于在入炉原料中含量较低，故暂视为惰性物质不参与熔炼过程的化学反应。此外，由于熔池熔炼的热源以熔体内部的化学反应生成热为主，连续生产过程中不需要补充有机物热源，因此本模型也暂不包括含碳物质的反应。

7.2.3 熔炼平衡时反应体系构成

目前已有相关研究根据炼铅理论及半工业生产实践进行了铅冶炼工艺中闪速炼铅工艺（例如QSL法、奥托昆普法等）过程的模型研究，这些研究中确定了闪速炼铅达到平衡时产物有四种相，分别是粗铅相、铅锍相、炉渣相和烟气相。在实际工业生产中各相的组分取决于原料中的成分，对于氧气底吹炉熔炼体系的构成来说，平衡时的组分取决于上一个制粒工序中粒料的成分及含量。结合粒料中的成分分析、反应炉内的化学反应过程分析以及模型的假设条件，初步确定富氧底吹炉熔炼体系平衡时各产物相的主要组成成分如下❶。

① 粗铅相：Pb、PbO、Cu。

② 炉渣相：PbO、ZnO、FeO、Fe_3O_4、FeS、SiO_2、CaO、Cu_2O、Cu_2S。

③ 烟气相：Pb、PbO、PbS、ZnS、Zn、SO_2、S_2、O_2、N_2、H_2O、H_2。

7.2.4 确定计算所需参数

各组分标准生成吉布斯自由能如表7-3所列。

表7-3 各组分标准生成吉布斯自由能

序号	组分	状态	$\Delta G^{\ominus}=A+BT\lg T+CT$			
			A	B	C	$\Delta G^{\ominus}$/(kJ/mol)
1	Pb	1	0	0	0	0
2	Cu	1	0	0	0	0
3	PbO	1	−195230.5	0	77.75	−92899.818
4	ZnO	1	−460825.8	0	198.11	−200083.32
5	FeO	1	−229813.5	0	44.17	−171679.1
6	FeS	1	−119223.3	0	38.27	−68854.26
7	Fe_3O_4	1	−1092211	0	302.45	−694140.95
8	SiO_2	1	−905840	0	174.73	−675869.11

❶ 根据工业实践，本研究模拟对象富氧底吹炼铅过程无铅锍相的生成。

续表

序号	组分	状态	$\Delta G^{\ominus}=A+BT\lg T+CT$			
			A	B	C	$\Delta G^{\ominus}$/(kJ/mol)
9	CaO	l	−639520	0	107.86	−497560.06
10	Cu_2O	l	−121082.3	0	34.58	−75569.793
11	Cu_2S	l	−106595.9	0	12.56	−90065.086
12	Pb	g	194037.25	18.85	−158.6	62684.041
13	PbO	g	59787.5	53.05	−240.28	−38661.638
14	PbS	g	73855.15	0	−56.15	−46.6725
15	ZnS	g	−105424.3	0	82.01	2513.1615
16	Zn	g	0	0	0	0
17	S_2	g	0	0	0	0
18	O_2	g	0	0	0	0
19	H_2	g	0	0	0	0
20	N_2	g	0	0	0	0
21	SO_2	g	−362451.3	0	72.43	−267122.54
22	H_2O	g	−246602.5	0	54.84	−174424.85

注：l指液态，g指气态。

各组分活度系数如表7-4所列。在模型模拟时，将烟气视为理想气体，因此烟气中各组分的活度系数均为1。

表7-4 各组分活度系数

序号	组分	活度系数	活度系数计算
1	Pb	1	1
2	Cu	4.22	4.22
3	Pb	$\exp(4032/T)$	21.26
4	PbS	$\exp(-1894/T)$	0.24
5	Cu_2S	1	1
6	ZnS	1.5	1.5
7	FeS	$\exp[(1458/T)\ln(0.54+1.4N_{FeS}\ln N_{FeS}+0.52N_{FeS})]$	0.21
8	PbO	$10^{-2(1-N_{PbO})^2}$	0.85
9	Cu_2S	$\exp(9215/T)$	1098.26
10	Cu_2O	$\exp[(1573/T)(10.1-11389.9/T)]$	5.63
11	ZnO	$11.8N_{CaO}+7.15N_{ZnO}+7.32N_{FeO}-3.31$	0.34

续表

序号	组分	活度系数	活度系数计算
12	FeO	$\exp[(1543/T)\ln(1.42N_{FeO}-0.044)]$	0.18
13	Fe_3O_4	$\exp[(1573/T)\ln(0.69+56.8N_{Fe_3O_4}+5.4N_{SiO_2})]$	5.21
14	FeS	$\exp(7224/T)$	241.95
15	SiO_2	2	2
16	CaO	1.5	1.5

7.3 底吹炉熔炼过程模型计算实例

7.3.1 计算结果

利用元素势法可建立底吹炉内熔炼过程反应平衡时的数学模型及其推导过程（详见附录3）。该数学模型求解可借助计算机编程完成，编程语言采用Matlab，非线性多元方程组求解方法选用直接搜索法中的单纯形法。

计算步骤如下：

① 利用已有的经验数据（工厂实测数据）确定迭代初值，用Nelder-Mead simplex method方法（主要基于Matlab中fminsearch函数）求得各元素的元素势。

② 利用牛顿法计算平衡时各组分的摩尔分数，从而求得平衡时各组分的量。

基于前述方法中建立的模型求解算法和计算流程，以加入底吹炉中1t原料为基准，计算模拟某富氧底吹炼铅工艺底吹炉熔炼过程工业状态下反应平衡时产生的各物质状态及物质的量。模拟的生产工况为正常运行状态下连续3天，在企业进行现场监测及采样期间底吹炉的生产状态。

输入底吹炉的物料组成如表7-5所列。数据来源包括第5章进行富氧底吹炼铅工艺工业代谢时的采样与分析，以及工厂的车间日报表。

表7-5　底吹炉入炉原料成分含量

日期	成分									
	Pb/%	S/%	Zn/%	Fe/%	Cu/%	SiO_2/%	CaO/%	H_2O/%	N_2 /(m^3/t)	O_2 /(m^3/t)
第1天	55.17	15.71	5.51	6.1	0.425	5.125	2.335	0.15	26.76	90.92
第2天	56.48	15.47	5.47	5.55	0.43	5.04	1.87	0.15	23.47	89.38
第3天	57.38	15.60	5.06	5.35	0.40	4.91	1.44	0.15	28	91.84

该期间内，底吹炉操作条件为：炉内平均温度约1316.15K。模型中参数R为8.314J/(mol·K)。

7.3.2 模型的验证

将以上模型计算结果与实测数据（实测数据来源于企业车间报表及采样分析）进行比较和验证，结果如表7-6和表7-7所列。由表可知，模型模拟得到的底吹炉主产物粗铅，其中铅的含量与实测值基本一致，误差在1%以内。模型模拟得到的底吹炉另一产物高铅渣，其中各物质含量与实测值也基本一致。其中，渣中含铅量的模拟值略低于实测值（误差在3%左右），SiO_2的模拟值略高于实测值（误差在3%左右），其他元素的模拟值基本与实测值一致，误差在1%左右。

表7-6　模拟粗铅含铅量与实测值对比　　单位：%

数据类型	第1天	第2天	第3天
实测	97.5	97.3	98.22
模拟	97.68	97.70	97.59

表7-7　模拟高铅渣成分含量与实测值对比　　单位：%

日期	数据类型	Pb	Zn	Fe	Cu	SiO_2	CaO
第1天	实测	46.50	11.79	13.82	0.29	8.56	5.04
	模拟	44.33	12.81	13.94	0.86	11.8	5.42
第2天	实测	47.53	11.03	11.88	0.35	8.75	4.34
	模拟	44.19	13.18	13.62	0.82	12.13	5.26
第3天	实测	47.29	12.04	13.94	0.30	9.09	3.76
	模拟	45.03	13.64	13.30	0.87	12.46	3.80

以上数据表明，模型所计算的数据与实际生产数据具有较好的吻合性，表明该模型基本能够反映和模拟富氧底吹炉的生产实践，可用于进一步分析不同反应参数对熔炼过程中Pb等物质代谢行为的影响和代谢规律。

7.4 底吹炉工序工业代谢模拟

实践表明，底吹炉的收尘系统对底吹炉资源利用效率及环境保护均有至关重要的作用。在熔炼时，为使进入底吹炉的铅精矿原料充分接触氧气产出粗铅，铅精矿等原料需要经过碾磨制粒，从而使原料在进入底吹炉后能够迅速分解氧化。这同时造成了底吹炉内富含有大量的烟尘，而Pb、PbS、PbO在高温下的不稳定性使烟尘中Pb（及其伴生金属）的含量增加。尽管底吹炉在熔炼过程中基本处于密闭状态，但在出铅、出渣的过程中，部分烟尘会随着液态粗铅、高铅渣一同输出底吹炉，进入车间环境，造成无组织排放。为避免和防止这些含有Pb等重金属的烟粉尘的散逸，一方面可以通过控制原料制粒的大小，在保证原料能够迅速氧化的情况下产生尽量低的烟尘量；另一方面可以通过工艺参数的调节，控制烟气中Pb的含量。底吹炉反应平衡时对烟气中含Pb量的控制不仅能缓解收尘系统的压力，而且能降低无组织排放中Pb含量，因此Pb在底吹炉中的代谢过程及影响其代谢行为的因素尤为重要。

冶炼过程的工业代谢，特别是过程代谢的变化规律的探讨应当基于在一定工艺、工艺参数及原料中物质含量的变化范围内，当工艺（及工艺参数）、原料成分及含量发生变化时，其工业代谢途径及代谢量将随之变化。本书第5章实证研究结果所示的底吹炉工序Pb的代谢行为和代谢量是在原料中Pb含量一定的情况下得出的，当原料中物质的含量发生变化时，代谢过程中各物质的行为及代谢量也将随之发生变化。对于铅冶炼工艺来说，除了原料含量外，其他工艺参数，特别是温度、富氧浓度等也会对Pb代谢行为产生影响。因此，本节利用所建立的富氧底吹熔炼过程模型来模拟当原料中物质的含量、反应的温度（熔炼温度）以及富氧浓度（加氧量）发生变化时生成物的变化。

7.4.1 原料成分对Pb代谢行为的影响

表7-8计算了连续3天输入底吹炉物质的代谢结果，入炉炉料中Pb的含量为55.17% ～ 57.38%，S的含量为15.47% ～ 15.74%，Pb和S的总平均含量为71.6%。由此可知，入炉炉料成分以Pb及S为主。假设入炉炉料中Pb与S的总含量一定，为71.6%，而且在其他元素含量、加氧量及熔炼温度与3天平均水平保持一致的情况下，通过变化Pb与S含量的大小来预测主要产品中Pb的含量以及SO_2的产生量。其中，Pb含量的模拟变化区间为53% ～ 65%，相应的S含量的变化区间为18.6% ～ 6.6%。

模拟结果显示，当原料中Pb含量逐渐增加（从53%增加至65%），S含量相应逐渐减少（从18.6%减少至6.6%）时，高铅渣的产生量逐渐增长；粗铅量先是逐渐增加，在原料Pb含量62%左右时达到最高，此后随着Pb含量的增长缓慢下降；烟气中Pb量则几乎呈线性下降趋势；SO_2量也逐渐降低，但降幅小于烟气中Pb量的降幅，如图7-3（a）所示。

原料中Pb含量的变化对Pb在三相中分配率的影响如图7-3（b）所示。由图7-3（b）可知，当原料中Pb和S的总含量一定时，随着Pb含量的增加，烟气中Pb量逐渐减少，Pb主要分布在粗铅和高铅渣中，而且高铅渣中Pb含量持续增加。

产物中各物质的含量结果如图7-4所示。由图可知，当原料中Pb和S的总含量一定时，随着Pb含量的增加，高铅渣中含铅量逐渐增加，而粗铅中含铅量则略有降低，其降幅绝对值小于高铅渣中含铅量增幅绝对值（粗铅中含铅量由97.78%降至96.04%，而高铅渣中含铅量由42.17%增至62.98%）。此外，由于高铅渣产生量及含铅量的增加，高

表7-8　富氧底吹熔炼过程平衡时各相组成模拟结果

相	序号	组分	摩尔分数			摩尔数/mol			物质的质量/kg		
			第1天	第2天	第3天	第1天	第2天	第3天	第1天	第2天	第3天
粗铅相	1	Pb	7.54×10^{-1}	7.55×10^{-1}	7.45×10^{-1}	3.24×10^{2}	4.03×10^{2}	5.07×10^{2}	6.72×10	8.35×10	1.05×10^{2}
	2	PbO	2.22×10^{-1}	2.22×10^{-1}	2.30×10^{-1}	9.54×10	1.19×10^{2}	1.56×10^{2}	2.13×10	2.64×10	3.49×10
	3	Cu	1.95×10^{-2}	1.89×10^{-2}	2.04×10^{-2}	8.37	1.01×10	1.39×10	5.36×10^{-1}	6.46×10^{-1}	8.91×10^{-1}
铅渣相	4	PbO	2.22×10^{-1}	2.22×10^{-1}	2.30×10^{-1}	9.24×10^{2}	8.95×10^{2}	8.76×10^{2}	2.06×10^{2}	2.00×10^{2}	1.95×10^{2}
	5	Cu_2S	6.92×10^{-3}	6.67×10^{-3}	7.21×10^{-3}	2.88×10	2.69×10	2.75×10	4.61	4.30	4.40
	6	Cu_2O	7.36×10^{-6}	6.95×10^{-6}	8.52×10^{-6}	3.07×10^{-2}	2.80×10^{-2}	3.25×10^{-2}	4.42×10^{-3}	4.04×10^{-3}	4.68×10^{-3}
	7	ZnO	2.04×10^{-1}	2.11×10^{-1}	2.22×10^{-1}	8.50×10^{2}	8.50×10^{2}	8.45×10^{2}	6.88×10	6.89×10	6.85×10
	8	FeO	2.53×10^{-1}	2.48×10^{-1}	2.46×10^{-1}	1.05×10^{3}	1.00×10^{3}	9.37×10^{2}	7.58×10	7.20×10	6.75×10
	9	Fe_3O_4	1.48×10^{-3}	1.40×10^{-3}	1.43×10^{-3}	6.18	5.66	5.47	1.43	1.31	1.27
	10	FeS	7.70×10^{-4}	7.72×10^{-4}	6.75×10^{-4}	3.21	3.12	2.57	2.82×10^{-1}	2.74×10^{-1}	2.26×10^{-1}
	11	SiO_2	2.04×10^{-1}	2.10×10^{-1}	2.19×10^{-1}	8.50×10^{2}	8.48×10^{2}	8.36×10^{2}	5.10×10	5.09×10	5.02×10
	12	CaO	1.00×10^{-1}	9.76×10^{-2}	7.16×10^{-2}	4.17×10^{2}	3.94×10^{2}	2.73×10^{2}	2.34×10	2.20×10	1.53×10
烟气相	13	Pb	2.45×10^{-3}	2.45×10^{-3}	2.42×10^{-3}	1.39×10	1.34×10	1.37×10	2.88	2.76	2.84
	14	PbO	1.59×10^{-4}	1.59×10^{-4}	1.65×10^{-4}	9.00×10^{-1}	8.66×10^{-1}	9.33×10^{-1}	2.01×10^{-1}	1.93×10^{-1}	2.08×10^{-1}
	15	PbS	2.27×10^{-1}	2.32×10^{-1}	2.12×10^{-1}	1.29×10^{3}	1.27×10^{3}	1.20×10^{3}	3.08×10^{2}	3.02×10^{2}	2.87×10^{2}
	16	ZnS	3.05×10^{-5}	3.22×10^{-5}	2.98×10^{-5}	1.73×10^{-1}	1.75×10^{-1}	1.69×10^{-1}	1.68×10^{-2}	1.70×10^{-2}	1.64×10^{-2}
	17	Zn	1.28×10^{-4}	1.32×10^{-4}	1.33×10^{-4}	7.25×10^{-1}	7.19×10^{-1}	7.51×10^{-1}	4.71×10^{-2}	4.67×10^{-2}	4.88×10^{-2}
	18	S_2	9.00×10^{-2}	9.41×10^{-2}	8.02×10^{-2}	5.10×10^{2}	5.12×10^{2}	4.54×10^{2}	3.26×10	3.28×10	2.91×10
	19	O_2	3.79×10^{-11}	3.80×10^{-11}	4.17×10^{-11}	2.15×10^{-7}	2.07×10^{-7}	2.36×10^{-7}	6.87×10^{-9}	6.61×10^{-9}	7.55×10^{-9}
	20	H_2	2.81×10^{-4}	6.22×10^{-8}	5.70×10^{-8}	1.59	3.38×10^{-4}	3.23×10^{-4}	3.18×10^{-3}	6.77×10^{-7}	6.46×10^{-7}
	21	N_2	2.11×10^{-1}	1.93×10^{-1}	2.21×10^{-1}	1.20×10^{3}	1.05×10^{3}	1.25×10^{3}	3.35×10	2.93×10	3.50×10
	22	SO_2	4.55×10^{-1}	4.65×10^{-1}	4.72×10^{-1}	2.57×10^{3}	2.53×10^{3}	2.67×10^{3}	1.65×10^{2}	1.62×10^{2}	1.71×10^{2}
	23	H_2O	1.45×10^{-2}	3.21×10^{-6}	3.08×10^{-6}	8.19×10	1.75×10^{-2}	1.75×10^{-2}	1.47	3.14×10^{-4}	3.14×10^{-4}

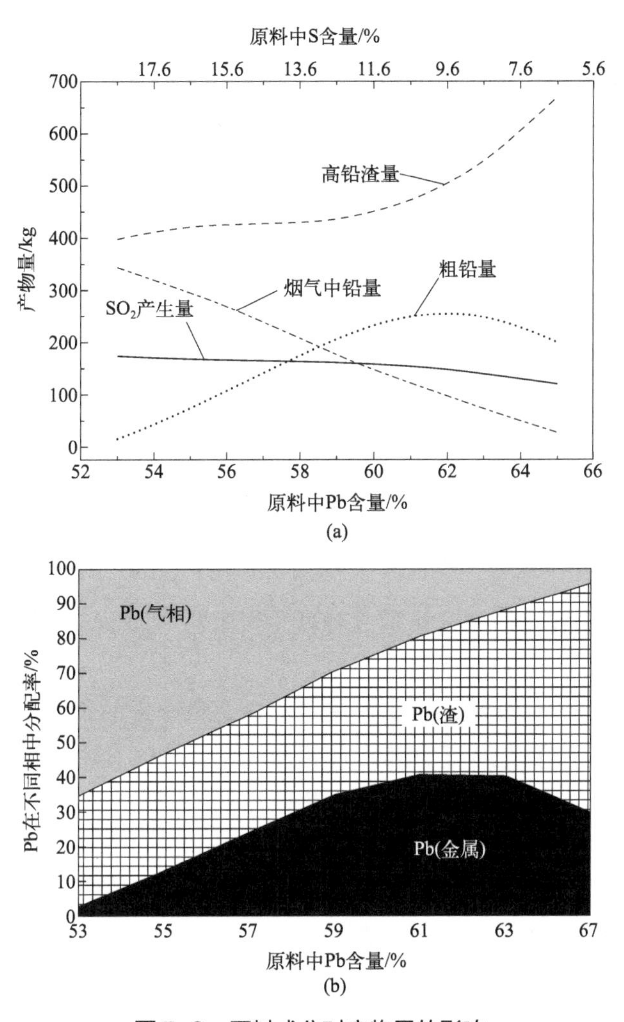

图7-3　原料成分对产物量的影响

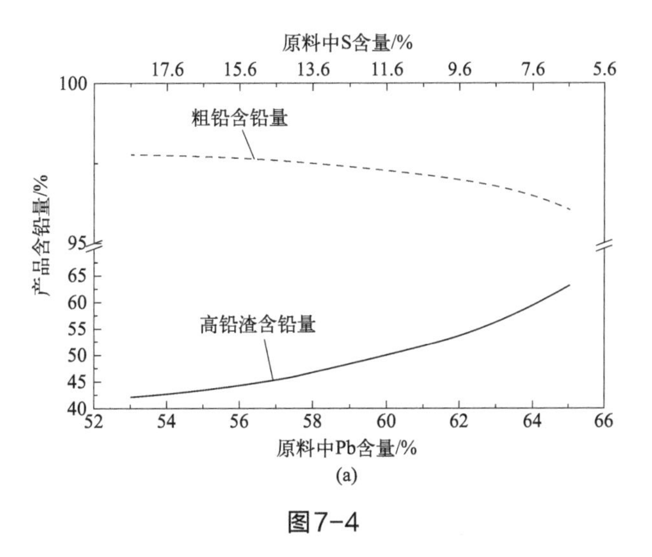

图7-4

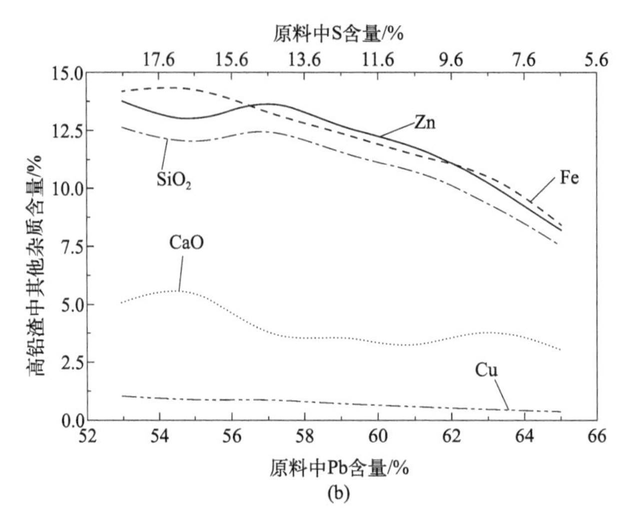

图7-4　原料成分对产物中物质含量的影响

铅渣中除Pb以外的主要物质的含量随之降低，当原料中Pb含量达到63%时，高铅渣中Zn、Fe、SiO_2的含量降至10%以下。

由以上分析可知，在原料成分中Pb和S的总含量一定的情况下，高品位矿（含Pb量高）经过熔炼后，Pb更趋向于分布在高铅渣和粗铅中（其中高铅渣中Pb含量相对高于粗铅），相应的烟气中Pb含量减少。随着矿石中Pb品位的提高，高品位矿经熔炼后所得的高铅渣产量及含铅量均高于相对低品位矿，相应的高铅渣中其他杂质含量相对降低，但粗铅含铅量略有降低。由此可知，在粗铅品质可接受范围内适当提高矿石品位可降低烟气中Pb含量以及增加高铅渣产量。

7.4.2　熔炼温度对Pb代谢行为的影响

在原料中成分、含量以及加氧量与前节计算实例中3天平均水平保持一致的情况下，仅通过改变反应温度的大小来预测产品产生量及其组分的变化。其中，熔炼温度的模拟变化区间为1100～1500K。

模拟结果显示，当熔炼温度逐渐上升（从1100K上升至1500K）时，粗铅与高铅渣产量随之降低，特别是粗铅的产量迅速下降，高铅渣产量降幅相对较低，而SO_2的产生量则呈缓慢的线性增长的趋势，如图7-5（a）所示。熔炼温度的变化对Pb在三相中分配率的影响如图7-5（b）所示。由图可知，熔炼的温度越高，烟气中的Pb量越高；Pb在渣中的分配率受温度影响较小；Pb在粗铅中的分配率受温度变化的影响较大，温度越高粗铅中Pb的含量越少。

产物中各物质的含量结果如图7-6所示。由图可知，熔炼温度逐渐上升时，粗铅中含铅量略有降低，高铅渣中含铅量则呈现先降低再缓慢增高的趋势，粗铅含铅量及高铅渣含铅量受温度变化的影响相对较小。同样，高铅渣中Pb以外杂质的变化幅度也较小。

由以上分析可知，在原料成分及含量一定的情况下，熔炼温度越高，烟气中含铅量越高，对除尘系统的压力越大，导致的无组织排放量也越大。依据其他学者对闪速炼铅过程的模拟可知，闪速炼铅过程同样存在温度上升导致铅在产品中分配率下降的现象。相应的，低温熔炼更有利于降低烟尘中Pb的含量。

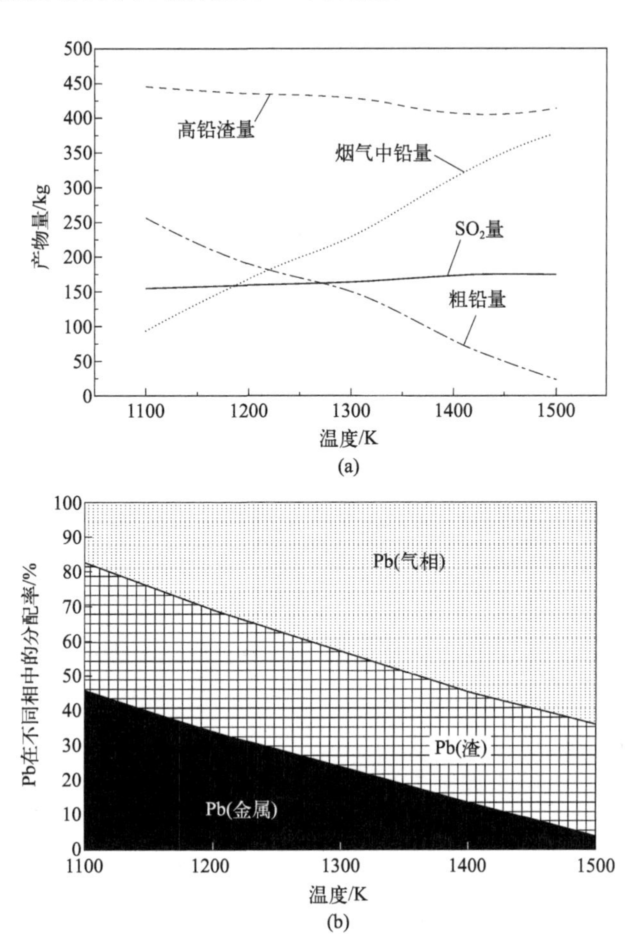

图7-5　反应温度对产物量的影响

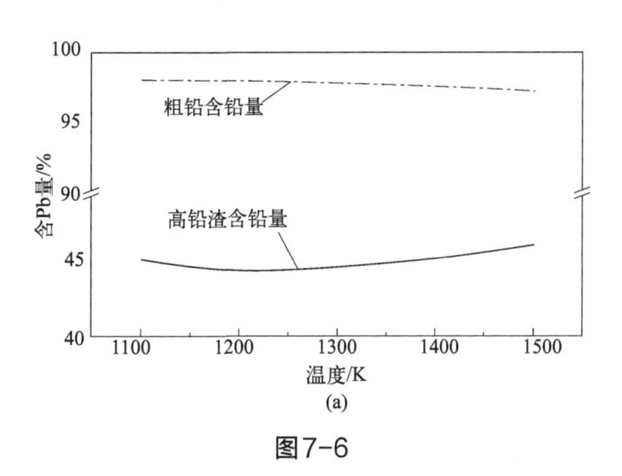

图7-6

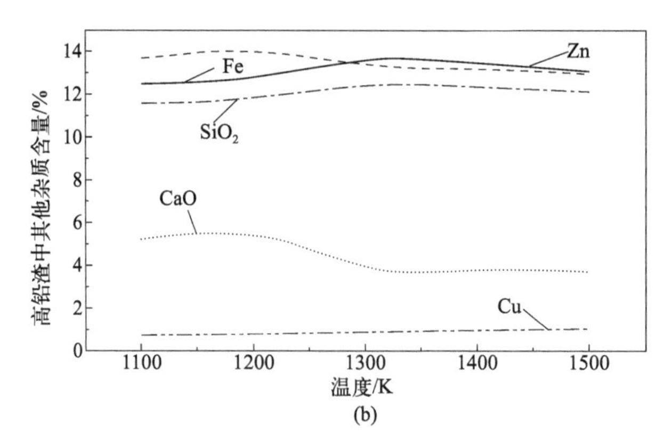

图7-6 反应温度对产物中物质含量的影响

7.4.3 加氧量对Pb代谢行为的影响

在原料中成分、含量及熔炼温度与前节计算实例中3天平均水平保持一致的情况下，通过改变进入底吹炉中氧气量的大小，也即每吨精矿所投入的氧气量（加氧量，m^3/t原料）来预测产品产生量及其组分的变化。其中，加氧量的模拟变化区间为73 ～ 110m^3/t。

模拟结果显示，随着投入氧气量的上升（从73m^3/t上升至110m^3/t)，底吹炉中粗铅产量和高铅渣产量均随之增长，同时SO_2产生量也随之增加，如图7-7（a）所示。

加氧量的变化对Pb在三相中分配率的影响如图7-7（b）所示。由图可知，随着加氧量的增加，Pb在粗铅中的分配率略有上升，而Pb在高铅渣中的分配率增幅较大，相应的Pb在烟气中的含量随之降低。

产物中各物质的含量结果如图7-8所示。由图可知，随着投入氧气量的上升，粗铅含铅量略有下降，而高铅渣含铅量则显著增长，由加氧量73m^3/t时的高铅渣含铅量39%提高至加氧量110m^3/t时的高铅渣含铅量50%，而粗铅含铅量仅降低不到1%。与此同时，随着高铅渣产量的增加，渣中杂质的含量相对降低。

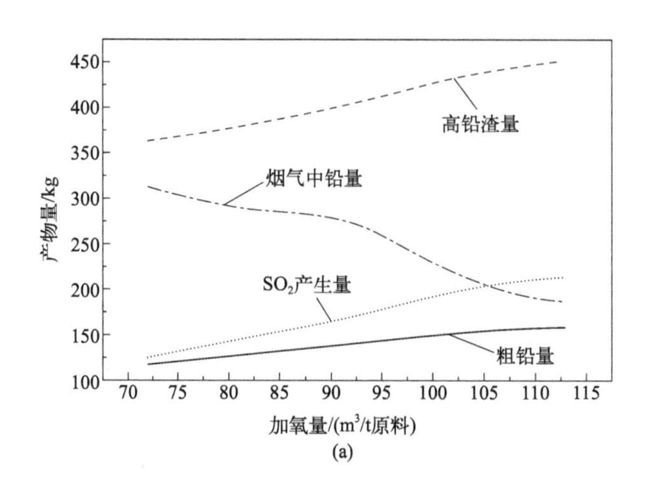

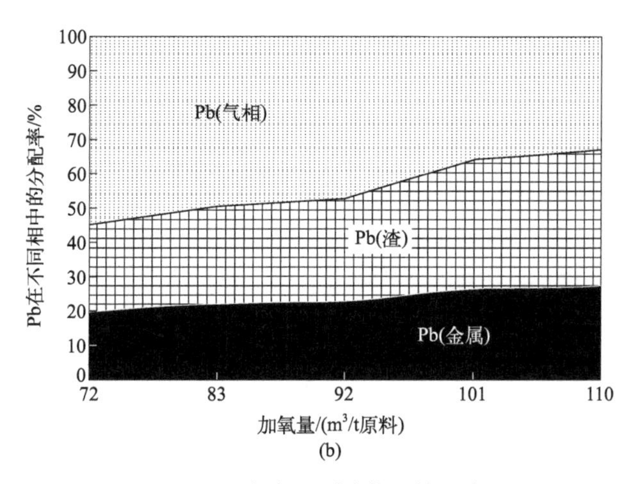

(b)

图7-7　加氧量对产物量的影响

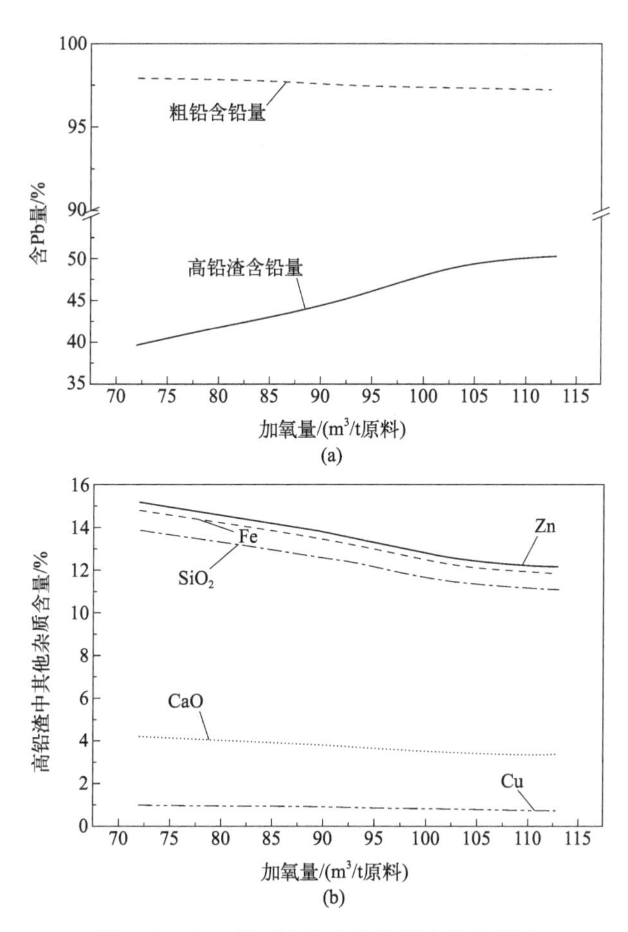

(a)

(b)

图7-8　加氧量对产物中各物质含量的影响

由以上分析可知，在原料成分及熔炼温度一定的情况下，适当增加投入底吹炉中的氧气量，可降低烟气中Pb的含量，从而也可相应地降低无组织排放烟气中的含Pb量。

参考文献

[1] Goto S. Equilibrium calculations between matte, slag and gaseous phases in copper smelting[J]. London: IMM, 1975: 23-34.

[2] 韦钦胜. 复杂体系化学平衡及相平衡计算方法的研究[D]. 青岛：中国海洋大学，2007.

[3] Sanderson R V, Chien H H Y. Simultaneous chemical and phase equilibrium calculation[J]. Industrial & Engineering Chemistry Process Design and Development, 1973, 12(1): 81-85.

[4] Zemaitis J F, Rafal M. ECES-A computer system to predict the equilibrium compositions of electrolyte solutions[C]//AIChE Meeting, Los Angeles, 1975.

[5] 裘端. 电解质水溶液相平衡的热力学研究[D]. 天津：河北工业大学，2002.

[6] White W B, Johnson S M, Dantzig G B. Chemical equilibrium in complex mixtures[J]. The Journal of Chemical Physics, 1958, 28(5): 751-755.

[7] 林金清，李浩然，韩世钧. 含化学反应体系多相平衡计算方法的研究进展[J]. 计算机与应用化学，2004, 20(6): 724-730.

[8] Dluzniewsli J H, Adler S B. Calculation of complex reaction and/or phase equilibria problem[C]// London: Institution of Chemical Engineers Symposium Series No. 35, 1972: 21-264.

[9] Gordon S, McBride B J. Computer program for calculation of complex chemical equilibrium compositions and applications Ⅱ. User's manual and program description [R]. Washington, DC,1996.

[10] Gautam R, Seide W D. Calculation of phase and chemical equilibria，Part I：Local and constrained minima in Gibbs free energy[J]. AIChE Journal, 1979, 25(6): 998-999.

[11] George B, Frown L P, Farmer C H, et al. Computation of multicomponent and multiphase equilibrium[J]. Ind Eng Chem Proc Des Dev,1976, 15: 372-377.

[12] Soares M E, Medina A G, McDermott C, et al. Three phase flash calculations using free energy minimisation[J]. Chemical Engineering Science, 1982, 37(4): 521-528.

[13] Castillo J, Grossmann I E. Computation of chemical and phase equilibrium[J]. Computers & Chemical Engineering, 1981, 5: 99-108.

[14] 王武谦，方晨昭，韩方煜. 多相多组分化学平衡模拟的研究（自由能最小法）[J]. 计算机与应用化学，1990, 7(4): 259-267.

[15] 周维彪，许志宏. 多相多组元化学平衡相平衡计算（Ⅰ）——算法M-SVMP[J]. 化工学报，1987(1): 39-48.

[16] 周维彪，许志宏. 多相多组元化学平衡相平衡计算（Ⅱ）——新算法GCG法[J]. 化工学报，1987(1): 49-55.

[17] Wyczesany A. Nonstoichiometric algorithm of calculations of simultaneous chemical calculated equilibrium composition at low pressure[J]. Industrial & engineering chemistry research, 1993, 32(12): 3072-3080.

[18] Powell N H, Sarnar S F. The use of element potential in analysis of chemical equilibrium[R]. General Electric Co, 1959: 59.

[19] Reynolds W C. The element potential method for chemical equilibrium analysis: Implementation in the interactive program STANJAN, version 3[R]. Dept of Mechanical Engineering, Stanford University, Stanford :Technical Rept, 1986.

[20] 过明道，李天祥. 元素势法分析化学平衡状态的微机通用计算程序[J]. 中国科学技术大学学报，1997, 27(2): 204-208.

[21] 过明道，李天祥. 一种新的热力学函数——元素势[J]. 科学通报，1997, 42(20): 2228-2230.
[22] 童长仁，刘道斌，杨凤丽，等. 基于元素势的多相平衡计算及在铜冶炼中的应用[J]. 过程工程学报，2009(S1):45-48.
[23] 曾青云. 铜闪速熔炼操作数据的回归分析[J]. 有色金属：冶炼部分，1994 (5): 4-6.
[24] 曾青云，汪金良. 铜闪速熔炼神经网络模型的建立[J]. 南方冶金学院学报，2003, 24(5): 15-18.
[25] 张传福，谭鹏夫，曾德文，等. QSL直接炼铅过程的计算机模拟与理论分析[J]. 有色金属（冶炼部分），1997(1):13-16.
[26] 谭鹏夫，张传福，李作刚，等. 在铜熔炼过程中第VA族元素分配行为的计算机模型[J]. 中南工业大学学报，1995, 26(4): 479-483.
[27] 谭鹏夫，张传福. 铜熔炼过程中伴生元素分配行为的计算机模型[J]. 金属学报，2009, 33(10): 1094-1100.
[28] 蒋振本，叶寒，蔡改贫. 锡反射炉熔炼热力学过程的数学模型[J]. 南方冶金学院学报，2001, 22(3): 193-197.
[29] 程利平. 云南铜业股份有限公司艾萨炉熔炼计算机模拟[D]. 昆明：昆明理工大学，2001.
[30] 彭楚峰. 鼓风炉熔炼高铅渣的计算机模拟[D]. 昆明：昆明理工大学, 2003.
[31] 凌玲，沈剑韵. 白银熔池熔炼过程的物质分配规律[J]. 有色金属，1998, 50(4): 65-71.
[32] 凌玲，沈剑韵. 白银冶炼厂炉渣贫化过程的计算机模拟[J]. 有色金属，1999, 51(3): 64-66.
[33] 凌玲，陆金忠. 镍闪速熔炼过程的平衡计算[J]. 有色金属，2000, 52(4): 71-73.
[34] 吴卫国. 铜闪速熔炼多相平衡数模研究与系统开发[D]. 赣州：江西理工大学，2007.
[35] 汪金良. 重金属短流程冶金炉渣活度研究与过程数值模拟[D]. 长沙：中南大学，2009.
[36] 史振忠. 冲天炉熔炼过程成分预测系统的研究与开发[D]. 武汉：华中科技大学，2011.
[37] 王吉坤. 铅锌冶炼生产技术手册[M]. 北京：冶金工业出版社，2012.
[38] 李源. 氧气底吹炉熔炼温度控制算法研究[D]. 长沙：中南大学，2013.
[39] 唐朝波. 铅、锑还原造锍熔炼新方法研究[D]. 长沙：中南大学，2003.
[40] 杨双欢. SKS氧气底吹炉炼铅过程的热力学分析与节能研究[D]. 长沙：中南大学，2010.
[41] Shimpo R, Watanabe Y, Goto S, et al. An application of equilibrium calculations to the copper smelting operation[J]. Advances in Sulfide Smelting, 1983 (1): 295-316.
[42] 梁英教，车荫昌. 无机物热力学数据手册[M]. 沈阳：东北大学出版社，1993:458.
[43] Nobumasa K.The application of equilibrium calculations to a copper flash smelting [J]. Joumal of the Mining and Materials Processing Institute of Japan,1987,103(5):315.
[44] Battle T P, Hager J P. Viscosities and activities in lead-smelting stags[J]. Metallurgical Transactions B, 1990, 21(3): 501-510.
[45] Lagarias J C, Reeds J A, Wright M H, et al. Convergence properties of the Nelder-Mead simplex method in low dimensions[J]. SIAM Journal on optimization, 1998, 9(1): 112-147.
[46] 谭鹏夫，张传福，张瑞瑛. QSL炼铅过程的热力学分析[J]. 中南工业大学学报，1996(6): 676-679.
[47] 汪金良，张文海，张传福. 硫化铅矿闪速熔炼过程的热力学分析[J]. 中国有色金属学报，2011(11): 2952-2957.

第8章 电解铝工业代谢分析

- □ 我国铝业发展现状
- □ 铝的主要产品及典型代谢关系识别
- □ 我国铝行业物质流分析

铝行业是我国有色金属冶炼的重点行业，也是典型的流程型行业。20世纪50年代我国开始发展铝冶炼，90年代后进入快速发展阶段，2020年氧化铝累计产量达到7313.2万吨，电解铝产量达到3751.2万吨。但随着产业结构调整和“双碳”目标的提出，铝行业发展增速逐渐降缓，电解铝明确产能上限为4500×10^4t/a，产业转型压力突出。铝的生产加工过程，主要以开采的铝土矿为原料，通过拜耳法、碱石灰烧结法、拜耳-烧结联合法等多种方法提取氧化铝，再对氧化铝进行氟化盐-氟化铝熔盐电解得到原铝。本章通过对铝的上、中、下游产业链物质代谢关系的梳理，识别了电解铝产业链的主要代谢关系，以广西壮族自治区平果铝产业园区为例，探讨了典型园区铝产业上、中、下游产品代谢情况。从工业生产过程和物质代谢角度，通过物质流分析方法，结合相关统计数据，分析了我国2020年铝行业铝土矿产量、进口量，氧化铝、电解铝产量，以及铝制品各类终端行业产品产量代谢。

8.1 我国铝业发展现状

铝（Al）是元素周期表的第13号元素，有银白色金属光泽，密度为2.72g/cm^3，质量约为一般金属的1/3，是一种轻金属。铝具有良好的延展性且易于锻造，它既可以制成厚度仅为0.006mm的铝箔，用于包装食品、药品，也可以通过挤压、碾环等方式加工成不同的铝材，广泛应用于建筑、汽车和机械设备等行业。此外，通过添加其他元素还可以将铝制成合金使它硬化，强度甚至可以超过结构钢，但仍保持着质轻的优点。

金属的性质往往决定其应用领域，铝质量轻、合金强度高，具有良好的导电导热性和延展性等众多优良的属性，决定了其广泛应用于国民经济的各个领域，是国民经济发展的重要基础原材料。作为一种重要的有色金属，铝广泛应用于电力、交通、建筑、包装、国防以及航空航天和人民生活等各个领域，从建筑家居到高铁、飞机，从食品、汽车到消费电子产品，铝的应用产业达到百余个。由于铝的制造一直是以熔盐电解法生产为主，因此通常称之为“电解铝”。

8.1.1 电解铝业概况

人类早在3000～4000年前就发现和掌握了冶炼铜工艺，炼铁的历史也有3000多年，我国炼铁技术在汉朝时期就得到了很大的发展。然而，炼铝技术才仅仅130多年。著名冶金科学家、钢铁冶金专家殷瑞钰院士说：“因为铜的熔点比铁低，因此人们首先学会了炼铜，而后才学会炼铁；炼铁需要打开分子键，而采用还原法炼铝的温度更高，需要采用电解法打开离子键，因此人类直到有了直流电才掌握了炼铝的技术。”1886年，美国的霍尔（Charles M.Hall）发明了一种冶炼铝的工艺，称为“氟化物熔盐中氧化铝的电解”。

我国电解铝发展得较晚，在苏联的援助下，1950年新中国第一个电解铝厂——抚顺铝厂（301厂）开始筹建，1954年建成投产，随后又建设了贵州铝厂（302厂）。但直到改革开放初期，我国电解铝一直都属于短缺产品，更是被列为战略性物资，仍以进口为主。1983年4月中国有色金属工业总公司成立，确立了“优先发展铝”的方针，足见我国对“铝”的迫切需求和对铝产业的重视。

改革开放以来，特别是从20世纪90年代开始，我国电解铝产业开始快速发展。1998年我国电解铝产能只有256万吨，产量243万吨。2003年到2021年近20年间，我国电解铝年产量已经从609.4万吨增长到3850.3万吨，增长了5.3倍，年均增速10.8%，见图8-1。

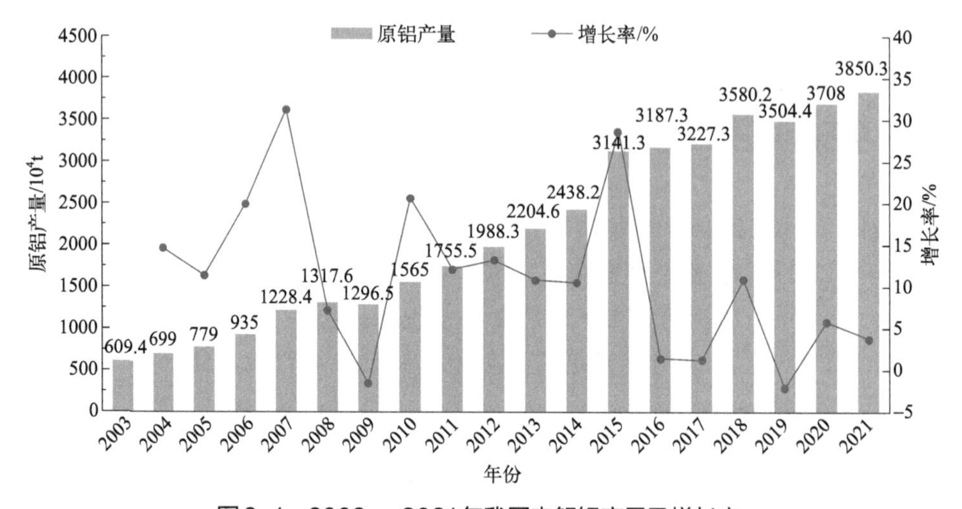

图8-1　2003 ~ 2021年我国电解铝产量及增长率

近年来，电解铝产量增幅逐渐降低，2016年电解铝产量3187.3万吨，2019年突破3500万吨，2021年电解铝产量延续增长趋势，但增速明显下降。主要由于2017年电解铝行业受供给侧结构性改革影响，新增产能规模受限，新建产能主要来自等量或减量产能置换。根据政策要求，现阶段我国电解铝行业合规产能上限约为4500×10^4t/a。2021年建成产能为4416.9万吨，运行产能为3751.2万吨，同比增长4.8%。

从全世界范围来看，2021年我国电解铝产量占全世界总产量的57%，连续21年稳居世界第一位。其次，欧洲、海湾合作委员会、亚洲（除中国外）、北美洲、大洋洲、非洲、南美洲电解铝产量分别为746.8万吨、588.9万吨、449.9万吨、388万吨、189.3万吨、159万吨和116.3万吨，分别占世界电解铝产量的11%、9%、7%、6%、3%、2%、2%，见图8-2。

截至2021年末，我国电解铝建成合规产能达到4325×10^4t/a，同比净增长93×10^4t/a。从产能分布来看，受煤炭资源禀赋的影响，电解铝产量主要集中在山东、新疆、内蒙古地

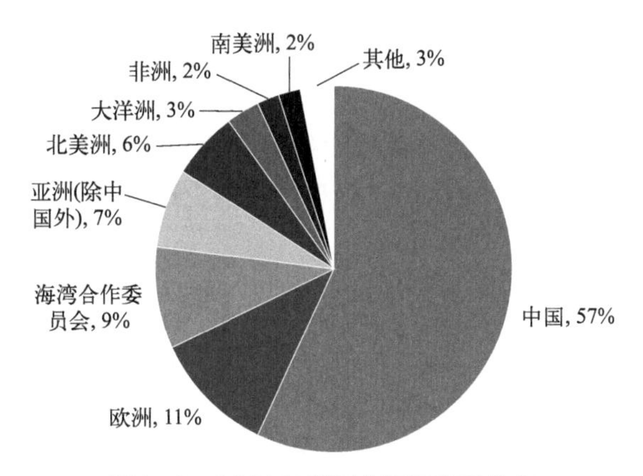

图8-2　2021年世界电解铝产量分布

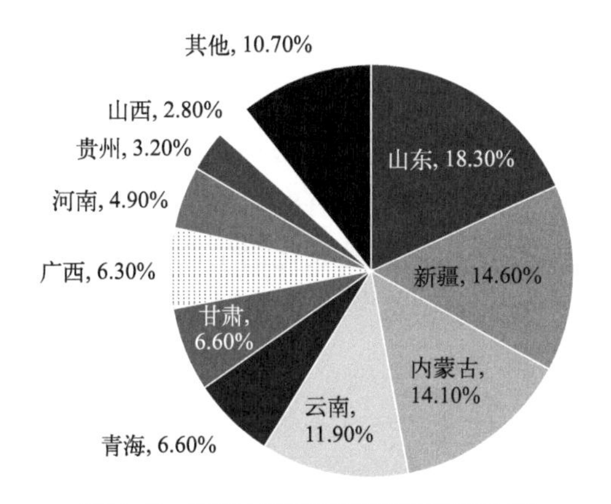

图8-3　2021年我国电解铝产能分布

区。截至2021年末，山东、新疆、内蒙古三地合计产能占全国总产能的47%，见图8-3。受产业发展政策以及重点地区减煤政策推行的影响，2019年以来我国电解铝产能逐步向云南、广西、四川等清洁能源富集区域转移。随着国家深化供给侧结构性改革、能耗“双控”“双碳”政策目标的推进，电解铝行业进入高质量发展阶段，减污降碳、优化产能布局和用能结构、提升产业链一体化能力、绿色环保生产技术研发、向产业链下游高端领域延伸依旧是行业转型升级的重点方向。

我国铝工业现已初步形成了“靠近铝土矿资源建设氧化铝，依托能源基地建设电解铝，在消费集中地发展铝加工”的模式，形成了集铝土矿、氧化铝、电解铝、铝加工研发于一体的比较完善的工业体系。从长远看，国内铝消费将保持增长趋势，但增速将放缓。根据《有色金属工业发展规划（2016 ～ 2020年）》，“十二五”期间，我国电解铝表观消费量年均增长率为14.4%。随着我国经济进入新常态，有色金属行业整体消费增速将由高速向中低速转变，电解铝消费年均增长率预测为5.2%。但随着交通运输轻量化、农村电网改造、电子信息产业、新能源汽车、高端装备制造等战略性新兴产业的发展，铝消费的需求增速仍将高于有色金属的整体增速（4.1%）。

8.1.2 主要生产工艺

铝的生产加工过程，主要以开采的铝土矿为原料，通过拜耳法、碱石灰烧结法、拜耳-烧结联合法等多种方法提取氧化铝，再对氧化铝进行氟化盐-氟化铝熔盐电解工艺得到原铝。

氧化铝生产方法有拜耳法、烧结法和联合法（即拜耳法和烧结法的联合），其中拜耳法是生产氧化铝的主要方法，其产量占全球氧化铝总产量的90%以上。拜耳法流程简单、能耗低、产品质量好、处置成本低，但只适合处理三水铝石或一水软铝石这类优质的、铝硅比要求较高的铝土矿，拜耳法所用原料有铝土矿、烧碱、石灰等，拜耳法工艺主要由溶出、分解和焙烧三个阶段组成；烧结法工艺增加了熟料烧成、脱硅等工序，可以处理一水硬铝石这类低质的、铝硅比要求较低的铝土矿，烧结法加工流程复杂，能耗大，单位生产成本高；联合法是将拜耳法与烧结法联合使用生产氧化铝的方法，其中又可细化分为串联法、并联法和混联法。由于烧结法、联合法的生产能耗较高，国内铝冶炼企业除少部分特种氧化铝生产仍采用烧结法外，其他均采用拜耳法生产工艺。各种氧化铝生产工艺中，拜耳法工艺最简单，没有熟料烧成工序，因此能耗较联合法和烧结法低，大气污染物排放量相对较小，目前是氧化铝生产的最佳工艺，国际上90%以上的氧化铝采用拜耳法生产。拜耳法生产氧化铝工艺见图8-4。

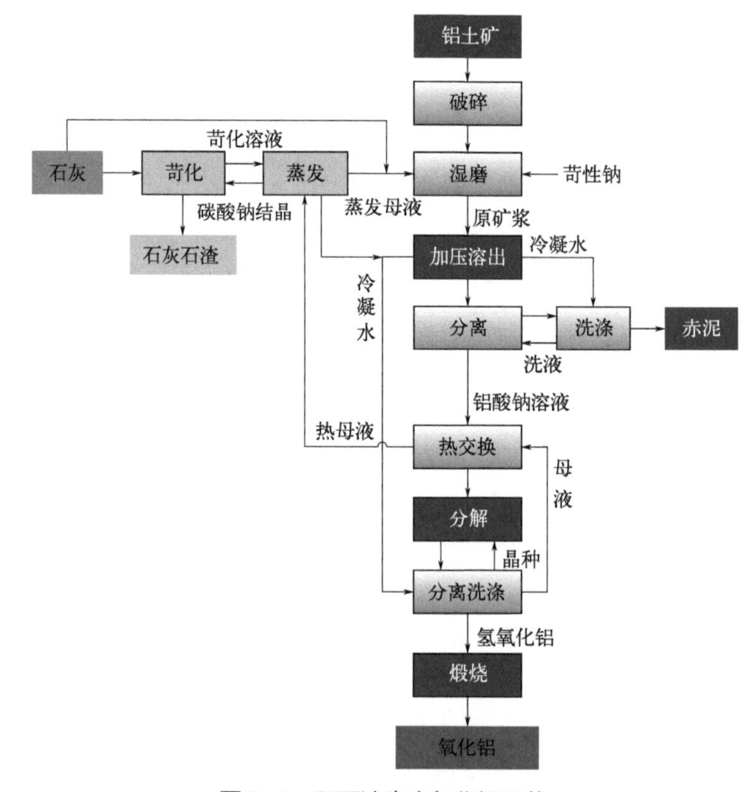

图8-4 拜耳法生产氧化铝工艺

电解铝生产目前国内外主要采用氟化盐-氟化铝熔盐电解工艺，也是目前工业中生产铝的唯一方法。电解铝的主要生产原料是氧化铝、氟化盐（冰晶石、氟化铝等）、碳素阳极，见图8-5。

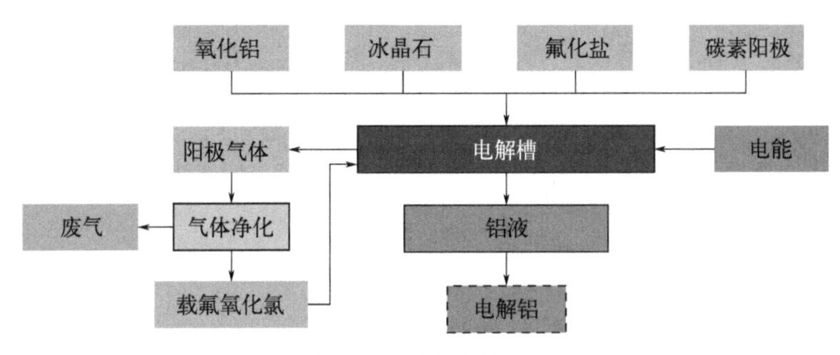

图8-5　电解铝生产工艺

8.1.3　行业产排污现状

8.1.3.1　主要产污环节

（1）氧化铝

氧化铝是电解铝的原料，氧化铝生产过程的产污环节主要有原燃料储运、破碎、筛分、石灰炉窑、石灰乳制备、熟料烧成窑、氢氧化铝焙烧炉、氧化铝储运及包装等。

氧化铝生产工艺流程中的产排污节点如图8-6所示。

（2）电解铝

电解铝生产工艺流程中的产排污节点如图8-7所示。

8.1.3.2　污染物产排特征及治理情况

电解铝生产过程中主要污染物的排放特征及治理情况如表8-1所列。

表8-1　电解铝生产过程中主要污染物的排放特征及治理情况

环境要素	主要污染物	产污环节	排放特征	治理措施	处理效率	治理情况
大气环境	氟化物（气态+固态）、粉尘、SO_2	电解槽烟气	有组织排放（连续），体积小，氟化物浓度高	密闭罩集气+机械排烟+氧化铝干法吸附	$\eta_{氟化物}\geqslant 98.5\%$；$\eta_{粉尘}$为98%～98.5%	达标排放
			无组织排放，体积大，氟化物浓度低	自然通风换气+天窗排出		
	粉尘	物料储运系统废气	有组织排放（间断）	袋式除尘器	$\eta_{粉尘}$为99.5%	达标排放
危险废物	氟化物	电解槽大修渣	间断	临时或永久渣场		堆放或综合利用

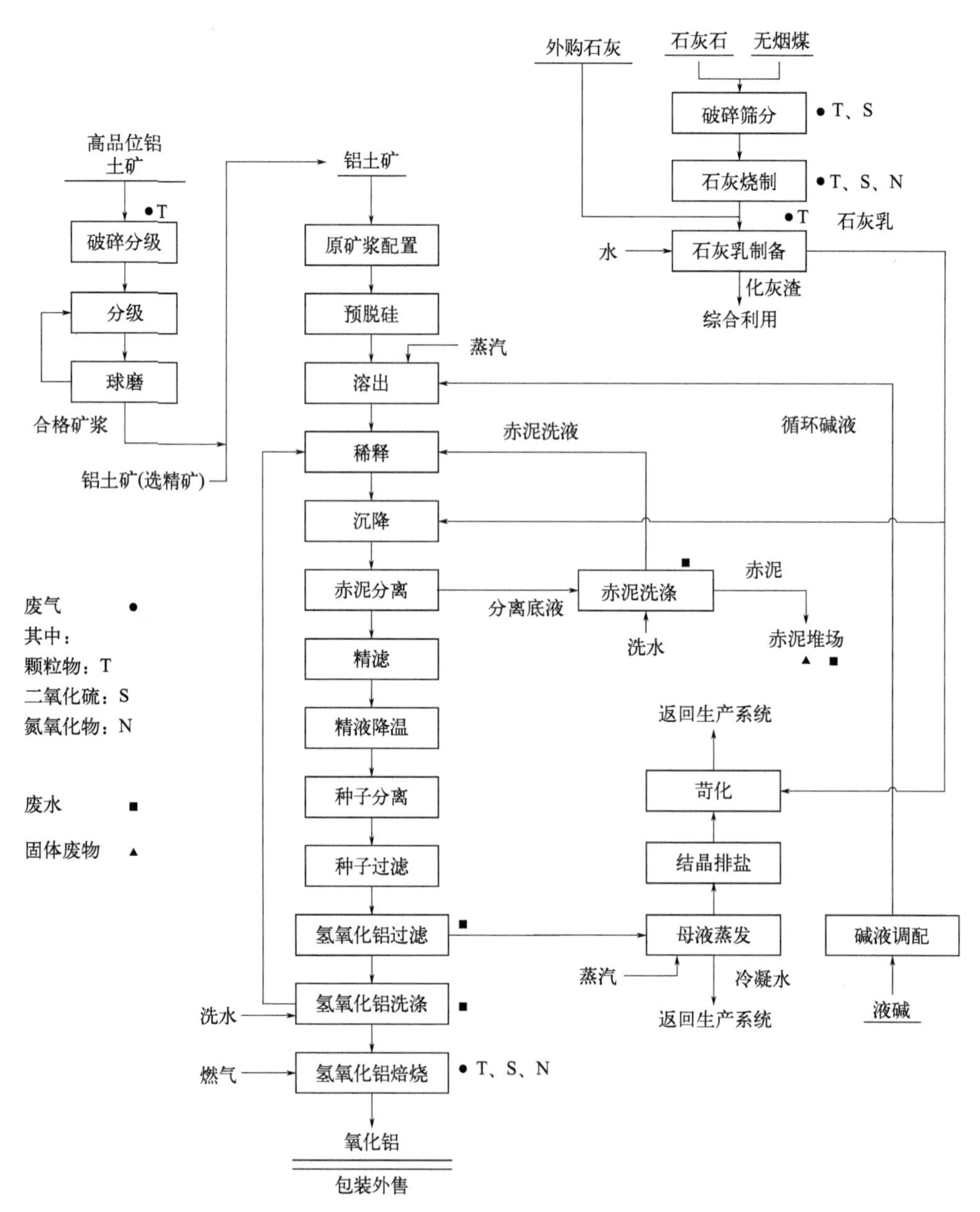

图8-6 氧化铝生产工艺流程及产排污节点

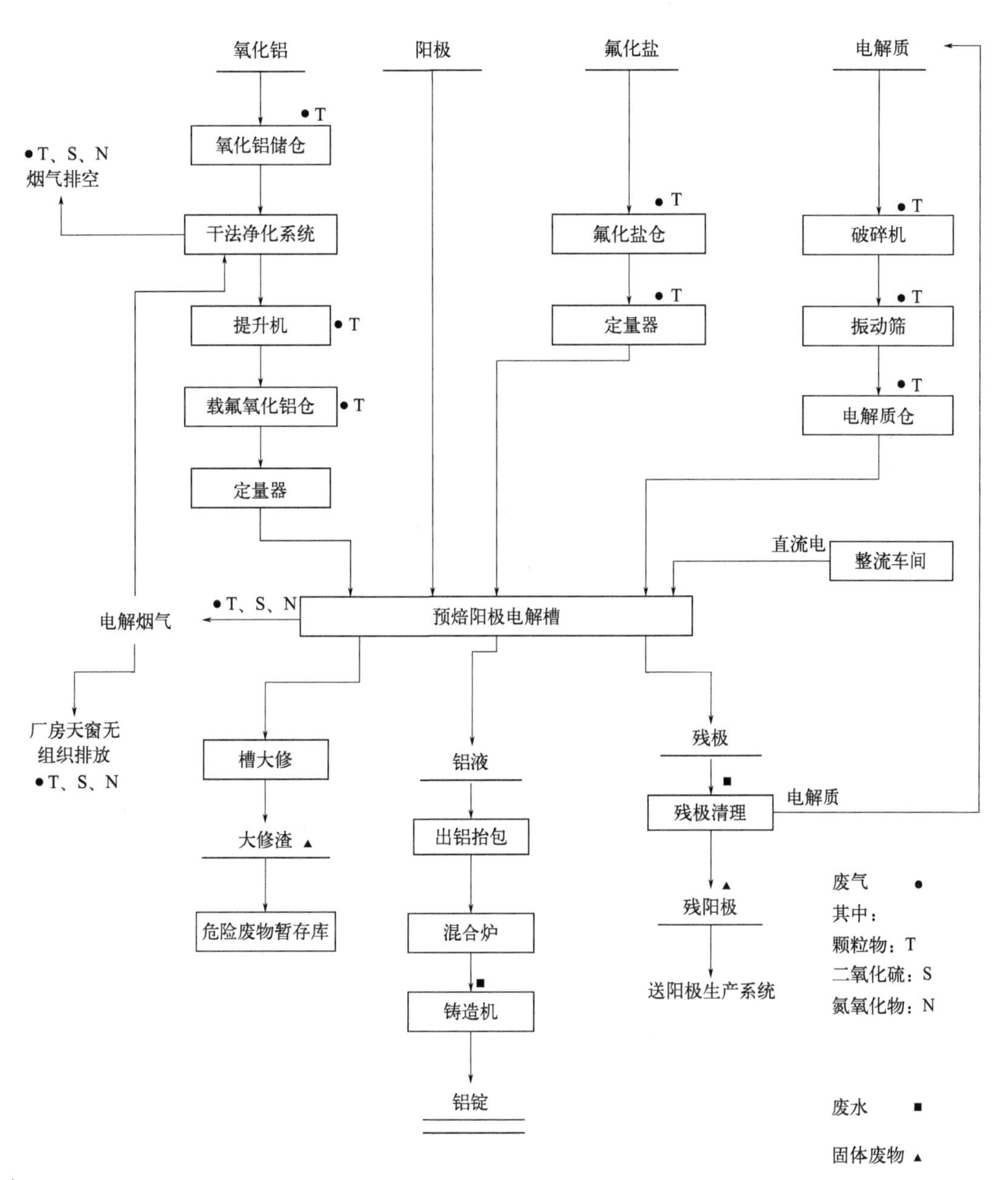

图8-7 电解铝生产工艺流程及产排污节点

（1）废气

铝电解预焙槽烟气中的主要污染物是氟化物和粉尘。目前我国预焙槽烟气均采用干法技术治理，技术比较成熟。大型电解槽烟气净化系统基本上能保持正常、高效运行，氟化物净化效率超过98%。

电解槽烟气其实是烟气和粉尘的混合物，所以烟气中有气体和固体两种成分。气态物质主要是氟化氢（HF）及二氧化硫（SO_2）等，一般含量见表8-2。

表8-2　电解槽烟气中气态污染物含量

项目	HF	SO_2
污染物含量/（kg/t Al）	8 ～ 11	7.9 ～ 15

而固态物质分两类，其中一类是大颗粒物质（粒径＞5μm），主要是氧化铝、炭粒和冰晶石粉尘。由于氧化铝吸附了一部分气态氟化物，一般大颗粒物质中总氟量约为15%。另一类是细颗粒物质（亚微米级颗粒），由电解质蒸气凝结而成，其中氟含量高达45%。根据槽型的不同，烟气的组成也略有变化。

收集铝电解槽散发出来的烟气一般采用槽上集气罩使其密闭，预焙槽通常采用平板式罩子或圆弧式罩子使其密闭，而后有导气支管把罩子内的气体排送入导气总管内，送一次净化系统。一次集气系统的密闭程度通常是95% ～ 98%。如中间点式下料预焙槽，设计的排烟风量约为$1.2\times10^5 m^3/t$ Al。

随着铝工业的发展，电解铝厂烟气净化技术成熟可靠，得到广泛应用。其净化工艺主要有湿法净化回收和干法净化回收两种。

1）干法

用氧化铝作吸附剂，使之产生氟化铝，直接返回电解槽使用。净化原理是：$6HF+Al_2O_3 \longrightarrow 2AlF_3+3H_2O$，氧化铝对HF的吸附有化学吸附，同时伴有物理吸附，吸附的结果是在氧化铝表面上生成表面化合物——氟化铝。干法吸附净化流程有输送床吸附工艺和沸腾床吸附工艺等，参见图8-8、图8-9。

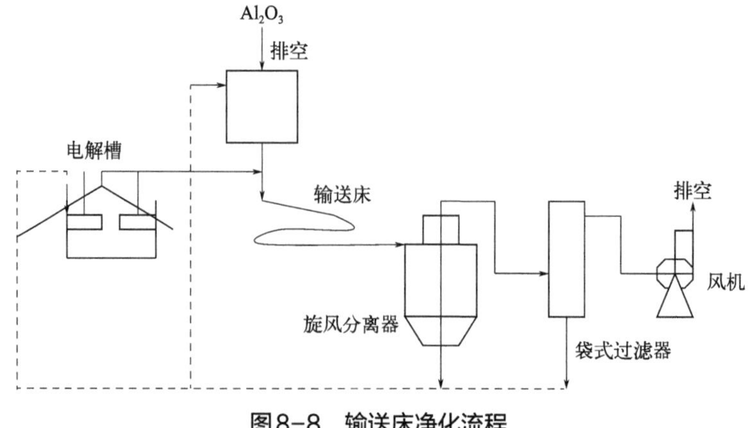

图8-8　输送床净化流程

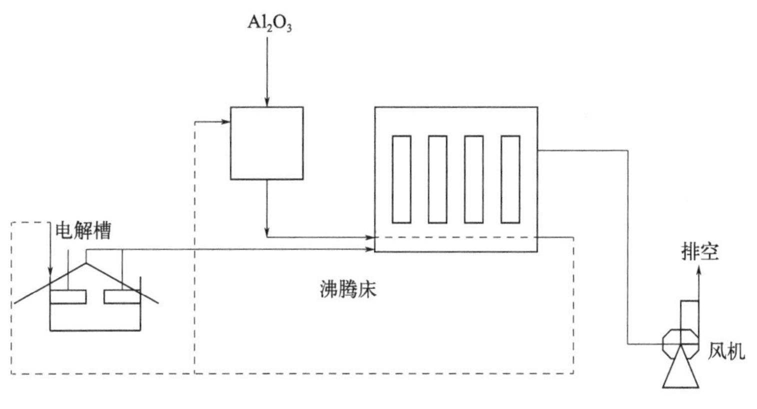

图8-9　沸腾床净化流程

2）湿法

有多种方法，如用清水洗涤、碱水洗涤、海水洗涤等。洗液再通过碱法、氨法和酸法流程加以回收，制取冰晶石、氟化钠、氟化铝等。

从近十几年的发展趋势看，湿法净化回收大部分已被干法净化回收所取代。这不仅是因为干法净化易于控制、流程简单、环境好、操作容易，而且干法净化回收过程中产生的二次污染小、净化效果好。湿法净化回收系统已逐渐因不适应环保的要求而被淘汰。

（2）废水污染物

电解铝工序不产生工艺废水。

（3）固体废物

电解铝厂危险废物主要有电解槽大修渣、残阳极和铝灰。铝电解槽在使用3～5年后就要进行大修，更换槽内衬。槽内衬材料主要是耐火砖、保温砖和炭块等，更换下来的阴极内衬材料即为电解槽大修渣。电解铝厂危险废物以电解槽大修渣为主，该渣浸出液中氟化物浓度＞100mg/L，氰化物浓度有的超过5mg/L。

8.2　铝的主要产品及典型代谢关系识别

8.2.1　铝的主要产品及产业链

8.2.1.1　电解铝上游产品

上游：铝土矿资源丰富，氧化铝产能过剩明显。电解铝产业链上游主要为原料的供给，包含铝土矿的开采和氧化铝的冶炼。全球铝土矿资源丰富，探明储量的静态保障年限是100年以上，但资源分布很不均衡，主要集中在几内亚和澳大利亚。中国为全球最大的氧化铝生产国，产量占全球的1/2，但铝土矿资源相对贫乏，每年约进口全球铝土矿产量的32.3%以满足氧化铝生产需求。全球铝业巨头不断抢占优质铝土矿资源，加速氧化铝厂建设，以实现铝土矿—氧化铝—电解铝全产业链布局，导致氧化铝产能持续扩张，相较电解铝已出现明显过剩。

（1）铝土矿

铝土矿是指工业上能利用的以三水铝石［$Al(OH)_3 \cdot 3H_2O$］、一水铝石（$Al_2O_3 \cdot H_2O$）为主要矿物组成的矿石统称。铝土矿是生产金属铝的最佳材料，其产量的90%用来生产氧化铝进而冶炼金属铝，非金属用途比较少且分散，主要是作耐火材料、化学制品及高铝水泥等的原料，或用作造纸、陶瓷、制药等的添加剂。

衡量铝土矿质量的指标有以下几个。

① 铝硅比。矿石中三氧化二铝含量与二氧化硅含量的质量比，一般用A/S 来表示，铝硅比越高越好。

② 三氧化二铝含量。含量越高对生产越有利。

③ 铝土矿所含矿物杂质。铝土矿中矿物杂质对氧化铝溶出性能的影响很大。三水铝石型的铝土矿中的氧化铝最容易被苛性碱溶液溶出，一水软铝石次之，一水硬铝石最难。而中国的铝土矿以第三种为主，需要在高温、高压条件下才能溶出，最难冶炼。

铝土矿因品位、杂质等多种因素的不同，一般需经过预处理和选矿两个步骤去除原矿杂质、提高品位，使其达到统一标准后用于工业冶炼氧化铝。

预处理主要是为了提高其品位和可利用性，包括脱水和除杂两个步骤。红土型铝土矿主要分布于赤道附近的热带和亚热带地区，原矿含水率高达 10% ～ 20%，脱水能大幅度地降低铝土矿的运输成本，并相应提高铝土矿的品位。除杂主要是除去低品位原矿中的大部分有害成分，以提高原矿品位，降低氧化铝的生产成本和能耗。

选矿主要包含破碎、磨矿两个步骤。通过破碎和磨矿将块状矿石粉碎至一定粒度，使其中有用的矿物从脉石矿物中解离出来，再采用适当的选矿方法，将有用的矿物和脉石矿物分离，达到除杂的目的。铝土矿开采的原矿中含泥量大，杂质氧化硅含量高，容易通过水洗的简单方法与铝矿物分离，因此常将洗矿法作为选矿方法。

2019年，澳大利亚（1.03亿吨）、中国（0.68亿吨）和几内亚（0.61亿吨）的铝土矿产量分别占全球总产量（3.4亿吨）的30%、20%和18%，合计约占68%。其中，中国以3%的资源储量贡献了全球20%的产量，但作为全球最大的电解铝生产和消费国，2019年中国从澳大利亚、几内亚和印度尼西亚等国进口1.1亿吨铝土矿以满足电解铝生产需求。

（2）氧化铝

氧化铝是一种高硬度化合物，熔点为2054℃，沸点为2980℃，在高温下可电离成离子晶体，无臭无味。氧化铝按用途可分为冶金级氧化铝和非冶金级氧化铝两大类。

① 冶金级氧化铝即作为原材料冶炼电解铝，一般占氧化铝总量的95%以上。

② 非冶金级氧化铝常用作耐火材料、分析试剂、吸附剂，或用于陶瓷行业等。非冶金级氧化铝需求相对稳定，一般不超过氧化铝总量的10%。

冶炼工艺：以拜耳法为主。

1889年，奥地利科学家Bayer发明了从铝土矿中提取氧化铝的方法，即拜耳法，主要流程为：

① 在高温、高压的条件下用NaOH溶液溶出铝土矿中铝元素，得到铝酸钠溶液。

② 在铝酸钠溶液中添加晶体，在不断搅拌的条件下进行晶种分解，进而析出氢氧化铝，进一步焙烧可得到氧化铝。

拜耳法工艺产生后，氧化铝生产得到了快速发展，形成了规模巨大的氧化铝工业，目前世界上95%以上的氧化铝都是采用拜耳法工艺生产的。一百多年来，拜耳法的基本原理没有改变，但设备和工艺有了巨大变化，降低了投资、人力、能源和维护费用，提高了劳动的生产率，为电解铝产能的巨大提升打下了坚实的基础。

但氧化铝生产过程中也产生了一定的环境污染，主要的污染物为赤泥，赤泥堆放造成的环境影响除占用大量土地外，其附液中的碱和硫酸盐下渗还可能对地下水和土壤造成污染，改变土壤的性质和结构，造成大面积的土壤盐碱化，使土壤板结。

自2019年以来，中国氧化铝持续处于产能过剩状态，开工率长期低于电解铝开工率，但氧化铝产能投资尚处于过热状态。截至2020年，建成氧化铝产能8812万吨，产量为7300万吨，产能利用率为82.8%。2021年新建产能约530万吨，主要集中在广西；2022年新建产能1450万吨。按照当前电解铝4500万吨产能天花板测算，氧化铝产能已经严重过剩。

8.2.1.2 电解铝中游产品

电解铝产业链中游为高耗能、高“碳”排放量的电解铝环节。每生产1t电解铝需耗13500kW·h直流电，约占整个铝产业耗能的70%以上；高耗能同时伴随着高“碳”排放量，电解铝冶炼的碳排放量约占全国碳排放总量的5%，仅次于钢铁和水泥行业。

随着“碳达峰”“碳中和”政策的逐渐推进，中国电解铝产能将逐步达到4500万吨的政策产能天花板，能源结构也逐步向更清洁的水电转换，全球电解铝产能也将因中国产能天花板而进入增长停滞阶段。能源问题依然是电解铝生产的核心问题。

(1) 生产流程

电解铝的全部生产过程分焙烧、启动和电解3个阶段，其中焙烧和启动大约经历几天或十几天，其质量好坏对以后能否正常生产以及电解槽的寿命有很大的影响。

① 焙烧　电解槽焙烧的主要目的是烘干炉体，使电解槽达到930～970℃的操作温度，防止启动时加入槽内的熔融电解质凝固，一般需要4～8d。

② 启动　在焙烧终了后，熔化冰晶石等溶剂形成铝电解所需的熔融电解质，同时进

一步加热炉内衬及清理炭渣，使电解槽的主要技术参数进入电解所需的范围之内。

③ 电解　在930～970℃高温环境的电解槽内，1.92～1.94t氧化铝作为原料与冰晶石、氟化铝等氟盐溶剂形成熔融状态的电解质。将13500kW·h直流电通入电解槽，在阴极和阳极上发生电化学反应，得到电解产物，阴极上是液体铝，阳极上炭棒与氧气反应生成CO_2（75%～80%）和CO（20%～25%）。氧化铝熔融于冰晶石中形成的电解质的密度约为2.1g/cm^3，铝液密度为2.3 g/cm^3，两者因密度差而上下分层，铝液沉淀于电解槽底部，用真空抬包抽出后，经过净化和过滤，获得1t 99.5%～99.85%纯度的原铝。

（2）精铝和高纯铝

氧化铝电解之后得到铝锭。随着工业技术的不断发展，新的应用领域对铝纯度的需求不断提高，从而使“纯铝”概念细化。根据纯度的不同，可以将铝划分为工业纯铝、精铝和高纯铝。

精铝和高纯铝本质上是通过对原铝进一步提纯，去除相应杂质，得到的铝含量更高的一种铝锭。全球95%的精铝和高纯铝是通过三层液电解法和偏析法提纯原铝制成的。纯度的提高使精铝和高纯铝具有更多优越属性：

① 抗腐蚀性大幅提高。铝的纯度越高，表面氧化膜就越致密，与内部铝原子的结合就越牢固，从而具有更高的抗腐蚀能力。

② 延展性大大提高。

③ 磁导率降低，导电导热性提高，对光的反射率提高。

精铝和高纯铝的主要应用领域为电子元器件的制造，目前，80%以上的精铝用于生产电解电容器，90%以上的高纯铝用于半导体制造行业。此外，其还可配制特种合金，制造结构型材料，广泛应用于航空航天、化工、冶金等领域。

（3）铝合金

纯铝具有质量轻、延展性好等特点，但材质软、强度低，为了改善纯铝的性能，可通过在纯铝中添加铜、镁、硅、锌等各种金属元素，制成各式各样的铝合金，以提高其物理性能和力学性能。

按照制造工艺，铝合金可分为变形铝合金和铸造铝合金两类。前者是对未熔化的铝合金坯进行热加工或冷加工成型，后者是将熔化的铝合金液倒入模具再将其铸造成型，其中变形铝合金的应用更为广泛，可占到铝合金制品产量的90%以上。

除制造工艺不同外，变形铝合金和铸造铝合金的合金含量略有不同。铸造铝合金的合金含量高，一般超过10%。变形铝合金的合金含量低，因为合金元素含量越多，延展性就越低，不利于后期加工。

（4）再生铝

铝及其合金因具有耐磨性和抗腐蚀性，在使用过程中损耗程度极低，多次重复循环利用后并不会丧失其基本特性，具有较高的再生利用价值。根据国际铝业协会的数据，全球历史上总共生产的15亿吨铝中，有超过70%仍在被使用，其中铝制易拉罐的回收率更是能达到95%以上。再生铝不仅具有显著的经济优势，还能有效节约自然资源、保护生态环境。

再生铝的特征主要包括以下几个方面：

① 相较原铝生产，再生铝生产能耗降低95%，具有极高的经济优势。再生铝是由废旧铝和废旧铝合金材料，经过分拣、简单处理后，重熔提炼，直接进入铝材加工环节，省去了铝土矿开采、氧化铝冶炼和电解铝冶炼3个流程，能耗降低超过95%，具有极高的经济优势。

② 再生铝生产过程无赤泥产生，低碳排放，对降低矿产资源和能源消耗以及环境保护具有重要意义。氧化铝生产过程中会产生大量含金属废料的赤泥，1t原铝大约会产生20t赤泥，目前暂无合适的处理方法，大量赤泥的堆放严重影响生态环境，而再生铝的生产不涉及赤泥的产生，对环境保护有积极影响。此外，再生铝生产能耗为原铝生产的5%，几乎没有碳排放，真正做到绿色生产。

③ 自2012年以来，中国再生铝生产进入低速增长阶段，再生铝占比持续维持低位，主要原因为原铝产能的持续高速扩张。随着原铝4500万吨产能天花板的确立，再生铝将成为平衡供给偏紧的重要途径，有望迎来高速发展。

从全球来看，欧洲、美国等地区和国家都已经实现再生铝产量高于原铝，日本更是几乎100%的再生铝代替原铝，而我国再生铝产量尚不足原铝产量的20%，亟待转型。尤其在“双碳”目标要求下，低能耗、低“碳”排放的再生铝有望得到更广阔的发展前景。

中国为全球电解铝第一大生产国，2020年全球电解铝产量为6529万吨，中国电解铝产量为3703万吨，占全球产量的57%。自2002年以来，全球电解铝增量基本来源于中国，近5年中国电解铝增量占全球增量的比例更是超过 90%，主导全球电解铝供给。

中国电解铝产量结束高增长阶段，4500万吨产能天花板基本锁死供给增长空间。2016 年之前，中国电解铝产量常年维持 7%以上的增速，开工率持续维持低位，行业因产能严重过剩，长期处于亏损状态。为了淘汰落后产能，防止恶性竞争，2017 年政府连续出台了《清理整顿电解铝行业违法违规项目专项行动工作方案》《关于停止违规在建电解铝产能的公告》等文件，随着工信部发布公告“2019 年起未完成产能置换的落后产能将不再视为合规产能”，电解铝产能调整宣布结束，全国 4500 万吨产能天花板基本确立，中国结束电解铝产量高增长阶段。

中国电解铝产量相对集中，据 2020 年 ALD 数据显示，山东省（812万吨）、新疆维吾尔自治区（594 万吨）、内蒙古自治区（576万吨）、云南省（275万吨）和广西壮族自治区（226万吨）电解铝产量合计约占全国总产量的 66.8%。其中，新疆维吾尔自治区和内蒙古自治区煤矿资源丰富，冶炼厂可享有低廉的火电；广西壮族自治区和云南省水利资源丰富，冶炼企业可享受价格较低的水电；山东冶炼厂享有一定的电价政策补贴，本质上电价决定了产能分布。

随着“碳达峰”和“碳中和”的持续推进，全国电解铝产能出现“北铝南移”的趋势。受限于环保和碳排放，要求北方的电解铝产能逐渐转移至南方有丰富水力资源的省（区、市），事实上，这一进程已经加速推进，2020年我国电解铝新增产能主要集中在云南、广西、内蒙古、四川等省（区、市），其中云南的新增产能占比就达到61%，广西壮族自治区和四川省分别占了8%。

8.2.1.3 电解铝下游产品

电解铝产业链下游主要将原铝或铝合金通过挤压、铸造等多种方式加工成各种形态的铝材，然后进一步加工成铝制品，广泛应用到建筑地产、交通运输、电力和包装等终端行业。当前电解铝终端需求依旧以传统行业需求为主，其中建筑地产、交通运输和电力电子用铝占比分别为29%、20%和16%，合计约占65%。随着新能源汽车、光伏、新兴轨道交通等行业的快速增长，未来电解铝需求格局将出现较大幅度的调整。

（1）初级消费

铝的初级加工是将原铝或铝合金通过挤压、平扎、铸造等多种方式加工成各种形态的铝材，常见的有铝棒、铝杆、铝板带、铝箔、铝铸件等。

铝材有两种不同的加工工艺：

① 铸造　在事先做好的铸型里浇入熔化的铝液或铝合金液，经冷却凝固、清整处理后得到预定形状、尺寸和性能的铝铸件。铸造工艺可加工形状复杂特别是具有复杂内腔的零件，适应性较广。

② 锻造　利用锻压机械对铝锭或铝合金坯料施加压力，使其产生塑性变形，从而获得具有一定力学性能、一定形状和尺寸的变形铝材。

（2）终端消费

初级消费品被进一步深加工成各种铝制品，广泛应用到建筑地产、交通运输、电力和包装等终端行业。

1）建筑地产

铝及其合金在建筑业中的应用已有100多年的历史。除公众所熟知的铝合金门窗外，铝因质量轻、耐腐蚀、耐磨和华贵的金属光泽，广泛应用于幕墙、建筑结构架、道路桥梁构架等中。

2）交通运输

铝及其合金因质量轻、抗冲击性能好、易于加工等特点在交通运输领域应用十分广泛。汽车轻量化是实现降低燃料消耗和限制汽车尾气排放的有效途径，而铝是汽车轻量化的最佳理想材料。中国汽车用铝占总用铝量的12%，除去常见的“四门两盖”，汽车轮毂也为铝合金制作；同时，汽车发动机缸体、缸盖等零件也越来越多地采用铝材制造。

在轨道交通工具当中，大型挤压铝型材能完美地符合要求，铝合金已广泛用于制作车体的骨架、地板结构、侧板、顶板等结构材料。此外，铝合金在航空航天中的应用也十分广泛，铝合金是飞机和航天器轻量化的首选材料，目前铝材占民用飞机结构件的70% ～ 80%。

3）电力电子

铝及其合金密度低，具有优良的导电、导热性，是电缆的重要基础材料，广泛用于电力工业、信息产业，电力用铝约占总用铝量的12%，其中电缆用铝量最大的产品是架空输电线。

4）机械制造

铝及其合金因质轻、比强度高、耐腐蚀、耐低温、易于加工等众多优良特性，在机械制造、精密仪器、光学机械等领域中获得广泛应用。主要产品包括标准零部件、农业机械和工具、化工设备等。

5）包装

铝及其合金在包装领域中的应用在各种有色金属材料中占首位。铝作为包装材料的形式主要为铝箔，铝箔包装始于20世纪初期，当时铝箔作为最昂贵的包装材料，仅用于高档包装。近年来，随着制作工艺的提升和成本的不断下降，铝箔广泛应用于食品和药品包装中。

8.2.2 典型铝产业园区物质代谢关系识别

8.2.2.1 平果铝产业园区概况

广西壮族自治区作为铝土矿资源富集省区，拥有丰富的矿产资源，而且矿藏分布集中、矿石质量佳、易开采，主要集中分布于桂西资源富集区的百色市平果、德保、靖西、那坡、田东、田阳一带，探明储量大约为4.87亿吨，占全国总储量的62.44%，远景储量超10亿吨。

平果市铝产业项目是国家“八五”重点工程项目，是当时中国有色行业和广西壮族自治区一次性投资最大的工程，也是广西壮族自治区当时最大的扶贫项目。平果铝工业区于2001年7月开始建设，2007年被评为自治区A类产业园区；2014年被列为自治区重点推进的30个产城互动发展试点园区之一；2018年7月被列为自治区县域经济重点工业园区，是百色生态型铝产业示范基地的重要载体；2019年12月获批百色市绿色园区；2021年6月30日被商务部认定为国家外贸转型升级基地（生态铝）；2021年9月被广西壮族自治区工业和信息化厅认定为铝循环经济特色产业园区。平果铝产业园区的建成投产，使广西壮族自治区铝土矿资源优势转化为经济优势，平果铝也成了自治区千亿元铝产业的龙头，氧化铝实现252万吨、电解铝实现143万吨规模，带动了平果市经济和社会的发展，财政收入从2000年起已跃居广西壮族自治区前三强。

（1）平果铝土矿储量概况

平果市拥有丰富的矿产资源，其中以铝矿最为丰富。截至2018年底，平果市共有铝土矿矿区8处，包含大型4处、中型1处、小型3处，保有资源储量26150.60万吨，累计查明资源储量32072.51万吨，开采前储量8101万吨，储量居全国首位。平果市铝矿石品位高，氧化铝含量高达60.45%，而且矿体大、品位高、埋藏浅，大部分露天，极易开采。

（2）铝土矿开发概况

平果市共有铝土矿矿山2座，分别为中国铝业股份有限公司平果那豆铝矿和平果太平铝矿。全市设计生产规模合计3.482×10^6t/a，近年实际生产规模平均为5.9245×10^6t/a。

（3）铝冶炼加工产业基本情况

近年来，平果市抓住推动铝产业“二次创业”和建设百色生态铝基地的重大机遇，在巩固发展氧化铝的基础上，加快推进煤电铝一体化和铝精深加工发展，形成了比较完整的铝深加工产业链，形成中铝广西分公司、广西华磊新材料有限公司、广西强强碳素有限公司、广西平铝集团、平果鉴烽铝材有限公司、广西平果博导铝镁线缆有限公司、广西友合铝材有限公司等20多家较大规模企业集聚发展的局面，夯实了铝“二次创业”的良好基础。2018年，全市形成铝土矿产能650万吨（占百色地区30.95%）、氧化铝产能252万吨（占百色地区30%）、电解铝产能143万吨（占百色地区100%）；高磁选铁精矿产能80万吨，金属镓40吨，氧化铝深加工7万吨，铝材加工148万吨（含在建百矿润泰项目50万吨，占百色地区46.25%），自备发电72亿千瓦时，年处理赤泥50万吨，铝灰渣年可处理10万吨，再生铝项目筹建产能80万吨。铝规模以上工业总产值为252亿元，同比增长13.00%；工业增加值为96.1亿元（现价），同比增长12.5%。铝产业对平果市工业经济的贡献率高达80%以上。

（4）重点企业情况

平果市涉铝企业共39家，其中规模以上的企业有31家，规模以下的企业有8家；规模以上企业中，氧化铝生产加工企业3家，铝配套6家，非冶金化学铝产业（棕刚玉）5家，电解铝加工17家。投资及建设规模较大的主要有中铝广西分公司、强强碳素、平铝集团、博导铝镁等企业，从业人员超过2万人，年加工铝产品能力达100万吨以上，铝产业年产值达200亿元以上。

① 中国铝业广西分公司　是中国铝业集团有限公司控股的中国铝业股份有限公司的骨干成员企业，其前身是成立于1987年的平果铝业公司，是一家集矿山开采和氧化铝生产于一体的现代化大型综合性铝冶炼企业，总资产87.95亿元。年产铝土矿600万吨、氧化铝252万吨、铁精矿80万吨、金属镓40吨、碳素13万吨，热电装机11.7万千瓦。

截至2018年12月31日，公司共生产氧化铝3251.64万吨，电解铝232.26万吨，金属镓210.78吨，铁精矿348.94万吨，累计实现工业总产值992.1亿元，利润186.78亿元，上交各类税费145.74亿元，是中国南方最大的氧化铝生产基地。

② 广西平铝集团　是广西铝型材生产大型企业之一，配套了年产25万吨铝材、10万吨铝板带箔、5万樘门窗、150万平方米铝模板、70万平方米全铝家居产品、10万吨电线电缆、5万吨铜材、20万吨特种铝棒等超先进生产线和产品质量检测设施。产品通过了ISO 9001国际质量管理体系认证和“方园产品合格”认证。目前公司的产品畅销全国，同时远销东南亚各国。公司的产品连续12年获得“广西名牌产品”和“广西著名商标”的称号，企业连续15年人围广西企业100强，是中国十大品牌之一，是中国铝行业前20名。2018年，产值超100亿元。

③ 广西华磊新材料有限公司　是中国铝业股份有限公司与百色市人民政府为在广西百色发展煤电铝一体化产业建成的公司，总投资概算62亿元。企业全部投产后年产能将达到铝水40万吨，产品的市场占有率将超过1%，生产的铝水将直供平果工业区的铝深加工企业。公司每年使用中铝广西分公司氧化铝80万吨，每年向驻桂企业供蒸汽500余万吨和供电10余亿千瓦时等，降低了驻桂企业的运输费用、销售费用、用电量和氧化铝生产成本，发挥了良好的协同效益。同时，带动了周边地区阳极、氟化盐、建材等配套产业及交通运输、仓储、物业等产业发展，增加了就业岗位，取得良好社会效益。同时，公司承担广西科技重大专项——精铝制备技术研究及其应用，该项目完成后将达到6万～8万吨精铝的目标，开发出用于制造航空铝合金产品的高质量精铝基材。项目达产达标后每年的营业收入接近70亿元。

④ 广西平果博导铝镁线缆有限公司　总投资3.5亿元，是我国西南地区首家铝镁合金线企业，也是目前国内规模最大的集铝镁合金研发、生产制造于一体的民营企业。公司主要产品为铝镁合金线。铝镁合金有密度小、强度高等一系列优良性能，是目前最轻的金属构件材料，可替代纯铜圆线广泛应用于有线电视同轴电缆、通信电缆编织屏蔽网线，是宽带传输网络和通信网络线缆配套产品，并应用于军工业和航空航天领域。

⑤ 广西百矿润泰铝业有限公司　总投资25亿元，设计年产铝合金板带箔50万吨。主要产品为节能型幕墙板、装饰铝箔、CTP印刷板基、交通用铝板、新能源用铝箔、包装及电子工业铝箔和其他铝合金产品等。产品主要销往华南、西南、东南亚、中东市场。项目全部达产后预计可实现年产值100亿元，利税5亿元，安排就业岗位1000余个。项目全部达产后单厂年产量位居国内前三位。

8.2.2.2　平果铝产业链分析

平果铝工业依托丰富的铝矿资源，以国有特大型企业中铝广西分公司、广西华磊新材料有限公司等强优企业为龙头，重点发展铝产品加工及其配套的上下游项目，拉长铝深加工产业链，做强做大铝深加工产业，目前已引进的铝加工企业有平铝集团、广西平果博导铝镁线缆有限公司、平果超能电子医疗器械科技有限公司、广西平果铝合金精密铸件有限公司、平果鉴烽铝材有限公司等19家铝加工企业，形成了较完整的铝加工循环产业链：铝产品加工以铝水、铝锭为主要原材料，经深加工后制成铝型材，高精度铝板、带、箔材，铝合金精密铸锻件，铝合金线，汽车零配件，复合包装用材等。铝产品加工后产生的废杂铝等经处理后回收综合利用，实现资源循环再利用，加快了平果生态铝业发展步伐。

铝产业链主要由铝土矿开采、氧化铝提炼、原铝生产和铝材加工四个环节组成，铝产业链主要分为上、中、下游三个环节。

（1）产业链上游

上游环节主要包括铝土矿的开采，以铝土矿为原料加工制成棕刚玉、瓷球、磨料、铝酸钙粉、耐火砖等环节，同时附加各类辅助环节，如勘探、氧化铝提炼辅料等。平果铝产业园区上游主要企业及产品见表8-3。

表8-3 铝加工产业链上游主要企业及产品

产业主要环节	主要产品	企业
产业链上游	碳素	广西强强碳素股份有限公司
	铝土矿	中国铝业有限公司广西分公司
	氟化铝、铝酸钙粉	平果和泰科技有限公司
	棕刚玉、砂轮	平果富泰工贸有限公司 平果丰源有限责任公司
	碳酸钙、耐火砖	平果东懋宏盛矿业有限公司 广西华众建材有限公司 广西平果盛景钙业有限公司 广西平果东荣钙业有限公司 广西平果汇丰华工贸有限公司

（2）产业链中游

中游环节产业链是铝加工产业的核心制造环节，包括四个部分：一是从铝土矿中提炼出氧化铝；二是将氧化铝通过电解得到电解铝、铝的中间产品（如铝锭、铝棒等）、加工及生产过程的辅助原料、设施等；三是氧化铝的深加工，冶炼成高纯氧化铝的环节；四是对铝灰渣、赤泥、废弃铝型材等铝固体废弃物进行综合利用的环节，涉及冶金选矿领域及各环节废旧材料的回收重熔。平果铝产业园区中游主要企业及产品见表8-4。

表8-4 铝加工产业链中游主要企业及产品

产业主要环节	主要产品	企业
产业链中游	电解铝	广西华磊新材料有限公司
	再生铝	广西平铝科技开发有限公司 广西循复再生资源有限公司

续表

产业主要环节	主要产品	企业
产业链中游	氧化铝	中国铝业股份有限公司广西分公司 广西平果铝朗琨科技有限公司
	赤泥综合利用	广西华众建材有限公司
	电解铝生产铝锭、铝带、铝箔、铝线	广西华美铝业有限公司 广西友合金属材料科技有限公司 广西百矿润泰铝业有限公司 广西平果博导铝镁线缆有限公司
	铝棒、板材、型材、管棒材	广西翔嵘铝业科技有限公司 广西琰玥发展有限公司 平果鉴烽铝材有限公司 广西中才铝业有限公司 广西百矿润泰铝业有限公司 广西德远铝业有限公司 广西平铝集团有限公司
	高纯氧化铝	广西平果铝朗琨科技有限公司

（3）产业链下游

铝加工产业链下游主要包括对初加工铝材及氧化铝进行进一步深加工，并应用于各类领域的环节。对原铝的加工主要分为挤压、压延和铸造三种方式，通过挤压工艺制成的产品主要有建筑型材和工业型材；通过压延工艺制成的产品主要包括铝板、铝带、铝箔、铝线等材料；通过铸造方式形成的铝合金压铸件多用于航天航空、交通运输、通信设备等领域。高纯氧化铝粉末广泛应用于锂电子隔膜、陶瓷、LED蓝宝石衬底、集成电路基板、荧光粉、消费电子等领域。平果铝产业园区下游主要企业及产品见表8-5。

表8-5 铝加工产业链下游主要企业及产品

产业主要环节	主要产品	企业
产业链下游	电线电缆	广西平果博导铝镁线缆有限公司 广西友合金属材料科技有限公司 广西平铝集团有限公司
	汽车用铝	广西瑞琪丰新材料有限公司 广西平果铝合金精密铸件有限公司
	建筑用材	广西平铝集团有限公司 广西平果县建安铝模板有限公司 广西卓强投资有限公司 平果鉴烽铝材有限公司 广西平果铜铝板业有限公司 广西平果巨昌铝业有限公司 广西平铝门窗科技有限公司 广西万利科技有限公司
	医疗器械	平果超能电子医疗器械科技有限公司

（4）平果铝园区产业链代谢图

平果铝产业园区上游氧化铝生产环节，由中国铝业有限公司广西分公司年消耗铝土矿3251万吨，生产氧化铝475.13万吨。中游环节，由广西强强碳素有限公司及中国铝业有限公司广西分公司生产碳素阳极228.2万吨，平果和泰科技有限公司生产氟化铝5.8万吨，以及电厂供电50.77亿千瓦时，广西华磊新材料有限公司生产电解铝，年产量为232万吨，赤泥140万吨。下游环节，电解铝提供给区内企业铝水、铝锭30万吨，用于生产电线电缆11.6万吨，汽车用铝制品2.5万吨，建筑用材7.2万吨，医疗器械290万平方米。平果铝园区产业链代谢见图8-10。

8.3 我国铝行业物质流分析

8.3.1 铝行业的物质代谢研究方法

8.3.1.1 研究目标与系统边界

本研究是基于我国铝行业2020年数据，确定铝土矿开采、氧化铝生产，以及碳素阳极、电解铝、铝及其合金制品生产、使用、报废、回收等各个阶段的环境影响和形成原因，从整个铝行业层面对铝业生产的物质流、能量流、污染物流进行分析，提供2020年我国铝行业的物质流图景。

根据输入-输出模型，结合质量守恒定律来分析我国铝业生产各工序、整个生产流程和加工与制造流程的物质流动关系。

（1）上游阶段

根据我国铝行业上游阶段输入-输出模型（见图8-11），可得我国铝土矿产量、消费量及氧化铝产量，基本物质代谢规律应为：

铝土矿产量＋进口铝土矿量＝氧化铝产量＋非冶金用铝土矿量＋
铝土矿出口量＋赤泥量

（2）中游阶段

根据我国铝行业中游阶段输入-输出模型（见图8-12），电解铝阶段主要电解铝产量、出口量等关系理论上应为：

氧化铝国内产量＋氧化铝进口量＝电解铝产量＋氧化铝出口量＋
非冶金用氧化铝量＋渣量

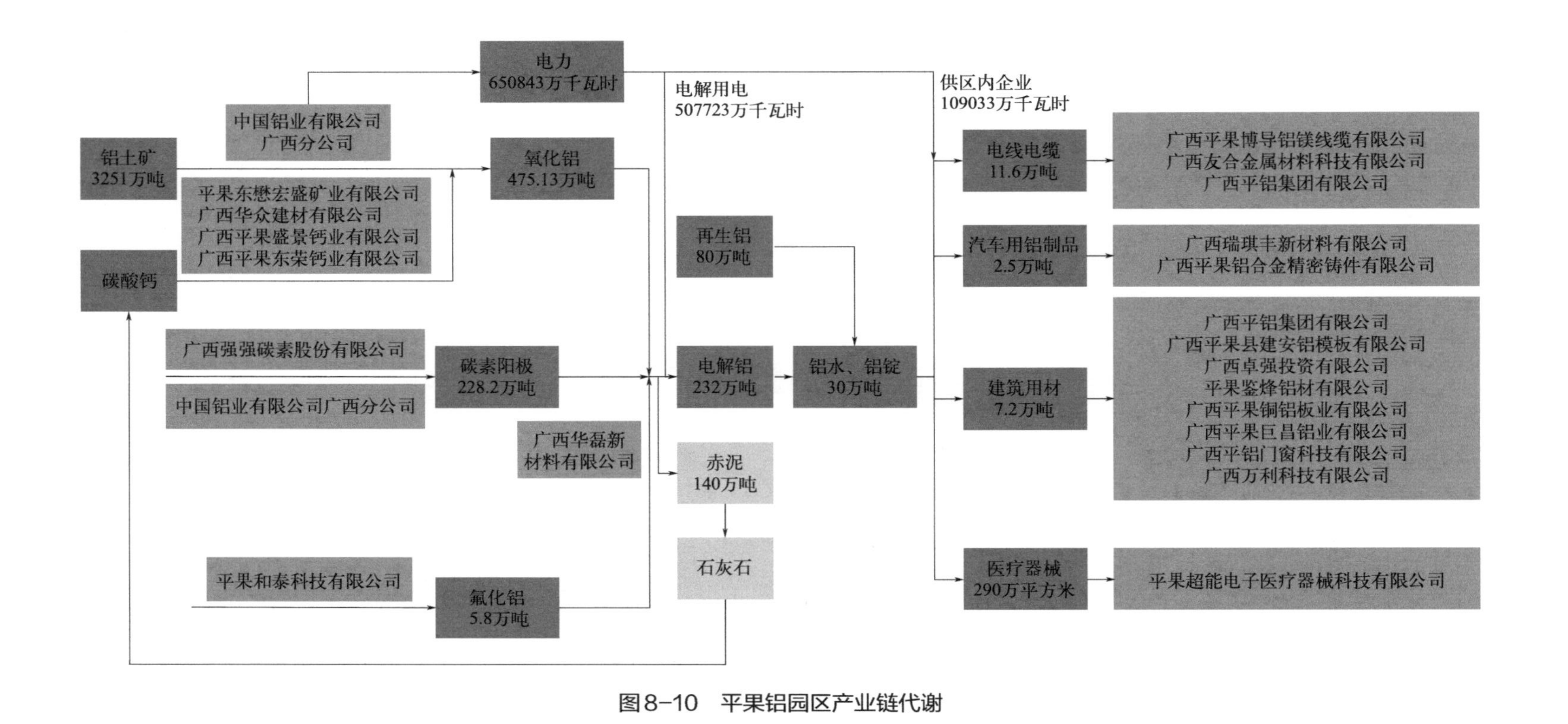

图8-10　平果铝园区产业链代谢

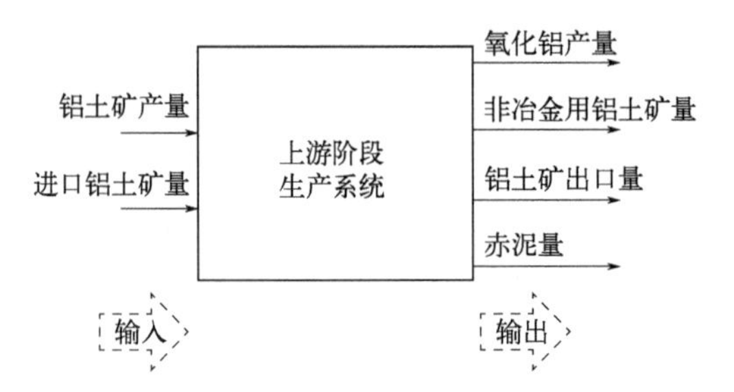

图8-11　我国铝行业上游阶段输入-输出模型

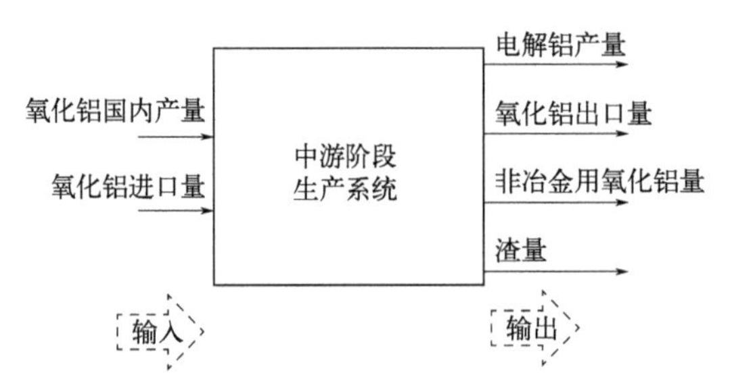

图8-12　我国铝行业中游阶段输入-输出模型

（3）下游阶段

根据我国铝行业下游阶段输入-输出模型（见图8-13），铝制品的生产、应用等相关关系理论上应为：

电解铝国内产量+再生铝产量+原铝进口量+废铝进口量=
废铝出口量+铝合金出口量+铝材出口量+铝制品出口量+
国内建筑、交通、电子、机械、包装、耐用品等各类铝制产品消费量

以上含量均指各项物流量的含铝量。

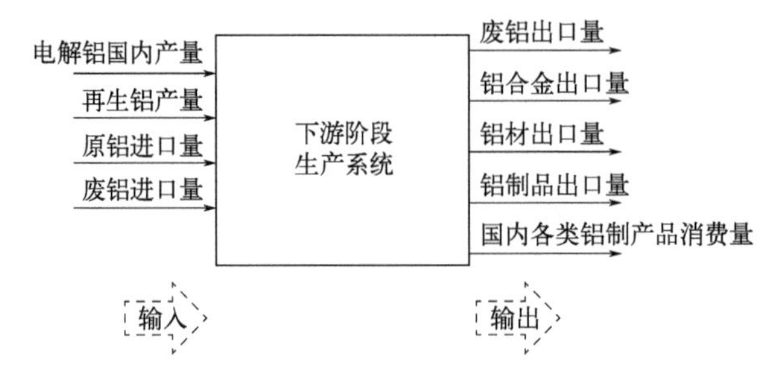

图8-13　我国铝行业下游阶段输入-输出模型

8.3.1.2　数据来源

鉴于资料与数据的可得性，系统边界确定为《中国有色金属工业年鉴》《中国铝业年鉴》《中国统计年鉴》中统计覆盖的地区，即不包括港澳台地区在内，选择的时间为2020年。

8.3.2　2020年我国铝业的物质流分析

8.3.2.1　上游阶段

实际根据《中国统计年鉴》《中国有色金属统计年鉴》相关数据统计，以及商务部、中国海关等相关公报数据，得到2020年我国铝行业上游产品代谢情况，见表8-6。

表8-6　上游铝行业生产工序物质流数据

项目	物流量/10^4t	含铝百分比/%	含铝量/10^4t
铝土矿产量	9269	32.42	3005.01
进口铝土矿	11155.82	25.83	2881.55
氧化铝产量	7313.20	52.94	3871.61
非冶金用铝土矿	4565.56	30.20	1378.80
出口铝土矿	3.55	32.42	1.15
赤泥	10000	6.35	635.00

2020年我国铝土矿产量为9269万吨，含铝量3005.01万吨；进口铝土矿11155.82万吨，含铝量2881.55万吨；当年我国氧化铝产量达到7313.2万吨，含铝量3871.61万吨；出口铝土矿仅为3.55万吨，含铝量1.15万吨；非冶金用铝土矿未查到准确数据，核算得到4565.56万吨，含铝量1378.8万吨；赤泥当年产量约1亿吨，含铝量约635万吨。我国的铝土矿产量仍有较大缺口，需靠大量进口才能满足生产需要。

8.3.2.2　中游阶段

实际根据《中国统计年鉴》《中国有色金属统计年鉴》相关数据统计，以及商务部、中国海关等相关公报数据，得到2020年我国铝行业中游产品代谢情况，见表8-7。

表8-7　中游铝行业生产工序物质流数据

项目	物流量/10^4t	含铝百分比/%	含铝量/10^4t
氧化铝产量	7313.2	52.94	3871.61
进口氧化铝	380.72	52.16	198.58
非冶金用氧化铝	144	52.1	75.02
出口氧化铝	15	52.3	7.85
电解铝产量	3708	99.7	3696.88
电解炭渣	113	1.8	2.03

注：此工序铝元素平衡存在一定数据出入，一方面是由于氧化铝、电解铝统计口径及误差差异；另一方面是由于非冶金用氧化铝统计数据为核算数据，与实际情况存在一定偏差。

2020年我国氧化铝产量达到7313.2万吨，含铝量3871.61万吨；进口氧化铝380.72万吨，含铝量198.58万吨；出口氧化铝15万吨，含铝量7.85万吨；非冶金用氧化铝144万吨，含铝量75.02万吨；当年电解铝产量3708万吨，含铝量3696.88万吨；电解炭渣产量113万吨，含铝量2.03万吨。

同时，随着再生铝产业的发展，近年来我国再生铝产量逐渐提升。根据投入、产出分析，我国废铝回收和再生铝应用理论上关系应为：

废铝回收量+废铝进口量=废铝出口量+再生铝产量

实际根据《中国统计年鉴》《中国有色金属统计年鉴》相关数据统计，以及商务部、中国海关等相关公报数据，得到2020年我国铝行业中游再生产品代谢情况，见表8-8。

表8-8 中游再生铝生产工序物质流数据

项目	物流量/10^4t	含铝百分比/%	含铝量/10^4t
废铝回收量	610	99.7	608.17
废铝进口量	82.33	99.9	82.25
出口废铝	0.0082	99.7	0.01
再生铝	745	99.9	744.26

注：此工序铝元素平衡存在一定数据出入，主要是由于统计数据存在一定的统计口径和数据质量的偏差。

8.3.2.3 下游阶段

实际根据《中国统计年鉴》《中国有色金属统计年鉴》相关数据统计，以及商务部、中国海关等相关公报数据，得到2020年我国铝行业下游铝制品代谢情况，见表8-9。

表8-9 下游铝制品生产工序物质流数据

项目	物流量/10^4t	含铝百分比/%	含铝量/10^4t
电解铝产量	7313.2	52.94	3871.61
再生铝产量	745	99.8	743.51
原铝进口量	106.54	99.9	106.4335
废铝进口量	82.33	99.9	82.25
废铝出口量	0.0082	99.7	0.00818
铝合金出口量	21.42	83.73	17.93
铝材出口量	485.74	99.7	484.28
铝制品出口量	89.26	95.88	85.58
建筑铝产品量	1390.84	97	1349.12
交通工具铝产品量	1109.47	95	1054.00
电力电子设备铝产品量	762.69	99.5	758.88

续表

项目	物流量/10^4t	含铝百分比/%	含铝量/10^4t
机械设备铝产品量	276.16	91.6	252.96
包装铝产品量	337.28	100	337.28
耐用品铝产品量	424.65	90.5	384.30
其他产品铝产品量	140.53	90	126.48

2020年，我国电解铝产量、再生铝产量、原铝进口量和废铝进口量合计为8247.07万吨，含铝量4803.80万吨。废铝出口量，铝合金、铝材、铝制品等出口量合计为596.43万吨，含铝量587.80万吨。用于我国国内各行业铝制品生产的铝物流量为4441.62万吨，含铝量为4263.02万吨。其中纯铝含量应用于建筑1349.12万吨，应用于交通1054.00万吨，应用于电力电子产业758.88万吨，应用于机械设备252.96万吨，应用于耐用品337.28万吨，应用于包装产品384.30万吨，应用于其他领域产品126.48万吨，各领域占比分别为建筑（32%）、交通（25%）、电力电子（18%）、机械设备（6%）、耐用品（8%）、包装（8%）、其他产品（3%）。

我国铝行业整体物质流见图8-14。由图可知，2020年我国铝业原料铝土矿本地开采量为9269万吨，同时进口铝土矿11155.82万吨，我国铝土矿仍大量依赖进口，出口量仅为3.55万吨，生产氧化铝7313.2万吨，赤泥1亿吨；同时，进口氧化铝380.72万吨，合计生产电解铝3708万吨，电解炭渣113万吨。再生铝生产方面，国内废铝收集量610万吨，废铝进口量82.33万吨，合计产生再生铝745万吨，再生铝产量逐年增加，较上年同比增长2.1%。铝材、铝制品国内总产量4441.62万吨，出口铝制品596.42万吨。其中国内建筑建材业和交通业的铝产品产量分别为1390.84万吨和1109.47万吨，占比分别为31.31%和24.98%；此外，电力电子行业铝制品产量762.69万吨，机械设备生产铝制品产量276.16万吨，包装用铝337.28万吨，耐用产品用铝424.65万吨，其他用铝140.53万吨。

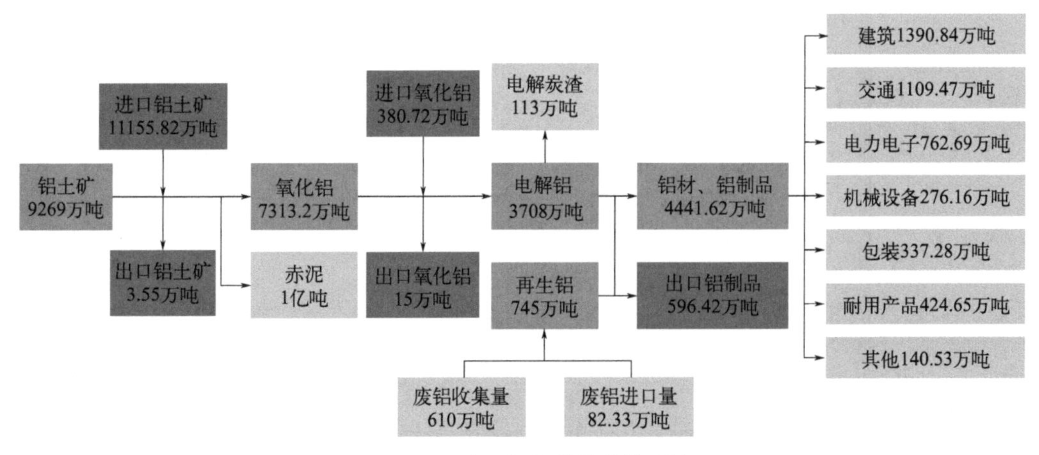

图8-14 我国铝行业整体物质流

参考文献

[1] 中华人民共和国2021年国民经济和社会发展统计公报.

[2] 中华人民共和国2020年国民经济和社会发展统计公报.

[3] 赵贺春，张立娜. 我国铝业生产的物质流分析——基于2010年我国铝行业的数据[J]. 北方工业大学学报，2014, 26(4): 1-8.

[4] 高天明，代涛，王高尚，等. 铝物质流研究进展[J]. 中国矿业，2017, 26(12): 117-122.

[5] 杨富强，熊慧. 物质流分析用于中国铝使用存量的研究[J]. 中国金属通报，2020(4): 142-143, 145.

[6] 卢浩洁，王婉君，代敏，等. 中国铝生命周期能耗与碳排放的情景分析及减排对策[J]. 中国环境科学，2021, 41(1): 451-462.

[7] 张超. 中国铝物质流综合分析[D]. 沈阳：东北大学，2017.

[8] 马琼，杨健壮. 我国电解铝工业技术发展现状[J]. 世界有色金属，2016(10): 55-57.

[9] 孙林贤，董文貌，刘咏杭. 我国电解铝工业现状及未来发展[J]. 轻金属，2015(3): 1-6.

第9章 资源再生行业废物流代谢分析

资源再生行业，也指废弃资源综合利用行业，为废弃资源和废旧材料回收加工过程，是典型的流程型工业。在资源再生行业中，废弃资源和废旧材料被连续地按一定的工艺加工，通过分拣、分选、筛选、拆解、破碎、清洗、分离、熔融或热解等工艺，加工成可直接利用的再生原料。行业整体以物理加工工艺为主，如拆解、切割、剪切、破碎、分选、清洗等，间或有裂解、熔融等化学工艺，再生资源在这些加工过程中发生了物理性能或化学性能的改变。资源再生行业的很多加工工序工艺简单，单个操作单元产排污量小，但产排污节点多。通过构建再生资源物质流图，分析资源再生过程物质代谢模式，以全面了解资源代谢路径，提升再生资源回收率和利用率，优化资源、能源效率，精细化污染防治过程。

9.1 资源再生行业发展概况

9.1.1 废弃资源综合利用的主要品种

资源再生行业致力于从源头上减少能源消耗和环境污染，是我国循环经济的重要组成部分。近年来，在国家政策支持下，该行业得到了各界的广泛关注和积极参与，再生资源回收率和利用水平不断提高，回收总量和回收总值呈现上升趋势。据统计，目前全国主要再生资源回收企业约10万家，回收行业从业人员约1500万人。截至2021年年底，我国废钢铁、废有色金属、废塑料、废纸、废轮胎、废弃电器电子产品、报废机动车、废旧纺织品、废玻璃、废电池十大品种的再生资源回收总量约3.81亿吨，回收总额约13695亿元，均较上一年增加。具体回收情况如表9-1所列。

表9-1 2021年典型废弃资源回收情况[1]

序号	名称		回收总量	回收总值
1	废钢铁	总计	25021万吨	7523.6亿元
		大型钢铁企业	22621万吨	—
		其他企业	2400万吨	—
2	废有色金属		1348万吨	2878.5亿元
3	废塑料		1900万吨	1050亿元
4	废纸		6491万吨	1493亿元
5	废轮胎		640万吨	76.8亿元
6	废弃电器电子产品		20200万台	222.4亿元
			463万吨	

[1] 数据来源于《中国再生资源回收行业发展报告2022》。

续表

序号	名称	回收总量	回收总值
7	报废机动车	300.2万辆	276.9亿元
		678.5万吨	
8	废旧纺织品	475万吨	26.1亿元
9	废玻璃	1005万吨	48亿元
10	废电池（铅酸电池除外）	42万吨	99.7亿元
11	合计	38063.5万吨	13695亿元

废钢铁和废有色金属方面，以废钢铁、报废船舶、废电线、废电缆及废电机为主。作为世界第一钢铁生产和回收利用大国，我国废钢铁回收利用量约占整个再生资源总量的60%以上，2021年超过65%，在供给侧结构性改革的推动下，国内废钢市场逐渐规范，符合规范条件的钢铁企业废钢消耗量逐步增长，2021年，重点大型钢铁企业回收废钢约22621万吨，其他企业回收废钢铁约2400万吨。废钢单耗❶为219.03kg/t钢，综合废钢比❷为21.9%，均有所提升。国内报废船舶年拆解能力已达200万吨，废电线、废电缆及废电机等产品无害化处置和资源化量也逐年上升。废有色金属中，废铝、废铅和废铜回收量稳居前三，总回收规模在废有色金属回收总量中占比接近90%。

废塑料方面，我国再生塑料行业规模大，但整体质量不高，2021年国内废塑料回收量约1900万吨，国内废塑料回收量恢复增长，废塑料质量有所提高，回收体系尚不健全，市场毛料回收仍以散户为主，随国家环保政策趋严，废塑料进口量实现清零。

废轮胎方面，2021年我国轮胎工业经济运行情况平稳，废轮胎回收利用企业约1500家，从业人员约10万人，废旧轮胎产生量约3.3亿条，回收重量约640万吨。回收轮胎仍以轮胎翻新、再生橡胶产品、生产橡胶粉和热裂解四大再生途径为主。

废玻璃、废纸等非金属废弃资源方面，我国废玻璃回收利用行业发展较快，国内玻璃厂已实施了废玻璃的全部回收利用工程，玻璃深加工企业及零售店的碎玻璃大多可直接利用，废品市场的碎玻璃则需严格清洗、分选，其回收利用率将受质量要求影响。此外，在生活垃圾分类推进中，废玻璃的回收将与生活垃圾分类进一步结合，居民分类交投废玻璃的数量逐渐增多。2021年，我国废玻璃回收中以平板玻璃及制品废玻璃为主，回收比例超过60%，其次为日用玻璃及制品玻璃。我国纸和纸板产销量一直较高，2021年，全国纸及纸板产量约12105万吨，纸及纸板消费量为12648万吨，2021年废纸回收量约6491万吨，涨幅较高，废纸进口量持续下降。

废弃电器电子产品方面，具有回收资质的企业处理量平稳，截至2021年年底，共有29个省（自治区、直辖市）的109家废弃电器电子产品拆解处理企业纳入废弃电器电子产品处理基金补贴企业名单，总处理能力达1.72亿台（套）。回收产品仍以电视机、微

❶ 废钢单耗是指生产一吨钢消耗的废钢的数量，单位是kg/t钢。

❷ 废钢比=废钢/（废钢+铁水）。

型计算机、洗衣机、电冰箱和空气调节器为主。

报废机动车方面，我国汽车消费量和保有量同步增长，新旧汽车的更替进入高峰期，报废汽车回收拆解行业逐步发展。截至2021年年底，全国报废机动车回收拆解资质企业共计929家，机动车回收数量约300.2万辆，回收品种以报废汽车居多，占比在81%以上。

废旧纺织品方面，据估计，我国每年产生废旧纺织品在2000万吨以上，主要是工业加工过程中产生的边角料和生活中产生的废旧衣物、纺织品，前者大部分在生产中实现了回收利用，后者再生利用率很低，仅在15%左右。2021年，我国废旧纺织品回收量约475万吨，实现五年持续增长。

废电池回收方面，随着新能源汽车销量猛增，锂离子电池报废量逐年增加；废铅蓄电池方面，存在处理能力闲置现象。2021年，全国废电池（铅酸电池除外）回收量约42万吨，多为二次电池，同比增长27%。

9.1.2 再生资源行业的布局

国内再生资源企业布局与人口密度、经济发展水平及资源分布密切相关。全国超过22个省（自治区、直辖市）和计划单列市已建立起以回收网点、分拣中心和集散市场为核心的三位一体回收网络。全国80%以上的废钢铁资源分布在北京、天津、上海、广东、辽宁、黑龙江、河北、山西、湖北、山东、四川及江苏12个工矿企业比较集中、人口比较稠密的省（区、市）；报废船舶拆解厂以江苏省、广州市、浙江省领跑，并呈以珠江三角洲和长江三角洲为主、部分沿江沿海地区为补充的布局；近年来，我国东南沿海，特别是浙江、广东、福建和上海等省（区、市）已经形成了废旧机电产品资源化利用的回收和生产网络；再生塑料加工企业主要分布于广东、山东、河北、江苏、浙江等沿海省（区、市），并逐渐向河南、安徽等内地省（区、市）转移；废弃电器电子产品基金补贴的109家企业遍布于北京、天津、河北、上海、江苏、安徽、浙江、河南、湖北、广东、湖南、福建、江西、山东等29个省（区、市）；国内玻璃企业主要在辽宁、河北、山东、江苏、浙江、广东、福建等中东部省（区、市）分布，翻新轮胎准入企业分布于北京、河北、山西、江苏、江西、山东、四川等省（区、市）。分析可知，我国再生资源企业整体围绕京津冀、长江三角洲地区、广东省等沿海地区，产业有一定的集中度。

9.1.3 再生资源行业的发展特点

在产业规模上，由以国内再生资源为主、进口再生资源为辅转变为国内再生资源完全主导，打破了进口再生资源与国内再生资源长期竞争的局面。我国再生资源回收行业规模明显扩大，全国废钢铁、废有色金属、废纸、废塑料、废轮胎、废弃电器电子产品、废玻璃等主要品种再生资源回收总量逐步攀升。

在技术水平上，大型废旧金属高效破碎分选设备不断普及，光谱、色谱等自动化分选设备在废塑料、废玻璃等行业逐渐投入使用，报废汽车、废弃电器电子产品自动化流程拆解技术设备广泛应用，废塑料高效率精细化分拣设备快速投入使用，适应性强的降尘、除尘和污水处理技术普及率不断提高，但是行业总体技术水平还不高，低效、粗放式加工利用方式依然存在，加工过程中依然存在二次环境污染风险。

在行业形态上，行业园区化进程加快。一方面在国家政策支持带动下，国家“城市矿产”示范基地和国家静脉产业类生态工业园区带动了一批地方再生资源产业园区建设，国内已出现一批行业规模较大、回收体系较完善、产业集群基础较好的再生资源产业园区；另一方面在环境监管逐渐趋严的条件下，地方政府逐渐开展了非规范集散地和园区外不规范企业的综合整治，促进再生资源回收加工企业逐渐向园区转移。近年来，在数字化、信息化技术推动下，“互联网+”回收模式、线上与线下相结合的新型商业模式培育加快。

在市场主体上，受政策引导和市场驱动，再生资源行业一批龙头企业迅速发展壮大，创新能力、品牌影响力和示范带动作用不断凸显，有效集中了市场资源，提高了行业技术创新和污染防治能力；垃圾分类与再生资源回收衔接模式，通过环卫系统与再生资源回收企业的合作，推动垃圾分类回收体系和再生资源回收体系的融合。

在行业领域和品类上，随着社会的不断发展和技术的不断进步，一些新的产品逐渐进入生产、生活中，从而带来新的废弃物，如电动汽车、动力电池、平板类产品、高强度合金类塑料产品等，涉及生产、生活、科教、交通、国防等领域，这些废弃物在处理技术和处理方式上都区别于传统再生资源。

在绿色发展理念引领下，国家对资源再生行业重视程度明显提高，资源再生领域政策支持和制度保障力度加大，多项重大利好政策相继出台，持续为行业注入增长动力，推动资源再生行业向规模化、集约化方向发展。为进一步推动行业规范化发展，政府、行业协会和企业联合开展资源再生行业标准化建设工作，资源再生行业已构建形成国标与行标结合，强制性标准与推荐性标准互补，覆盖废钢铁、废有色金属、废塑料、废纸、废旧纺织品、废弃电器电子产品等多个再生资源品种，涵盖回收和利用领域的标准体系，并且在不断完善和丰富。

9.2　再生资源物质流图及构建方法

9.2.1　再生资源物质流

再生资源物质流是废弃物物质流的一种，废弃物物质流是指将经济活动中失去原有使用价值的产品，根据实际需要进行收集、分类、加工、包装、搬运、储存等，并分送到专门场所时所形成的物品实体流动。一般废弃物物质流如图 9-1 所示。

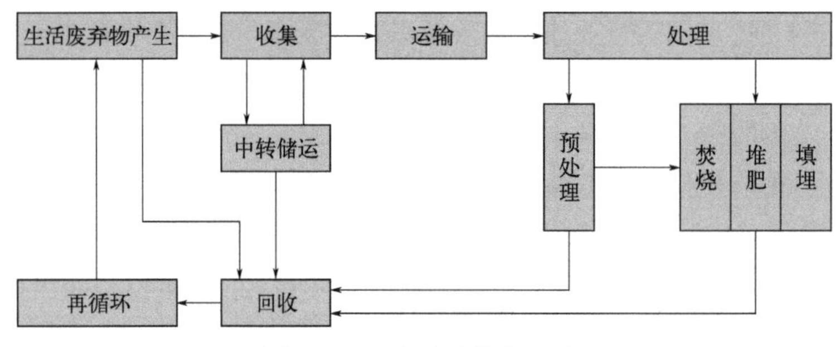

图9-1　一般废弃物物质流

作为一种特殊商品，再生资源的回收利用包括再生资源的收购、挑选分拣、鉴别分类、打包压块、破碎、解体等初级加工，熔炼、分解、再制等深加工，以及再生资源的储存和运输等内容，是集商流、物质流、信息流和资金流以及生产加工于一体的活动。

再生资源物质流是废弃物中资源化利用价值较高的物质的流动，具有逆向物质流和废弃物物质流的典型特点。但是，由于其价值属性较高，与废弃物物质流相比，在功能上更具有提高附加值的作用。表现如下：

① 再生资源物质流强调产物融合的回收功能和加工功能。同时，再生资源物质流与废弃物物质流相比更注重物质循环、资源节约和环境保护，既带有社会公益属性又体现市场经济价值规律。

② 再生资源物质流除了强调运输和仓储等基础功能外，对流通加工功能的要求较高。再生资源企业大多数是专门从事废旧物资回收加工利用的企业，不但从事物品储运的能力较强，而且具有良好的流通加工技术能力，具备开展逆向物质流的独特的竞争优势。

③ 在回收再生资源的过程中往往涉及多个部门之间的有效配合，这使得再生资源管理成为一个非常复杂的过程。同时，再生资源种类繁多，使得再生资源物质流呈现复杂性的特点。

④ 再生资源散布于社会的各个角落，因而造成再生资源在时间上和数量上的不确定性，增加了回收的难度。

一般物质流和废弃物物质流的特征主要体现在系统性、价值性和服务性各方面。再生资源物质流也具有相同的特征，其主要区别见表9-2。

表9-2　再生资源物质流与一般物质流、废弃物物质流的区别

共同特征		一般物质流	废弃物物质流	再生资源物质流
物质流六要素	流体	物质实体	城市生活垃圾	再生资源
	载体	流体借以流动的设施和设备	用于生活垃圾运输的装备和设施	用于再生资源运输的装备和设施
	流向	从起点到终点的流动	从生活垃圾分散的收集点通过中转、运输，集中到为数不多的处置场所	从资源分散的收集点通过中转、运输、储存和初级分拣到再生资源使用者，具有跨区域流动的属性

续表

共同特征		一般物质流	废弃物物质流	再生资源物质流
物质流六要素	流量	通过载体的流体在一定流向上的数量表现	在一定流向上的生活垃圾运输量	在一定流向上的再生资源平均运输量
	流程	通过载体的流体在一定流向上行驶路径的数量表现	一般包括收集、中转、运输三个作业流程	一般包括收集、中转、运输、仓储和初级分拣五个作业流程
	流速	通过载体的流体在一定流程上的速度表现	要求能够对生活垃圾做到及时清运，甚至日产日清	要求做到及时清运和资源保值的双重属性
价值性		物质流构成作为一种特殊的生产过程，不创造物质资料的实用价值，在流通过程中它能把生产流域中创造的实用价值转化成现实的实用价值，最终实现物品的实用价值	本身不创造实用价值，但它具有生产性，需要消耗一定的人力、财力和物力，解决了社会问题，因此它创造了环境效益及社会效益	再生资源物质流本身是一种生产过程，在回收、中转的过程中由于分拣、去除杂质等生产过程能够创造物质资料的实用价值
服务性		物质流的目的是创造物质流的时间效应和空间效应，这种效应的实现有赖于物质流本身能否及时、准确、保质、保量、安全、可靠地满足消费者对物质资料的需求，物质流活动具有服务性	为城市环境服务，具有服务性	为城市环境和利用再生资源进行生产的资源使用者服务，具有有价服务的特征

9.2.2　再生资源物质流图及其构建方法

物质流分析是对经济活动中物质流向的分析，是研究工业代谢的一种工具和方法，通过对物质的投入和产出进行量化分析，建立物质投入和产出的账户，以便进行以物质流为基础的优化管理。开展再生资源的物质流分析，旨在通过对再生资源物质流动方向和流量的调控，提高资源的利用效率，减少有害物质的投入和排放，从而实现再生资源物质流管理和优化的目的。

在开展再生资源物质流分析时，可通过构建再生资源物质流图的方法，结合行业发展的实际情况和再生资源行业管理的需求，对再生资源回收利用的主要路径进行定性、定量结合的分析和研究。再生资源物质流图用于描述再生资源回收利用的路径，既有物质流分析中的物质流向分析，也有物质流分析中的资源在不同载体之间的流动分析，主要包括再生资源收集、分类、加工、包装、搬运、储存并分送到专门处理场所时所形成的再生资源实体流动。通过再生资源物质流图的绘制，可清晰地展示和还原再生资源通过回收网络、物流系统和环境监管体系逐步集中到再生资源集聚区（例如静脉产业园区）的全过程。再生资源物质流图的构建关键在于再生资源回收利用关键节点的甄别以及各个回收利用节点中主要回收方式（或利用方式）的筛选和归类。

常见的再生资源物质流图构建技术路线见图9-2。

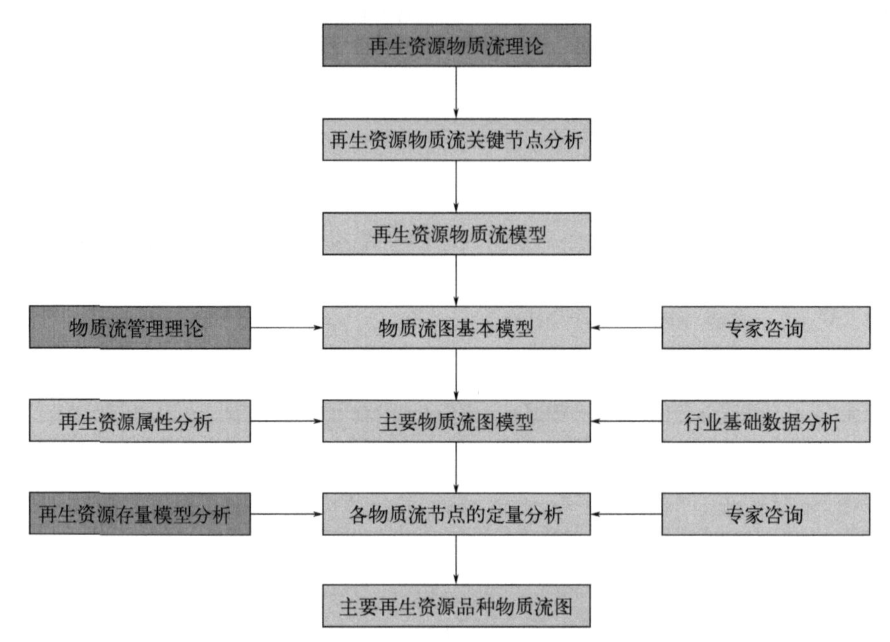

图9-2　再生资源物质流图构建技术路线

9.3　典型资源再生过程物质代谢

9.3.1　静脉产业园再生资源代谢模式

9.3.1.1　静脉产业园物质代谢模式

随着资源再生行业园区化发展，再生资源依托静脉产业园区实现回收、加工和再利用，回收的再生资源经拆解后总体上可分为金属类、轮胎类、塑料类、再制造产品类、废玻璃、不可利用废物类。

静脉产业园区是以从事固废资源化及处理处置等静脉产业生产的企业为主体建设的生态工业园区，静脉产业链涵盖废弃物回收、再资源化、最终处置和再生资源销售四个阶段。静脉产业园区是运用生态学原理，以减量化、再利用、资源化、无害化为指导原则，利用先进的技术手段，对生产和消费过程中产生的废物进行再资源化利用，通过内部建设最终实现节约资源、减少废物排放，实现废物的无害化处理、降低环境负荷的目标的工业园区。

静脉产业园区的内涵在于在保障环境安全的前提下，以减少自然资源的消耗为出发点，以技术先进、发展有序为特点，以资源利用最大化为目标，与周边地区的动脉产业协调发展。建设静脉产业园既可以提升静脉产业的规模和科技含量，也有利于静脉产业的污染防治和环境管理。园区对各类废物的回收、拆解和资源化企业进行统一规划、集中建设、综合监管，使静脉产业向规模化、产业化、标准化方向发展。

静脉产业园区典型废物拆解及资源化物质流模式见图9-3（书后另见彩图）。

通常静脉产业园区内可形成以下几条具有代表性的产业链。

（1）废旧家电静脉产业链

回收的废旧家电及电子产品通过拆解得到大量金属（包括金、银、铜、铁、铝、钯、铅、汞等）、塑料、玻璃、废矿物油等。首先对这些物质进行分类；然后在此基础上进行加工，生产出不同产品进行销售；最终产生的部分不可利用危险废物送往静脉产业园内的危险废物处置中心进行无害化处置，利用焚烧产生的余热进行供暖或供汽。逐步建立完善的固体废物信息交换平台，通过固体废物信息发布、在线交易等程序，对社会上生产、消费过程产生的固体废物进行统一调配，优化各种废物资源的配置，保证各种固体废物的资源最大化利用。

（2）废旧汽车拆解产业链

按照报废汽车的拆解管理规定要求，报废汽车回收后随即拆除电瓶，并妥善集中存放。拆解报废汽车时，首先回收车用空调中的氟利昂、油箱内的汽油或柴油，发动机和变速箱内的废机油吸尽，盛入专门储油桶，以防止油的污染及火灾事故的发生；然后将油箱发动机和变速箱等拆除。对于车内装饰制品，一般应按先上后下、先外后里的顺序将车辆切割、解体、拆解，切割后的部件按类堆放。废旧汽车处理后可回收钢、铸铁、铝、塑料、玻璃、橡胶等物质进行综合利用。

（3）废旧机电静脉产业链

废旧机电产品外壳（主要为废钢铁）直接用于铸造；硅钢片经预处理后，可用于生产小型电机；绕组铜线是优质的炼铜原料，采用化学退漆处理后，可代替电解铜；废电线中的裸铜线是优质的铜原料，可当作纯铜使用，塑料皮可用于造粒，生产再生塑料；废铜可以加工成电线电缆、阀门、洁具等；废铝可以加工成各类电线、五金；塑料（泡沫）、油污、油毡、垃圾、玻璃、废木、废电子元件等其他废弃物进行无害化处理。

（4）深加工产业链

物资通过拆解和提取得到的可回收再利用的成分经加工回收资源化，不可回收成分进入无害化环节得到最终处置。废旧家电及电子产品先进行分类；然后针对每种家电进行有毒害物质拆解和关键部件的拆解，其中有毒害物质均需进行专门的无害化处理，关键部件进行拆解回收；剩余的组分按情况进入破碎、分选环节，按照钢铁、塑料、有色金属、贵金属等进行下一环节的深加工过程，进行原料回收，其中的贵金属从印刷线路

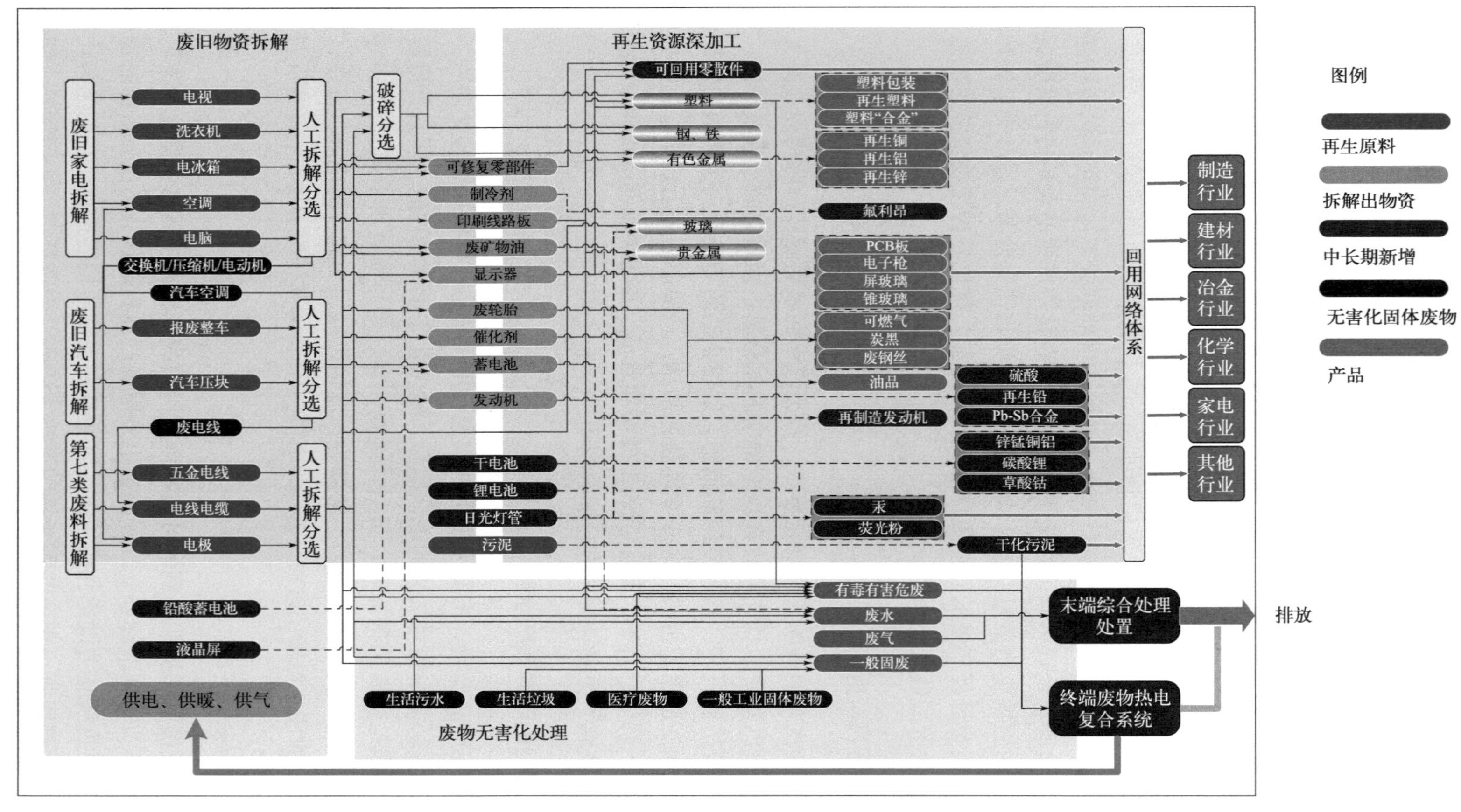

图9-3 静脉产业园区典型废物拆解及资源化物质流模式

板中提取；废旧汽车分选出可修复的部件用于回收再利用，剩余部分有毒害的物质进行无害化处理，最后得到钢铁、有色金属、塑料等有用的组分，分别进行回收利用；第七类废料经过拆解得到钢铁、有色金属、塑料等；废轮胎主要是热解提取得到附加值较高的能源产品，包括可燃气体、油、炭黑和废钢丝等；废塑料分选后实现循环利用、复合再生、物理改性等多种再生利用方式，获得包括再生塑料、建材等在内的高附加值再生产品。

（5）无害化处理产业链

进入园区和拆解、资源化过程中产生的各类废物分为工业危险废物、一般工业固体废物和生活垃圾。一般工业固体废物和生活垃圾近期进行填埋，中长期生活垃圾焚烧发电；工业危险废物根据其特点分类处理，最终进行安全填埋。从而使得园区几乎没有固体废物排放，做到固体废物的“零排放”。处理过程中产生的污水和废气则分别通过处理达标排放。

9.3.1.2　静脉产业园水资源代谢模式

根据对再生资源产业园区的实际调研情况，废旧金属分拣、废旧汽车拆解、废电机拆解、废旧家电拆解、再制造等不产生废水，生产过程用水主要为废电线电缆破碎分选、废塑料破碎清洗工艺。工业废水和其他污水经过集中处理和中水回用系统，一部分回用于工艺环节实现循环利用，另一部分用作景观用水，其余外排。

在静脉产业园区中，生产过程耗水以废电线电缆拆解、废塑料处理为主，其他废物资源化过程以拆解为主，水资源消耗量相对较少。企业间水梯级利用的机会较少。因此，静脉产业园区中水资源代谢以节水和废水资源化为主，重点是生产过程中对水质要求不高的生产工序进行水循环利用。废水的处理和回用是整个水代谢过程的关键环节。静脉产业园区典型水循环模式见图9-4（书后另见彩图）。

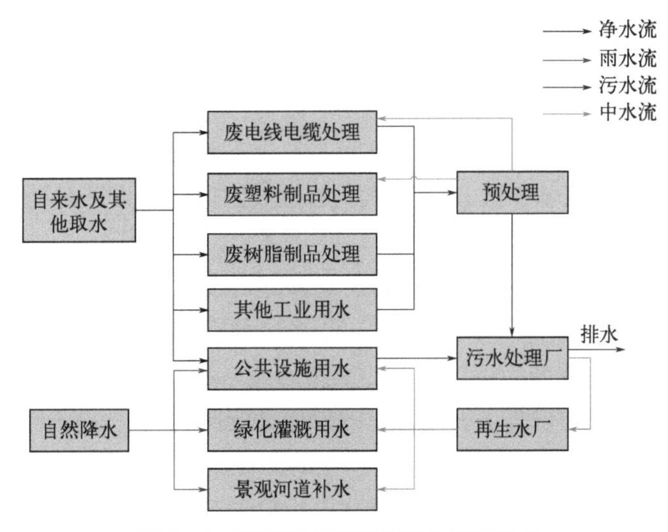

图9-4　静脉产业园区典型水循环模式

以某PET饮料瓶再生利用企业为例，企业以回收PET饮料瓶为原料生产长丝级瓶片，工艺过程包括整瓶清洗、破碎、热力清洗、脱水，新鲜水耗为87.31t/d，损耗42.9t/d；工业废水日产生量372.07t/d，生活污水产生量7.2t/d，回用水量334.86t/d，排放废水44.41t/d。该PET饮料瓶再生企业水资源代谢情况如图9-5所示。

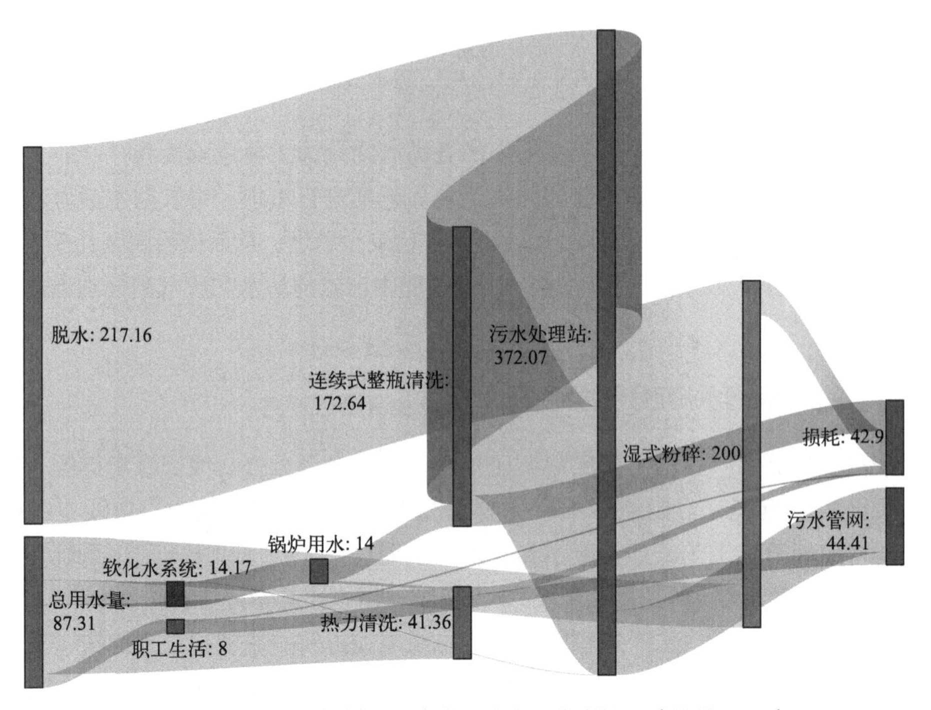

图9-5 某PET饮料瓶再生企业水资源代谢情况（单位：t/d）

9.3.1.3 静脉产业园能源代谢模式

从能量代谢来看，主要表现为电能、化学能、水及蒸汽热能在系统中的流动转化。静脉产业园区内能源输入优先考虑太阳能、焚烧炉焚烧拆余废物回收的热能和当地的水源或地源热泵。对于上述不能满足生产或工作需要的能源由电能补充。能源代谢分析以减量化、资源化为主。能源代谢从建筑节能、工业节能、照明系统节能、水源热泵和拆余物热能回收5个方面分析，垃圾焚烧发电的余热回用是重点，尤其是气态余热回用。能源代谢框架如图9-6所示。

建筑节能具体指在建筑物的规划、设计、新建（改建、扩建）、改造和使用过程中，执行节能标准，采用节能型的技术、工艺、设备、材料和产品，提高保温隔热性能和采暖供热、空调制冷制热系统效率，加强建筑物用能系统的运行管理，利用可再生能源，在保证室内热环境质量的前提下，增大室内外能量交换热阻，以减少供热系统、空调制冷制热、照明、热水供应因大量热消耗而产生的能耗。

工业节能是节约能源的重点领域。淘汰落后的工艺、装备和产品，发展节能型、高附加值的产品和装备，实施能源分级计量，推动重点用能设施效率提升，设备能效等级

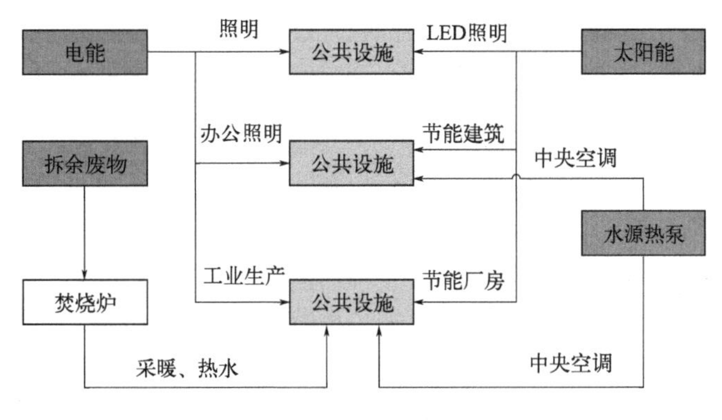

图9-6　能源代谢框架

须达到二级及以上，特别是从园区系统的角度，实施热电联产、工业副产煤气回收利用、余热回收利用，推广能源的梯级利用。

照明系统节能是半导体技术在20世纪下半叶引发的一场微电子革命，催生了微电子工业和高科技IT产业。化合物半导体技术的迅猛发展和不断突破，正孕育着一场新的革命——照明革命。新一代照明光源半导体LED，以传统光源所没有的优点引发了照明产业技术和应用的革命。半导体LED固态光源替代传统照明光源是大势所趋。

水源热泵是利用地球表面浅层的水源，如地下水、河流和湖泊中吸收的太阳能和地热能而形成的低品位热能资源，采用热泵原理，通过少量的高位电能输入，实现低位热能向高位热能转移的一种技术。水源热泵利用了地球水体所储藏的太阳能资源作为冷热源，进行能量转换的供暖空调系统，其中可以利用的水体包括地下水或河流、地表部分的河流和湖泊以及海洋。水源热泵理论上可以利用一切水资源，但在实际工程中不同的水资源利用的成本差异非常大。所以，是否有合适的水源就成为使用水源热泵的限制条件，而且水源要求必须满足一定的温度、水量和清洁度。

废物焚烧热能回收是一种比较成熟的废弃物处置技术，焚烧制能不仅大大减少了废物的体积和质量，实现无害化，同时也回收了废物蕴含的大部分热量，实现“节能减排”。生活垃圾、工业固体废物、农业固体废物、污水厂污泥和危险废物在专用设备中高温燃烧，使可燃废物转变为二氧化碳和水等简单无机物，焚烧后的重量减量率一般大于70%，体积减量率大于80%，可大大减少废物量，同时彻底杀灭各种病原体。通过热电联产可以解决生产供热和发电的需求。

9.3.2　我国废PET饮料瓶物质代谢模式分析

9.3.2.1　研究方法

以我国废PET饮料瓶代谢为例，开展废PET饮料瓶的物质代谢过程和逆向物流分析，是了解废PET饮料瓶回收率和回收水平的基础。物质流分析法被广泛用于物质代谢研究，能够对系统发展过程中的物质流动造成的资源投入和环境扰动进行分析，揭示系统内物质代谢特点，研究尺度涉及国家、区域和企业。与传统的物质流分析不同，在包装废物物质代谢的物质流中，物质的输入端是包装废物而不是原料，输出端是再生产品。基于此原理，从再生资源输入、回收利用、再生产品输出3个模块考虑，重点分析废PET饮料瓶不同回收路径及流向。同时，需要注意的是逆向物流与传统的正向物流的物质流动方向相反，物品由消费端向生产端延伸，即由产业链下游向上游运动。PET饮料瓶逆向物流仅指废物物流，指消费后失去原有使用价值的PET饮料瓶回收至上游企业，经加工处理后作为原料再次进入产业链。

9.3.2.2 PET饮料瓶物质代谢图

消费者作为手中PET饮料瓶的决策者，由其主导的一级回收市场决定了PET饮料瓶逆向供应链的结构。其中，超过1/2的PET饮料瓶被消费者直接丢弃，多数被丢弃的PET饮料瓶受价值驱动被拾荒者捡走流入二级回收者；剩余的逐步流入厨余处理厂、填埋场、焚烧厂等地或散落于海滩、河滩。另外，不足1/2的PET饮料瓶被消费者收集和出售，其中，游商定价策略高于回收站，占据回收的主导地位；其余PET饮料瓶被废品回收站、打包站、小型回收站收购，直至进入下一级回收处理站，包括中/大回收站、打包站和回收处理企业，这些回收站/打包站负责收集PET饮料瓶，进行分拣、整理、打包，收集到一定数量后运往回收利用企业。由于正规回收企业经营成本较高，回收价格低于非正规的回收站、打包站，导致约90%以上的废PET饮料瓶被非正规回收者回收，并直接进入小型再利用工厂，正规回收利用企业的产能可能出现过剩。

基于PET饮料瓶的物质流和逆向物流，从物质代谢的角度入手，定性分析PET饮料瓶物质代谢过程中的流向以及它们之间的相互关系，形成废PET饮料瓶物质代谢的物质流框架，如图9-7所示。可知废PET饮料瓶的主要流向回收利用体系、餐厨垃圾处理场、垃圾填埋场、垃圾焚烧发电厂以及海滩等地，除回收利用量（这里不包括热能回收）外，其他为损失量。

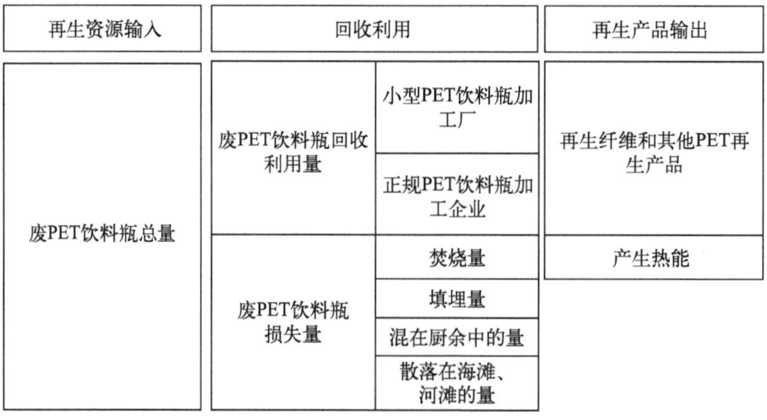

再生资源输入	回收利用		再生产品输出
废PET饮料瓶总量	废PET饮料瓶回收利用量	小型PET饮料瓶加工厂	再生纤维和其他PET再生产品
		正规PET饮料瓶加工企业	
	废PET饮料瓶损失量	焚烧量	产生热能
		填埋量	
		混在厨余中的量	
		散落在海滩、河滩的量	

图9-7 废PET饮料瓶代谢的物质流分析框架

9.3.2.3　PET回收率预测

基于国内PET饮料瓶物质代谢路径，选取多个生活垃圾填埋场、餐厨垃圾处理场、垃圾分拣中心、焚烧发电厂取样，开展PET饮料瓶比例实测；海滩的塑料垃圾密度数据来自海滩现场实测，并综合了全国公益净滩行动的统计数据。

测算餐厨垃圾处理厂中PET饮料瓶的总量，公式如下：

$$M_1=C_1 P_1 \tag{9-1}$$

式中　M_1——餐厨垃圾中PET饮料瓶总量，10^4t；

C_1——餐厨垃圾总产量，10^4t；

P_1——餐厨垃圾中PET饮料瓶占比，采用餐厨垃圾处理厂现场实测数据，%。

测算生活垃圾填埋场中PET饮料瓶的总量，公式如下：

$$M_2=C_2 P_2 \tag{9-2}$$

式中　M_2——填埋垃圾中PET饮料瓶总量，10^4t；

C_2——填埋垃圾总量；

P_2——填埋垃圾中PET饮料瓶占比，采用垃圾填埋场现场实测数据，%。

测算焚烧发电厂中PET饮料瓶的总量，公式如下：

$$M_3=C_3 P_3 \tag{9-3}$$

式中　M_3——焚烧垃圾中PET饮料瓶总量，10^4t；

C_3——焚烧垃圾总量；

P_3——焚烧垃圾中PET饮料瓶占比，采用焚烧发电厂现场实测数据，%。

海岸垃圾的检测包括样品采集、分类、计数、测算大小、称重、统计密度、辨识来源等步骤。滩涂垃圾密度或PET饮料瓶密度，采用下式测算：

$$D=N/(L w) \tag{9-4}$$

式中　D——垃圾或PET饮料瓶的密度，个/km^2或g/km^2；

w——调查海滩的宽度或拖网的有效宽度，m；

L——调查海滩的总长度，m；

N——对应的垃圾或PET饮料瓶的数量或者质量，个或g。

2019年，我国废PET饮料瓶总量约415.5万吨，由样本点的PET饮料瓶比例和全国生活垃圾总量、餐厨垃圾总量及生活垃圾焚烧总量，分别测算得出我国餐厨垃圾处理场、生活垃圾填埋场以及焚烧发电厂中的PET饮料瓶比例，各流向的PET饮料瓶比例均较低，分别为0.25%、1.57%、1.8%，散落于海滩等地的PET饮料瓶的比例远＜1%，可见在趋利性市场法则的作用下我国大部分PET饮料瓶被回收（包含正规和非正规回收），回收率超过95%，回收量接近400万吨。PET饮料瓶物质流如图9-8所示。

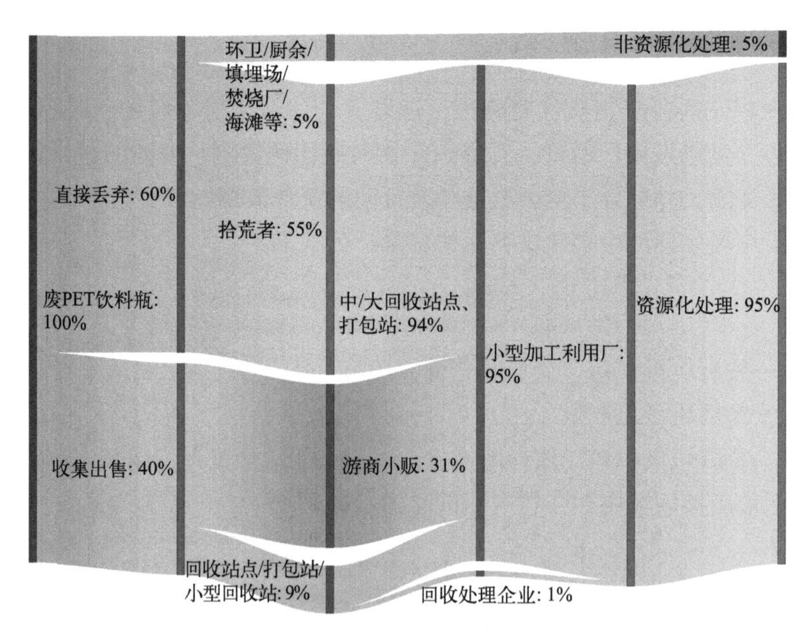

图9-8　PET饮料瓶物质流

参考文献

[1] 毕莹莹，刘景洋，董莉，等. 城市静脉产业园物质代谢优化模式探讨[J]. 生态经济，2019(11): 201-204.

[2] 毕莹莹，刘景洋，董莉，等. 我国废PET饮料瓶产生量与回收水平研究[J]. 环境工程技术学报，2022, 12(1): 185-190.

[3] 乔琦，刘强，刘景洋. 我国静脉产业发展战略[M]. 北京：中国环境出版社，2013.

[4] 戴铁军，肖庆丰. 塑料包装废弃物的物质代谢分析[J]. 生态经济（中文版），2017, 33(1): 97-101.

[5] 王仁祺，戴铁军. 包装废弃物物质流分析框架及指标的建立[J]. 包装工程，2013, 34(11): 16-22.

第10章 制糖工业共生系统及代谢分析

- 我国制糖行业发展概况
- 制糖工业代谢类型及其主要特征
- 制糖生态工业系统的组成和结构
- 广西贵糖集团制糖生态工业模式及代谢分析

制糖工业在国民经济中占有重要的基础性地位，制糖工业的主要生产过程包括破碎（切丝）、提取、清净、蒸发浓缩、结晶、分蜜、干燥等，是典型的流程型工业。长期以来，传统的经济发展模式使得制糖工业成为名副其实的污染大户，结构性、区域性环境污染对制糖工业发展的影响日渐加重。由于制糖的副产物不仅可作为饲料，还可作为造纸、发酵、化工、建材等多种产品的原料，制糖企业及其相关企业如造纸企业、酒精企业、复合肥厂等可在特定区域集聚、共生，形成具有一定结构和功能的共生体，即制糖生态工业系统。运用工业生态学原理对制糖工业进行生态化改造，是实现我国制糖工业可持续发展的必然选择。本章在对我国制糖工业发展现状与趋势分析的基础上，通过对制糖工业产品流及废物流等物质流的识别分析，基于工业生态学原理阐述制糖（甘蔗）生态工业模式，剖析其生态学组成和结构、工业代谢类型及主要特征，并以我国建立的第一个国家生态工业园——贵糖生态工业园为例进行了案例研究。

10.1 我国制糖行业发展概况

10.1.1 制糖行业概况

制糖工业是家具、建材、医药、发酵、化工以及造纸等多种产品制造行业的原料工业，同时也是食品行业的基础工业，在国民经济中扮演着非常重要的角色。自1949年新中国成立以来，我国制糖工业获得了快速且持续式的健康发展，生产能力已初具规模，生产装备和技术水平也显著提升。中国是既产甘蔗糖又产甜菜糖的食糖净进口国家，供需格局多年来一直维持着“国产为主、进口为辅”的良好状态。在最近的十年中，我国食糖产品产量维持在800万～1500万吨，食糖产品产量的波动幅度主要与国际糖价、国内进口糖管控力度以及农业年景有关。并且作为世界上少数几个同时生产甜菜糖和甘蔗糖的产糖大国，我国以甘蔗制糖为主，甘蔗糖产量占到了90%左右，甜菜糖产量为10%左右。糖业生产地主要分布在全国12个省份。甘蔗糖产区以广西、云南、广东、海南等南方地区为主；甜菜糖产区以新疆、黑龙江、内蒙古等北方地区为主。

10.1.2 主要产品和工艺

制糖生产流程一般包含破碎（切丝）、提取、清净、蒸发浓缩、结晶、分蜜、干燥等工序，并按在清净工序中所使用的澄清剂不同分为亚硫酸法工艺和碳酸法工艺。我国采用亚硫酸法生产工艺的甘蔗制糖企业的比例占到了95%（生产流程见图10-1），采用碳酸法生产工艺的甘蔗制糖企业约为5%（生产流程见图10-2，少数几家企业使用石灰法），甜菜制糖企业则全部使用碳酸法工艺（生产流程见图10-3）。甘蔗制糖的产品主要为白砂糖，而甜菜制糖的产品主要有白砂糖和绵白糖两种。

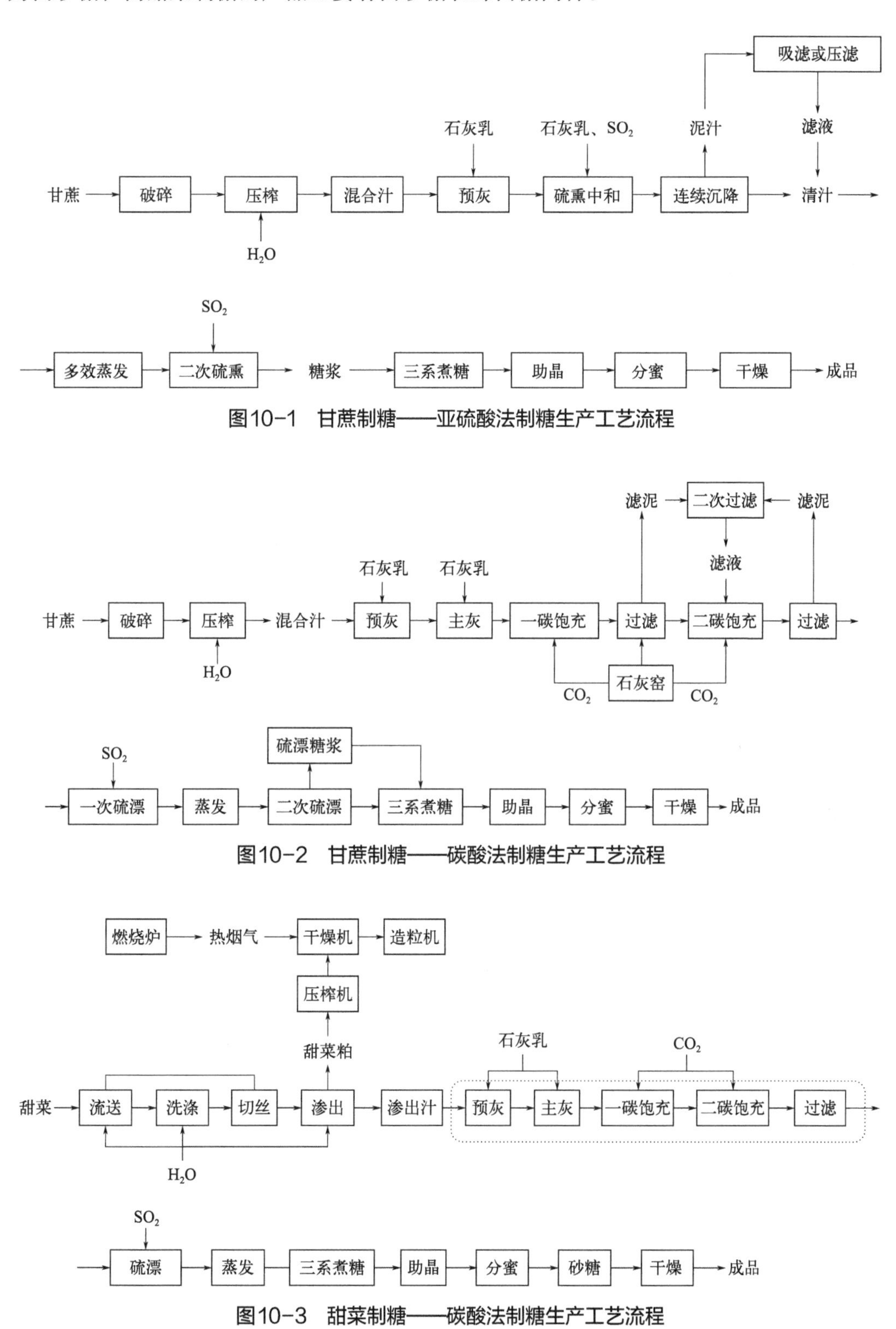

图10-1　甘蔗制糖——亚硫酸法制糖生产工艺流程

图10-2　甘蔗制糖——碳酸法制糖生产工艺流程

图10-3　甜菜制糖——碳酸法制糖生产工艺流程

2017～2018年制糖期，全国共有开工制糖生产企业（集团)46家，开工糖厂216间。其中甘蔗糖生产企业（集团）42家，开工糖厂187间，主要甘蔗制糖省（区、市）广西、云南、广东以及海南的糖厂数量分别为91间、56间、27间和11间，分别占全国甘蔗糖厂总数的48.66%、29.95%、12.50%和5.09%；甜菜糖生产企业（集团）4家，开工糖厂29间，主要甜菜制糖省（区、市）新疆、内蒙古和黑龙江的糖厂数量分别为14间、7间和3间，分别占全国甜菜糖厂总数的48.28%、24.14% 和10.34%。多数制糖企业生产规模集中在2000～5000t/d。

2017～2018年制糖期全国累计产糖1031.04万吨，较上个制糖期增加102.22万吨，同比增加11%。其中甘蔗制糖产量916.07万吨，同比增长11.16%；甜菜制糖产量114.97万吨，同比增长9.80%。就具体食糖产品类型而言，其中优级白砂糖和一级白砂糖913.69万吨，精制糖14.79万吨，绵白糖58万吨，赤砂糖和红糖29.88万吨，原糖以及其他糖产品14.68万吨。

10.1.3 行业产排污现状

制糖业也属于高污染农副食品加工业，高能耗、高耗水及水污染物排放是制糖工业的主要环境问题。2016年，制糖工业多数生产企业吨糖耗标煤为631kg，吨糖耗电量为299.9kW·h，国际先进制糖企业分别≤320kg和≤200kW·h。例如，甘蔗制糖的平均能耗指标（百吨蔗耗标煤）为4.7%～5.5%，而国际先进水平为＜3.3%，而且百吨甘蔗耗电量也高于国际平均水平，约为国际平均水平的1.6倍。2019年，制糖工业百吨甘蔗耗标煤和百吨甜菜耗标煤分别为4.64t和6.66t，与国际先进水平仍然存在一定差距。

2015 年，国务院发布了《国务院关于印发水污染防治行动计划的通知》(国发［2015］17号)，明确狠抓工业污染防治，并把“农副食品加工业”列为专项整治的十大重点行业之一。在此政策背景下，2016年，制糖工业废水排放量占到了农副食品加工业总排放量的20%，COD为21%，氨氮为9%，是农副食品加工业中水污染问题较为突出的子行业。而依据第二次全国污染源普查制糖行业的普查和核算数据，2018年，制糖工业废水排放量达到了1.75亿吨，COD和氨氮的排放总量分别为4.46万吨和0.18万吨。

10.1.3.1 制糖行业水污染问题

制糖工业最主要的环境问题是水污染，包括高废水排放量和水污染物的环境污染问题。制糖工业产生和排放的废水中的主要污染物为COD_{Cr}、氨氮以及悬浮物等。污染物产生节点主要来自预处理、渗出、清净、蒸发、煮糖、分蜜等单元。废水包括除尘水、冲灰水等；预处理单元原料流送、清洗的流洗水等；甘蔗糖生产中亚硫酸法的压滤洗水、碳酸法的滤泥沉降的溢出水以及甜菜糖生产的压粕水和滤泥沉降的溢出水；清净单元洗滤布水、滤泥；蒸发单元冷凝冷却水、洗罐水等；煮糖、分蜜单元煮糖冷凝冷却水等。

（1）甘蔗制糖废水及其污染物产排情况

甘蔗制糖企业产生的废水中一般含有有机物和糖分，COD_{Cr}、BOD_5、悬浮物浓度较高，为主要污染物。除此之外，氨氮、TN、TP等也是甘蔗制糖企业废水主要的污染控制指标。

甘蔗制糖企业平均每加工1t甘蔗约排放0.85m^3的废水，废水中污染物产生浓度为COD_{Cr} 300 ～ 1000mg/L、BOD_5 180 ～ 370mg/L、悬浮物150 ～ 480mg/L。甘蔗制糖的废水产生来源及去向见表10-1。

表10-1　甘蔗制糖的废水产生来源及去向

生产单元	废水产生来源	废水去向
提汁系统	甘蔗制糖压榨设备轴承冷却水	除油、除渣、冷却降温后回用
清净系统	真空吸滤机水喷射泵用水	直接回用
	滤布洗水	沉淀处理后回用作渗透水；回用作锅炉冲灰水
蒸发系统	蒸发罐冷凝水、汽凝水	直接回用；冷却降温后回用
结晶系统	结晶罐冷凝水、助晶箱冷却水	直接回用；冷却降温后回用
锅炉系统	设备冷却水	冷却降温后回用
	锅炉废气湿式除尘废水	沉淀后回用

甘蔗制糖生产废水按照污染程度的不同和其本身性质差异等可分为3类：

① 低浓度废水的主要来源包括动力设备冷却水，真空吸滤机水，喷射泵用水，蒸发、煮糖冷凝器排出的冷凝水等。这部分的废水产生量较大，占到生产废水总量的65% ～ 75%，水质成分主要为悬浮物、COD_{Cr}（含极微量糖分），其中COD_{Cr}浓度低于50mg/L，悬浮物浓度约为30mg/L，低浓度废水的水温一般在40 ～ 60℃之间。

② 中浓度有机废水的主要来源包括洗罐污水以及澄清工序的洗滤布水（洗滤布水存在于亚硫酸法生产糖厂）等。这类废水含有悬浮物、糖和少量机油，而且废水排放量较少，占制糖企业废水总排放量的20% ～ 30%。中浓度废水中悬浮物和COD_{Cr}的浓度为几百毫克每升至几千毫克每升。

③ 高浓度废水的来源较为单一，一般为采用碳酸法生产工艺的制糖企业的湿法排滤泥废水。但是，目前我国碳酸法制糖企业已经普遍采用滤泥干排工艺，消除了这部分废水的排放。

（2）甜菜制糖废水及其污染物产排情况

甜菜制糖生产废水较甘蔗制糖生产废水污染程度大，主要水污染物为COD_{Cr}和悬浮物等，而且浓度也较高；pH值、氨氮、TN、TP等也是控制指标。

甜菜制糖污染主要来自输送、洗涤、切丝、渗出、清净、蒸发、煮糖、助晶、分蜜和包装等单元。甜菜制糖的废水产生来源及去向见表10-2。甜菜制糖的生产废水按照污染程度的不同和其性质差异也可以分为3类：

① 低浓度废水受污染的程度相对而言较低，主要来源于甜菜糖厂生产中的动力设备的冷却水、蒸发罐和结晶罐等的冷凝水等。除温度较高外，水质基本无变化（冷凝水则含有少量氨气和糖分）。这部分废水的水质成分悬浮物在100mg/L以下，COD_{Cr}一般在60mg/L以下，产生量占废水产生总量的30%～50%。

② 中浓度废水的主要来源包括甜菜流送、洗涤废水等。中浓度废水的溶解性有机质含量很多，而且含有较多的悬浮物。废水悬浮物的浓度一般在500mg/L以上，BOD_5为1500～2000 mg/L；水量也较多，占到了废水总量的40%～50%。

③ 高浓度有机废水主要产生于制糖生产中湿法流送水、压粕水、洗滤布水、滤泥湿法输送泥浆水等。高浓度废水中有机物和糖分的含量很高，尤其是压粕水，COD_{Cr}一般会超过5000mg/L。不过高浓度有机废水的产生量较少，只占糖厂总排水量的10%左右。

表10-2　甜菜制糖的废水产生来源及去向

生产单元	废水产生来源	废水去向
提汁系统	甜菜制糖流送洗涤水	过滤、沉淀、澄清处理后上清液回用
	甜菜制糖压粕水	除渣、降温、杀菌后回用
清净系统	真空吸滤机水喷射泵用水	直接回用
	滤布洗水	沉淀处理后回用作渗透水；回用作锅炉冲灰水
蒸发系统	蒸发罐冷凝水、汽凝水	直接回用；冷却降温后回用
结晶系统	结晶罐冷凝水、助晶箱冷却水	直接回用；冷却降温后回用
颗粒粕系统	设备冷却水	冷却降温后回用
锅炉系统	设备冷却水	冷却降温后回用
	锅炉废气湿式除尘废水	沉淀后回用

10.1.3.2　制糖行业能耗问题

制糖行业能耗问题虽然没有其水污染问题突出，但我国制糖行业仍属于高耗能行业，尽管近年来制糖工业节能水平有较大提升，但是相比欧美等发达国家的先进水平仍有一定差距。甘蔗糖厂先进水平能耗比国际先进水平高19%以上，甜菜糖厂先进水平能耗比国际先进水平高43%以上。目前国内多数大中型糖厂的装备与技术基本处于中等水平，并且有不少企业依然沿用着20世纪90年代建设的老旧生产线，节能潜力较大。

制糖企业在甘蔗和甜菜原料的压榨、切丝、提汁、蒸发浓缩以及结晶分离等生产环节都需要消耗大量的电力和蒸汽，主要的能源消耗集中在压榨、切丝车间和制炼车间。一般来说，压榨、切丝车间能源消耗占比约为4.50%，制炼车间为95.50%。在评价制糖行业的能源消耗水平时，常采用的能耗指标是百吨甘蔗（甜菜）耗标煤。所谓百吨甘蔗（甜菜）耗标煤是指每处理100t甘蔗（甜菜）原料所消耗的标准煤质量。能耗指标的大小因糖厂生产规模、设备效率、工艺流程、操作水平和管理能力的不同而存在差异。一般而言，生产规模大、设备效率高、安全生产率高、汽电耗用平衡、管理水平较高的制糖厂，其能源消耗水平较低。

10.2　制糖工业代谢类型及其主要特征

工业生产过程就是将输入每一个工艺过程或生产过程的原材料最终转变成产品（目标产物）和废物（非目标产物）的过程。据此工业代谢可分为产品代谢和废物代谢。

以产品流为主线的代谢，即上一个工艺过程或生产过程中形成的初级产品作为下一个工艺过程或生产过程的“原辅材料”，称为产品代谢。随着产品链延伸，产品的经济价值也随之增加。

以废物流为主线的代谢，称为废物代谢。为了消除上一个工艺过程或生产过程中产生的废物对环境的影响，提高资源生产率，将上一个工艺过程或生产过程中所产生的废物作为原材料输入下一个工艺过程或生产过程，再次形成产品和废物，废物作为原材料再次进入下一个工艺过程或生产过程，直至最终处置、排放。这样工业生态系统中就形成了一条废物链或废物流。随着废物链不断延伸，初始输入的原材料的利用率显著提高。

制糖（甘蔗）生态工业系统中既有产品代谢又有废物代谢，而以废物代谢为主。制糖生产过程以甘蔗为基本原料，通过若干加工过程生产出食糖（蔗糖），同时也产生了蔗渣、蔗髓、废糖蜜等多种废物。这些相对于制糖过程而言的“废物”如果直接排放，既造成资源浪费又导致环境污染。如果作为下一个工艺或生产过程的原材料，则既可实现废物资源化，从而提高资源效率，又能够避免废物排放造成的环境污染。

低聚果糖厂以制糖厂生产的蔗糖为原料生产高附加值的果糖，这是制糖生态工业系统中的产品代谢。蔗糖生产过程产生的蔗渣、蔗髓和废糖蜜等废弃物均可作为下游企业的原料，这种工业代谢属于废物代谢。蔗渣可作为造纸厂的制浆原料，蔗髓作为热电厂煤的替代燃料，而废糖蜜可作为能源酒精厂制取酒精的原料。酒精厂输出的酒精废液作为复合肥厂的原料，用于制取蔗田复合肥。

10.3　制糖生态工业系统的组成和结构

制糖工业是基础产业，一般包括糖料生产、制糖加工和综合利用三大部分，制糖副产品不仅可作为饲料，而且可作为造纸、发酵、化工、建材等多种行业的原料。

从工业生态学的角度分析，制糖工业的行业特点决定了它具有发展生态工业的先决条件。出于经济利益或环境保护需要，制糖企业及其相关企业如造纸企业、酒精企业、复合肥厂等在特定区域集聚、共生，形成了一个具有一定结构和功能的共生体，即工业生物群落，与外部环境因素共同构成了制糖生态工业系统。其中制糖企业是“主要种群”，造纸厂、热电厂、能源酒精、复合肥厂及轻质碳酸钙厂等企业是制糖企业的下游企业，或可称之为“次要种群”。

（1）制糖生态工业系统结构的一般模型

与自然生态系统类似，制糖生态工业系统也是由生产者、消费者、分解者及外部环境组成的，蔗田、制糖及其相关企业、环境综合治理是制糖生态工业系统的基本组成单元，它们通过物质交换和能量流动形成了横向耦合、纵向闭合的柔性网络（图10-4）。

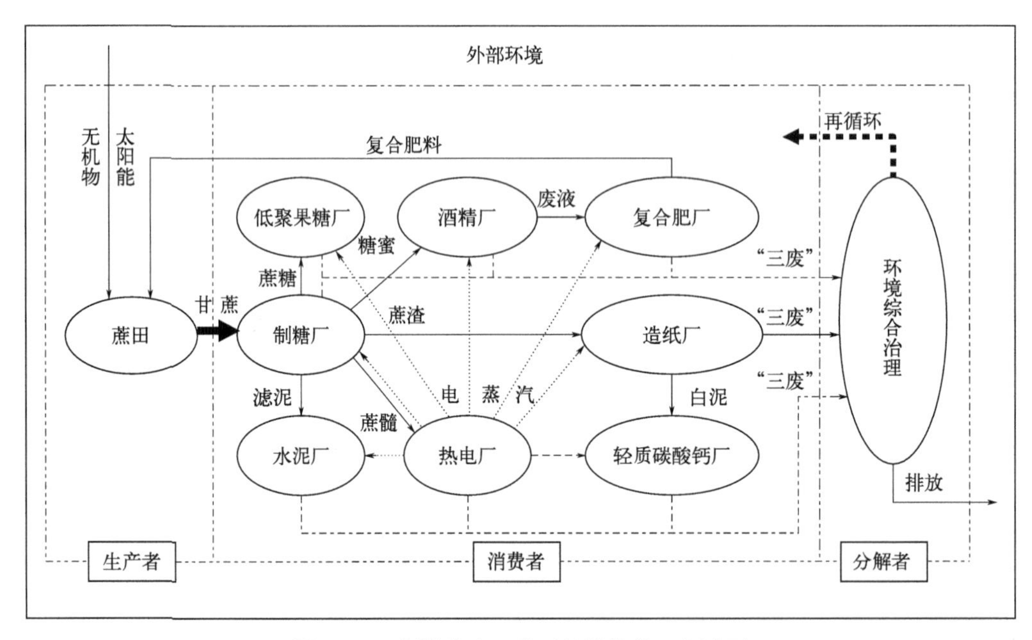

图10-4　制糖生态工业系统结构的一般模型

蔗田子系统主要为制糖企业提供基本原材料，是制糖生态工业系统的“生产者”；制糖企业以甘蔗为初始原料生产食糖，是制糖生态工业系统的初级“消费者”，而其他企业是以制糖过程中产生的“废物”为原料进行生产活动的，可称之为“次级消费者”；环境综合治理系统对制糖工业共生体中各个生产环节或过程产生的废物进行回收、分解、再利用和再循环，在制糖生态工业系统中实际上承担了“分解者”的角色。

（2）生态工业链和生态工业网

制糖工业共生体中共生单元通过能物质流（原料糖、纸浆、电力、蒸汽）交换建立了生态联系，形成了生态工业链。从图10-4中可以看出，以蔗田为始端，形成了“制糖厂→酒精厂→复合肥厂”“制糖厂→造纸厂→轻质碳酸钙厂”“制糖厂→热电厂”以及

“制糖厂→低聚果糖厂”等多条生态工业链，各条链均以环境综合治理系统为终端。

各条生态工业链之间通过物质、能量、信息流动和共享，彼此交错、横向耦合，使整个共生体形成了网状结构，这就是生态工业网。

10.4 广西贵糖集团制糖生态工业模式及代谢分析

贵糖（集团）位于广西壮族自治区贵港市，是全国规模最大、经济效益最好的甘蔗制糖企业之一。贵糖公司占地面积1.5km^2，现有在册员工约5200人，其中，各类技术人员约1000人。经过40多年的建设，贵糖拥有日榨万吨的制糖厂，以及大型造纸厂、酒精厂、轻质碳酸钙厂。1998年，贵糖“桂花”牌白砂糖通过ISO 9001国际质量体系认证。主要产品生产能力（1年内）：产白砂糖13万吨；加工原糖30万吨；机制纸10万吨；甘蔗渣制浆9万吨；酒精1万吨；轻质碳酸钙2.5万吨；回收烧碱2万吨。

贵糖集团制糖厂总投资8亿元，占地总面积500亩，是珠江-西江经济带上升为国家战略后广东省与广西壮族自治区合作的首个落地的重大项目，于2019年12月5日竣工投产，正常榨季处理甘蔗量120万吨，日榨甘蔗1.2万吨，主要采用亚硫酸法澄清工艺流程生产一级白砂糖和优级白砂糖。

制糖厂是信息化、自动化、智能化、绿色低碳的智能糖厂，采用DCS控制系统对生产线进行全自动控制，实现全厂生产过程中的数据采集、控制运算、控制输出、设备运行状态监视等功能，控制水平达到国内同行业领先水平。在关键岗位或工序采用自动化程度高的工艺或设备：甘蔗翻板卸蔗及自动除杂系统，无核榨蔗量测量系统，榨机高效分散驱动技术，糖蜜自动稀释系统，白砂糖成品在线检测系统，全自动燃硫炉，连续结晶及连续助晶技术，自动包装机及码垛系统。

通过甘蔗制糖生产绿色关键技术与系统的集成应用，有效提高生产效率、甘蔗综合产糖率、资源与能源利用率、成品糖质量和食品安全性，减少生产过程污染物的排放，减轻或消除生产过程对环境的安全风险和危害，同时大幅降低人工成本。

2001年开始贵糖集团实施国家批准立项的以贵糖集团为核心的“国家生态工业（制糖）建设示范园区——贵港”的建设，这是我国以大型企业为龙头的第一个生态工业园区建设规划。贵糖集团实现了工业污染防治由末端治理向生产全过程控制的转变，经过多年的发展贵糖集团形成了制糖循环经济的雏形，建成了制糖、造纸、酒精、轻质碳酸钙的循环经济体系，制糖产生的蔗渣、废糖蜜、滤泥等废弃物经过处理后全部实现了循环利用，生产废弃物利用率为100%，综合利用产品的产值已经大大超过主业蔗糖。拥有多项具有国内领先水平的环保自主知识产权。这种循环经济的生产模式创造了巨大的经济效益和生态效益。2005年11月，贵糖被列为全国首批循环经济试点单位。

10.4.1 广西贵糖生态工业雏形

近年来，贵糖十分注重清洁生产，投入大量的环保专项资金，应用环保新技术、新工艺和新设备，重点对污水减排、工业废水循环利用、烟气脱硫等方面进行综合治理，利用高新技术和先进适用技术改造传统产业，不断增强高效利用资源和保护环境的能力。“变废为宝、节能降耗、推行清洁生产、打造循环经济”成为贵糖的主旋律，形成了具有两条主链的生态工业雏形：“甘蔗→制糖→废糖蜜制酒精→酒精废液制复合肥”，以及“甘蔗→制糖→蔗渣制浆造纸”（图10-5）。

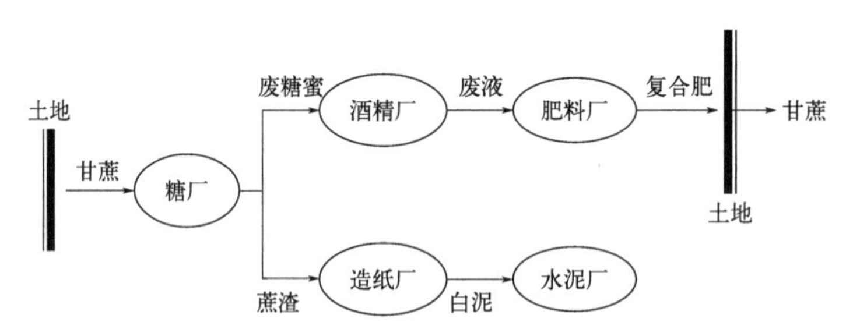

图10-5　贵糖（集团）制糖生态工业雏形

10.4.2 贵糖模式的生态工业网络类型

贵糖模式的生态工业网络类型是集团网络。它是指大集团公司内部的相关企业出于总公司的战略意图，通过建立副产物交换关系而形成的生态工业网络。基于此，集团网络在一定程度上形成了风险分担、利益共享的共同体，减弱了市场波动的影响，使工业生态系统整体上具有较大的弹性和柔性。

贵糖模式是在复合共生机制下形成的，其生态工业网络是典型的集团网络。贵糖集团是一个高度统一、高度集中的大型集团公司，它是所有企业的法人主体，控制所有企业的内部行政管理、生产活动、市场销售等，其中包括每一个企业的领导任命，生产规模、计划，利税目标，甚至废物利用量等。

在经济开发区和高新技术开发区中，数目众多的企业各有自己的独立法人，谁把废弃物送给谁作原材料，要经过法人之间的反复协调，其共生关系受价值规律和市场规律支配。复合共生与多个法人主体组成的共生体不同，其显著特点是，集团公司有权决定下属企业利用什么废物、利用多少，共生体中企业之间的合作关系基本上取决于法人主体——贵糖集团的战略意图和目标取向，有时甚至不惜牺牲部分下属企业的利益。

贵港生态工业系统由6个子系统组成，其中包括蔗田、制糖、酒精、造纸、热电联产和环境综合处理子系统。通过优化组合，各子系统间的输入和输出相互衔接，做到资源的最佳配置和废物的有效利用，环境污染可以减少到最低水平，从而形成一个比较完整的工业和种植业相结合的生态系统，以及高效、安全、稳定的制糖工业生态园区（图10-6）。

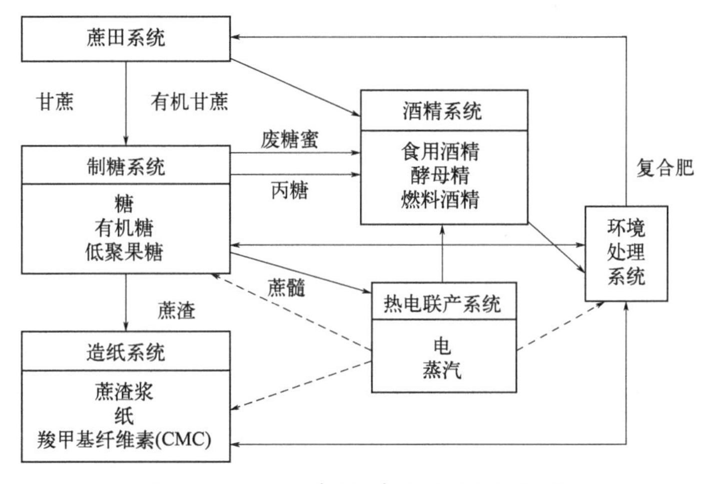

图10-6　贵糖（集团）模式的总体结构

10.4.3　贵糖模式的代谢类型及主要特点

（1）废物代谢及循环利用特征

与循环中间产品和半成品的企业不同，贵糖循环的是废物。贵糖集团的主产品是食糖，而在食糖生产过程中产生了大量的蔗渣、蔗髓、废糖蜜、酒精废液、滤泥及废水等多种副产品或废物。根据制糖过程中产生的不同废物的功能特点，通过生态工业链，多途径、多层次地使得原本是废物的副产物得到了循环利用，获得了多种高附加值的产品。

贵糖模式主要通过以下7条途径循环废物。

① 蔗髓→热电厂燃料：一年内大约循环利用13万吨蔗髓。

② 蔗渣→造纸原料：一年循环利用蔗渣40万吨。

③ 废糖蜜→能源酒精、酵母精：一年循环利用废糖蜜98万吨。

④ 酒精废液→复合肥：一年循环利用酒精废液300万立方米。

⑤ 滤泥→水泥：一年循环利用滤泥5万吨。

⑥ 碱回收：一年回收13.24万吨。

⑦ 纸机白水循环利用：每小时回收白水1200m^3。

（2）横向耦合、纵向闭合的网状结构

贵糖生态工业系统主要以蔗田系统输出的甘蔗为原料，以制糖单元为基础相互间通

过能物质流交换和共享构成了横向耦合的关系，并在一定程度上形成了网状结构。系统中没有废物的概念，只有资源的概念，各环节实现了充分的资源共享，变污染负效益为资源正效益。贵糖注重开发综合利用，以甘蔗产业为支柱、以生态工业理论为指导进行生态产业建设，推行清洁生产，打造循环经济。通过综合利用治理，不断优化产业生态链，从20世纪90年代起就形成"甘蔗→制糖→糖蜜→酒精→酒精废液→复合肥""甘蔗→制糖→蔗渣→制浆造纸"两条资源综合利用工业链，使甘蔗产业走向生态工业发展模式，实现了经济发展与环境保护"双赢"。在形成的产业链中，尽可能地将上游的废物作为下游产品的原料，形成了较为完善的企业内部的生态工业链和闭合的蔗田系统、制糖系统、造纸系统、热电联产系统、环境综合处理系统等生态工业网络。

循环经济的生产模式使贵糖综合利用效益不断提高，促进资源化深度利用，产业结构得到优化，为公司的持续、稳定、快速发展奠定基础。贵糖整体搬迁到粤桂产业园，继续保留循环经济的生产模式，坚持"绿色环保、循环经济，糖浆纸一体化可持续发展"的发展战略，打造和提升新的产业生态链（图10-7，书后另见彩图）。

作为"源"和"汇"的甘蔗园和以上各条工业链的有效运行，体现出园区"从源到汇再到源"的纵向闭合。甘蔗园是整个工业生态系统的起点，为系统提供主要生产原料——甘蔗，由甘蔗衍生出糖、生活用纸、能源酒精等主要产品；酒精厂复合肥车间生产出的甘蔗专用复合肥和热电厂锅炉排出的部分煤灰又作为肥料回到甘蔗园，从而实现了物质流动的纵向闭合。

贵糖模式具有多条生态产业链和多种产品，能够灵活应对市场，系统柔性极大增强。系统内产品的种类、生产规模等对资源供应、市场需求以及外界环境的随机波动具有较大的弹性，整体上抵御市场风险的能力大大加强，显示出系统具有较强的柔韧性。例如，当酒精的市场销路好而糖价疲软时，可减少糖产量，将丙糖和废糖蜜用于生产酒精；如果酒精市场进一步看好，甚至可以停止榨糖，直接将甘蔗用于生产酒精。当低聚果糖销价看好时，可利用制糖（有机糖）→低聚果糖链增加低聚果糖产量，抢占市场。

10.4.4 废物循环利用的区域环境效应

传统的制糖企业是污染大户，其主要原因是制糖企业及其下游企业生产过程中产生的废物，如蔗渣、废糖蜜、酒精废液、废水等没有得到循环利用，直接排放到环境中，导致环境污染。贵糖集团通过构建生态产业链，优化各种"废物"利用，明显减少了环境污染。

以酒精废液资源化利用为例，能源酒精生产中产生的主要污染物为酒精废液，属高浓度有机污染物。采用常规生化方法处理起来十分困难而且难以达标排放。贵糖（集团）采用酒精废液制取复合肥料技术，将酒精废液变废为宝，提高了其利用价值，同时也减少了COD的排放，对广西全区包括贵港市河流水质的保护都具有重要意义。

通过废物循环利用，提高甘蔗制糖及其相关产业的生产效率，如甘蔗渣综合利用率

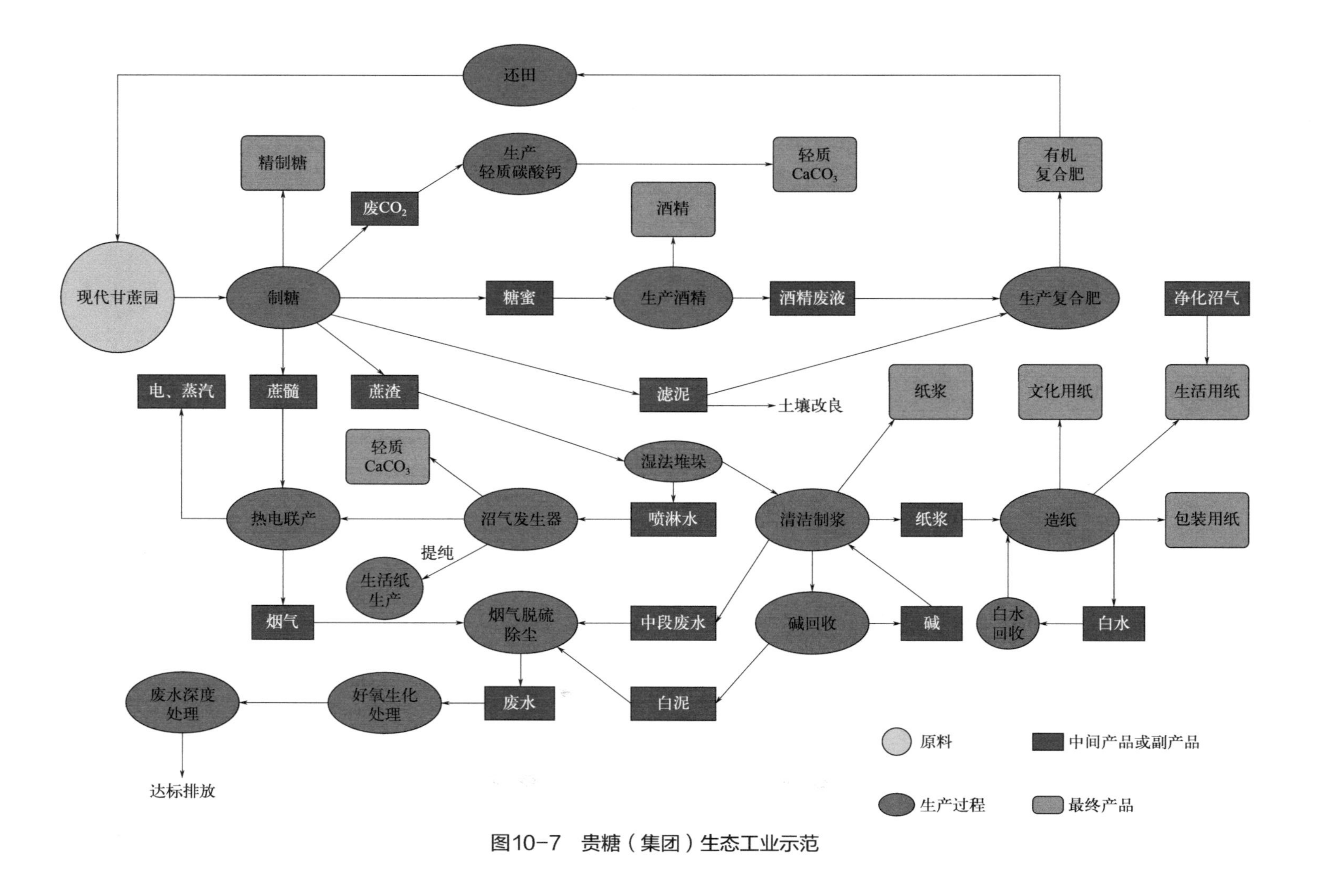

图10-7　贵糖（集团）生态工业示范

达到100%，废糖蜜利用率达到100%，酒精废液利用率达到100%，水循环利用率达到90%以上，使贵港市制糖工业的结构性污染得到明显改善，使“十五”期末全市COD排放量比2000年降低35%以上，有效地改善了区域水环境质量，使3条主要河流（郁江、黔江、浔江）水质可达到《地表水环境质量标准》（GHZB 1—1999）中三类水质要求的保护目标。

参考文献

[1] 段宁，孙启宏，傅泽强，等. 我国制糖(甘蔗)生态工业模式及典型案例分析[J]. 环境科学研究，2004(4): 29-32, 36.

[2] 乔琦，万年青，欧阳朝斌，等. 工业代谢分析在生态工业园区规划中的应用[C]//. 中国环境科学学会2009年学术年会论文集（第三卷）. 2009: 1077-1080.

[3] HJ 2303—2018 制糖工业污染防治可行技术指南.

[4] 许文，董黎明，董莉，等. 我国制糖工业水污染物减排潜力分析及建议[J]. 现代化工，2020, 40(12): 19-22.

[5] 许文，董莉，毕莹莹，等. 我国制糖工业废水污染物排放现状及建议[J]. 现代化工，2019, 39(10): 5-8.

第11章 工业集聚区能源代谢与碳排放

- 我国工业集聚区概况
- 工业集聚区碳排放核算与代谢分析方法
- 典型集聚区碳排放代谢分析

2021年10月，国务院印发了《2030年前碳达峰行动方案》，提出“十四五”期间，“到2025年，非化石能源消费比重达到20%左右，单位国内生产总值能源消耗比2020年下降13.5%，单位国内生产总值二氧化碳排放比2020年下降18%”，为实现碳达峰奠定坚实基础。工业是产生碳排放的主要领域之一，对全国整体实现碳达峰有重要影响。工业领域要加快绿色低碳转型和高质量发展，力争率先实现碳达峰。工业领域由若干不同类型的行业构成，在空间分布上往往以工业集聚区的形式存在。工业集聚区是以若干工业行业为主体，通过行业之间关联配套、上下游产业链的有机链接，同时兼具产业和城市融合发展的经济社会功能的平台和载体，是降碳减污、扩绿增长的主要阵地。本章以工业集聚区的碳排放为主要对象，通过对不同产业主导型的集聚区碳排放测算及代谢分析，识别各类生产活动对不同类型能源种类的消耗及与碳排放的关系，旨在为工业集聚区层面降碳关键环节和潜力识别提供依据与参考。

11.1 我国工业集聚区概况

11.1.1 我国工业集聚区的表现形式与现状分布

当前我国现有的工业集聚区主要有工业园区、经开区、高新区、产业园等几种表现形式，主要由其功能定位决定。经开区和高新区又分为国家级和省级。工业园区是建立在一定范围的土地上由制造企业和服务企业形成的企业社区，开发区和经开区是一级的行政机构，政府机构通常以管委会的形式出现。经开区的区位选择侧重于交通状况、产业基础和市场空间等地理资源优势；高新区的区位选择侧重于智力密集、信息资源、产业基础和创业氛围等智力资源优势。高新区侧重高新技术产业，特别是研发企业，而经开区侧重于制造业和加工业。

依据2022年赛迪顾问园区经济研究中心发布的《园区高质量发展百强（2022）》报告，全国共有53家国家级高新区、47家国家级经开区入榜。2022年百强园区中，区域不平衡问题依然突出。按四大区域划分，东部地区占比最多，超过50%，处于绝对领先地位。其中，江苏省占19个，其后依次为浙江省、广东省、山东省、湖北省，入榜园区数量分别为9个、8个、7个、7个。青海省、海南省、宁夏回族自治区、内蒙古自治区以及西藏自治区未有园区入榜（台湾省未进行统计）。

各省（区、市）入榜园区个数见表11-1。

表11-1　各省入榜园区个数

省（区、市）	入榜个数/个	省（区、市）	入榜个数/个
江苏省	19	贵州省	2

续表

省（区、市）	入榜个数/个	省（区、市）	入榜个数/个
浙江省	9	重庆市	2
广东省	8	广西壮族自治区	2
山东省	7	江西省	2
湖北省	7	黑龙江省	2
上海市	5	吉林省	2
四川省	4	天津市	2
安徽省	4	北京市	2
辽宁省	4	新疆维吾尔自治区	1
陕西省	3	甘肃省	1
湖南省	3	云南省	1
河南省	3	山西省	1
福建省	3	河北省	1

11.1.2　工业集聚区产业结构与能源消耗

能源是现代经济增长的动力之源，是国家经济社会可持续发展的重要物质基础，也是碳排放的最主要来源。我国能源发展新常态主要表现为能源结构更替加快、能源发展动力加快转换等，但仍面临着传统能源产能过剩严重、可再生能源发展面临多重瓶颈、能源系统整体效率不高等诸多问题和挑战。能源消费总量的持续增长给碳减排带来了巨大的压力，同时也对能源供应提出了严峻的挑战。

根据《中国能源统计年鉴2021》中“4-2工业分行业终端能源消费量（实物量）”，我国工业行业能源供应和消费的主要品种包括煤炭、油品、天然气、热力和电力、其他能源五大类，有28个品种。其中，第一类是煤炭，主要是原煤及煤加工后的产品，焦炭以及相关的炼焦副产品，包括原煤、洗精煤、其他洗煤、焦炭、焦炉煤气、高炉煤气、转炉煤气、其他煤气、其他焦化产品；第二类是油品，包括原油、汽油、煤油、柴油、燃料油、石脑油、润滑油、石蜡、溶剂油、石油沥青、石油焦、液化石油气、炼厂干气、其他石油制品，均来自石油或石油化工的副产品；第三类是天然气，包括天然气和液化天然气；第四类是热力和电力；第五类为其他能源，包括生物燃料、太阳能、水能等。

11.2 工业集聚区碳排放核算与代谢分析方法

11.2.1 核算框架与技术流程

本章工业集聚区碳排放核算方法总体上遵循政府间气候变化专门委员会发布的《IPCC 国家温室气体排放清单指南》的基本方法，并参考了国家发展改革委办公厅印发的《省级温室气体清单编制指南（试行）》，在应用时辅以实地调研等手段，进行工业集聚区碳排放量的核算。

排放源包括燃料燃烧排放，工业生产过程排放，电力、热力调入与调出产生的排放和固碳产品隐含的二氧化碳排放。考虑到生物燃料生产与消费的总体平衡，其燃烧所产生的二氧化碳与生长过程中光合作用所吸收的碳两者基本抵消，生物燃料燃烧产生的CO_2不纳入本次核算。

碳排放核算的技术流程见图11-1。

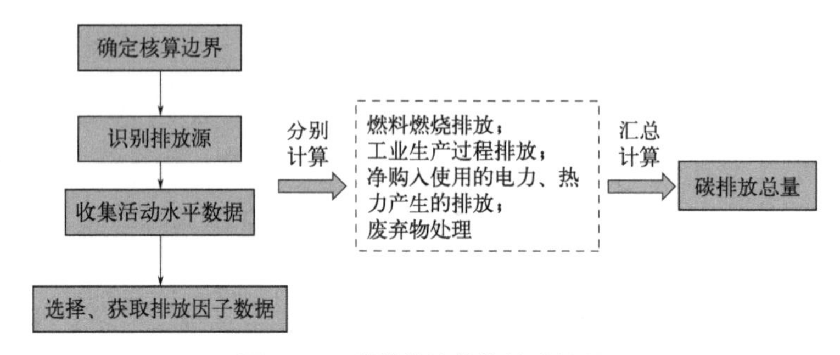

图11-1 碳排放核算的技术流程

温室气体是指大气中吸收和重新放出红外辐射的自然的和人为的气态成分。《京都议定书》中规定了6种主要温室气体，分别为二氧化碳（CO_2）、甲烷（CH_4）、氧化亚氮（N_2O）、氢氟碳化物（HFCs）、全氟化碳（PFCs）和六氟化硫（SF_6）。采用IPCC第二次评估报告给出的全球变暖潜势值将6种污染物统一为CO_2-eq（CO_2当量）进行核算。

工业集聚区碳排放总量等于集聚区边界内所有的化石燃料燃烧排放量，工业生产过程排放量，废弃物处理及净购入电力、热力隐含产生的碳排放量之和，还应扣除固碳产品隐含的排放量，按式（11-1）计算：

$$E_{碳}=E_{燃烧}+E_{过程}+E_{废弃物}+E_{电+热}-R_{固碳} \tag{11-1}$$

式中 $E_{碳}$ ——工业集聚区碳排放总量；

$E_{燃烧}$ ——工业集聚区所有净消耗化石燃料燃烧活动产生的CO_2排放量；

$E_{过程}$ ——工业企业生产过程产生的CO_2排放量；

$E_{废弃物}$ ——工业集聚区固体废物（主要是指生活垃圾）填埋处理产生的CH_4排放量，生活污水和工业废水处理产生的CH_4和N_2O排放量，以及固体废物焚烧处理产生的CO_2排放量；

$E_{电+热}$——企业净购入电力和热力产生的CO_2排放量；

$R_{固碳}$——固碳产品隐含的CO_2排放量。

11.2.2　燃料燃烧排放

能源消费中主要排放CO_2的化石能源包括煤炭、石油和天然气，并利用不同化石能源的低位热值、碳排放因子和碳氧化比率估算燃料燃烧产生的CO_2排放量。

（1）计算公式

燃料燃烧活动产生的碳排放量是工业集聚区核算期内各种燃料燃烧产生的CO_2排放量的加和，涉及工业企业、农业、公共建筑、居民生活、交通等涉燃料燃烧部门。按式（11-2）计算：

$$E_{燃烧}=\sum_{i=1}^{n}\mathrm{AD}_i\times\mathrm{EF}_i \tag{11-2}$$

$$\mathrm{AD}_i=\mathrm{NCV}_i\times\mathrm{FC}_i \tag{11-3}$$

$$\mathrm{EF}_i=\mathrm{CC}_i\times\mathrm{OF}_i\times\frac{44}{12} \tag{11-4}$$

式中　$E_{燃烧}$——核算期内净消耗化石燃料燃烧产生的CO_2排放量；

AD_i——核算期内第i种化石燃料的净消耗量；

EF_i——第i种化石燃料的CO_2排放因子；

i——化石燃料的类型；

NCV_i——第i种化石燃料的平均低位发热量；

FC_i——第i种化石燃料的净消耗量；

CC_i——第i种化石燃料的单位热值含碳量；

OF_i——第i种化石燃料的碳氧化率，取值范围为0～1。

（2）活动水平数据获取

各种化石燃料的净消耗量来源于统计局、能源统计年鉴等。

（3）排放因子数据获取

采用的燃料低位发热量、单位热值含碳量和碳氧化率见表11-2。其中，燃料低位发热量来源于《中国能源统计年鉴2020》《工业其他行业企业温室气体排放核算方法与报告指南（试行）》；单位热值含碳量、碳氧化率来源于《省级温室气体清单编制指南（试行）》《工业其他行业企业温室气体排放核算方法与报告指南（试行）》。

表11-2 常用化石燃料相关参数

燃料品种		低位发热量/（GJ/t）或[GJ/(10^4m^3)]	单位热值含碳量/（t C/TJ）	燃料碳氧化率/%
固体燃料	无烟煤	24.515	27.4	94
	烟煤	23.204	26.1	93
	其他洗煤	15.373	25.4	90
	焦炭	28.435	29.5	93
	其他焦化产品	30.944	29.5	93
液体燃料	燃料油	41.816	21.1	98
	汽油	43.070	18.9	98
	柴油	42.652	20.2	98
	煤油	43.07	19.6	98
	其他石油制品	40.19	20	98
气体燃料	天然气	389.31	15.3	99
	液化天然气	41.868	15.3	99
	液化石油气	47.31	17.2	99
	高炉煤气	37.69	70.8	99

11.2.3 工业生产过程排放

工业生产过程排放是指工业生产中能源活动温室气体排放之外的其他化学反应过程或物理变化过程的CO_2排放。例如，石灰行业石灰石分解产生的排放属于工业生产过程排放，而石灰窑燃料燃烧产生的排放不属于工业生产过程排放。

根据《省级温室气体清单编制指南（试行）》，工业生产过程温室气体清单范围包括：水泥生产过程CO_2排放，石灰生产过程CO_2排放，钢铁生产过程CO_2排放，电石生产过程CO_2排放，己二酸生产过程N_2O排放，硝酸生产过程N_2O排放，一氯二氟甲烷（HCFC-22）生产过程三氟甲烷（HFC-23）排放，铝生产过程PFCs排放，镁生产过程SF_6排放，电力设备生产过程SF_6排放，半导体生产过程HFCs、PFCs和SF_6排放，以及氢氟烃生产过程的HFCs排放。其他生产过程或其他温室气体暂不考虑。

11.2.4 电力、热力调入与调出产生的排放

（1）计算公式

净购入的生产用电力、热力隐含产生的CO_2排放量按以下公式计算：

$$E_{电}=AD_{电}\times EF_{电} \tag{11-5}$$

$$E_{热}=AD_{热}\times EF_{热} \tag{11-6}$$

式中　$E_{电}$，$E_{热}$——净购入电力、热力隐含产生的CO_2排放量，t；
AD电，AD热——净购入电力、热力数据（购入－外销）；
EF电，EF热——区域电网供电、供热平均CO_2排放因子。

（2）活动水平数据获取

电力、热力消耗数据来源于统计局、年鉴等。

（3）排放因子数据获取

区域电网供电平均排放因子按生态环境部最新公布的0.5810t CO_2/（MW·h）计，热力供应的CO_2排放因子暂按0.11t CO_2/GJ计。

11.2.5　废弃物处理

11.2.5.1　填埋处理CH_4排放

（1）核算方法

采用质量平衡法，假设所有潜在的CH_4均在处理当年就全部排放完。

$$E_{CH_4}=(MSW_T \times MSW_F \times L_0-R)\times(1-OX) \tag{11-7}$$

$$L_0=MCF \times DOC \times DOC_F \times F \times \frac{16}{12} \tag{11-8}$$

式中　E_{CH_4}——CH_4排放量；
MSW_T——总固体废物产生量；
MSW_F——固体废物填埋处理率；
L_0——各管理类型垃圾填埋场的CH_4产生潜力，10^4t CH_4/10^4t废弃物；
R——CH_4回收量；
OX——氧化因子；
MCF——各管理类型垃圾填埋场的CH_4修正因子（比例）；
DOC——可降解有机碳，kg碳/kg废弃物；
DOC_F——可分解的DOC比例；
F——垃圾填埋气体中的CH_4比例。

（2）活动水平数据及其数据来源

固体废物处置CH_4排放估算所需的活动水平数据包括园区固体废物产生量、园区固体废物填埋量、园区固体废物物理成分。固体废物数据可从各省（区、市）的住房和城乡建设厅等相关部门的统计数据中获得。

（3）排放因子及其确定方法

① CH_4修正因子（MCF） CH_4修正因子主要反映不同区域垃圾处理方式和管理程度。垃圾处理可分为管理的和非管理的两类，其中非管理的又依据垃圾填埋深度分为深处理（>5m）和浅处理（<5m），不同的管理状况下MCF的值不同。根据垃圾填埋场的管理程度比例（*A*、*B*、*C*）以及表11-3的推荐值得出综合的MCF值，如果没有分类的数据，选择*D*的MCF值0.4。

$$MCF=A\times MCF_A+B\times MCF_B+C\times MCF_C \tag{11-9}$$

表11-3 固体废物填埋场分类和CH_4修正因子的缺省值

填埋场的类型	CH_4修正因子（MCF）的缺省值
管理的：A	1.0
非管理的－深的（>5m 废弃物）：B	0.8
非管理的－浅的（<5m 废弃物）：C	0.4
未分类的：D	0.4

注：A～D是指分类。A代表填埋场对废弃物进行了管理控制；B代表未进行管理，填埋场深度＞5m；C代表未进行管理，填埋场深度＜5m；D代表不知道填埋场是什么类型的情况。

② 可降解有机碳（DOC） 可降解有机碳是指废物中容易受到生物化学分解的有机碳，单位为每千克废物（湿重）中含多少千克碳。DOC的估算是以废物中的成分为基础，通过各类成分的可降解有机碳的比例平均权重计算得出。计算可降解有机碳的公式为：

$$DOC=\sum(DOC_i\times W_i) \tag{11-10}$$

式中 DOC——废物中可降解有机碳；

DOC_i——废物类型*i*中可降解有机碳的比例；

W_i——第*i*类废物的比例，%，可以通过对省、区、市垃圾填埋场的垃圾成分调研或相应研究报告的收集获得，无相关数据时按29%计。

③ 可分解的DOC的比例（DOC_F） 可分解的DOC的比例（DOC_F）表示从固体废物处理场分解和释放出来的碳的比例，表明某些有机废物在废物处置场中并不一定全部分解或是分解得很慢。推荐值为0.5。

④ CH_4在垃圾填埋气体中的比例（*F*） 垃圾填埋场产生的填埋气体主要是CH_4和二氧化碳等气体。CH_4在垃圾填埋气体中的比例（体积比）可取推荐值0.5。

⑤ CH_4回收量（*R*） CH_4回收量是指在固体废物处理场中产生的并收集和燃烧或用于发电装置部分的CH_4量。无相关数据时取0。

⑥ 氧化因子（OX） 氧化因子（OX）是指固体废物处理场排放的CH_4与在土壤或其他覆盖废物的材料中发生氧化的那部分CH_4量的比例。比较合格的管理型垃圾填埋场的氧化因子取值为0.1。

11.2.5.2　焚烧处理CO_2排放

焚烧的废物类型包括城市固体废物、危险废物、医疗废物和污水污泥，我国统计数据中危险废物包括了医疗废物。

（1）核算方法

废物焚化和露天燃烧产生的二氧化碳排放量的估算公式为：

$$E_{CO_2}=\sum(IW_i \times CCW_i \times FCF_i \times EF_i \times \frac{44}{12}) \tag{11-11}$$

式中　E_{CO_2}——废物焚烧处理的二氧化碳排放量；

i——园区固体废物、危险废物、污泥；

IW_i——第i种类型废物的焚烧量；

CCW_i——第i种类型废物中的碳含量比例；

FCF_i——第i种类型废物中矿物碳在碳总量中的比例；

EF_i——第i种类型废物焚烧炉的燃烧效率；

44/12——碳转换成二氧化碳的转换系数。

（2）活动水平数据及其来源

废物焚烧处理二氧化碳排放估算需要的活动水平数据包括各类型废物（固体废物、危险废物、污水污泥）焚烧量。

（3）排放因子及其确定方法

废物焚烧处理的关键排放因子包括废物中的碳含量比例、矿物碳在碳总量中的比例和焚烧炉的燃烧效率。焚烧的废物中的生物碳和矿物碳可以从废物成分分析资料中得到，如果当地无相关实测数据，建议采用《省级温室气体清单编制指南（试行）》推荐值，详见表11-4。

表11-4　废物焚烧处理排放因子

排放因子	范围		推荐值
CCW_i	城市生活垃圾	（湿）33%～35%	20%
	危险废物	（湿）1%～95%	1%
	污泥	（干物质）10%～40%	30%
FCF_i	城市生活垃圾	30%～50%	39%
	危险废物	90%～100%	90%
	污泥	0%	0%
EF_i	城市生活垃圾	95%～99%	95%
	危险废物	95%～99.5%	97%
	污泥	95%	95%

11.2.5.3 废水处理

（1）生活污水处理CH_4排放

1）核算方法

生活污水处理CH_4排放的估算公式为：

$$E_{CH_4} = (\mathrm{TOW} \times \mathrm{EF}) - R \tag{11-12}$$

$$\mathrm{EF} = B_o \times \mathrm{MCF} \tag{11-13}$$

式中 E_{CH_4}——清单年份的生活污水处理CH_4排放总量；

TOW——生活污水中有机物总量，kg BOD/a；

EF——排放因子，kg CH_4/kg BOD；

R——CH_4回收量；

B_o——CH_4最大产生能力；

MCF——CH_4修正因子。

2）活动水平数据及其来源

根据化学需氧量（COD）统计数据资料，使用表11-5中《省级温室气体清单编制指南（试行）》提供的各区域BOD/COD值进行转换。

表11-5 各区域平均BOD/COD值推荐值

区域	BOD/COD值
全国	0.46
华北	0.45
东北	0.46
华东	0.43
华中	0.49
华南	0.47
西南	0.51
西北	0.41

3）排放因子及其确定方法

MCF表示不同处理和排放的途径或系统达到的CH_4最大产生能力（B_o）的程度，也反映了系统的厌氧程度。采用全国平均值0.165作为推荐值。

CH_4最大产生能力（B_o）表示污水中有机物可产生的最大的CH_4排放量，按生活污水为每千克BOD可产生0.6千克的CH_4，工业废水为每千克COD产生0.25千克的CH_4计。

（2）工业废水处理CH_4排放

1）核算方法

工业废水处理CH_4排放的估算公式为：

$$E_{CH_4} = \sum [(\mathrm{TOW}_i - S_i) \times \mathrm{EF}_i - R_i] \tag{11-14}$$

式中　E_{CH_4} ——CH_4排放量；

i ——不同的工业行业；

TOW_i ——工业废水中可降解有机物的总量；

S_i ——以污泥方式清除掉的有机物总量；

EF_i ——排放因子；

R_i ——CH_4回收量。

2）活动水平数据及其来源

工业废水经处理后，一部分进入生活污水管道系统，其余部分不经城市下水管道直接进入江河湖海等环境系统。因此，为了不导致重复计算，将每个工业行业的可降解有机物即活动水平数据分为两部分，即处理系统去除的COD和直接排入环境的COD，相关数据从《中国环境统计年鉴》中获得。

3）排放因子及其确定方法

废水处理时CH_4的排放能力因工业废水类型而异，不同类型的废水具有不同的CH_4排放因子，涉及CH_4最大产生能力和CH_4修正因子。化工、医药、造纸按0.5升，食品和农副食品按0.7升，石油、烟草、纺织、印刷、橡胶、塑料、皮革、水生产按0.3升，其余按0.1计。

11.3　典型集聚区碳排放代谢分析

本节分别选择了两类不同主导产业类型的工业集聚区作案例，进行碳排放的代谢分析。其中化工行业主导型集聚区1位于我国西部某园区，能源消费结构以清洁能源为主。电子行业主导型集聚区2位于我国东部某园区，能源消费结构以煤炭为主。通过对两类不同产业主导的集聚区碳排放代谢的分析可发现，集聚区1的碳排放主要来自电力消耗，占总排放的53.97%，其次为天然气和煤炭消耗，分别占23.67%、21.51%，今后节能的方向是提高电力使用方面能源利用效率。而集聚区2，在核算碳排放时，考虑了居民生活、交通、公共建筑以及废弃物处理等其他领域的碳排放，66.04%的碳排放来源于工业行业，居民生活、公共建筑和交通的碳排放比重分别为11.97%、13.85%、8.09%。而工业行业的碳排放主要来源于能源消耗（占比为93.41%），包括燃料燃烧和电力/热力的输入和输出，其次为废弃物处理，今后降碳的重点应该在高碳能源替代方面。

11.3.1　化工行业主导型集聚区碳排放代谢分析

11.3.1.1　能源消费整体情况

根据分析，2016～2020年，集聚区1工业能源消费总量、工业行业单位GDP（国内生产总值）能耗年均增长比例分别为5.22%、0.06%，能源消费总体呈现上升的趋势，经济社会发展对能源的依赖程度仍然较高。

2016 ～ 2020年该集聚区能源消费情况见图11-2。

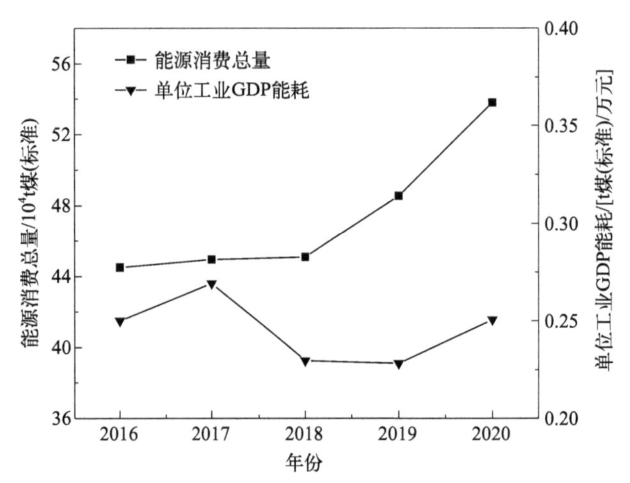

图11-2 2016 ～ 2020年集聚区1工业行业能源消费情况

11.3.1.2 能源消费结构

由图11-3可知，近年来，清洁能源天然气始终是该集聚区的主要消耗能源，占比在41% ～ 46%之间；其次是煤炭和电力，煤炭消耗高于电力消耗，占27% ～ 37%；石油占

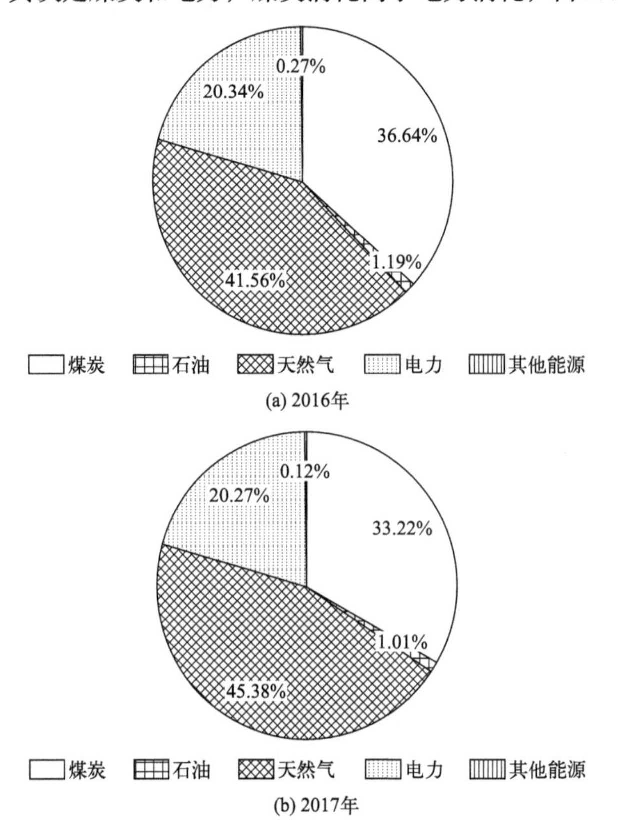

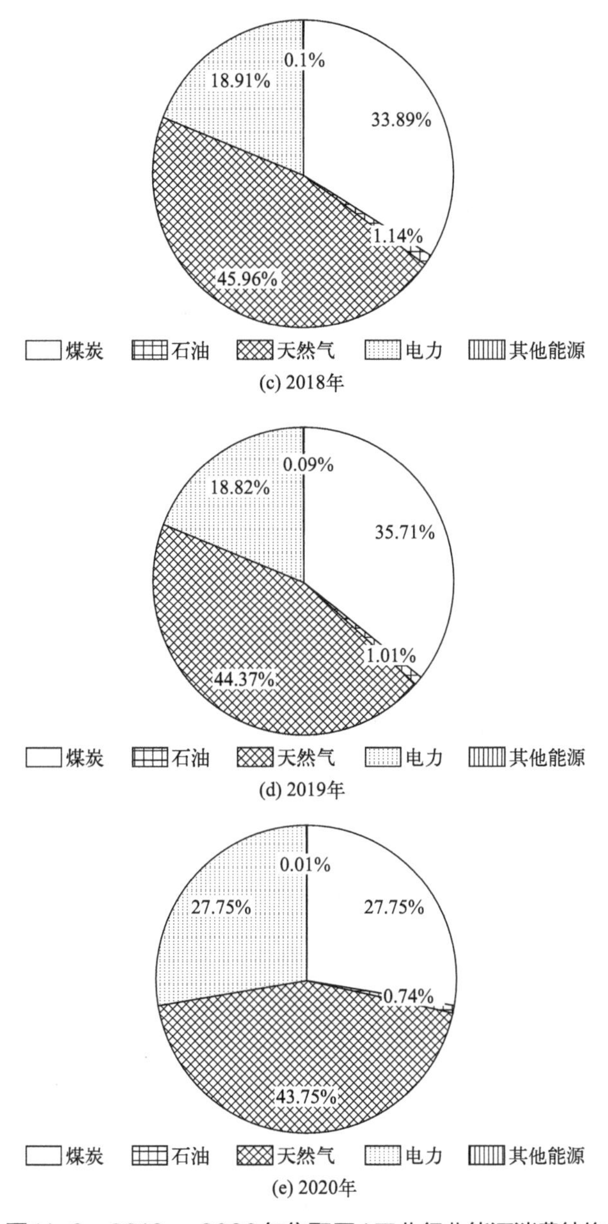

(c) 2018年

(d) 2019年

(e) 2020年

图11-3 2016 ~ 2020年集聚区1工业行业能源消费结构

比仅为1%；还有部分生物燃料消耗，占比不到1%。2020年能源结构调整明显，煤炭消耗占比减少，电力消耗占比增加。与2019年相比，2020年煤炭消费占比由35.71%降低到27.75%，同比降低22.29%；电力消费占比由18.82%增加到27.75%，同比增加47.49%。

与全国能源结构相比，该集聚区能源结构更加清洁化。2019年，中国煤炭消耗比重的平均水平为46.27%，天然气为8.57%，清洁能源消耗占比达40.28%。该集聚区工业行业能源消耗结构中煤炭和石油占比相比全国平均分别低22.82%、92.48%，天然气占比超过全国平均占比的5倍，该集聚区能源结构整体相对更“清洁”（见图11-4）。

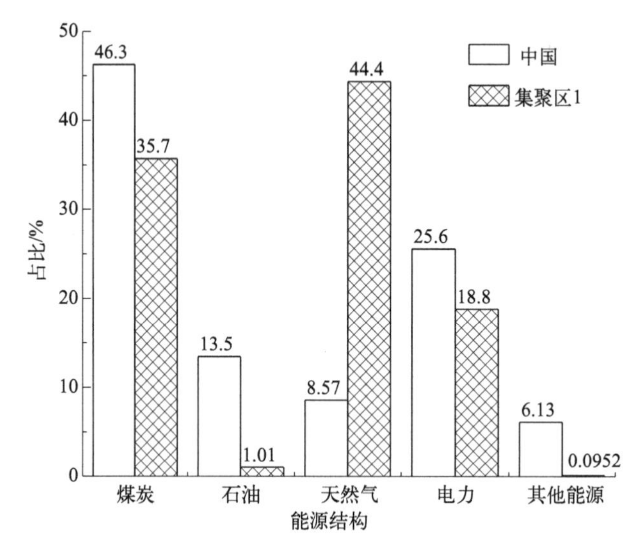

图11-4　2019年集聚区1与全国工业行业能源结构对比

我国目前的工业生产耗能高，对煤的依赖大，煤炭燃烧加大了空气污染程度，增加了废渣等工业固体废物的产生。从资源和经济角度分析，能源结构优化是实现节能减排目标的重要途径之一，该集聚区能源消耗对煤炭的依赖性较低，低碳或清洁能源占比高达70%，能源结构明显优于全国平均水平，经济发展与低碳发展的矛盾相对较少。

11.3.1.3　全行业碳排放分析

决定产业体系低碳化发展趋势的关键在于二氧化碳排放强度，而二氧化碳排放强度的变化趋势由产出结构、能源碳排放密度、能源消费强度三个因素所驱动。其中，产出结构由产业体系的技术水平、资本存量、劳动力数量决定；能源碳排放密度（每吨标煤CO_2排放量）由不同产业的能源结构和能源消费占比决定；能源消费强度由能源结构、不同产业的能源消费技术水平以及各产业产出占比决定。

（1）化石燃料燃烧和电力消耗是CO_2主要排放源

从全区来看，在2016～2020年间，该集聚区产业体系总体的碳密度在2.91～3.33t CO_2/t标煤之间（见图11-5），整体变化不大。化石燃料燃烧和电力消耗是主要的CO_2排放源，分别占排放总量的45.31%、53.97%。其中，原煤和天然气消耗始终是该集聚区化石燃料消耗的主要类型，石油消耗较少。

（2）CO_2排放缓中有升

2016～2020年，该集聚区CO_2排放量基本上呈现逐年上升的趋势（除2016～2017年略有降低外），排放强度（碳排放量/工业增加值）呈现“升—降—升”的趋势，但总体呈上升的演变趋势。排放量和排放强度分别增加了34.71%、11.71%，年均涨幅分别为

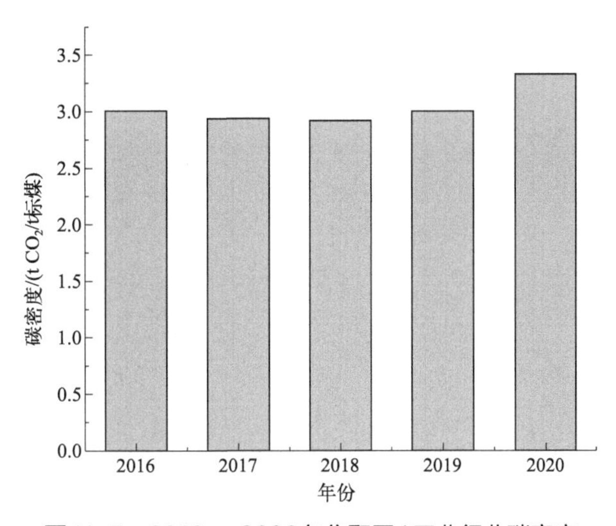

图11-5　2016 ~ 2020 年集聚区 1 工业行业碳密度

11.61 万吨、0.022t/ 万元。该集聚区工业行业 CO_2 排放量及排放强度变化详见图 11-6，间接排放和直接排放占比见图 11-7。

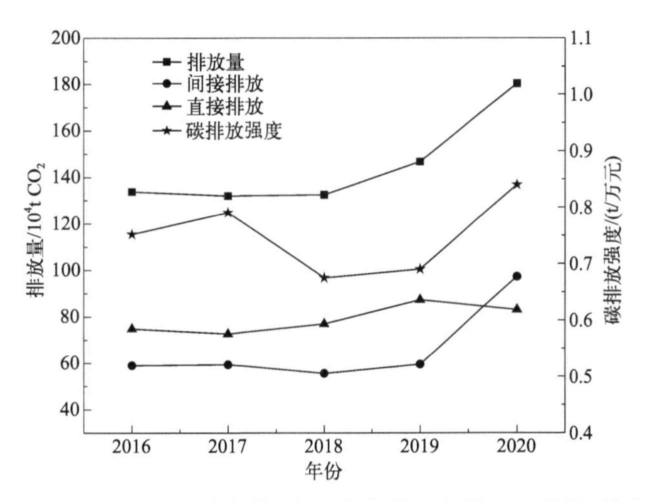

图11-6　2016 ~ 2020 年集聚区 1 工业行业 CO_2 排放量及排放强度变化

（3）间接排放占比较高

一方面，2020 年该集聚区近 50% 的土地还处于开发阶段，处于发展中阶段，需要大量引进新产业。另一方面，该集聚区超过 50% 的 CO_2 排放量来源于间接排放，也就是电力生产，电力生产的排放量受制于国家电力生产部门的发电技术和燃料结构，对国家电力生产体系依赖较大，该集聚区本身没有发电厂，不具备提高电力使用方面能源利用效率的空间，因此碳排放总量有所增加。但仅从直接排放来看，2016 ～ 2020 年该集聚区在引进多家规模以上企业的前提下，碳排放总量仅略有上升，直接排放量占比大幅降低，表明该集聚区低碳工作已经取得了一定成效。

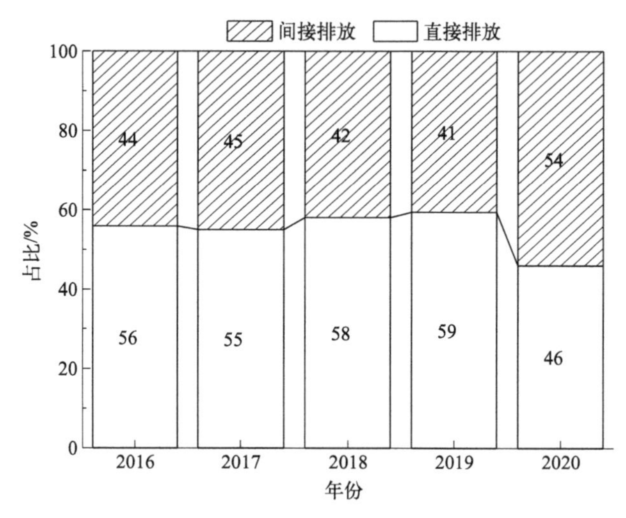

图11-7　2016 ~ 2020年集聚区1工业行业CO_2排放量直接排放和间接排放占比

（4）加工制造业排放占比较大

从工业行业来看，该集聚区CO_2排放量主要来源于加工制造业，包括化学原料和化学制品制造业、造纸和纸制品业、黑色金属冶炼和压延加工业、有色金属冶炼和压延加工业四大类行业，2016 ～ 2020年间这四个行业排放量占排放总量的61.25% ～ 71.24%；其次为农副食品加工业、医药制造业、非金属矿物制品业三个行业，占比在11.43% ～ 18.83%。2016 ～ 2020年集聚区1工业行业碳排放主要行业贡献比如图11-8所示。

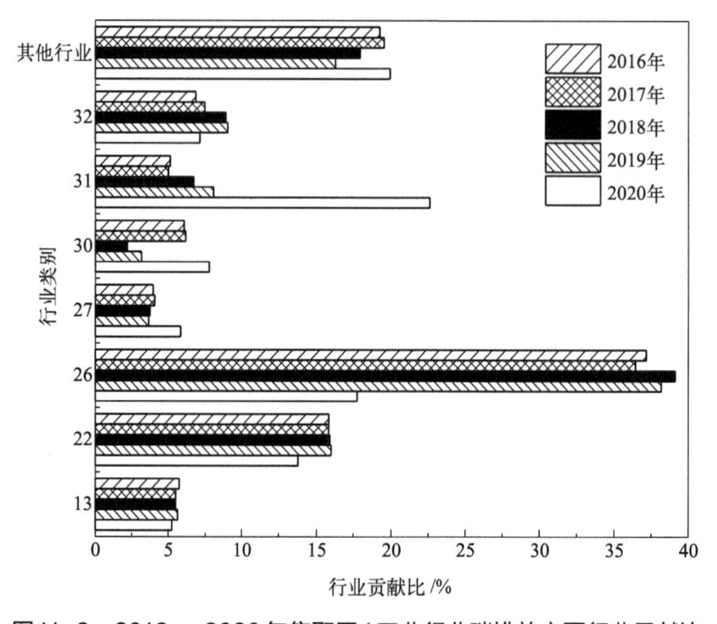

图11-8　2016 ~ 2020年集聚区1工业行业碳排放主要行业贡献比

13—农副食品加工业；22—造纸和纸制品业；26—化学原料和化学制品制造业；27—医药制造业；30—非金属矿物制品业；31—黑色金属冶炼和压延加工业；32—有色金属冶炼和压延加工业

化学原料和化学制品制造业、造纸和纸制品业、有色金属冶炼和压延加工业、黑色金属冶炼和压延加工业碳排放从2016年占行业总排放量的比例为37.17%、15.82%、6.86%、5.13%，到2020年改善为17.75%、13.78%、7.13%、22.59%，主要的行业间的排放差距降低。其中，化学原料和化学制品制造业在2016～2019年间是主要的CO_2排放源，远远超过其他行业排放，2020年，该集聚区行业结构调整，化学原料和化学制品制造业排放占比降到了17.75%，低于黑色金属冶炼和压延加工业，降幅达到52.25%。

2020年该集聚区工业行业碳排放来源、去向全流程见图11-9。

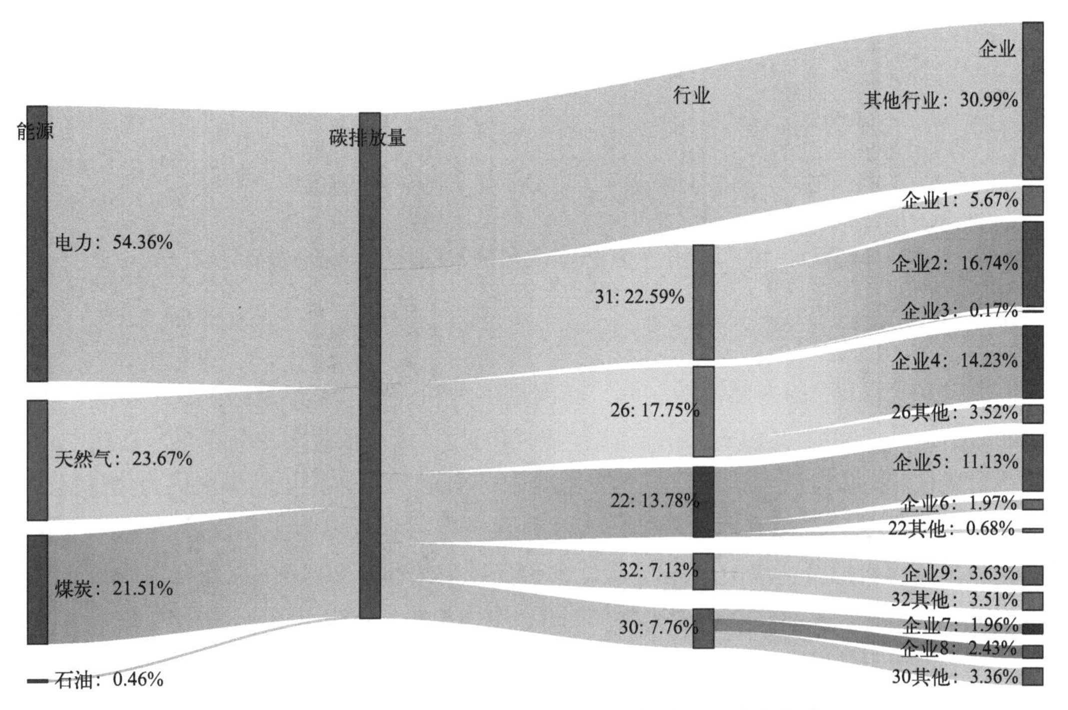

图11-9　2020年集聚区1工业行业碳排放来源、去向全流程

22—造纸和纸制品业；26—化学原料和化学制品制造业；30—非金属矿物制品业；31—黑色金属冶炼和压延加工业；32—有色金属冶炼和压延加工业

11.3.2　电子行业主导型集聚区碳排放代谢分析

11.3.2.1　能源投入情况

2016～2020年，集聚区2工业能源投入总量（包括自产）和工业行业单位GDP能耗年均降低比例分别为0.15%、1.63%，能源消费总体呈现“降—升—降”的趋势，经济社会发展对能源的依赖程度有所降低。2018年、2019年两年的能耗明显高于其他年份。

2016 ～ 2020年集聚区2工业行业能源消费情况见图11-10。

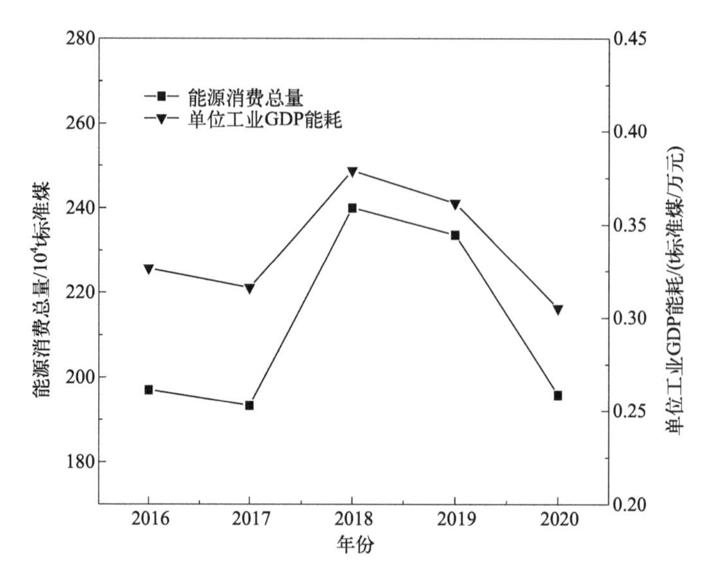

图11-10　2016 ～ 2020年集聚区2工业行业能源消费情况

11.3.2.2　能源投入结构

煤炭是集聚区2的主要消耗能源，其次是电力和天然气。集聚区2在2016年、2017年能源结构基本相同，2018年后能源结构调整明显，依法依规淘汰高耗煤、高耗电、低效益企业，燃煤发电逐渐改成以燃气发电为主。截至2020年，虽然煤炭仍为集聚区2的主要能源，但其消费比重明显降低，天然气逐渐替代煤炭成为主要能源。与2016年相比，2020年煤炭消费占比由55.84%降低到35.74%，降低了20.10个百分点；天然气消费占比由6.60%增加到27.20%，占比增加3倍；电力消费占比由30.95%降低到29.04%，略有降低（见图11-11）。

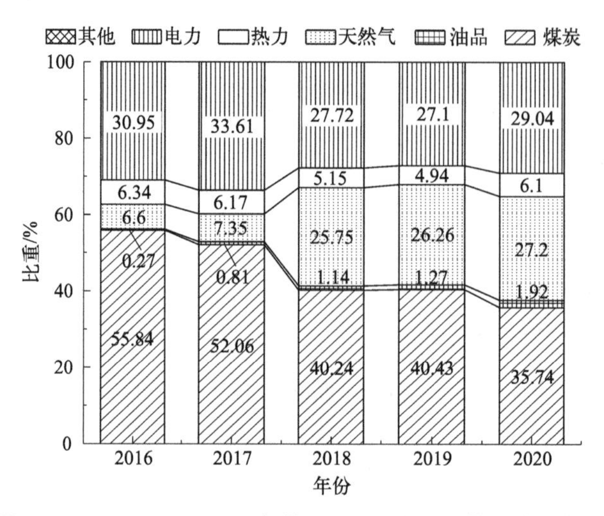

图11-11　2016 ～ 2020年集聚区2工业行业能源消费结构

与全国能源结构相比，集聚区 2 能源结构更加优化。2019 年，我国煤炭消耗比重的平均水平为 46.27%，天然气为 8.57%，低碳或清洁能源消耗占比达 40.28%。集聚区 2 工业行业能源消耗结构中煤炭和石油占比相比全国平均值分别低 5.84%、12.18%，天然气占比是全国平均占比 3 倍，集聚区 2 能源结构整体相对更“清洁”（见图 11-12）。

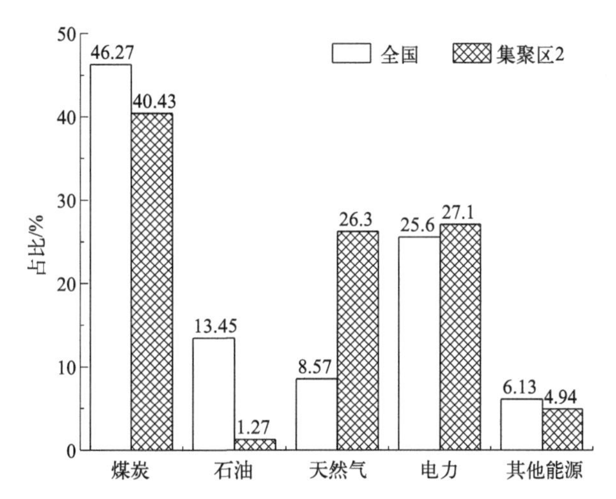

图11-12　2019 年全国、集聚区 2 工业行业能源结构对比

11.3.2.3　碳排放现状

（1）工业行业碳排放现状

2016 ～ 2020 年集聚区 2 工业碳排放情况见图 11-13。整体上看，除 2017 年集聚区 2 碳排放略有增加外，总体呈现降低的趋势，降低了 32.13%。能源消耗是碳排放的主要来源，占比为 50% ～ 80%。其次是电力输入、输出排放，热力输入、输出排放和废物排放较低。

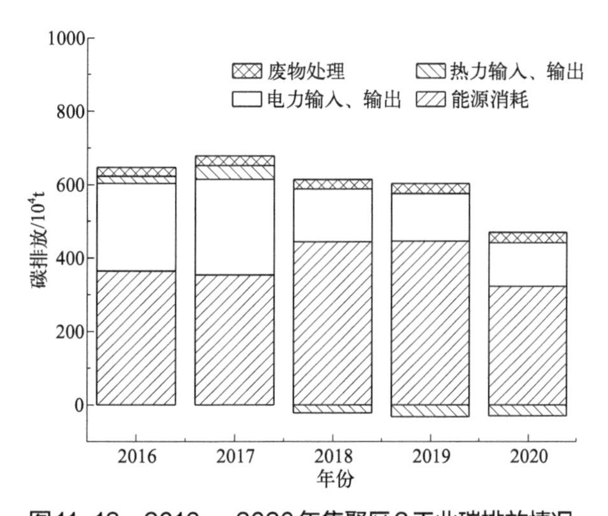

图11-13　2016 ～ 2020 年集聚区 2 工业碳排放情况

2016～2020年集聚区2碳排放强度（碳排放量/工业增加值）呈现“升—降”的趋势，但总体下降的演变趋势和排放量变化趋势一致。排放强度由2016年的1.05t/万元降低到2020年的0.67t/万元，降低了36.18%，年均降幅为0.094t/万元。

1）燃料燃烧

由图11-13可知，能源消耗碳排放占集聚区2碳排放总量的比重呈上升的趋势，由2016年的55.37%增加到2020年的72.56%，但其排放量是降低的，说明能源消耗碳排放降低的幅度小于其他排放源。从能源排放种类看，能源消耗碳排放主要来源于原煤、焦炭、天然气、其他焦化产品，能源消耗碳排放占比分别由2016年的37.73%、18.85%、7.06%、27.36%调整为2020年的40.00%、1.01%、32.34%、23.75%。焦炭消耗碳排放降低，天然气消耗碳排放增加。此外，2016～2019年高炉煤气也是集聚区2的主要排放源，排放量在6%～10%之间；2020年，集聚区2钢铁企业关停，取消高炉煤气使用。焦炭、高炉煤气等煤炭产品的降低、天然气的增加说明集聚区2的能源排放结构逐渐优化，这都是集聚区2碳排放降低的主要原因。

2016～2020年集聚区2各能源类别碳排放分布见图11-14。

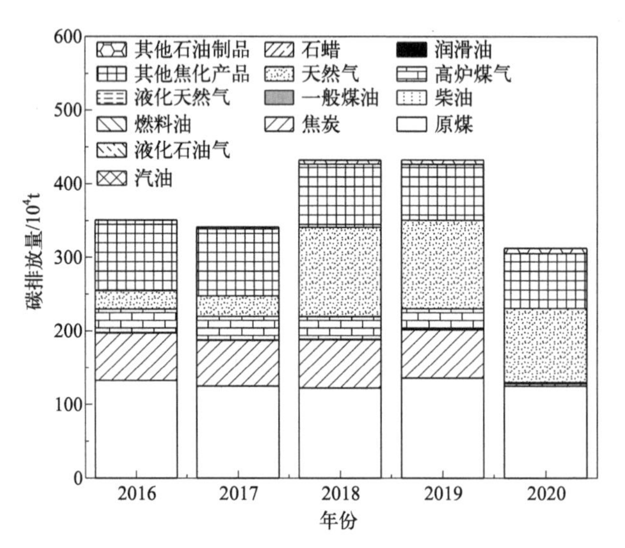

图11-14　2016～2020年集聚区2各能源类别碳排放分布

2）电力/热力输入、输出

图11-15为2016～2020年集聚区2电力输入、输出情况。图11-16、图11-17分别为2016～2020年集聚区2电力、热力输入、输出碳排放变化及碳排放占比。电力输入、输出碳排放占集聚区2碳排放总量的比重呈“升—降—升”的趋势，由2016年的37.80%降低到2020年的27.66%，其碳排放总量也呈降低的趋势。2018年其排放量和占比均大幅度降低。2018年，集聚区2增加了电力供应，生产量（按“消费量+外销量−购入量”折算）和外销量明显增加，购入量变化不大，电力生产量占了电力消耗量的55.75%，而2016年其占比仅为16.90%，大大降低了由电力使用造成的间接碳排放量。

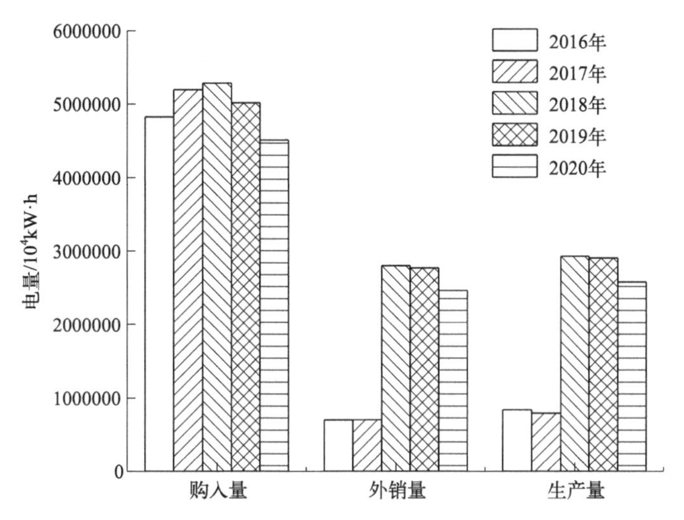

图11-15　2016 ~ 2020年集聚区2电力输入、输出情况

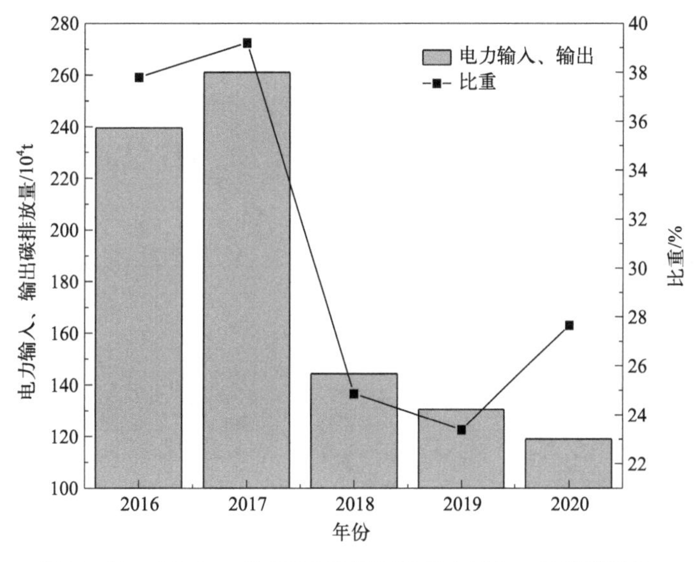

图11-16　2016 ~ 2020年集聚区2电力输入、输出碳排放

热力输入、输出碳排放量及其占集聚区2碳排放总量的比重均呈先增加后降低的趋势，比重由2016年的3.10%降低到2020年的−6.80%，从2018年起，其外销量均大于购入量，热力生产已经成为集聚区2实现碳中和的重要途径。

3）废物处理

集聚区2废物处理产生碳的来源包括废水处理、危险废物焚烧和垃圾填埋。由图11-18可知，废物处理碳排放占集聚区2碳排放总量的比重呈上升的趋势，由2016年的3.74%增加到2020年的6.59%，但其排放量也是逐年增加。垃圾填埋是主要碳排放源，占比均超过80%，但在逐年降低；其次为危险废物焚烧。废水处理碳排放占比最低，不到1%。

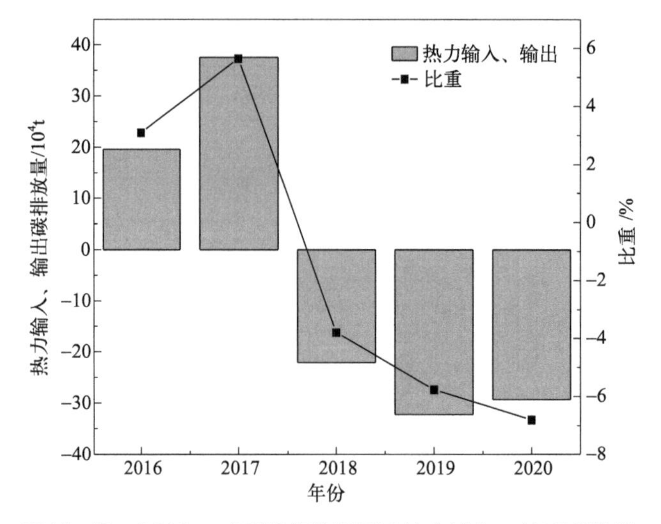

图11-17　2016～2020年集聚区2热力输入、输出碳排放

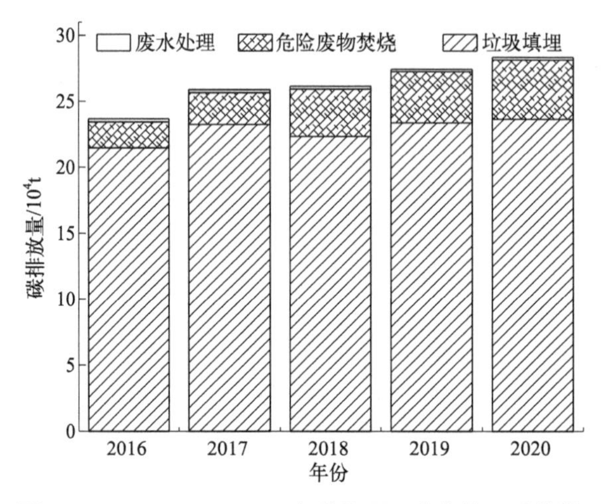

图11-18　2016～2020年集聚区2废物处理碳排放

（2）农业行业碳排放现状

农业指农、林、牧、渔业。农业领域的能源消费量与能源平衡表中“终端消费量”下的“农、林、牧、渔业”相对应，按照生态环境部印发的《省级二氧化碳排放达峰行动方案编制指南》，对能源消费量数据进行调整：“农、林、牧、渔业”中汽油的80%和柴油的10%划出至交通运输，不考虑电力和热力。农业能源消费数据通过《中国能源统计年鉴》中2016～2020年集聚区2所在省农业能源消费数据以及其总产值占比得到。

“十三五”期间，集聚区2农业能源消耗呈现“先升后降”，整体降低的趋势，同比降低54.29%，年平均降低13.57%。碳排放结果变化趋势与能源消耗变化趋势一致，排放量年降低率为12.88%。

（3）公共建筑碳排放现状

公共建筑，是指供人们进行各种公共活动的建筑。一般包括办公建筑、商业建筑、旅游建筑、科教文卫建筑、通信建筑、交通运输类建筑等，主要指服务业的建筑。公共建筑碳排放主要来源于天然气使用、柴油消耗和电力使用，其中集聚区 2 天然气、柴油消耗量采用《中国能源统计年鉴》中2016 ～ 2020年省级服务业的天然气和柴油消耗量与集聚区 2 第三产业GDP占省第三产业GDP的比例折算，用电量直接通过统计年鉴得到。

2016 ～ 2020年，集聚区 2 公共建筑碳排放量年增长率为10.52%，其公共建筑电力消耗的碳排放量也是逐年增长的，占集聚区 2 公共建筑碳排放的比重超过98%，截至2020年其比重已达到99.68%。

（4）居民生活碳排放现状

居民生活使用能源主要为天然气、液化石油气和电力，其碳排放量通过省级居民家庭天然气、液化石油气和电力使用量及集聚区 2 常住人口占省级总人口的比重进行折算。2016 ～ 2020年，居民生活碳排放量逐年增长，年增长率为20.91%。

（5）交通碳排放现状

交通领域涉及领域广，协调部门多，涵盖营运性车辆、铁路、民航以及非营业性车辆、私人乘用车、非道路移动机械等，涉及铁路、民航、公安、商务、工信、生态环境、统计等多个部门，能源数据获取难度较大，采用省人均交通能源消费量乘以集聚区 2 人口折算。2016 ～ 2020年，交通碳排放量逐年增长，年增长率为5.42%。

（6）碳排放物质流图

图11-19（书后另见彩图）为2020年集聚区 2 碳排放物质流图，集聚区 2 的66.04%碳排放来源于工业行业，居民生活、公共建筑和交通的碳排放比重分别为11.97%、13.85%、8.09%。而工业行业的碳排放主要来源于能源消耗（占比为93.41%），包括燃料燃烧和电力、热力的输入、输出，其次为废物处理。制造业是能源消耗的主要大类行业，占能源消耗碳排放的95.92%，电力、热力、燃气及水生产和供应业（除去电力、热力的输出）仅占3.84%。制造业产生的碳排放52.21%来源于计算机、通信和其他电子设备制造业，化学原料和化学制品制造业两大行业，其次为电气机械和器材制造业、橡胶和塑料制品业、金属制品业，这三类行业碳排放占制造业碳排放的比例分别为9.63%、7.59%、5.84%，5类行业碳排放总量超过制造业总排放量的75%。

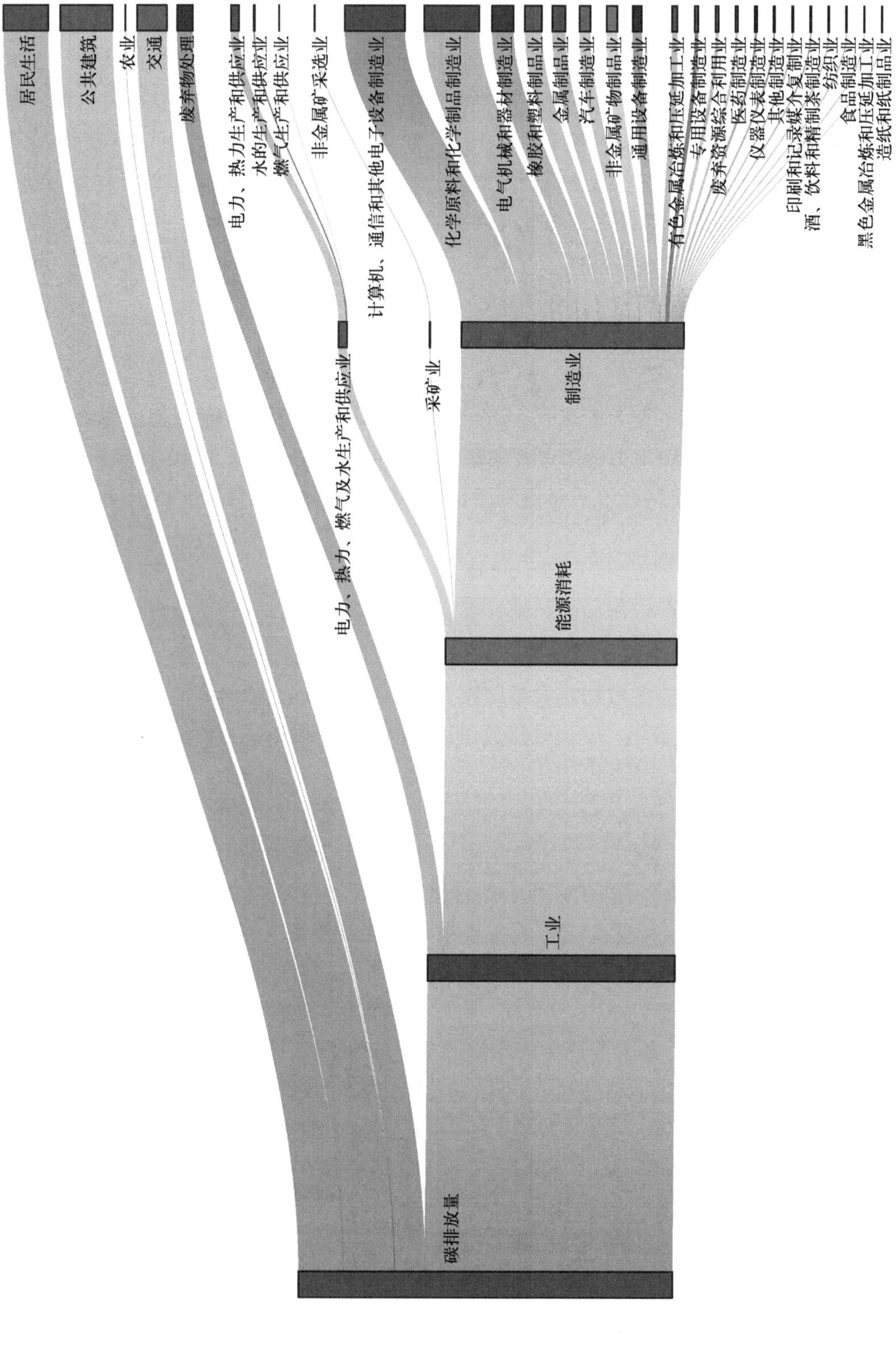

图11-19　2020年集聚区2碳排放物质流

参考文献

[1] 赛迪研究院.《2022年园区高质量发展百强研究报告》暨园区高质量发展百强. 2022.
[2] 胡汉舟. 中国能源统计年鉴. 北京：中国统计出版社，2021.
[3] IPCC. 2019 Refinement to the 2006 IPCC Guidelines for National Greenhouse Gas Inventory [R]. 2019.
[4] IPCC. 2006 IPCC Guidelines for National Greenhouse Gas Inventory [R]. 2006.
[5] 国家发展改革委办公厅. 省级温室气体清单编制指南（试行）. 2011.
[6] 蔡伟光，李晓辉，王霞，等. 基于能源平衡表的建筑能耗拆分模型及应用[J]. 暖通空调，2017, 47(11): 27-34.

第12章 流域总磷的工业代谢分析

- 长江流域总磷的工业代谢分析
- 沱江流域总磷的工业代谢分析

磷的物质代谢多数采用SFA方法，研究元素磷从自然界进入社会经济系统再回到环境的全过程，对元素磷的源、途径以及汇进行定量分析，从而找到磷的流动代谢与环境问题之间的联系，追踪环境问题产生的根源并提出相应解决方案。磷的代谢研究已在全球、国家、区域等多个尺度展开，主要关注磷环境污染、磷资源短缺以及食品安全等方面的问题。实现磷资源的可持续管理的关键点在于对磷的来源、流动以及最终去向进行系统的调查。在不同尺度的磷物质流研究中，全球尺度的代谢研究大多强调了人类活动对环境和资源的影响；国家和区域尺度的研究重点主要包括资源节约、环境保护、食品安全及可持续性的废物管理；而城市、流域尺度上的研究则侧重于城市发展及人类活动对当地磷流的影响。在流域层面，磷的代谢研究主要集中在农业上，对工业磷的代谢研究较少。根据我国工业生产特征，工业产生排放的磷大部分来源于流程型工业，例如磷矿采选、磷化工和磷石膏等行业（“三磷”行业）。此外，农副食品加工等行业也是磷污染排放的主要行业。本章以流域磷代谢中的工业生产及排放行为为主要对象，借助物质流分析等手段识别和追踪流域磷排放中工业行业的磷代谢途径，核算工业污染导致的磷排放，旨在为流域磷的工业污染防治提供手段和依据。

12.1 长江流域总磷的工业代谢分析

12.1.1 长江流域概况

长江是我国第一大河，淡水资源总量约占全国的57%。长江沿江拥有贯穿东西、承南启北的优越地理区位，丰富的水、土、生物和矿产等自然资源，得天独厚的港口和航运开发潜力，成为国家与沿海地区并驾齐驱的生产力布局的主轴线之一。长江拥有独特的生态系统，是我国重要的生态宝库，水资源总量9755亿立方米，约占全国河流径流总量的36%。长江生态环境保护面临的形势依然严峻，污染物排放量大、生态破坏严重、环境风险隐患突出，保护与修复长江刻不容缓。

12.1.1.1 长江流域水质现状与环境问题

根据《长江流域及西南诸河水资源公报（2008～2018）》显示，长江流域湖库富营养化趋势尚未得到好转，富营养化湖库数量增加，贫营养湖库消失，轻度富营养化湖库成为主体。人类活动干扰，如农业源的种植、水产养殖，工业源的总磷污染物排放等，导致入湖氮、磷营养盐负荷超过其环境承载力，是引起湖库富营养化的根本原因。此外，总磷已成为长江流域水体污染的首要超标污染物。相关数据显示，2017～2019年，长江流域以总磷作为水质超标定类因子的断面占51.5%，高于以耗氧型指标（27.4%）和氨氮（18.2%）作为水质超标定类因子的断面占比。

根据长江联合研究一期《长江流域磷污染源排放清单编制》等项目研究成果，从总磷污染物排放量（排入环境量）看，长江经济带11省市（包括上海市、江苏省、浙江省、安徽省、江西省、湖北省、湖南省、重庆市、四川省、云南省和贵州省）和青海省，农业源总磷排放量占各污染源磷污染物排放总量的比例高达68%，生活源占30%，工业源仅占2%。尽管上述结果显示农业源是长江流域总磷的主要排放来源，但农业源排入环境后再进入水体的代谢路径和入河量尚不清晰。工业源虽然排放总量占比小，但由于其直排入环境的比例较高，因此相比其他源对局部水体水质的影响更直接，不容忽视。此外，制定准确、有效的总磷减排治理方案需要明确工业源中总磷排放量大的具体行业类别、地区分布、主要生产工艺、治理技术等信息，为此开展流域总磷的工业代谢分析，识别和厘清工业排放的重点行业与来源有重要的意义。

12.1.1.2 长江流域涉磷工业现状

根据相关调查研究和统计（例如长江流域“三磷”专项排查整治等），长江经济带7省市磷矿企业约229个（表12-1、图12-1）。磷矿采选行业总体上呈现点多面广，企业数量多、分散，大中小矿山并举，国有、集体和个体矿共同发展的局面，目前以富矿开采为主，逐步向开发利用中低品位矿过渡。229个磷矿中有147个以地下开采为主，占比为64%；82个以露天开采为主，占比为36%。地下开采采矿方法常用空场法和崩落法，其中又以分段崩落法为主；露天开采多为山坡露天矿，单一的汽车公路开拓运输系统占绝大多数。北方缺磷地区以地下开采方式为主，中南部地区大型磷矿企业已经形成“全层开采、采选一体化综合开发利用”的模式，西南部贵州省磷矿区地下开采及露天开采技术均处于国内领先水平，西南云南省滇池磷矿区多为露天开采，四川省磷矿区以地下开采为主。

表12-1 长江经济带7省市磷矿企业统计表

项目	江苏省	湖北省	湖南省	重庆市	四川省	贵州省	云南省
磷矿企业数量/个	2	81	10	0	32	41	63

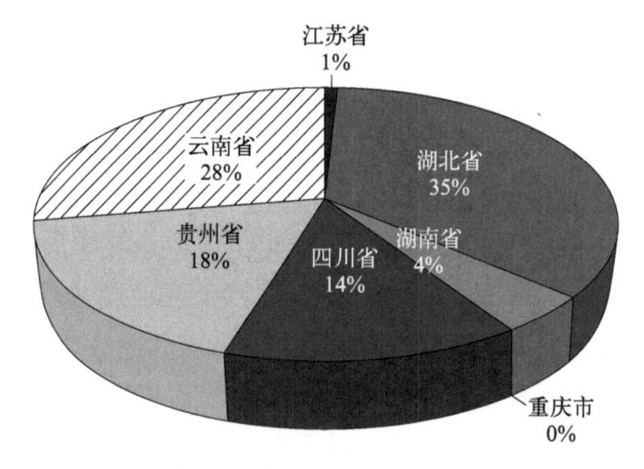

图12-1 长江经济带7省市磷矿企业数量占比

2018年，全国磷石膏产生量为7800万吨，堆放总量超5亿吨，每年新增堆存的磷石膏近5000万吨。根据相关调查研究和统计（例如长江流域“三磷”专项排查整治等），长江经济带7省市磷石膏库约100个（表12-2、图12-2）。磷石膏大量堆存的原因主要为我国磷矿大部分集中在云南、贵州、湖北和四川等内陆省份，磷石膏排放企业比较集中且处偏僻之地，地区经济发展相对落后，这些地区及周边对石膏制品市场需求有限，同时离沿海发达省份较远，导致磷石膏制品产地到市场的距离远远大于其合理运输半径，从而产生滞销的窘境。磷石膏的成分复杂，杂质含量多，处理难度大，应用成本高，也是磷石膏利用量不大的重要原因。

表12-2 长江经济带7省市磷石膏库统计表

项目	江苏省	湖北省	湖南省	重庆市	四川省	贵州省	云南省
磷石膏库数量/个	4	40	0	3	30	14	9

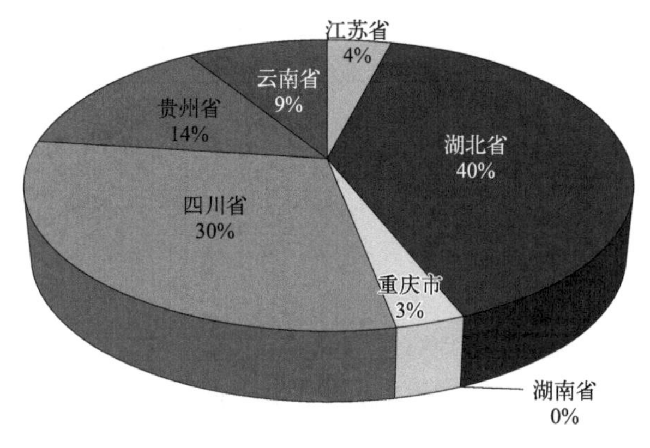

图12-2 长江经济带7省市磷石膏库数量占比

12.1.1.3 “三磷”行业的污染排放特征

磷矿开采分地下开采和露天开采两种方式，而沱江流域的磷矿开采以对水体总磷影响较大的地下开采为主。露天开采产生的含磷废水主要为采场及排土场雨水径流形成的淋滤水，由于露天开采多设有收集系统，基本不外排，对水体影响较小。磷矿地下开采产生的含磷废水主要为矿井涌水，该废水主要由雨水或涌水冲刷磷矿石粉末形成，成分具有一定的特殊性，其总磷、悬浮物浓度偏高。但由于部分磷矿矿井涌水量较大且水量不稳定，废水处理效果差，部分企业无法稳定达标排放。此外，磷矿开采产生的废岩、废渣和尾矿经雨水淋溶，含有多种有害重金属等元素的废水污染地表水和土壤，或通过下渗污染地下水。

磷化工包括磷酸及磷酸盐工业，涉及无机磷（黄磷、赤磷、磷酸、多聚磷酸、磷酸盐等）、磷肥、含磷农药以及含磷医药等。其中，黄磷生产由于产排污节点多、环境影响大，受到的关注较多。黄磷的生产工艺主要采用电炉法，由于生产过程较为复杂，存在污染物产生环节多、容易泄漏、难以收集的特点。黄磷生产的废水主要来源于粗磷洗涤、炉渣水淬、电极水封等环节，废气来源于电炉尾气、电炉渣水淬蒸汽、出渣口无组织废气以及生产设备泄漏气体等，废渣以电炉渣和磷泥为主。黄磷企业对区域环境污染的影响主要体现在废气排放节点多，受空气湿度、降雨等气象因素影响，大量含磷无组织废气在厂区周边形成局部湿沉降，随地表径流进入周边水体，是水质断面超标的因素之一。

磷石膏是以磷矿石为原料，采用湿法生产磷酸时产生的废渣，主要成分为二水硫酸钙，是一种可替代天然石膏的再生资源。磷石膏库含磷废水主要来自堆体渗滤液，产生量受降雨量影响较大。如果磷石膏库建有全库区膜防渗及渗滤水回用系统，则渗滤液回用不外排，不排放总磷污染物。但由于我国磷石膏库相关规范出台较晚，2016年8月29日，我国发布了《磷石膏库安全技术规程》（AQ 2059—2016）。按照该技术规程，其后建成的磷石膏库应采取防渗和回用措施。但由于磷石膏库维护费用高，经济效益低，部分企业治理资金投入不足，磷石膏库防渗、防风、防洪措施不到位，渗滤液收集处置不当或未经收集直接随地表径流进入水体，造成大量总磷排放，污染地表水体。

12.1.2 研究范围与系统边界

本节内容以长江流域12省市为研究边界，从上游至下游依次为青海、云南、四川、重庆、贵州、湖北、湖南、江西、安徽、江苏、浙江、上海，其中上游包括青海、云南、四川、重庆、贵州、湖北，中游包括湖南、江西，下游包括安徽、江苏、浙江、上海。研究对象为12个省市的所有涉磷排放的工业行业。

12.1.3 分析方法与研究手段

12.1.3.1 工业生产活动的总磷排放核算方法

（1）工业行业总磷排放量核算方法

工业行业总磷（以下简称TP）排放量计算公式如下：

$$L_{\text{in}}=\sum_{i=1}^{n} M_i \times \text{EF}_i \times (1-k\,\eta_i) \tag{12-1}$$

式中 L_{in} ——工业TP排放量，t；

EF_i ——i产品（原料）TP产生系数；

M_i ——产品（原料）总量；

η_i ——末端治理设施平均治理效率，%；

k ——末端治理设施实际运行系数。

（2）磷矿矿井涌水总磷排放量核算方法

磷矿TP主要来源于磷矿井涌水中TP含量，矿井涌水TP产生及排放量与产品产量关联性较小，因此，无法根据产品产量确定磷矿企业TP产污水平。矿井涌水TP排放量与矿井涌水量、涌水TP浓度和采取的末端处理工艺直接相关。因此，确定产排污量计算公式如下：

$$P_{\mathrm{r}}=\sum_{i=1}^{n}365\,C_{\mathrm{r}i}\,Q_{\mathrm{r}i}\times10^{-6}\times(1-k\,\eta_{\mathrm{r}i})\tag{12-2}$$

式中 P_{r}——磷矿TP排放量，t；

$C_{\mathrm{r}i}$——i磷矿平均TP产生浓度，mg/L，优先采用实测数据，若无实测数据可采用系数数据；

$Q_{\mathrm{r}i}$——i磷矿废水产生量，优先采用实测数据，若无实测数据可采用系数数据，m^3/d；

$\eta_{\mathrm{r}i}$——末端治理设施平均运行效率，%。

（3）磷石膏库下渗总磷排放量核算方法

磷石膏库TP排放量主要根据磷石膏库现状及废水TP产排污特点进行核算，若磷石膏库建设了全库区膜防渗及渗滤水回用系统，则不存在TP污染物排放。流域磷石膏库行业废水TP产生及排放主要是磷石膏库渗滤水排放。磷石膏库TP产生及排放量与渗滤水量、渗滤水TP浓度有关。因此，确定产排污量核算方法如下：

$$P_{\mathrm{g}}=\sum_{i=1}^{n}C_{\mathrm{g}i}\,Q_{\mathrm{g}i}\times10^{-6}\tag{12-3}$$

式中 P_{g}——磷石膏库TP排放量，t；

$C_{\mathrm{g}i}$——i磷石膏库渗滤水平均TP浓度，mg/L，优先采用实测数据，若无实测数据可采用系数数据；

$Q_{\mathrm{g}i}$——i磷石膏库废水排放量，m^3/a。

① 若磷石膏库全库区无膜防渗，但有渗滤水收集回用设施，则TP排放主要途径为通过库底渗漏进入地下水。磷石膏废水排放量$Q_{\mathrm{g}i}$可以采用达西公式进行计算，计算公式如下：

$$Q_{\mathrm{g}i}=365\,K_{\mathrm{g}i}\,J_{\mathrm{g}i}\,A_{\mathrm{g}i}\tag{12-4}$$

式中 $K_{\mathrm{g}i}$——i磷石膏库渗透系数，m/d，根据磷石膏库工程地质勘察资料选取，压实黏土可取0.0315m/d；

$A_{\mathrm{g}i}$——i磷石膏库渗漏面积，m^2，取i磷石膏库库区面积；

$J_{\mathrm{g}i}$——i磷石膏库水力梯度，无量纲。

② 若磷石膏库全库区无膜防渗，也无渗滤水收集回用设施，则TP排放主要途径为通过库底渗漏进入地下水及渗滤水排放进入地表水体。由于这类磷石膏库多为历史堆

场，渗滤水排放量与降雨入渗进入磷石膏库的量基本相等，计算公式如下：

$$Q_{gi} = \alpha_{gi} W_{gi} A_{gi} \quad (12\text{-}5)$$

式中 α_{gi}——i磷石膏库入渗系数（无量纲，由试验获得或参考经验值）；

W_{gi}——i磷石膏库所在地区年均降雨深度，m/a。

12.1.3.2 数据获取方法及手段

磷化工废水总磷产污系数及产排污量核算工作，主要涉及两类数据：第一类为实测、调查数据，包括工业企业基本情况的调查数据，主要产品、原辅材料情况的调查数据，水污染物产排放量的实测数据，污水排放至工业园集中式处理的数据；第二类为产排污系数历史数据，包括重点品种的环评数据、地方环保验收审核数据、个体产排污系数、第二次全国污染源普查（二污普）原始系数等。

12.1.4 总磷的代谢分析

12.1.4.1 排放行业特征

针对总磷污染物，从行业类别上将工业源进一步划分为“三磷”工业源和一般工业源。“三磷”工业源指磷化工行业、磷矿和磷石膏库，这三个行业的总磷污染物排放量更大、更为集中。一般工业源就是除“三磷”工业源之外的国民经济行业分类的大类行业。从工业源整体来看，“三磷”行业的总磷排放量占工业源整体总磷排放量的30%；其次为农副食品加工业，总磷排放量占工业源整体总磷排放量的20%。这两类行业的总磷排放量占工业源整体总磷排放量的50%。此外，还有纺织业，酒、饮料和精制茶制造业，食品制造业，化学原料和化学制品制造业等，见图12-3。

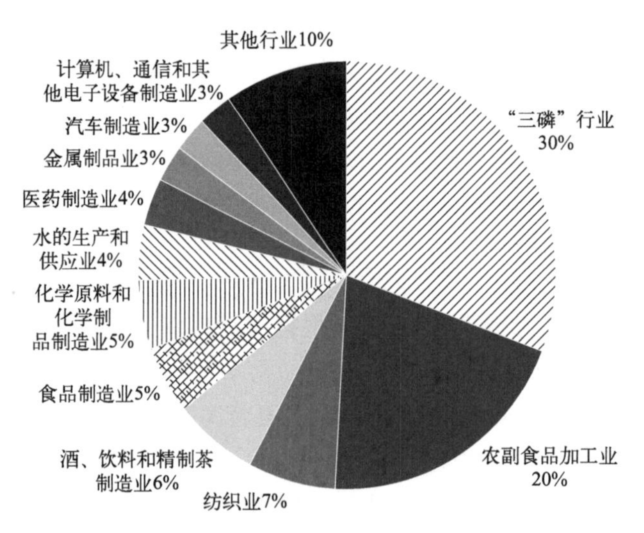

图12-3 工业源各行业总磷排放量占比

12.1.4.2 空间分布特征

（1）“三磷”总磷空间分布特征

基于二污普以及补充核算的“三磷”行业总磷排放数据，2017年长江流域“三磷”行业总磷排放量1399t，占工业污染源整体总磷排放总量的29.3%。从流域范围看，“三磷”行业总磷排放量主要集中在中上游（见图12-4），湖北、四川、贵州、云南四省“三磷”行业总磷排放量占12省市“三磷”的76.4%。其中，湖北省和贵州省的“三磷”行业总磷排放量超过本省工业源整体总磷排放量的50%，分别为66.8%和60.7%。

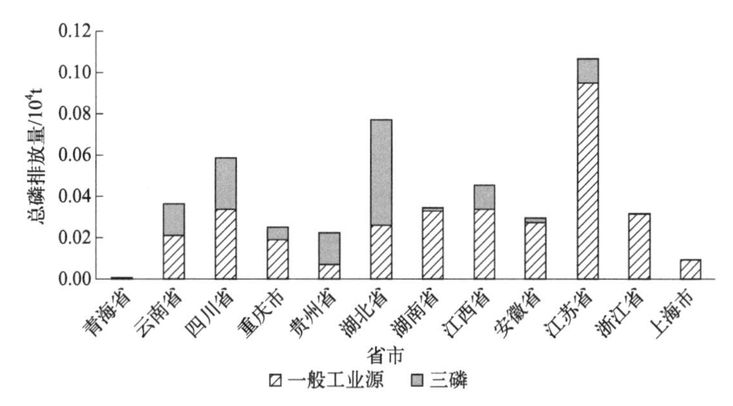

图12-4 各省市“三磷”行业总磷排放量在工业源中占比

“三磷”行业之中，以磷石膏库的总磷排放量最多，为840.7t，占比60.1%；其次为磷化工和磷矿行业，总磷排放量占比分别为36.8%和3.1%。见图12-5。

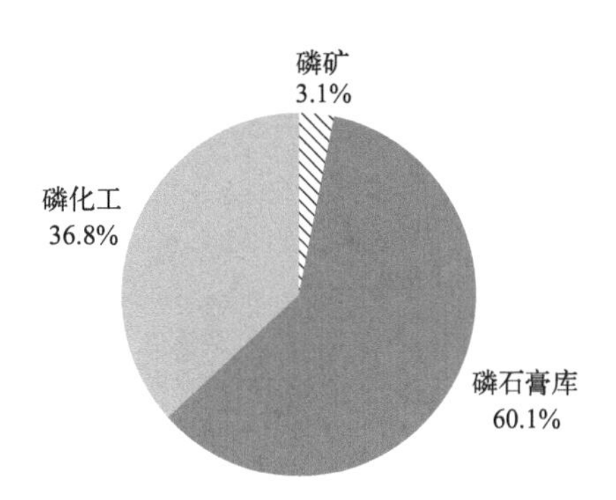

图12-5 “三磷”行业排放结构

长江流域12省市“三磷”行业总磷排放结构见图12-6。由图可知，湖北省“三磷”行业的总磷排放量最大，为510.15t。其次，四川、云南和贵州三省“三磷”行业的总磷排放量分别为246.8t、154t和152t，占12省市“三磷”排放总量的18%、11%和11%。12省市中磷石膏库排放量最大的是湖北省，总磷排放量为459.4t；磷化工行业排放量最大的是四川省，总磷排放量为141.5t；磷矿开采排放量最大的是湖北省，总磷排放量为23.1t。

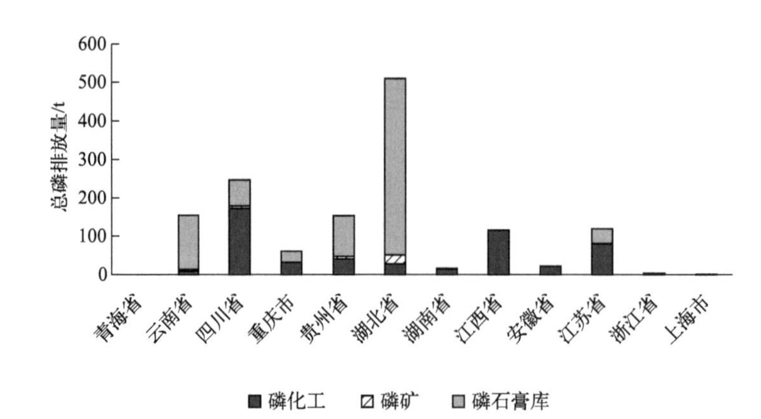

图12-6　长江流域12省市“三磷”行业总磷排放结构

（2）一般工业源总磷空间分布特征

一般工业源总磷排放情况见图12-7（书后另见彩图）和图12-8（书后另见彩图）。由图可知，江苏省的一般工业源总磷排放量最大，显著高于其他省市，占一般工业源总磷排放量的29.4%。其次为江西省和四川省，一般工业源总磷排放量占比分别为10.5%和10.3%。从各省的行业类别数量来看，从上游到下游，呈现行业类别逐渐增多的趋势。同时，四川、重庆、湖北、湖南等9个省市，总磷排放量最大的行业为农副食品加工业，占比均在30%以上。浙江省总磷排放量最大的行业为纺织业，占比32%。江苏、上海纺织业排放占比排名第二。上海市总磷排放量最大的行业为计算机、通信和其他电子设备制造业，占比17%。

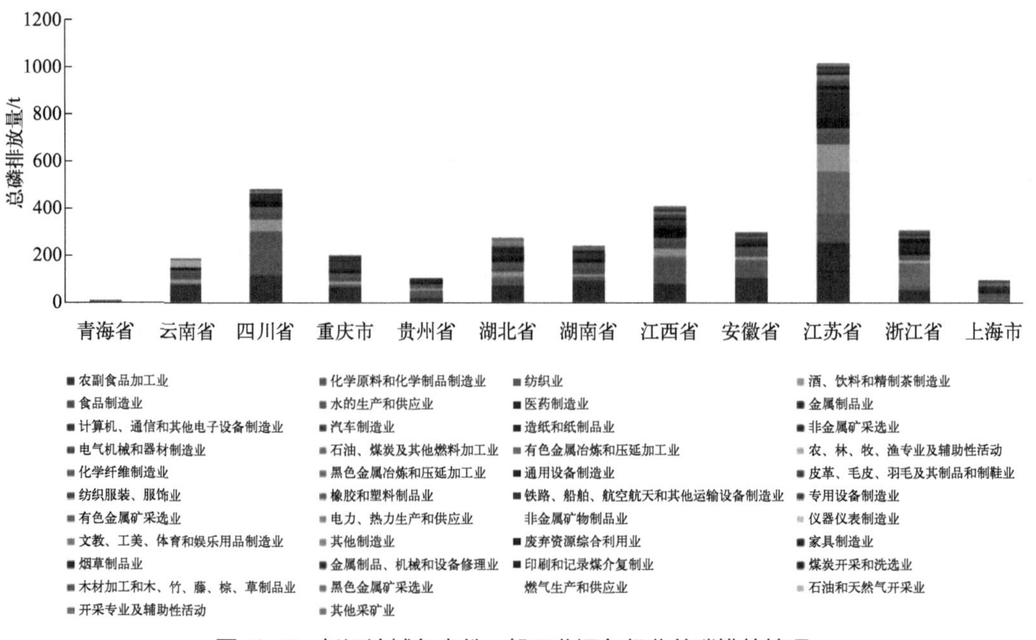

图12-7　长江流域各省份一般工业源各行业总磷排放情况

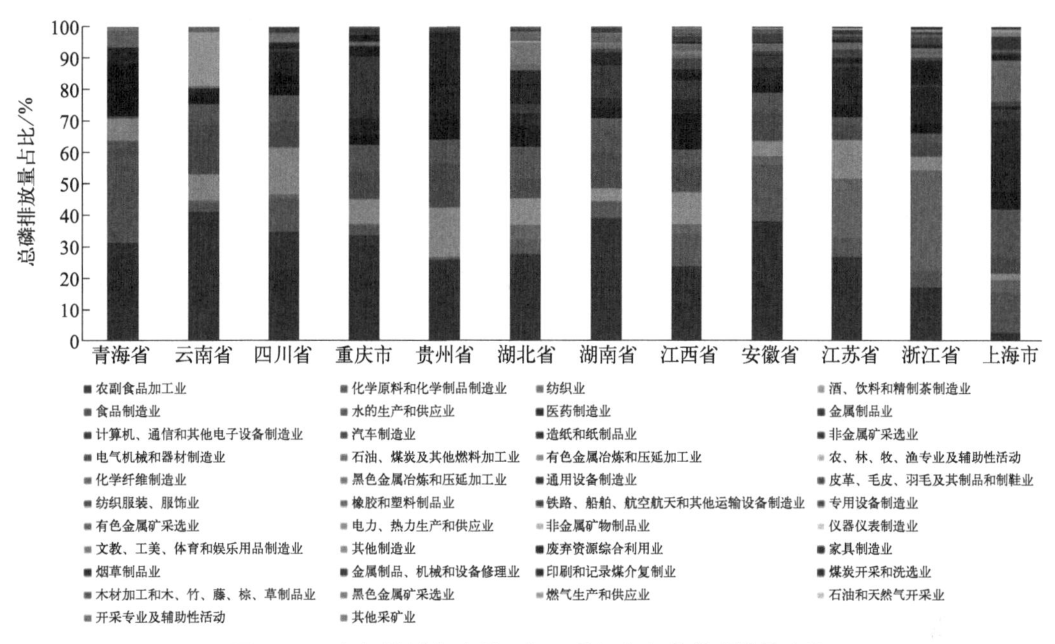

图12-8　长江流域各省份一般工业源各行业总磷排放占比

12.2　沱江流域总磷的工业代谢分析

12.2.1　沱江流域概况

沱江流域位于中国西南部四川省，干流长629km，面积27800km^2，平均年降水量为1200m，径流量为3.51×10^{10}m^3。沱江流经德阳、成都、眉山、乐山、资阳、内江、自贡、宜宾和泸州9个城市，可分为上游（德阳市和成都市）、中游（资阳市、内江市、眉山市和乐山市）和下游（自贡市、宜宾市和泸州市）。2017年，沱江流域人口为4387.9万人，占全省人口的52.9%；国内生产总值高达25650.9亿元，占全省的69.3%。

沱江流域作为长江流域典型的污染较重的支流，近年来人为活动排放产生的磷导致沱江流域TP污染严重。由于TP污染，沱江流域有超过80%的监测断面水质低于Ⅳ类水标准，沱江入江口TP浓度是长江上游河段TP平均浓度的300%，沱江入江口TP通量占三峡水库总入库量的9.48%，沱江流域水污染会间接影响三峡水库的水质，氮、磷污染输入可能直接加重三峡库区乃至长江流域的水体富营养化风险。

12.2.2　研究范围与研究方法

本节研究以沱江9个市为研究边界，研究对象为9个市的所有涉磷工业行业。研究方法与“12.1　长江流域总磷的工业代谢分析”中数据获取及核算方法一致。

12.2.3　总磷的代谢分析

12.2.3.1　排放行业特征

工业源TP排放量为484.64t，其中“三磷”行业TP排放量为196.26t，一般工业源TP排放量为288.38t。磷化工，农副食品加工业，酒、饮料和精制茶制造业等10个行业TP排放量占工业TP排放量的96.70%，这说明沱江流域工业行业TP排放较为集中。其中，磷化工是沱江流域工业TP排放的最大排放源，占工业TP排放量的29.32%（见图12-9），这主要是由于沱江流域分布着大量的磷化工企业集聚形成的产业带。其次为农副食品加工业和酒、饮料与精制茶制造业，分别占工业TP排放量的19.92%和12.95%。

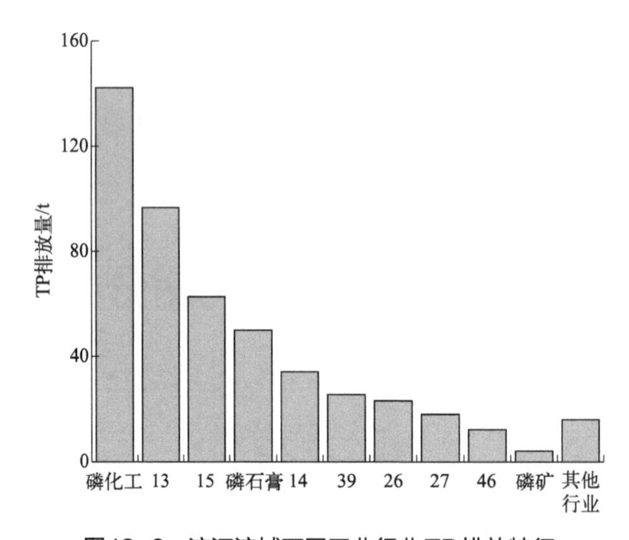

图12-9　沱江流域不同工业行业TP排放特征

13—农副食品加工业；15—酒、饮料和精制茶制造业；14—食品制造业；39—计算机、通信和其他电子设备制造业；26—化学原料和化学制品制造业；27—医药制造业；46—水的生产和供应业

12.2.3.2　空间分布特征

从空间分布来看，乐山市和成都市工业TP排放量最大［图12-10（a），书后另见彩图］，自贡市和泸州市工业TP排放量最小。乐山市磷化工TP排放量最高，德阳市磷石膏TP排放量最高，成都市酒、饮料和精制茶制造业TP排放量最高，其他6个城市均为农副食品加工业TP排放量最高。各地区TP排放源结构不同，沱江流域磷化工TP排放量最高的地区是乐山市，磷石膏TP排放量最高的地区是德阳市，农副食品加工业，酒、饮料和精制茶制造业，食品制造业，计算机、通信和其他电子设备制造业，化学原料和化学制品制造业，医药制造业以及水的生产和供应业TP排放量最高的地区均是成都市。

乐山市的工业源TP排放量高于其他城市，而且其磷化工TP排放远远高于其他城市。对乐山市工业TP的主要排放源进行深入分析，发现乐山市工业源TP排放主要来自2家草铵膦农药生产企业，草铵膦农药生产需要使用大量三氯化磷原料，导致其单位产品TP产生量和排放量是其他工业的数倍。

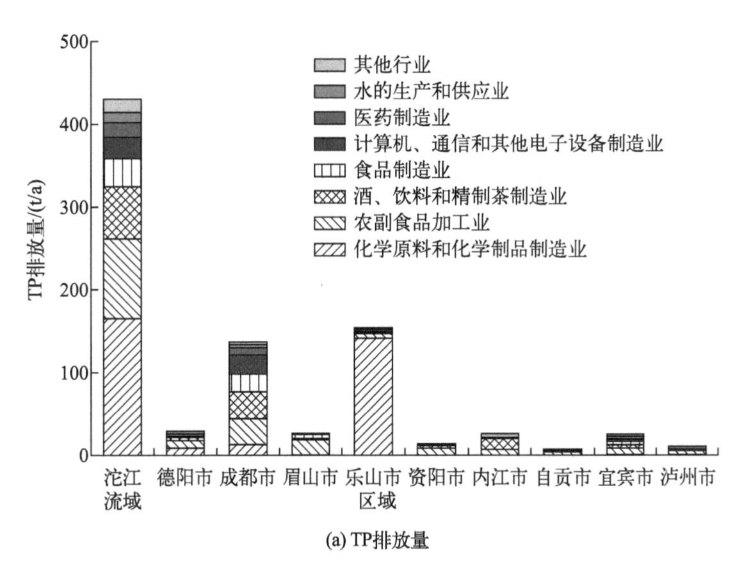

(a) TP排放量

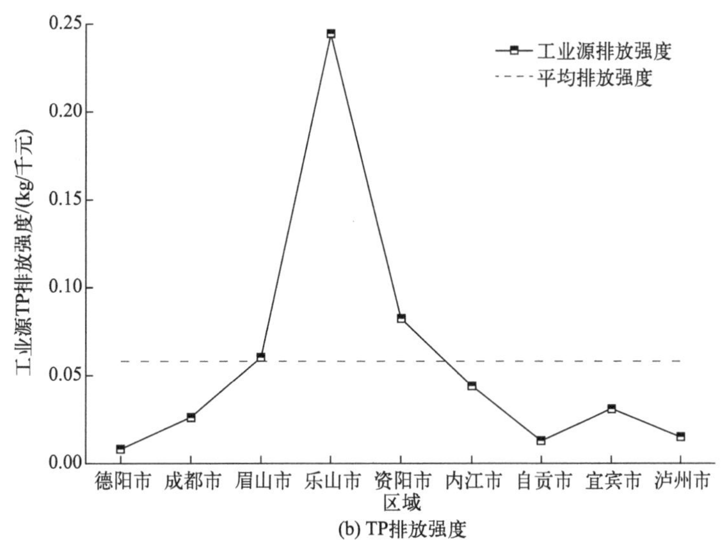

(b) TP排放强度

图12-10　沱江流域各市不同工业行业TP排放量和排放强度

进一步分析工业TP的排放强度发现，乐山市、资阳市和眉山市工业TP排放强度均高于沱江流域平均排放强度［图12-10（b）］。特别是乐山市，排放强度远高于其他地市。对乐山市工业TP的主要排放源进行深入分析，发现乐山市工业TP排放主要来自2家草铵膦农药生产企业。一方面，草铵膦农药生产需要使用大量三氯化磷原料，导致其单位产品TP产生量和排放量是其他工业的数倍。另一方面，乐山市工业总产值在沱江流域仅处于中下等水平，相同排放量下，其排放强度更大。由此导致乐山市工业TP整体排放强度较高。

进一步分析涉磷工业行业废水处理技术发现，沱江流域工业废水治理技术多以低效技术为主，而且仍有大量企业存在直排情况。其中，沉淀分离和其他物理处理法占比分别为26.1%和17.1% [图12-11（a），书后另见彩图]，直排企业占21.3%。各工业行业中，农副食品加工业TP平均去除率较低，仅为56.0%，化学原料和化学制品制造业，医药制造业和酒、饮料和精制茶制造业TP去除率均高于80.0% [图12-11（b）]。

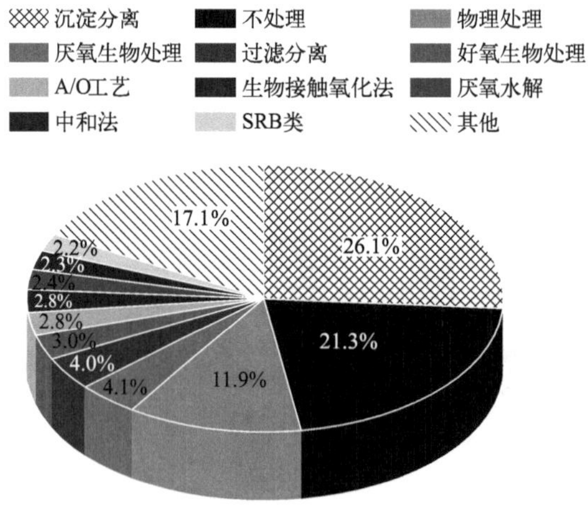

(a) 涉磷工业废水处理技术

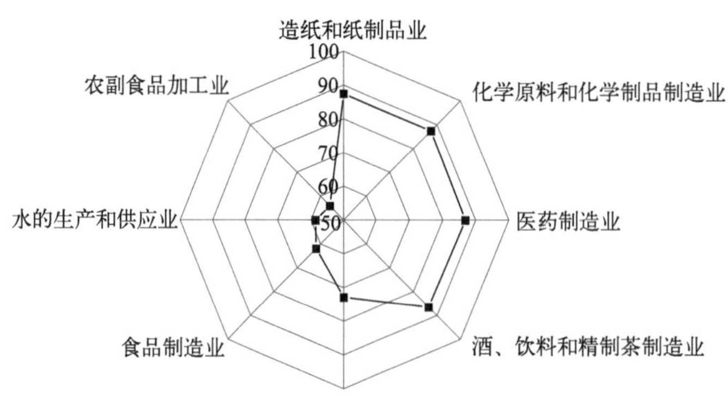

(b) 主要工业行业TP去除率

图12-11　沱江流域涉磷工业废水处理技术和主要工业行业TP去除效率

12.2.3.3　沱江流域TP入河量与代谢路径

进一步分析沱江流域不同地区不同污染源TP排放量和入河量，从而分析TP代谢路径，可知，2017年沱江流域排放的TP有44.2%排放到水中，55.8%排放到环境中。其中，农业源TP 23.6%排入水体，76.4%排入环境；生活源TP有31.0%排入环境，69.0%排入水体（图12-12）。

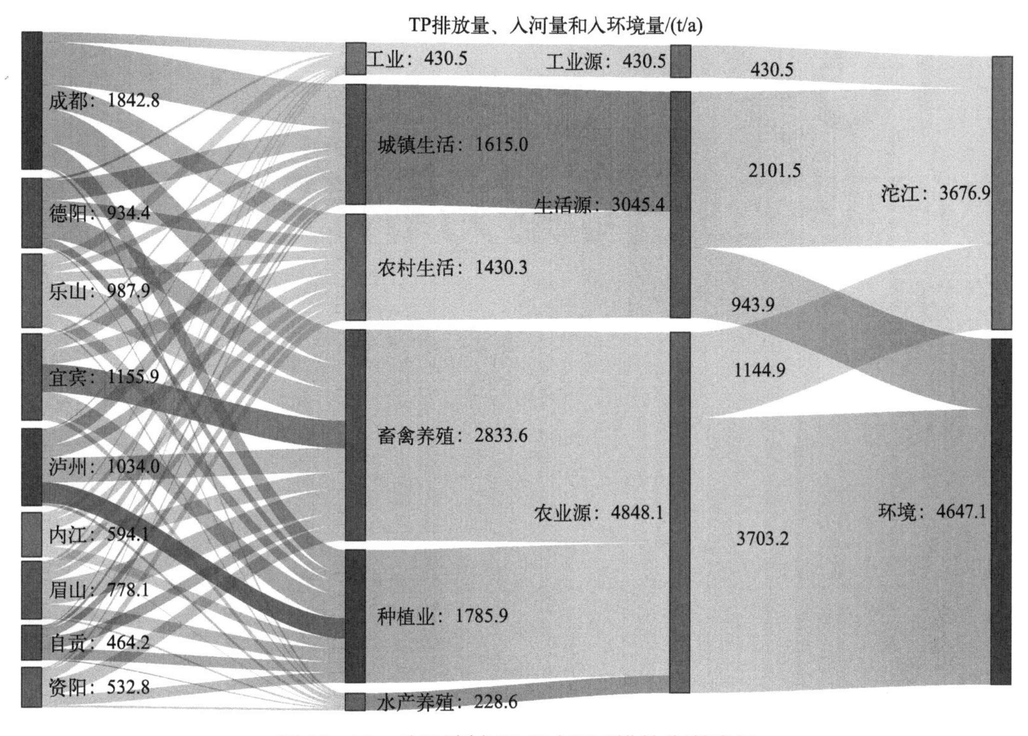

图12-12　沱江流域2017年TP排放代谢路径

参考文献

[1] 刘丹丹，乔琦，李雪迎，等. 沱江流域总磷空间排放特征及影响因素分析[J]. 环境工程技术学报，2022, 12: 449-458.

[2] Liu D D, Bai L, Qiao Q, et al. Anthropogenic total phosphorus emissions to the Tuojiang River Basin, China[J]. Journal of Cleaner Production, 2021, 294:126-325.

[3] Liu D D, Li X Y, Zhang Y, et al. Spatial–temporal distribution of phosphorus fractions and their relationship in water–sediment phases in the Tuojiang River, China[J]. Water, 2022, 14, 27.

[4] 魏佑轩. 基于物质流对中国磷元素代谢的时空特征分析[D]. 沈阳：东北大学，2016.

[5] 陈敏鹏，郭宝玲，刘昱，等. 磷元素物质流分析研究进展[J]. 生态学报，2015, 35(20): 6891-6900.

[6] 张玲，袁增伟，毕军. 物质流分析方法及其研究进展[J]. 生态学报，2009, 29(11): 6189-6198.

[7] Yuan Z W, Shi J K, Wu H J, et al. Understanding the anthropogenic phosphorus pathway with substance flow analysis at the city level[J]. Journal of Environmental Management, 2011, 92(8):2021-2028.

[8] 秦延文，马迎群，温泉，等. 沱江流域总磷污染负荷、成因及控制对策研究[J]. 环境科学与管理，2020, 45: 20-25.

[9] 杨耿，秦延文，马迎群，等. 沱江流域磷石膏的磷形态组成及潜在释放特征[J]. 环境工程技术学报，2018, 8(6): 610-616.

[10] 赵玉婷，许亚宣，李亚飞，等. 长江流域“三磷”污染问题与整治对策建议[J]. 环境影响评价，2020, 42:1-5.

第 13 章

流程型工业代谢分析研究展望

- 用于提升工艺代谢效率和清洁化改造
- 用于开展工业生产过程的减污降碳协同路径分析
- 用于流域和区域的工业污染溯源

流程型行业的生产加工方式连续性强，物质流动的规律遵循一定的先后顺序，伴随着物质流动的方向，产品中的物质含量（物质富集程度）往往逐步增加，而且由于生产工序多且以物理化学反应为主，故涉及的污染物种类相对较多，废水污染物和废气污染物偏多。因此，无论是从提高工业生产中的资源利用效率还是减少污染排放的角度来看，流程型工业代谢分析都是有助于提升工业生产绿色化、清洁化水平的最佳实践工具之一。

13.1　用于提升工艺代谢效率和清洁化改造

与发达国家相比，我国目前的多项生产技术在一些工艺参数、能耗、主要物质回收率等技术指标方面处于先进甚至是领先的水平，但在工艺流程的优化设计、设备装置的大型工业化生产管理等方面仍然存在着程度不同的“跑、冒、滴、漏”等无组织排放现象，这也是造成工厂作业环境相对恶劣的原因之一。为了尽可能地提高产品得率，减少生产过程的污染产生排放，首先应当加强过程控制，减少和杜绝生产过程中的“跑、冒、滴、漏”。以本书对铅冶炼生产过程的工业代谢分析结果可知，废气主要产生于各工艺的烟尘产生和排放环节，例如熔炼烟气、备料废气、环境集烟、岗位收尘烟气等。而这些烟气产生、泄漏的原因主要是熔炼设备的出铅出渣口排放时散逸烟粉尘，因此铅冶炼工艺无组织排放的主要环节是各工序熔炼设备的出铅出渣口。通过在这些可能的散逸点上方增设密闭罩，或增强车间密闭性以及环境集烟力度，可在一定程度上降低含重金属烟粉尘的散逸。

随着我国环境管理要求的愈加严格，对精细化管控的需求也将逐步升级，一方面体现在对集中通过排放口进入环境的污染物种类、浓度控制的要求均在不断完善。例如，目前发布的排污许可技术规范中提出了基准烟气量的概念，以进一步约束排放烟气量和排放浓度之间的相关性。另一方面，一些因技术手段暂无法达到统一收集或捕集的无组织排放污染物也正在面临管控升级的压力和挑战。

通过开展工业生产过程的物质代谢分析，不仅可以掌握目标物质在系统内，特别是进入最终产品中的情况，从而反映该生产系统对某种资源的利用效率，还可以了解目标物质在不同的生产节点以污染物的形式进入环境的途径和方式等特征。

13.2 用于开展工业生产过程的减污降碳协同路径分析

2020年9月22日，国家主席习近平在第七十五届联合国大会一般性辩论上发表重要讲话，指出中国将提高国家自主贡献力度，采取更加有力的政策和措施，二氧化碳排放力争于2030年前达到峰值，努力争取2060年前实现碳中和。根据当前各方的统一认识，2030年碳达峰主要指二氧化碳的达峰，2060年实现碳中和则包括全经济领域温室气体的排放，也即二氧化碳、甲烷、氢氟化碳等非二氧化碳在内的全部温室气体。

工业生产活动一直是二氧化碳等温室气体排放的重点领域，随着碳达峰、碳中和目标的提出，工业行业的节能减排更是被推向了一个新的高度。物质流与能量流的耦合分析将为工业生产过程的降碳减污、协同增效提供一种有效的方法和工具。从物质、能量的输入、输出清单，主要物质及能源平衡，以及物质代谢和能量代谢过程等方面，以高污染排放和高碳排放为耦合节点，基于工业生产与排放数据的物质流、能量流耦合分析，可开展物质能量耦合高密度热点追踪，结合降碳减污的约束目标和行业生产工艺水平，可识别出存在协同减排的环节和潜力，为行业协同减污降碳实施路径的选择提供关键依据。

13.3 用于流域和区域的工业污染溯源

人类工业生产和消费活动是造成流域和区域污染的主要原因。通过各种不同代谢路径进入大气、水体、土壤的污染物在环境介质中发生复杂的物理化学反应，并往往伴随着持续的迁移转化。不论处于何种环境介质中，评估和追踪污染物的来源对环境质量改善和生态系统保护与修复都至关重要。但污染来源的追溯往往非常困难，无论是监测法还是叠加各类模型等手段，其不确定性大且耗时长。特别是在追溯工业生产活动导致的污染来源时，无法准确地识别和量化它们是由哪些生产活动（哪些行业）导致的。但工业代谢分析从资源开发等过程开始，对研究目标物质可追溯至其进入环境，为区域和流域的污染溯源提供了一种手段和溯源的依据。

附录

附录1　生产过程物质平衡账户建立调研表

附表1-1　调研企业基本情况表

<table>
<tr><td colspan="2">企业名称</td><td colspan="2"></td><td>主要工艺及目标物质</td><td></td></tr>
<tr><td rowspan="3">企业所在地址</td><td colspan="5">________省（自治区、直辖市）________地（区、市、州、盟）________县（区、市、旗）</td></tr>
<tr><td colspan="5">________乡（镇）________街（村）________门牌号</td></tr>
<tr><td>经度</td><td colspan="2">—</td><td>纬度</td><td></td></tr>
<tr><td>投产时间</td><td>年　　月</td><td>企业规模</td><td></td><td>工业总产值/万元</td><td></td></tr>
<tr><td>年生产时间/（h/a）</td><td></td><td>调研时间</td><td></td><td>样本企业代码</td><td></td></tr>
<tr><td>企业联系人</td><td></td><td>联系电话</td><td></td><td>邮箱</td><td></td></tr>
<tr><td>调研人员</td><td></td><td>联系电话</td><td></td><td>邮箱</td><td></td></tr>
<tr><td colspan="6">系统边界及主要物质代谢路径示意图</td></tr>
<tr><td colspan="6"></td></tr>
</table>

注：产排污节点示意图应基于样本企业工艺流程图，绘制出主要物质及废水、废气污染物的产排污节点。同时需要在图中标出实测采样点位。

附表1-2　主要产品、原辅材料调查表

前期调研数据　后期计算过程

工段（车间）名称										
取样时间	输入端——原辅材料									
	物质流编号	样品批次	原辅料名称	物质名称	含量/%	测量周期投入物料总量	计量单位	物料中物质含量	计量单位	备注
取样时间	输出端——产品及副产物（含污染物）									
	物质流编号	样品批次	产品/副产物名称	物质名称	含量/%	测量周期投入物料总量	计量单位	产品/副产物中物质含量	计量单位	备注

注：样品批次、取样时间与附表1-3、附表1-4中样品批次、取样时间一致。

附表1-3　废水污染物产排放量实测表

前期调研数据　后期计算过程

附表1-3（a）　废水污染物产生量计算表

工段（车间）名称																	
采样点位	样品批次	取样时间	指标	计量单位	化学需氧量	氨氮	总磷	总氮	石油类	挥发酚	氰化物	汞	镉	铅	铬	砷	其他（请注明）
	W001		进口浓度														
			数据属性														
			废水量														
			数据属性														
			污染物产生量														
			数据属性														
	W002		进口浓度														
			数据属性														
			废水量														
			数据属性														
			污染物产生量														
			数据属性														
	W003		进口浓度														
			数据属性														
			废水量														
			数据属性														
			污染物产生量														
			数据属性														
	测量周期内污染物平均产生量																

附表1-3（b） 废水污染物排放量核算表

工段名称																	
采样点位	样品批次	取样时间	指标	计量单位	化学需氧量	氨氮	总磷	总氮	石油类	挥发酚	氰化物	汞	镉	铅	铬	砷	其他（请注明）
			治理技术名称	—													
			进口浓度														
			数据属性	—													
			排口浓度														
			数据属性	—													
			处理效率														
			数据属性	—													
			污染物排放量														
			数据属性	—													
			进口浓度														
			数据属性	—													
			排口浓度														
			数据属性	—													
			处理效率														
			数据属性	—													
			污染物排放量														
			数据属性	—													
			进口浓度														
			数据属性	—													
			排口浓度														
			数据属性	—													

续表

工段名称																	
采样点位	样品批次	取样时间	指标	计量单位	化学需氧量	氨氮	总磷	总氮	石油类	挥发酚	氰化物	汞	镉	铅	铬	砷	其他（请注明）
			治理技术名称	—													
			处理效率														
			数据属性	—													
			污染物排放量														
			数据属性	—													
执行的排放标准																	
样本平均处理效率				%													
测量周期内污染物平均排放量																	

注：1. 数据属性：针对污染物浓度等监测指标，应说明其数据属性，包括A—本次实测数据；B—本次在线监测数据；C—历史在线监测数据；D—历史监督性监测数据；E—历史企业自测数据；F—其他（请注明）。后期计算过程中，若计算所涉及的指标数据来源不同，只要有一项为实测数据，则计算结果数据属性为实测数据。

2. 样品批次：同一样本企业内不同采样批次或不同来源数据批次，顺序编号。表格不够可自行复制。

3. 取样时间：历史数据取样时间为历史数据产生或发生的时间。

4. 样本平均处理效率：同一工段、同一采样点位不同批次（或数据来源）的平均处理效率，或加权平均处理效率。

5. 测量周期内污染物平均排放量：同一工段、同一采样点位不同批次（或数据来源）进出口浓度差值及废水量计算得出的污染物排放量的均值或加权均值。

附表1-4　废气污染物产排放量实测表

前期调研数据	后期计算过程

附表1-4（a）　废气污染物产生量计算表

工段名称														
采样点位	样品批次	取样时间	指标	计量单位	二氧化硫	氮氧化物	颗粒物	氨	汞	镉	铅	铬	砷	其他（请注明）
	G001		进口浓度											
			数据属性											

续表

工段名称													
采样点位	样品批次	取样时间	指标	计量单位	二氧化硫	氮氧化物	颗粒物	氨	汞	镉	铅	铬	砷	其他（请注明）
	G001		废气量											
			数据属性											
			污染物产生量											
			数据属性											
			产污系数											
			数据属性											
	G002		进口浓度											
			数据属性											
			废气量											
			数据属性											
			污染物产生量											
			数据属性											
			产污系数											
			数据属性											
	G003		进口浓度											
			数据属性											
			废气量											
			数据属性											
			污染物产生量											
			数据属性											
			产污系数											
			数据属性											
个体产污系数														

附表1-4（b） 废气污染物排放量核算表

采样点位	工段名称		指标	计量单位	二氧化硫	氮氧化物	颗粒物	氨	汞	镉	铅	铬	砷	其他（请注明）
	样品批次	取样时间	治理技术名称	—										
			进口浓度											
			数据属性	—										
			排口浓度											
			数据属性	—										
			处理效率											
			数据属性	—										
			污染物排放量											
			数据属性	—										
			进口浓度											
			数据属性	—										
			排口浓度											
			数据属性	—										
			处理效率											
			数据属性	—										
			污染物排放量											
			数据属性	—										

续表

工段名称														
采样点位	样品批次	取样时间	指标	计量单位	二氧化硫	氮氧化物	颗粒物	氨	汞	镉	铅	铬	砷	其他（请注明）
			治理技术名称	—										
			进口浓度											
			数据属性	—										
			排口浓度											
			数据属性	—										
			处理效率											
			数据属性	—										
			污染物排放量											
			数据属性	—										
执行的排放标准														
样本平均处理效率				%										
测量周期内污染物平均排放量														

注：1. 数据属性：针对污染物浓度等监测指标，应说明其数据属性，包括A—本次实测数据；B—本次在线监测数据；C—历史在线监测数据；D—历史监督性监测数据；E—历史企业自测数据；F—其他（请注明）。后期计算过程中，若计算所涉及的指标数据来源不同，只要有一项为实测数据，则计算结果数据属性为实测数据。

2. 样品批次：同一样本企业内不同采样批次或不同来源数据批次，顺序编号。表格不够可自行复制。

3. 取样时间：历史数据取样时间为历史数据产生或发生的时间。

4. 样本平均处理效率：同一工段、同一采样点位不同批次（或数据来源）的平均处理效率，或加权平均处理效率。

5. 测量周期内污染物平均排放量：同一工段、同一采样点位不同批次（或数据来源）进出口浓度差值及废水量计算得出的污染物排放量的均值或加权均值。

附表1-5　个体产污系数与排放量核算结果汇总表

工段（工序）	输入			输出		
	物质流编号	物质流名称	流量	物质流编号	物质流名称	流量
	输入小计			输出小计		
	输入小计			输出小计		

附录2 富氧底吹-鼓风炉炼铅工艺案例中各工序Pb物质平衡账户

单位：t/t

工序	输入			输出		
	物质流		流量	物质流		流量
1.制粒	α_1	含铅废渣	0.0589	p_1	粒料	1.1916
	α_0	铅精矿	1.0963			
	$\beta_{2,1}$	底吹炉尾气收尘	0.0070			
	$\beta_{3,1}$	废水处理渣	0.0268			
	$\beta_{8,1}$	反射炉烟尘	0.0026			
	输入小计		1.1916	输出小计		1.1916
2.底吹炉	p_1	粒料	1.1916	$p_{2,1}$	底吹炉粗铅	0.4417
	$\beta_{2,2}$	底吹炉电收尘	0.2410	$\beta_{2,2}$	底吹炉电收尘	0.2410
				$\beta_{2,1}$	底吹炉尾气收尘	0.0070
				$p_{2,2}$	高铅渣	0.5872
				$p_{2,3}$	制酸烟气	0.0328
				γ_2	底吹炉尾气	0.0001
				θ_2	底吹炉粗铅库存	0.1228
	输入小计		1.4326	输出小计		1.4326
3.制酸	$p_{2,3}$	制酸烟气	0.0328	$\beta_{3,1}$	废水处理渣	0.0268
				$\gamma_{3,1}$	制酸废水	0.0058
				$\gamma_{3,2}$	制酸尾气	0.0002
	输入小计		0.0328	输出小计		0.0328
4.鼓风炉	$p_{2,2}$	高铅渣	0.5872	$p_{4,1}$	鼓风炉粗铅	0.5379
	$\beta_{4,4}$	鼓风炉炉渣	0.0468	$\beta_{4,4}$	鼓风炉炉渣	0.0468
				$p_{4,2}$	鼓风炉火渣	0.0493
				γ_4	鼓风炉尾气	0.00001
	输入小计		0.6340	输出小计		0.6340

续表

工序	输入			输出		
	物质流		流量	物质流	流量	
5.烟化炉	$p_{4,2}$	鼓风炉火渣	0.0493	$\gamma_{5,1}$	次氧化锌	0.0402
				$\gamma_{5,2}$	烟化炉水淬渣	0.0034
				$\gamma_{5,3}$	烟化炉尾气	0.0001
				$\gamma_{5,4}$	烟化炉铅损失	0.0056
	输入小计		0.0493	输出小计		0.0493
6.初级精炼	$p_{2,1}$	底吹炉粗铅	0.4417	$p_{6,1}$	阳极板	1.7104
	$p_{4,1}$	鼓风炉粗铅	0.5374	$p_{6,2}$	初炼废渣	0.1287
	α_6	外购粗铅	0.0920	γ_6	初炼铅损失	0.0018
	$\beta_{8,6}$	反射炉粗铅	0.1129			
	$\beta_{7,6}$	残极	0.6569			
	输入小计		1.8409	输出小计		1.8409
7.电解精炼	$p_{6,1}$	阳极板	1.7104	p_7	电解铅	1.0529
	$\beta_{7,7}$	阴极板	0.1355	$\beta_{7,7}$	阴极板	0.1355
				$\beta_{7,6}$	残极	0.6569
				γ_7	阳极泥	0.0006
	输入小计		1.8458	输出小计		1.8458
8.反射炉	$p_{6,2}$	初炼废渣	0.1287	$\beta_{8,6}$	反射炉粗铅	0.1129
	$p_{9,2}$	铸锭废渣	0.0211	$\beta_{8,1}$	反射炉烟尘	0.0026
				$\gamma_{8,1}$	反射炉炉渣	0.0023
				$\gamma_{8,2}$	反射炉尾气	0.00001
				$\gamma_{8,3}$	反射炉铅损失	0.0187
				θ_8	反射炉粗铅库存	0.0133
	输入小计		0.1498	输出小计		0.1498
9.铸锭	p_7	电解铅	1.0529	$p_{9,1}$	铅锭	1.0000
				$p_{9,2}$	铸锭废渣	0.0211
				γ_9	铸锭铅损失	0.0318
	输入小计		1.0529	输出小计		1.0529

附录3 底吹炉熔炼过程数学模型

根据“7.2.3 熔炼平衡时反应体系构成”一节确立的平衡时体系内共3个相，10种元素，因此方程个数为13个。方程组如下所示，其中G_i^0、γ_i分别为各组分的标准生成吉布斯自由能和活度系数，λ_i为各元素的元素势，$N_{(i)}$为各相中组分的总摩尔数。

（1）粗铅相

$$\frac{1}{\gamma_{Pb(1)}}\exp\left(-\frac{G_{Pb}^0}{RT}+\frac{\lambda_{Pb}}{RT}\right)+\frac{1}{\gamma_{PbS(1)}}\exp\left(-\frac{G_{PbS}^0}{RT}+\frac{\lambda_{Pb}}{RT}+\frac{\lambda_S}{RT}\right)$$
$$+\frac{1}{\gamma_{Cu(1)}}\exp\left(-\frac{G_{Cu}^0}{RT}+\frac{\lambda_{Cu}}{RT}\right)-1=0$$

（2）炉渣相

$$\frac{1}{\gamma_{PbO(2)}}\exp\left(-\frac{G_{PbO}^0}{RT}+\frac{\lambda_{Pb}}{RT}+\frac{\lambda_O}{RT}\right)+\frac{1}{\gamma_{Cu_2S(2)}}\exp\left(-\frac{G_{Cu_2S}^0}{RT}+2\frac{\lambda_{Cu}}{RT}+\frac{\lambda_S}{RT}\right)$$
$$+\frac{1}{\gamma_{Cu_2O(23)}}\exp\left(-\frac{G_{Cu_2O}^0}{RT}+2\frac{\lambda_{Cu}}{RT}+\frac{\lambda_O}{RT}\right)$$
$$+\frac{1}{\gamma_{ZnO(2)}}\exp\left(-\frac{G_{ZnO}^0}{RT}+\frac{\lambda_{Zn}}{RT}+\frac{\lambda_O}{RT}\right)$$
$$+\frac{1}{\gamma_{FeO(2)}}\exp\left(-\frac{G_{FeO}^0}{RT}+\frac{\lambda_{Fe}}{RT}+\frac{\lambda_O}{RT}\right)$$
$$+\frac{1}{\gamma_{Fe_3O_4(2)}}\exp\left(-\frac{G_{Fe_3O_4}^0}{RT}+3\frac{\lambda_{Fe}}{RT}+4\frac{\lambda_O}{RT}\right)$$
$$+\frac{1}{\gamma_{FeS(2)}}\exp\left(-\frac{G_{FeS}^0}{RT}+\frac{\lambda_{Fe}}{RT}+\frac{\lambda_S}{RT}\right)$$
$$+\frac{1}{\gamma_{SiO_2(2)}}\exp\left(-\frac{G_{SiO_2}^0}{RT}+\frac{\lambda_{Si}}{RT}+\frac{2\lambda_O}{RT}\right)$$
$$+\frac{1}{\gamma_{CaO(2)}}\exp\left(-\frac{G_{CaO}^0}{RT}+\frac{\lambda_{Ca}}{RT}+\frac{\lambda_O}{RT}\right)-1=0$$

（3）烟气相（烟气中各组分活度系数均为1）

$$\exp\left(-\frac{G_{Pb(g)}^0}{RT}+\frac{\lambda_{Pb}}{RT}\right)+\exp\left(-\frac{G_{PbS(g)}^0}{RT}+\frac{\lambda_{Pb}}{RT}+\frac{\lambda_S}{RT}\right)$$

$$+\exp\left(-\frac{G^0_{PbO(g)}}{RT}+\frac{\lambda_{Pb}}{RT}+\frac{\lambda_O}{RT}\right)+\exp\left(-\frac{G^0_{ZnS(g)}}{RT}+\frac{\lambda_{Zn}}{RT}+\frac{\lambda_S}{RT}\right)$$

$$+\exp\left(\frac{\lambda_{Zn}}{RT}\right)+\exp\left(-\frac{G^0_{SO_2(g)}}{RT}+\frac{\lambda_S}{RT}+\frac{2\lambda_O}{RT}\right)+\exp\left(\frac{2\lambda_S}{RT}\right)$$

$$+\exp\left(\frac{2\lambda_O}{RT}\right)+\exp\left(\frac{2\lambda_N}{RT}\right)+\exp\left(-\frac{G^0_{H_2O(g)}}{RT}+\frac{2\lambda_H}{RT}+\frac{\lambda_O}{RT}\right)$$

$$+\exp\left(\frac{2\lambda_H}{RT}\right)-1=0$$

（4）Pb元素

$$N_{(1)}\frac{1}{\gamma_{Pb(1)}}\exp\left(-\frac{G^0_{Pb}}{RT}+\frac{\lambda_{Pb}}{RT}\right)+N_{(1)}\frac{1}{\gamma_{PbS(1)}}\exp\left(-\frac{G^0_{PbS}}{RT}+\frac{\lambda_{Pb}}{RT}+\frac{\lambda_S}{RT}\right)$$

$$+N_{(2)}\frac{1}{\gamma_{PbO(2)}}\exp\left(-\frac{G^0_{PbO}}{RT}+\frac{\lambda_{Pb}}{RT}+\frac{\lambda_O}{RT}\right)+N_{(3)}\exp\left(-\frac{G^0_{Pb}}{RT}+\frac{\lambda_{Pb}}{RT}\right)$$

$$+N_{(3)}\exp\left(-\frac{G^0_{PbS}}{RT}+\frac{\lambda_{Pb}}{RT}+\frac{\lambda_S}{RT}\right)+N_{(3)}\exp\left(-\frac{G^0_{PbO}}{RT}+\frac{\lambda_{Pb}}{RT}+\frac{\lambda_O}{RT}\right)$$

$$-b_{Pb}=0$$

（5）Cu元素

$$N_{(1)}\frac{1}{\gamma_{Cu(1)}}\exp\left(-\frac{G^0_{Cu}}{RT}+\frac{\lambda_{Cu}}{RT}\right)$$

$$+2N_{(2)}\frac{1}{\gamma_{Cu_2S(2)}}\exp\left(-\frac{G^0_{Cu_2S}}{RT}+\frac{2\lambda_{Cu}}{RT}+\frac{\lambda_S}{RT}\right)$$

$$+2N_{(2)}\frac{1}{\gamma_{Cu_2O(2)}}\exp\left(-\frac{G^0_{Cu_2O}}{RT}+\frac{2\lambda_{Cu}}{RT}+\frac{\lambda_O}{RT}\right)-b_{Cu}=0$$

（6）S元素

$$N_{(1)}\frac{1}{\gamma_{PbS(1)}}\exp\left(-\frac{G^0_{PbS}}{RT}+\frac{\lambda_{Pb}}{RT}+\frac{\lambda_S}{RT}\right)+N_{(2)}\frac{1}{\gamma_{Cu_2S(2)}}\exp\left(-\frac{G^0_{Cu_2S}}{RT}+\frac{2\lambda_{Cu}}{RT}+\frac{\lambda_S}{RT}\right)$$

$$+N_{(2)}\frac{1}{\gamma_{FeS(2)}}\exp\left(-\frac{G^0_{FeS}}{RT}+\frac{\lambda_{Fe}}{RT}+\frac{\lambda_S}{RT}\right)$$

$$+N_{(3)}\exp\left(-\frac{G^0_{PbS}}{RT}+\frac{\lambda_{Pb}}{RT}+\frac{\lambda_S}{RT}\right)+N_{(3)}\exp\left(-\frac{G^0_{ZnS}}{RT}+\frac{\lambda_{Zn}}{RT}+\frac{\lambda_S}{RT}\right)$$

$$+N_{(3)}\exp\left(-\frac{G^0_{SO_2}}{RT}+\frac{\lambda_S}{RT}+\frac{2\lambda_O}{RT}\right)+2N_{(3)}\exp\left(\frac{2\lambda_S}{RT}\right)-b_S=0$$

（7）Zn元素

$$N_{(2)}\frac{1}{\gamma_{ZnO(2)}}\exp\left(-\frac{G^0_{ZnO}}{RT}+\frac{\lambda_{Zn}}{RT}+\frac{\lambda_O}{RT}\right)+N_{(3)}\exp\left(-\frac{G^0_{ZnS}}{RT}+\frac{\lambda_{Zn}}{RT}+\frac{\lambda_S}{RT}\right)$$

$$+N_{(3)}\exp\left(\frac{\lambda_{Zn}}{RT}\right)-b_{Zn}=0$$

（8）Fe元素

$$N_{(2)}\frac{1}{\gamma_{FeO(32)}}\exp\left(-\frac{G^0_{FeO}}{RT}+\frac{\lambda_{Fe}}{RT}+\frac{\lambda_O}{RT}\right)+3N_{(2)}\frac{1}{\gamma_{Fe_3O_4(2)}}\exp\left(-\frac{G^0_{Fe_3O_4}}{RT}+3\frac{\lambda_{Fe}}{RT}+4\frac{\lambda_O}{RT}\right)$$

$$+N_{(2)}\frac{1}{\gamma_{FeS(2)}}\exp\left(-\frac{G^0_{FeS}}{RT}+\frac{\lambda_{Fe}}{RT}+\frac{\lambda_S}{RT}\right)-b_{Fe}=0$$

（9）O元素

$$N_{(2)}\frac{1}{\gamma_{PbO(2)}}\exp\left(-\frac{G^0_{PbO}}{RT}+\frac{\lambda_{Pb}}{RT}+\frac{\lambda_O}{RT}\right)+N_{(2)}\frac{1}{\gamma_{Cu_2O(2)}}\exp\left(-\frac{G^0_{Cu_2O}}{RT}+\frac{2\lambda_{Cu}}{RT}+\frac{\lambda_O}{RT}\right)$$

$$+N_{(2)}\frac{1}{\gamma_{ZnO(2)}}\exp\left(-\frac{G^0_{ZnO}}{RT}+\frac{\lambda_{Zn}}{RT}+\frac{\lambda_O}{RT}\right)$$

$$+N_{(2)}\frac{1}{\gamma_{FeO(2)}}\exp\left(-\frac{G^0_{FeO}}{RT}+\frac{\lambda_{Fe}}{RT}+\frac{\lambda_O}{RT}\right)$$

$$+4N_{(2)}\frac{1}{\gamma_{Fe_3O_4(2)}}\exp\left(-\frac{G^0_{Fe_3O_4}}{RT}+\frac{3\lambda_{Fe}}{RT}+\frac{4\lambda_O}{RT}\right)$$

$$+2N_{(2)}\frac{1}{\gamma_{SiO_2}}\exp\left(-\frac{G^0_{SiO_2}}{RT}+\frac{\lambda_{Si}}{RT}+\frac{2\lambda_O}{RT}\right)$$

$$+N_{(2)}\frac{1}{\gamma_{CaO(2)}}\exp\left(-\frac{G^0_{CaO}}{RT}+\frac{\lambda_{Ca}}{RT}+\frac{\lambda_O}{RT}\right)$$

$$+N_{(3)}\exp\left(-\frac{G^0_{PbO}}{RT}+\frac{\lambda_{Pb}}{RT}+\frac{\lambda_O}{RT}\right)+2N_{(3)}\exp\left(-\frac{G^0_{SO_2}}{RT}+\frac{\lambda_S}{RT}+\frac{2\lambda_O}{RT}\right)$$

$$+2N_{(3)}\exp\left(\frac{2\lambda_{O}}{RT}\right)+N_{(3)}\exp\left(-\frac{G^{0}_{CO}}{RT}+\frac{\lambda_{C}}{RT}+\frac{\lambda_{O}}{RT}\right)$$

$$+N_{(3)}\exp\left(-\frac{G^{0}_{CO_2}}{RT}+\frac{\lambda_{C}}{RT}+\frac{2\lambda_{O}}{RT}\right)+N_{(3)}\exp\left(-\frac{G^{0}_{H_2O}}{RT}+\frac{2\lambda_{H}}{RT}+\frac{\lambda_{O}}{RT}\right)-b_{O}=0$$

（10）Si元素

$$N_{(2)}\frac{1}{\gamma_{SiO_2(2)}}\exp\left(-\frac{G^{0}_{SiO_2}}{RT}+\frac{\lambda_{Si}}{RT}+\frac{2\lambda_{O}}{RT}\right)-b_{Si}=0$$

（11）Ca元素

$$N_{(2)}\frac{1}{\gamma_{CaO(2)}}\exp\left(-\frac{G^{0}_{CaO}}{RT}+\frac{\lambda_{Ca}}{RT}+\frac{\lambda_{O}}{RT}\right)-b_{Ca}=0$$

（12）N元素

$$2N_{(3)}\exp\left(\frac{2\lambda_{N}}{RT}\right)-b_{N}=0$$

（13）H元素

$$2N_{(3)}\exp\left(-\frac{G^{0}_{H_2O}}{RT}+\frac{2\lambda_{H}}{RT}+\frac{\lambda_{O}}{RT}\right)+2N_{(3)}\exp\left(\frac{2\lambda_{H}}{RT}\right)-b_{H}=0$$

索引

其他

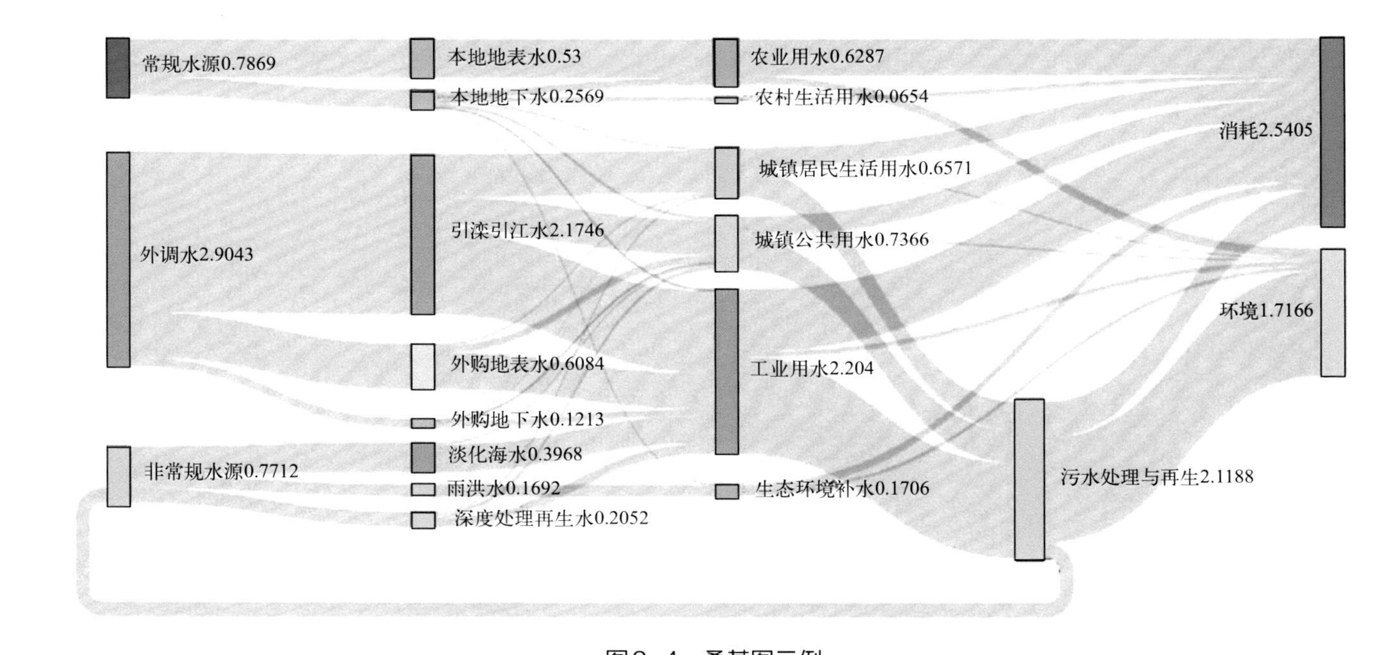

图3-4 桑基图示例

（图片来源：程亮等的水资源供用耗排回过程及其桑基图绘制，图为天津市滨海新区供用耗排回过程环节水量桑基图）

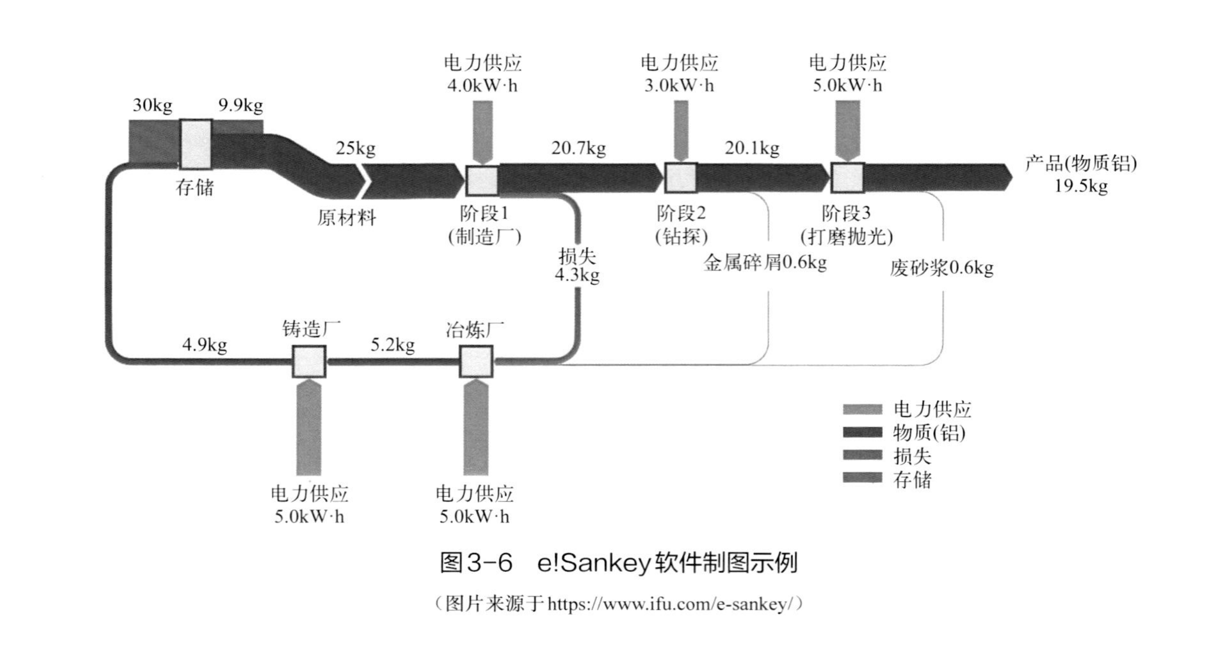

图3-6　e!Sankey软件制图示例

（图片来源于https://www.ifu.com/e-sankey/）

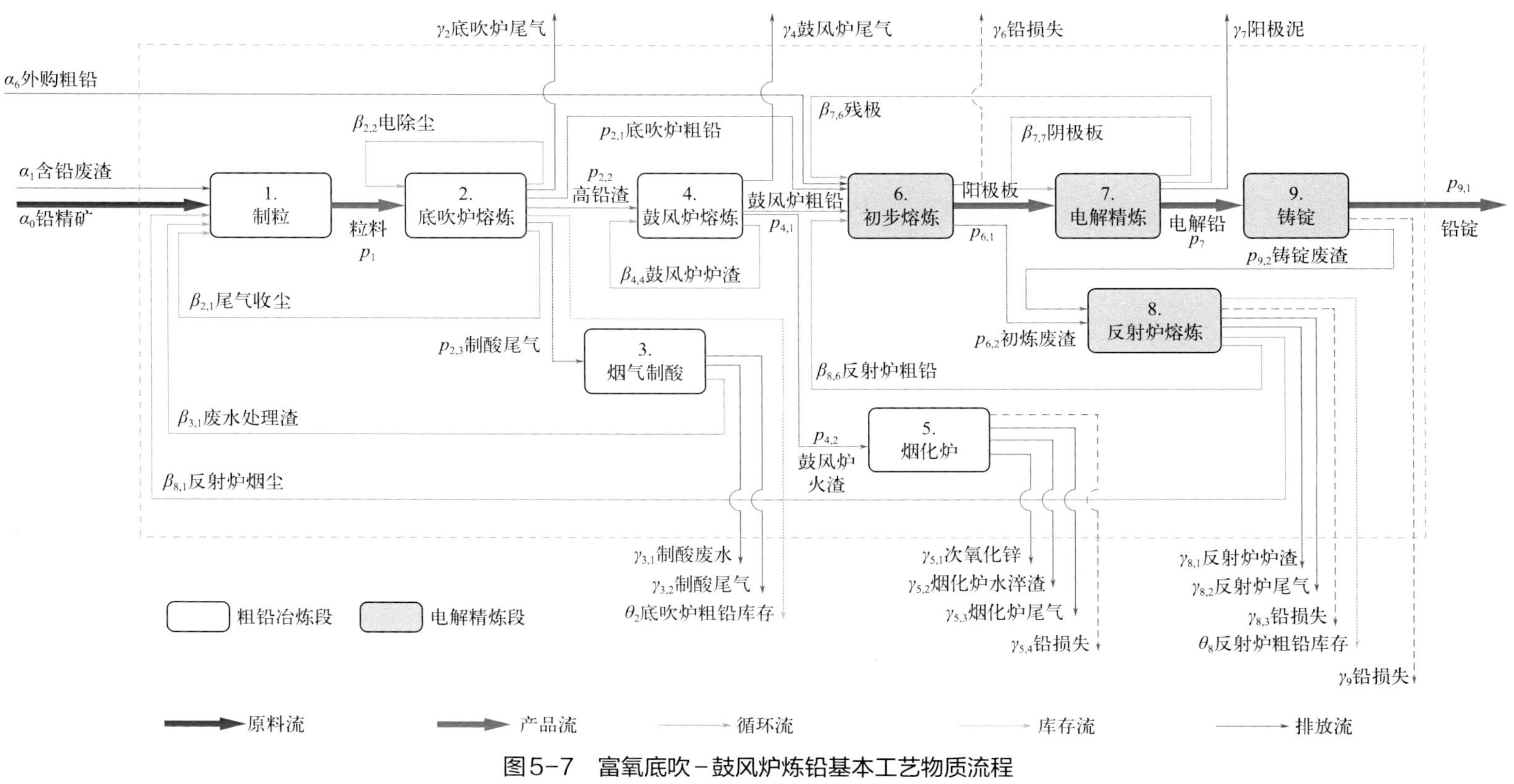

图5-7　富氧底吹-鼓风炉炼铅基本工艺物质流程

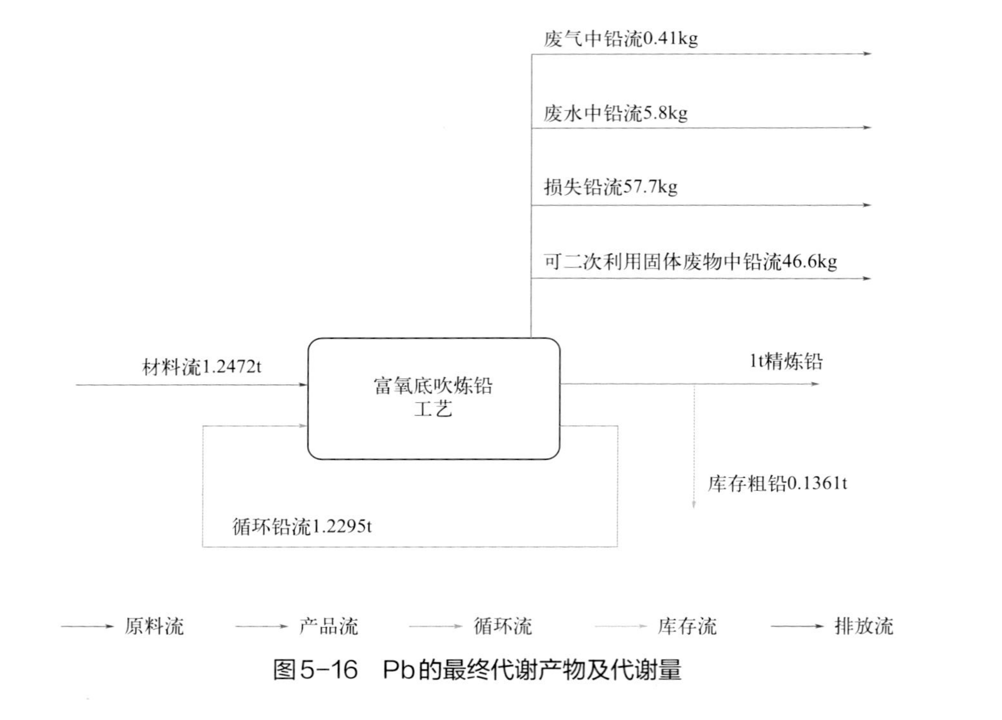

图5-16　Pb的最终代谢产物及代谢量

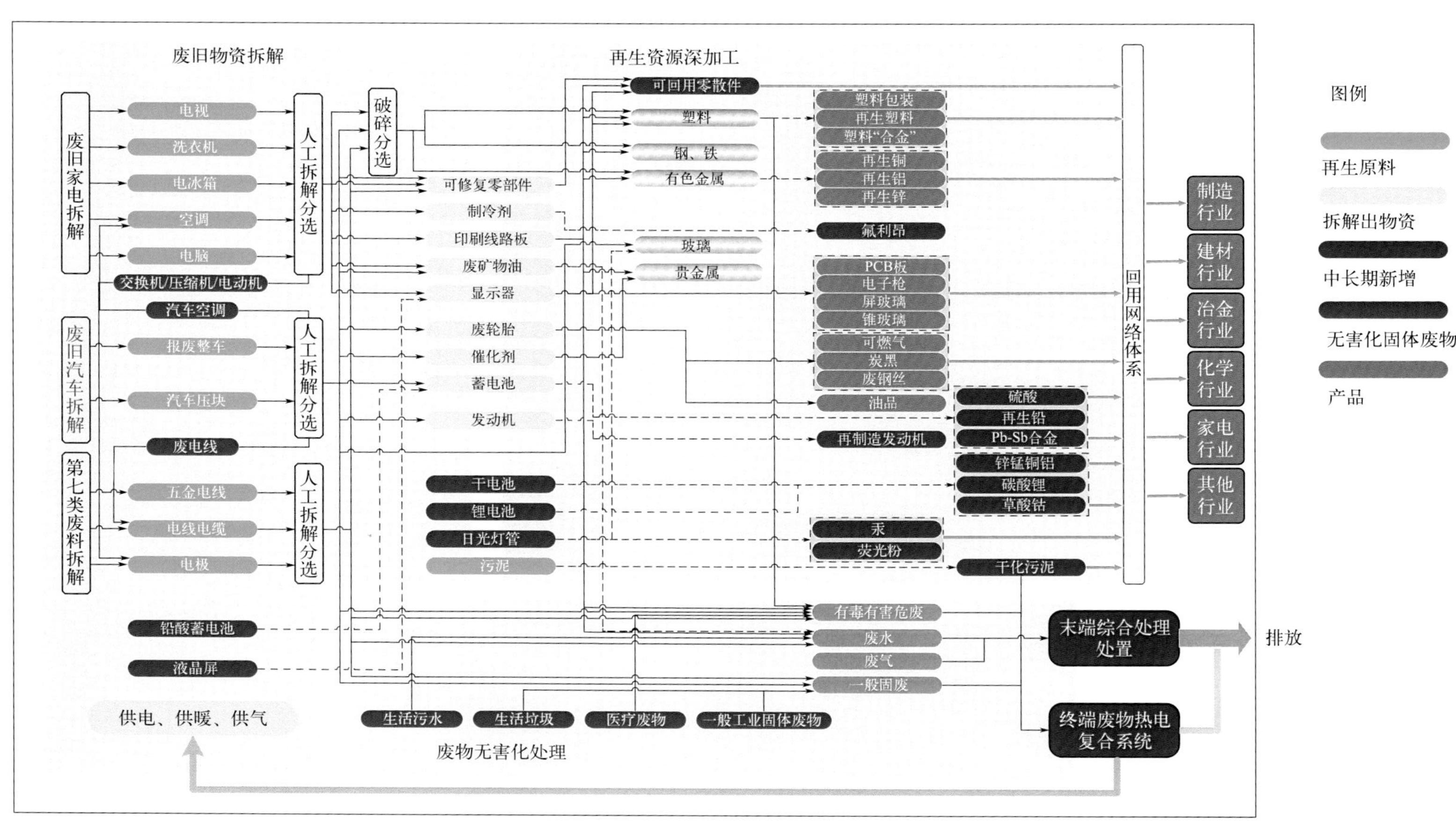

图9-3 静脉产业园区典型废物拆解及资源化物质流模式

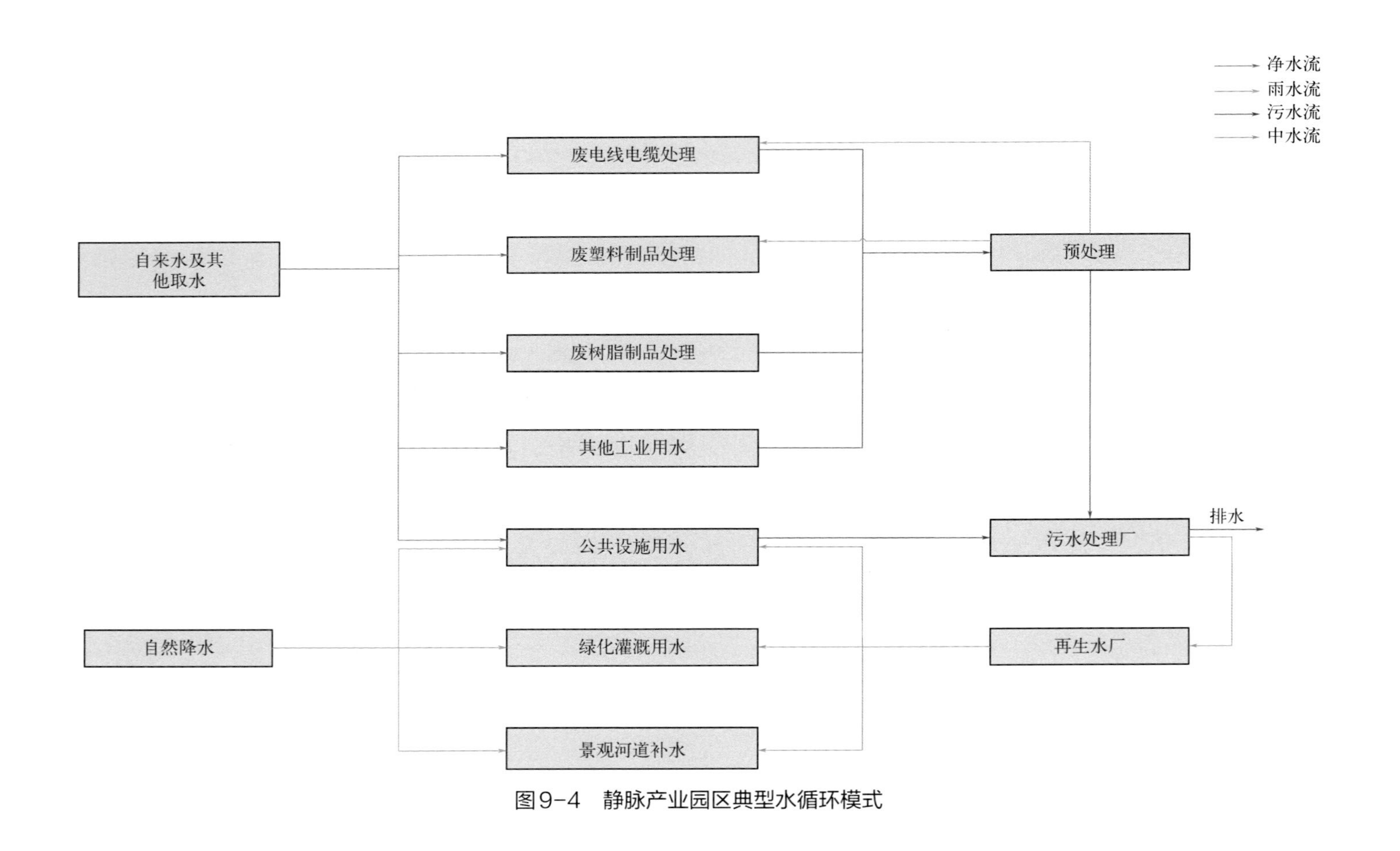

图9-4 静脉产业园区典型水循环模式

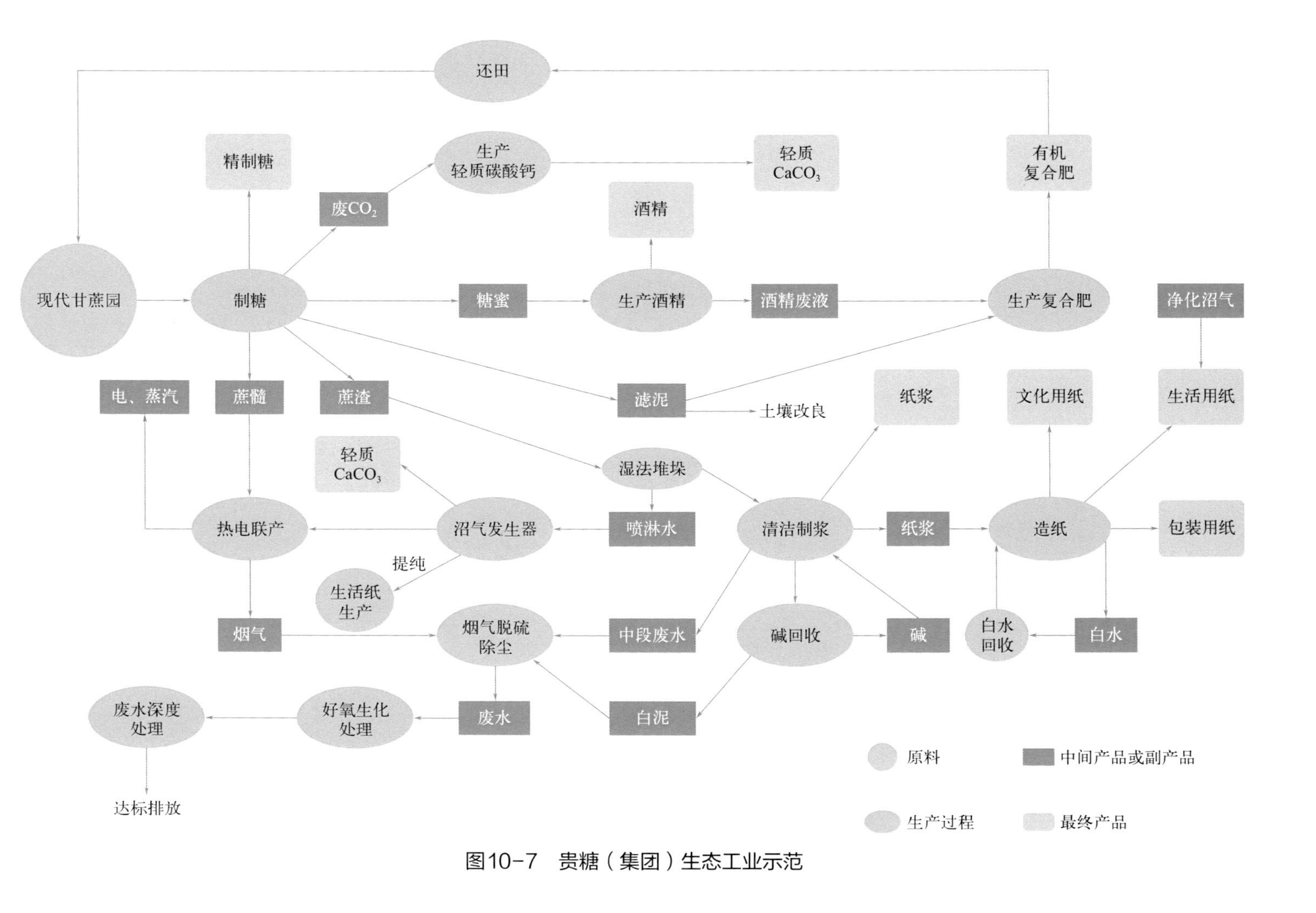

图10-7　贵糖（集团）生态工业示范

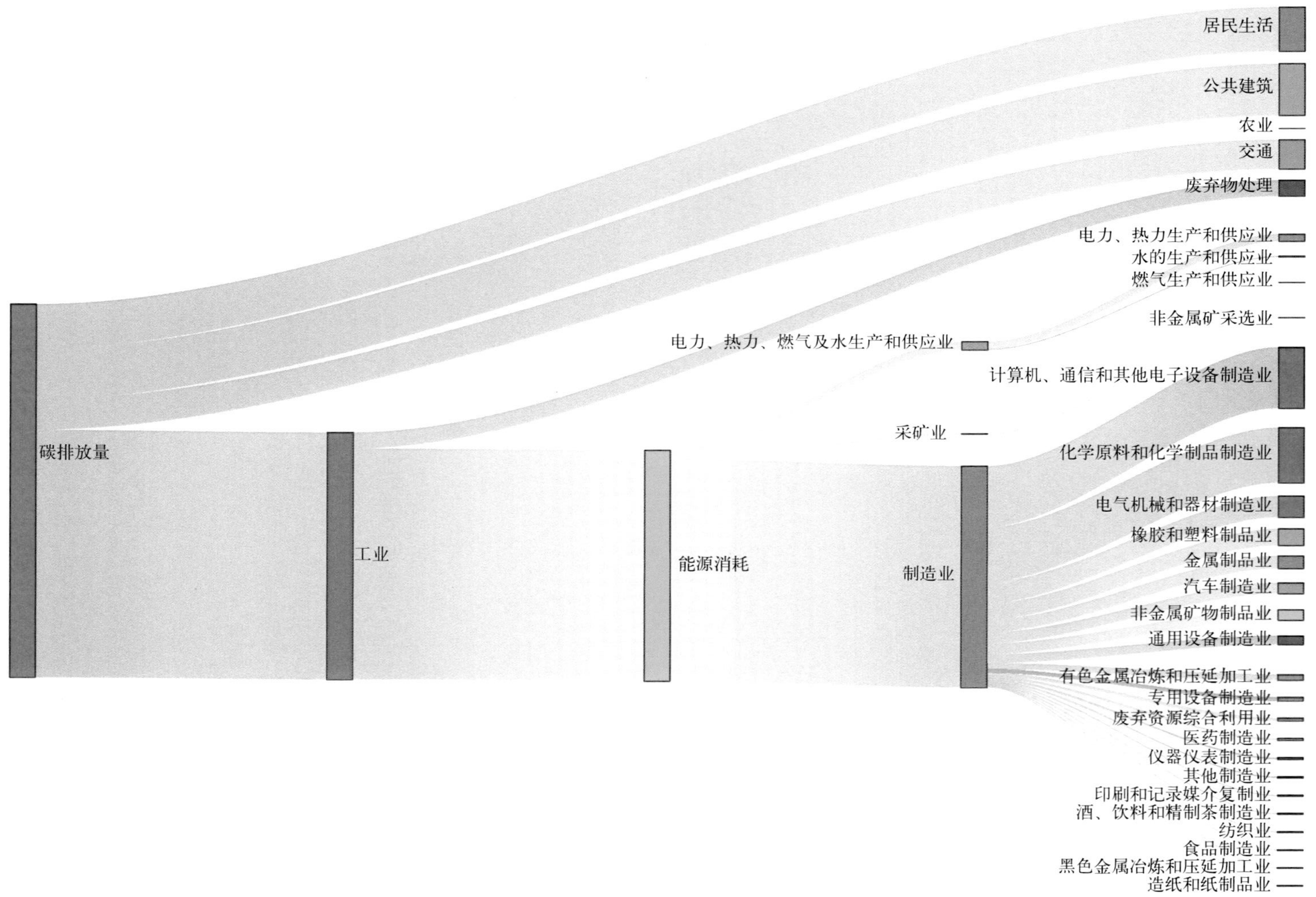

碳排放量
工业
能源消耗
制造业
电力、热力、燃气及水生产和供应业
采矿业
居民生活
公共建筑
农业
交通
废弃物处理
电力、热力生产和供应业
水的生产和供应业
燃气生产和供应业
非金属矿采选业
计算机、通信和其他电子设备制造业
化学原料和化学制品制造业
电气机械和器材制造业
橡胶和塑料制品业
金属制品业
汽车制造业
非金属矿物制品业
通用设备制造业
有色金属冶炼和压延加工业
专用设备制造业
废弃资源综合利用业
医药制造业
仪器仪表制造业
其他制造业
印刷和记录媒介复制业
酒、饮料和精制茶制造业
纺织业
食品制造业
黑色金属冶炼和压延加工业
造纸和纸制品业

图11-19　2020年集聚区2碳排放物质流

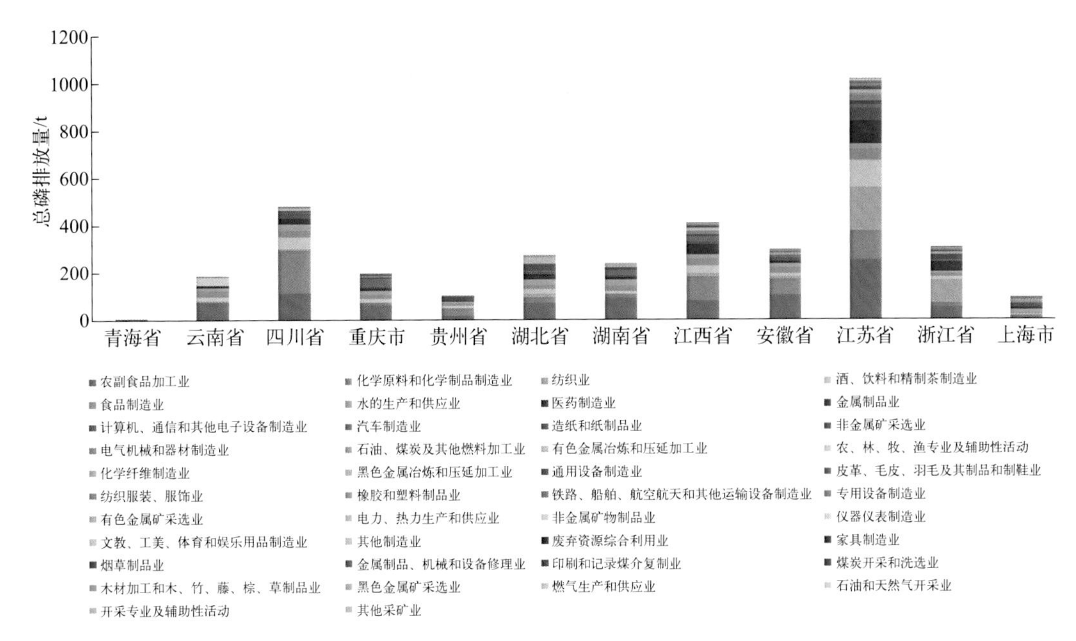

图12-7　长江流域各省份一般工业源各行业总磷排放情况

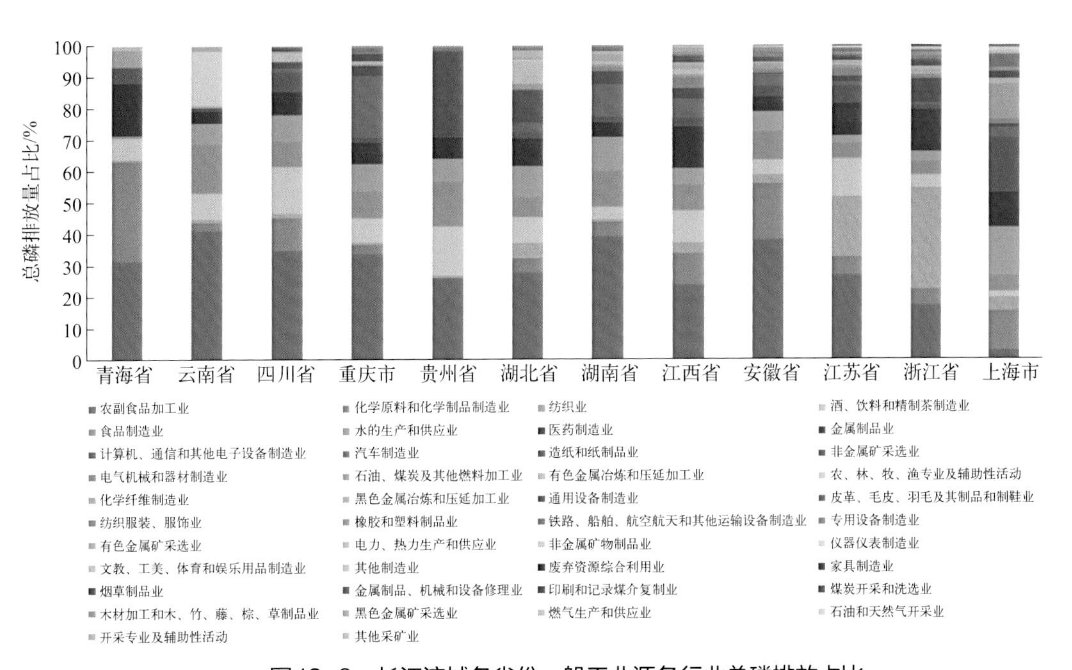

图12-8　长江流域各省份一般工业源各行业总磷排放占比

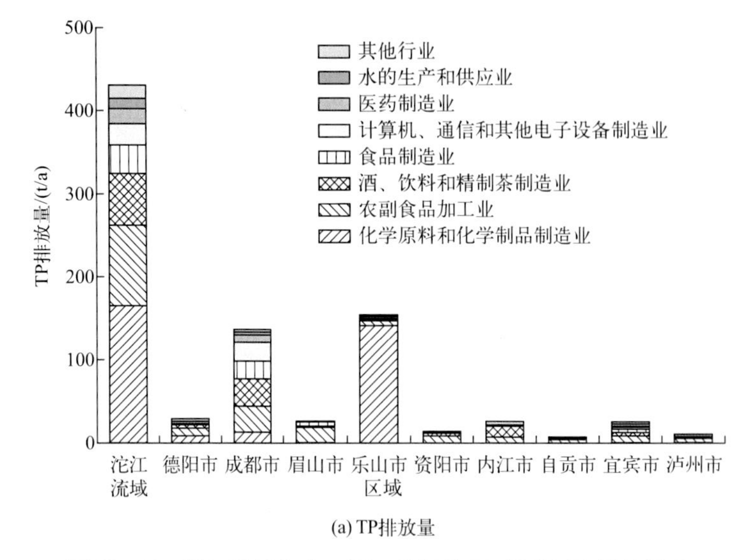

(a) TP排放量

图12-10　沱江流域各市不同工业行业TP排放量和排放强度

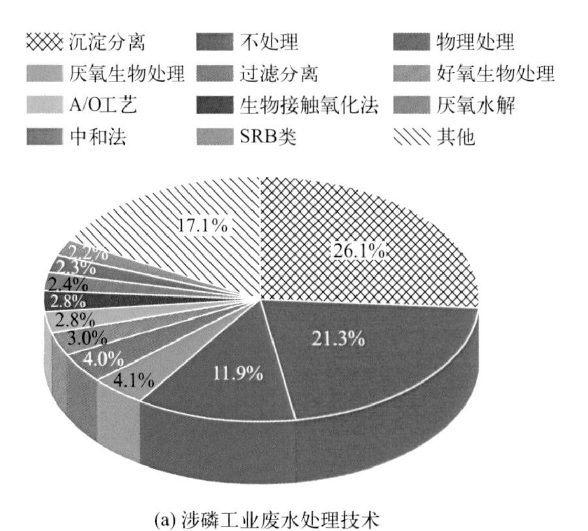

(a) 涉磷工业废水处理技术

图12-11　沱江流域涉磷工业废水处理技术和主要工业行业TP去除效率